浙江省高职院校“十四五”重点立项建设教材

新编21世纪高等职业教育精品教材

装备制造类

数字孪生下工业机器人应用技术

（VUP版）

主　编◎陈志青　周庆慧　张天成

副主编◎黄金梭　刘路明　孙　涛

中国人民大学出版社

·北京·

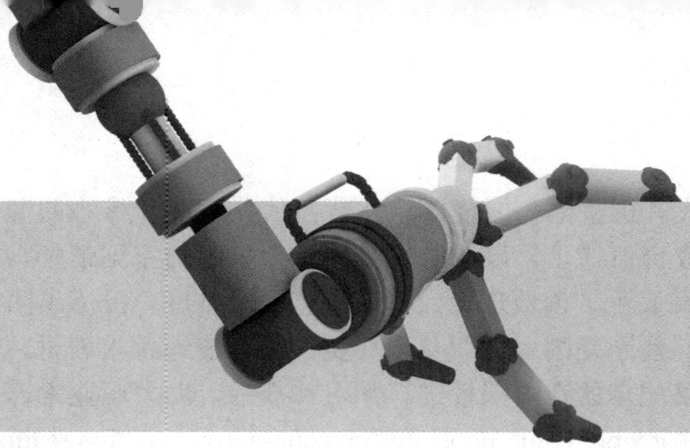

前　言

一、简介

党的二十大报告明确指出，“推进新型工业化”，“加速建设制造强国……数字中国”，“推动制造业高端化、智能化、绿色化发展”。这一目标的实现依赖于工业 4.0 技术的广泛应用，而 Virtual Universe Pro 等创新软件正是推动工业智能化和个性化制造的关键工具之一。目前，全球工业文明正在逐步进入工业 4.0 时代，这必将引发生产模式、商业模式和供需关系的重大变革。智能化、个性化制造和基于数据的信息设计构成了未来商业模式的基础。Virtual Universe Pro 是一款适用于 Windows 的创新软件，支持使用物理引擎在 3D 环境中创建和模拟虚拟机。使用者可定制对象库创建模拟，也可以从 CAD 软件导入完整模型，如 Solidworks、Inventor、Catia、Solid Edge 等。这些模拟可以实时运行，由 PLC 连接 PC 或通过内置虚拟控制器或通过计算机软件使用 IP 连接进行控制，利用机电一体化仿真软件，根据需求创建一个具有实际交互功能的虚拟仿真系统。仿真系统可以实现与实际环境一致的物理性能、机械结构以及动作功能，能够使得机械设计与电气设计在仿真系统上一同进行开发工作，消除了传统开发过程中的空档期。仿真系统不仅是简单的动画场景，它可以与实际的控制设备进行信号交互，接收控制指令以及反馈传感器等信号，还可以在仿真过程中及时发现设备在程序控制下运行的各种问题并进行优化，提高设计效率且降低成本和风险。因此，机电一体化概念设计可以看作是一个多学科技术融合与虚拟调试、开发的技术平台。它以一种并行的、可验证的方式，使人们在项目设计初期能够根据市场需求开展并行设计与调试工作，并且在物理设备尚未到位的情况下能够运用多学科知识，通过“虚—虚”“虚—实”结合的虚拟调试对产品和生产工艺进行反复的修改与验证，并把结果映射到真实的物理环境中去。这有力地支持了制造业“创造”的实施，无疑是在工业 4.0 背景下相关人才需要掌握的一项现代制造关键技术。

二、本书结构

本书根据当前高职院校教学需要，选取工业生产中的实际零件精心编排。全书共有 5 个项目，包括数字孪生基础应用、工业机器人基本操作、工业机器人运动控制、基于 VUP 的数字孪生实训平台设计、综合实训。每个项目均由“项目概述”“学习目标”“知识准备”“任务引导”组成，每个任务又包含“任务介绍”“相关知识”“任务实施”“任务评价”“素养之窗”等部分。

“任务介绍”：对本任务要解决的实际任务进行描述和介绍。

“相关知识”：给出要解决实际任务需要学习和掌握的系统的应用知识。

“任务实施”：引导学生分步完成任务，并将专业能力、自主学习能力、与他人合作等社会能力融入其中。

“任务评价”：对本任务完成情况按照标准进行评价，并将完成任务过程中遇到的问题和解决方案记录下来。

“素养之窗”：从个人、行业、国家三个层面构成有机整体，围绕以“互帮互信共赢”为核心的温州精神传承，以“精准控制、务实创效”为核心的行业价值追求，以“工匠精神”为核心的家国情怀，构建职业素养内容。从培养机器人集成应用人才的人文底色、创新理念、精湛技艺三个维度，提炼出团队协作、诚信友善、创新创效、规范务实、精益专注、爱岗爱国六大职业素养要素并系统地融入教材，与项目有机结合，层层递进。职业素养内容可通过本书配套的在线课程进行学习和获取，助力职业素养提升与全方位成长，在线课程网址：https://mooc1.chaoxing.com/mooc-ans/mycourse/teachercourse?moocId=235276439&clazzid=104241530&edit=true&v=0&cpi=70191346&pageHeader=－1&needVirtualApproved=0。

三、内容特点

1. 课程紧密围绕六大职业素养要素，以“温州精神的人文底色、创新创效的行业价值观、机器换人助力制造强国的工匠精神与家国情怀”作为职业素养素材的主要来源，与专业教学过程紧密结合，聚焦设计、反复交织、强化价值引领的力度。

2. 遵循“项目导向、任务驱动”，以“从完成简单工作任务到完成复杂工作任务”的能力发展过程为主线，按照工作复杂度“由浅入深”的原则设置一系列学习任务，嵌入职业核心能力知识点，改变理论与实践相剥离的传统教材组织方式，为学生提供在完成工作任务的过程中学习相关知识、发展综合职业能力的学习工具。以企业实际生产线上的典型零件为样本，根据教学目的对载体进行提炼，便于教师采用项目教学法引导学生展开自主学习，掌握、建构和内化知识与技能，强化学生自我学习能力的培养。

3. 多名编者来自企业，在内容的组织上打破传统教材的知识结构，充分借鉴企业工程师的工作思路，同时强化工程师的实际工作关注点，并将经验进行抽取、总结。注重就业需求，以培养职业岗位群的综合应用能力为目标，充实训练模块的内容，强化应用，有针对性地培养学生较强的职业技能。

4. 以就业为导向，将软件的操作方法和专业设计、制造能力有机融合到每一个项目实训中，体现教、学、做一体化的项目式教学特色，让学生一边学习理论知识，一边操作实训，加强感性认识，达到事半功倍的效果。

四、配套的在线课程

学生在学习过程中可登录本书配套数字化课程网站 https://mooc1.chaoxing.com/course-ans/courseportal/235276439.html，使用数字化学习资源。

本书是对前期教学与科研工作中有关数字孪生技术的总结。本书由温州职业技术学院陈志青、周庆慧、张天成担任主编；温州职业技术学院黄金梭、刘路明、孙涛担任副主编；参与编写的还有亚龙智能装备集团股份有限公司龙茂辉，北京思维科系统科技有限公司魏晨阳，浙江名瑞智能装备科技股份有限公司潘雷、雷芝，温州职业技术学院杨清全、王哲禄、程向娇。

在编写本书过程中，我们得到了亚龙智能装备集团股份有限公司、北京思维科系统科技有限公司、浙江名瑞智能装备科技股份有限公司等单位的大力支持与协助，在此一并致以衷心的感谢。由于编者水平有限，书中不妥甚至错误之处在所难免，敬请广大读者批评指正。

编者

2024 年 10 月

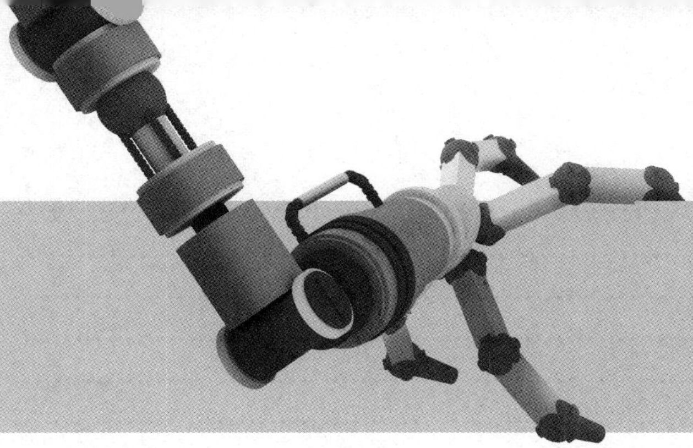

目　录

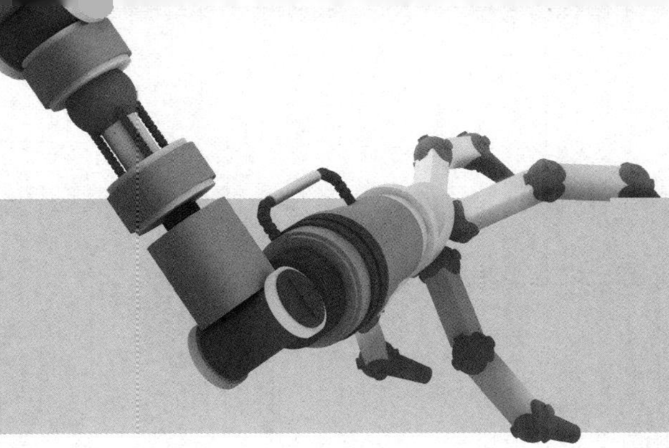

项目 1

数字孪生基础应用

项目概述

通过对 VUP 软件系统的学习，掌握软件的基本操作。

学习目标

● **知识目标：**

掌握软件的基本操作、父子级、位置型和时间型动作、物理属性、传送带、传感器、人机交互界面、三菱 PLC 和西门子 PLC 设置

● **能力目标：**

利用软件的基本操作完成模型的导入、动作设置、PLC 编程、虚拟调试、保存

● **素质目标：**

养成爱岗敬业的精神

知识准备

1.1 VUP 通过 UG 连接三菱 PLC 串口通信

（1）PLC 与计算机已经完成通信并确认好端口号。

（2）启动 UGateway 软件，版本要求在 1.12 及以上，Windows 7、Windows 8、Windows 10 需要以管理员身份运行，如图 1－1 所示。

（3）拖拽一个 MFXCOM 项目至右边项目栏，如图 1－2 所示。

（4）选中 MFXCOM 项目，在 Comport 中设置确认好的端口号，如图 1－3 所示。

（5）在 Mode 下运行启动，提示 Connected，表示已完成连接，如图 1－4 所示。

（6）在 VUP 中进行信号设置，连接“驱动”选择“UNIVERSAL GATEWAY”，如图 1－5 所示。

输入信号 M0@MMXC#1，如图 1－6 所示。

输出信号 Y0@MMXC#1，图略。

图 1-1 启动 UGateway 软件

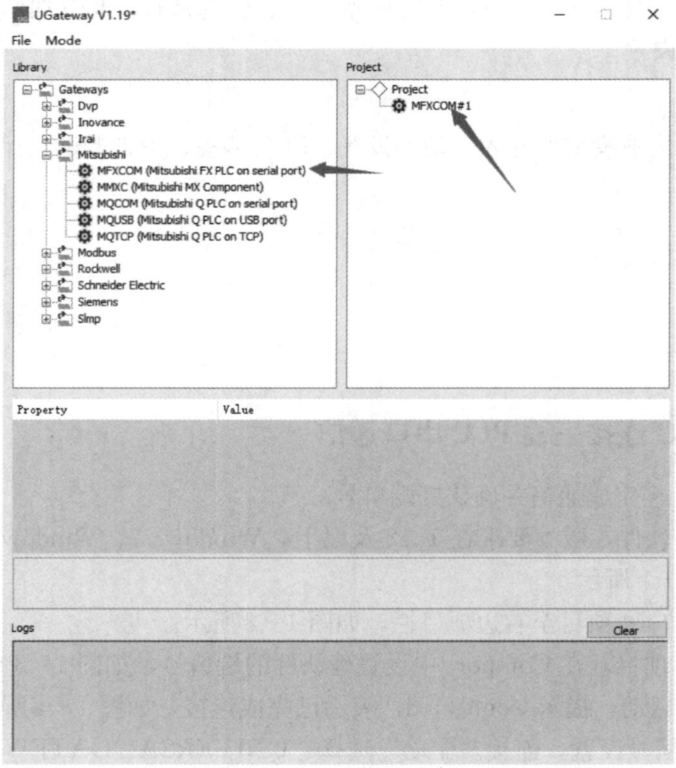

图 1-2 拖拽一个 MFXCOM 项目至右边项目栏

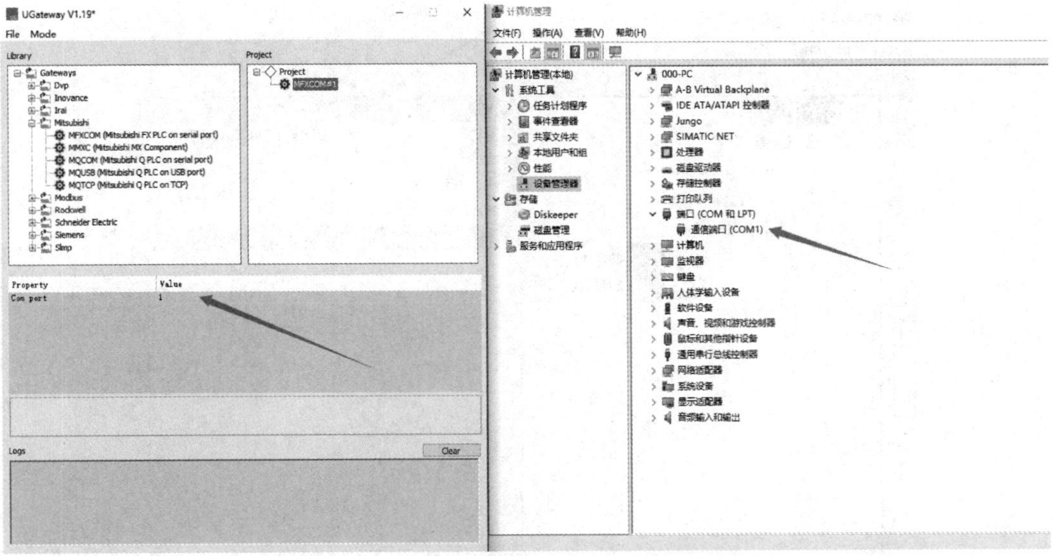

图 1－3　在 Comport 中设置确认好的端口号

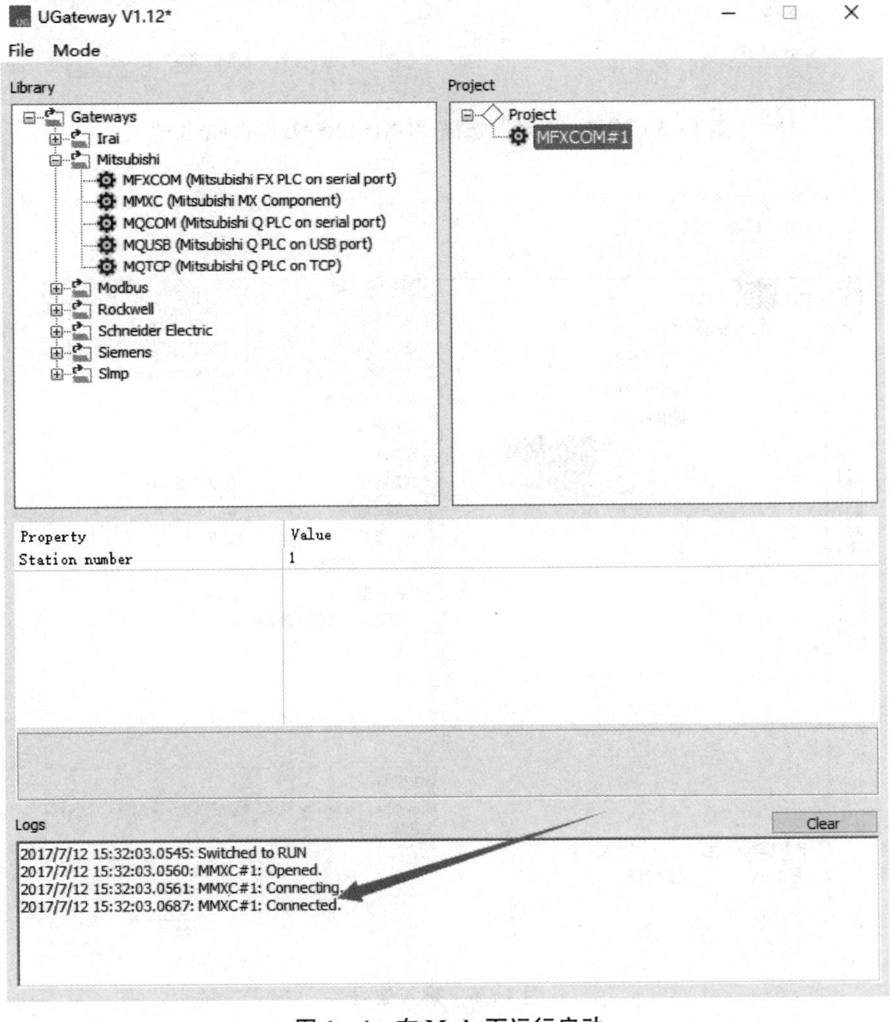

图 1－4　在 Mode 下运行启动

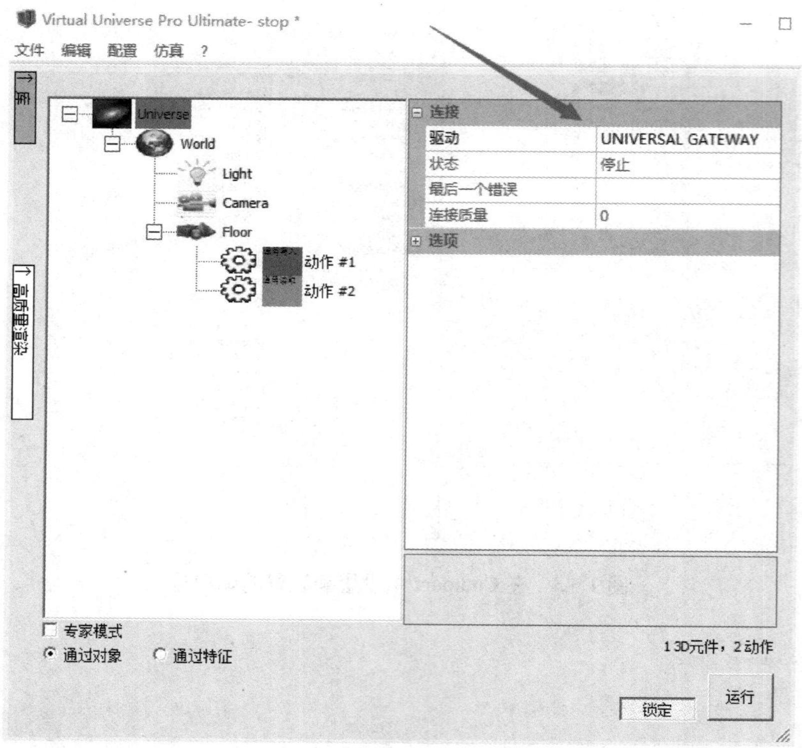

图 1－5　连接“驱动”选择“UNIVERSAL GATEWAY”

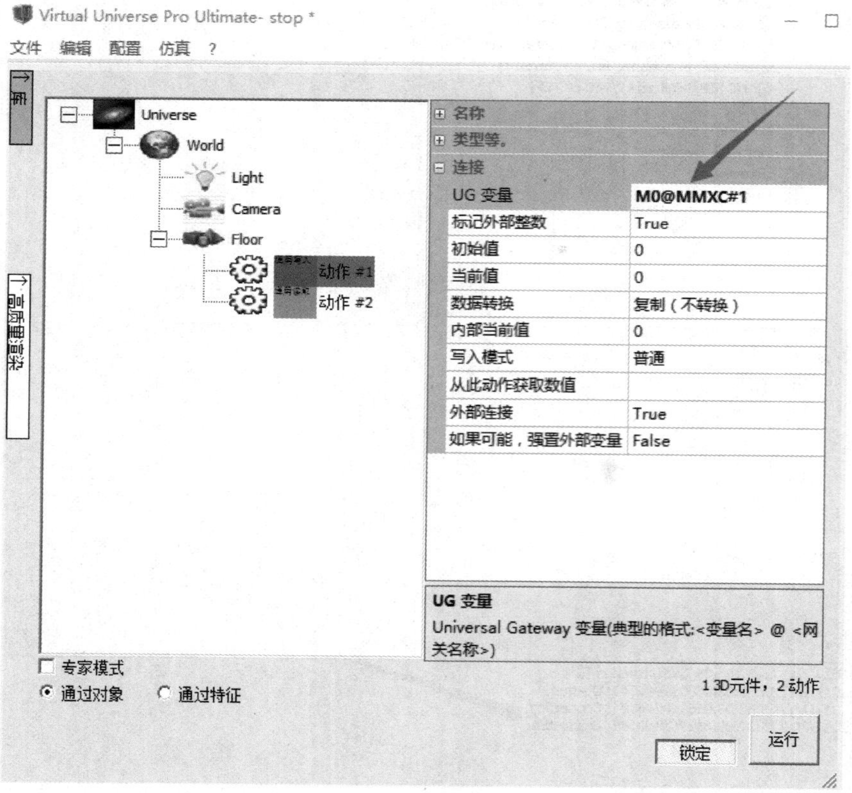

图 1－6　输入信号

（7）运行启动，测试信号，当 M0 接通时，Y0 接通，如图 1－7 所示。

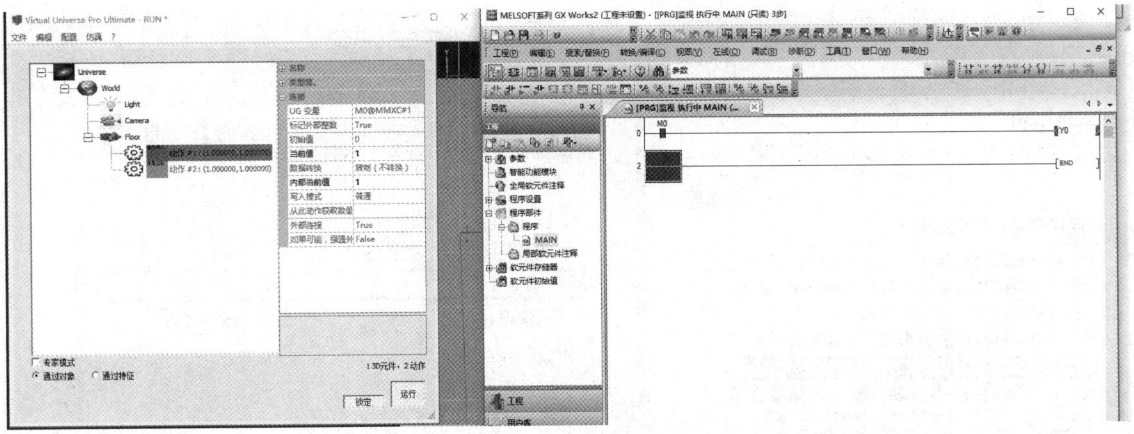

图 1-7　测试信号

1.2　VUP—西门子 PLC-S7 IP 直连通信教程

(1) 将电脑端口与实际 PLC 连接，使其处于同一局域网络中。

(2) 双击电脑右下角的网络连接图标，打开网络与共享中心，如图 1-8 所示。

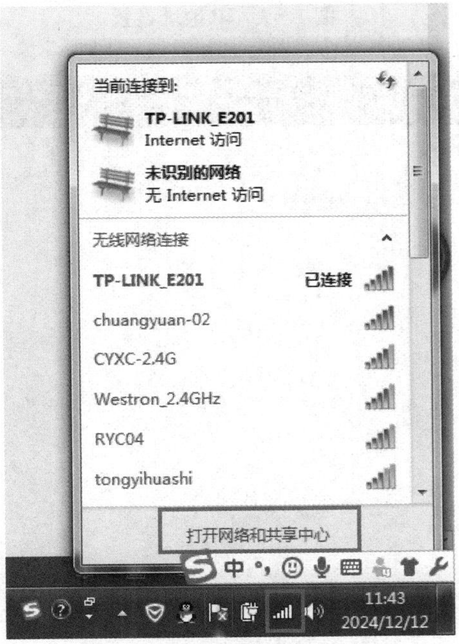

图 1-8　打开网络与共享中心

(3) 单击“开始”菜单，进入控制面板。在“网络和共享中心”中，单击左侧的“更改适配器设置”。然后右击当前使用的网络连接，选择“属性”，接着选择网络中的“Internet 协议版本 4（TCP/IPv4）”，查看本地网络 IP 地址。通过查看本地网络 IP 地址，可以得知本地 IP 地址与实际 PLC 地址前三部分相同，为 192.168.0，如图 1-9 所示。

(4) 打开 TIA Portal V14 软件，选择左边菜单栏中“创建新项目”选项，再单击右侧“创建”按钮建立一个新的项目文件，如图 1-10 所示。

(5) 如图 1-11 所示，选择“组态设备”选项，接着在如图 1-12 所示的左边菜单栏中选择“添加新设备”选项，在设备列表中选择“1212C DC/DC/DC”（实际 PLC 型号），然后单击“添加”按钮。

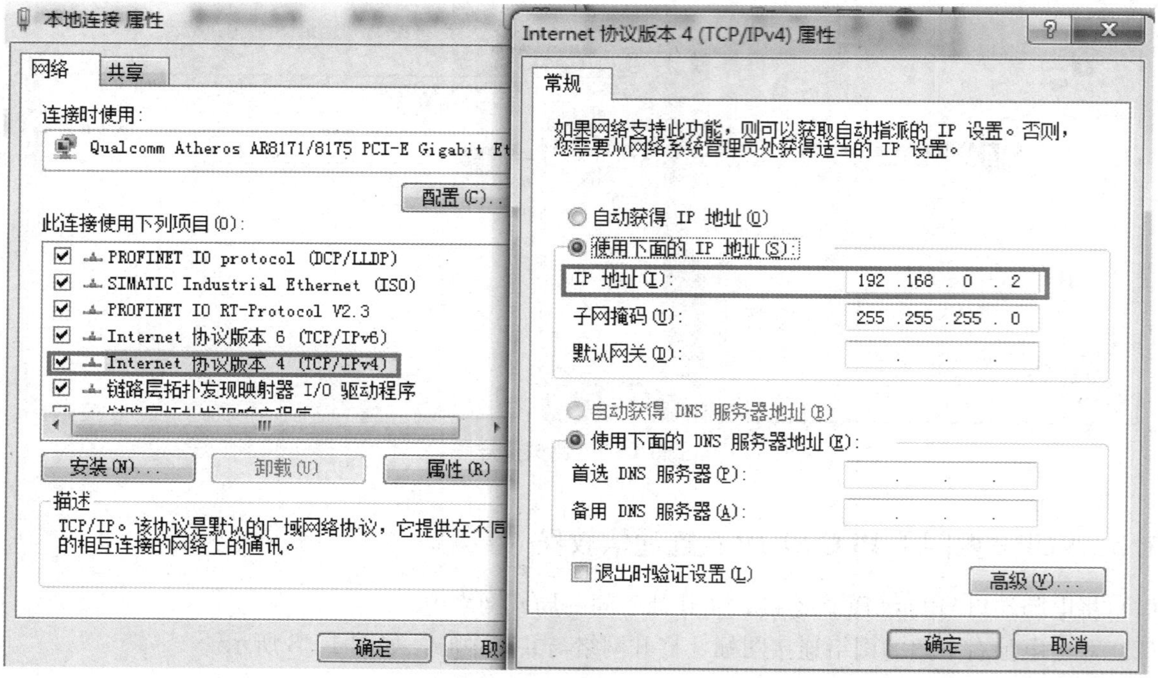

图 1-9　IP 地址设置

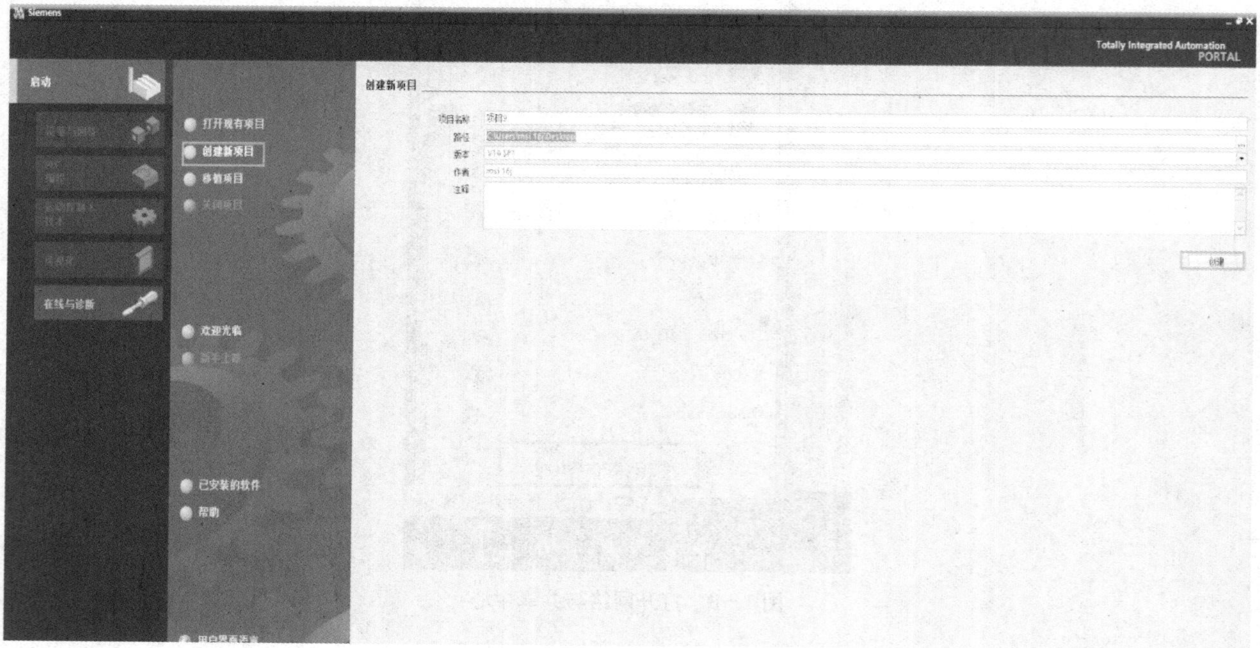

图 1-10　打开 TIA Portal V14 软件

（6）双击左下角的“项目视图”按钮。

（7）双击选择左侧“PLC_1”下拉菜单中的“设备组态”选项，然后双击页面中间上半部分的 PLC 标志，在页面左侧下半部分选择“连接机制”选项，勾选“允许来自远程对象的 PUT/GET 通信访问”复选框，并在“以太网地址”选项中设置“IP 地址”为 192.168.0.110（实际 PLC 地址），如图 1-13 所示。

（8）选择左边菜单栏中“程序块”下拉菜单中的“Main[OB1]”选项，进入编程页面，编写所需要的程序或将已经写好的程序复制并粘贴，如图 1-14 所示（图中是基础程序，仅供参考）。

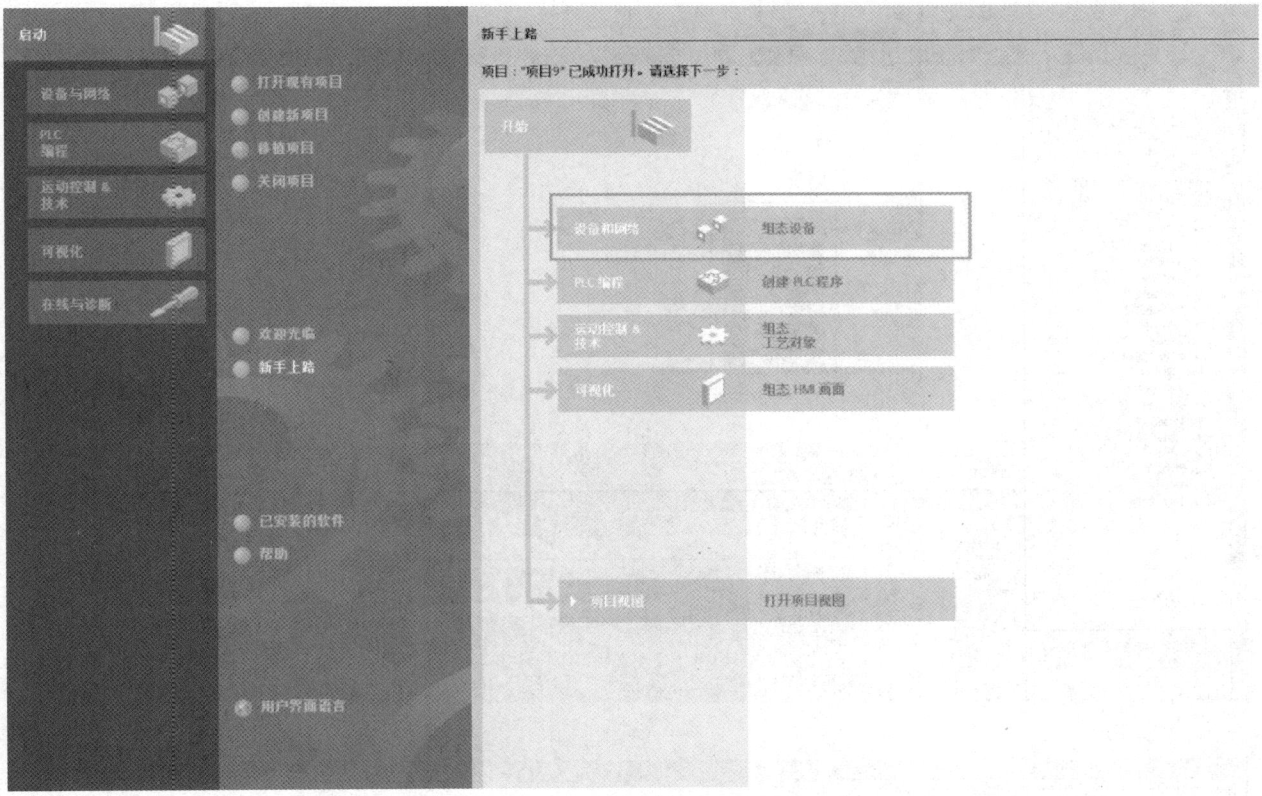
启动
设备与网络
PLC 编程
运动控制 & 技术
可视化
在线与诊断
打开现有项目
创建新项目
移植项目
关闭项目
欢迎光临
新手上路
已安装的软件
帮助
用户界面语言
新手上路
项目："项目9" 已成功打开。请选择下一步：
开始
设备和网络
组态设备
PLC 编程
创建 PLC 程序
运动控制 & 技术
组态 工艺对象
可视化
组态 HMI 画面
项目视图
打开项目视图

图 1－11　选择“组态设备”

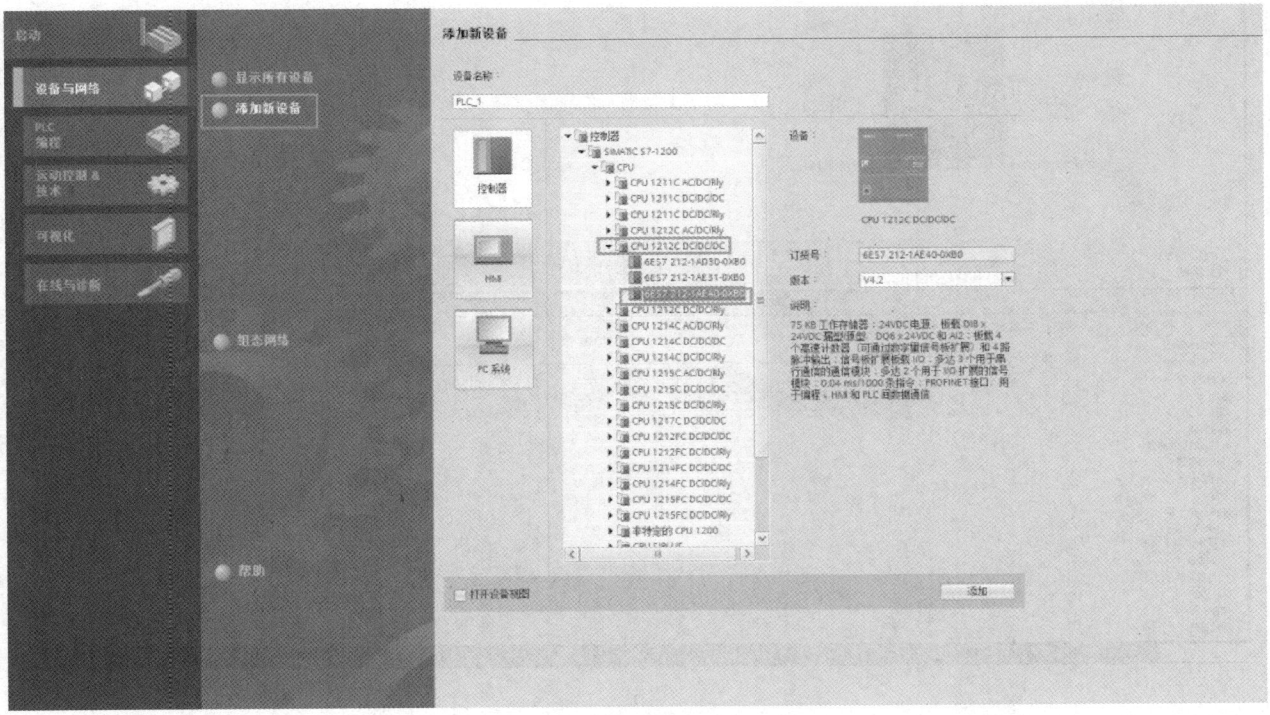
启动
设备与网络
PLC 编程
运动控制 & 技术
可视化
在线与诊断
显示所有设备
添加新设备
组态网络
帮助
添加新设备
设备名称：
PLC_1
控制器
HMI
PC 系统
控制器
SIMATIC S7-1200
CPU
CPU 1211C AC/DC/Rly
CPU 1211C DC/DC/DC
CPU 1211C DC/DC/Rly
CPU 1212C AC/DC/Rly
CPU 1212C DC/DC/DC
6ES7 212-1AD30-0XB0
6ES7 212-1AE31-0XB0
6ES7 212-1AE40-0XB0
CPU 1212C DC/DC/Rly
CPU 1214C AC/DC/Rly
CPU 1214C DC/DC/DC
CPU 1214C DC/DC/Rly
CPU 1215C AC/DC/Rly
CPU 1215C DC/DC/DC
CPU 1215C DC/DC/Rly
CPU 1217C DC/DC/DC
CPU 1212FC DC/DC/DC
CPU 1212FC DC/DC/Rly
CPU 1214FC DC/DC/DC
CPU 1214FC DC/DC/Rly
CPU 1215FC DC/DC/DC
CPU 1215FC DC/DC/Rly
非特定的 CPU 1200
设备：
CPU 1212C DC/DC/DC
订货号：
6ES7 212-1AE40-0XB0
版本：
V4.2
说明：
打开设备视图
添加

图 1－12　添加新设备

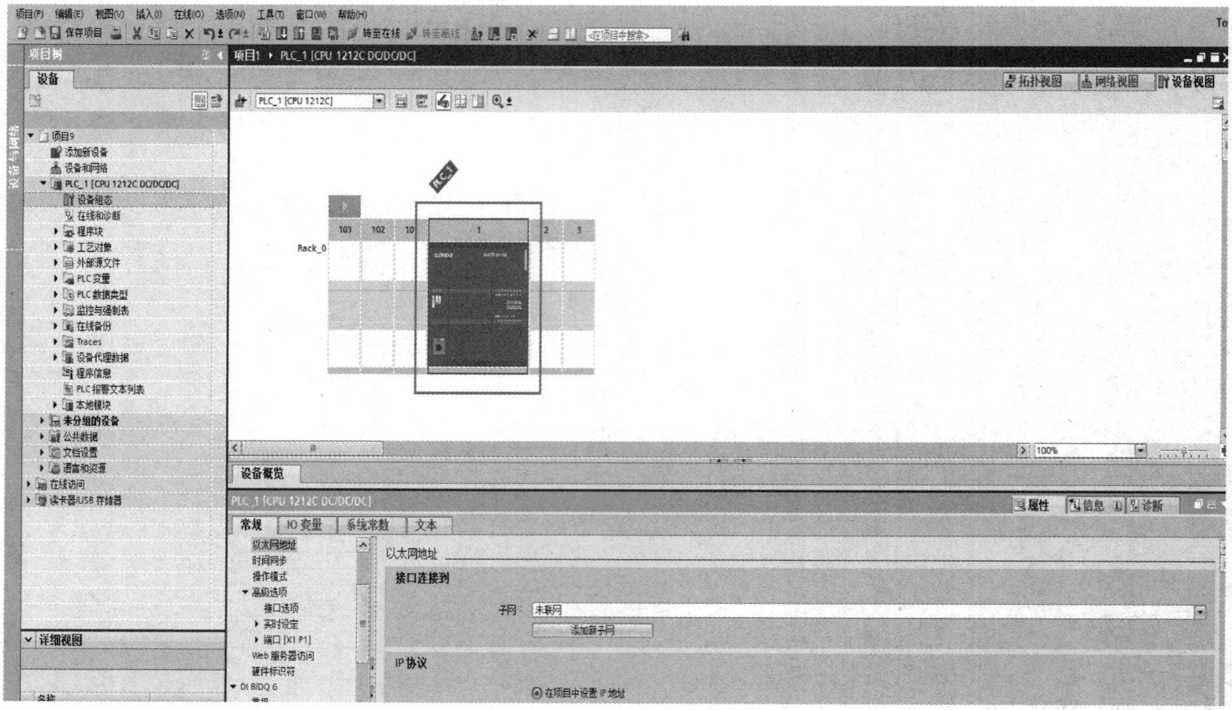
项目(P) 编辑(E) 视图(V) 插入(I) 在线(O) 选项(N) 工具(T) 窗口(W) 帮助(H)
保存项目
转至在线
转至离线
<在项目中搜索>
项目树
设备
项目9
添加新设备
设备和网络
PLC_1 [CPU 1212C DC/DC/DC]
设备组态
在线和诊断
程序块
工艺对象
外部源文件
PLC 变量
PLC 数据类型
监控与强制表
在线备份
Traces
设备代理数据
程序信息
PLC 报警文本列表
本地模块
未分组的设备
公共数据
文档设置
语言和资源
在线访问
读卡器/USB 存储器
详细视图
项目1 ▸ PLC_1 [CPU 1212C DC/DC/DC]
拓扑视图
网络视图
设备视图
PLC_1 [CPU 1212C]
PLC_1
Rack_0
103
102
1
2
3
100%
设备概览
PLC_1 [CPU 1212C DC/DC/DC]
属性
信息
诊断
常规
IO 变量
系统常数
文本
以太网地址
时间同步
操作模式
高级选项
接口选项
实时设定
端口 [X1 P1]
Web 服务器访问
硬件标识符
DI 8/DQ 6
以太网地址
接口连接到
子网：
未联网
添加新子网
IP 协议
在项目中设置 IP 地址

（a）

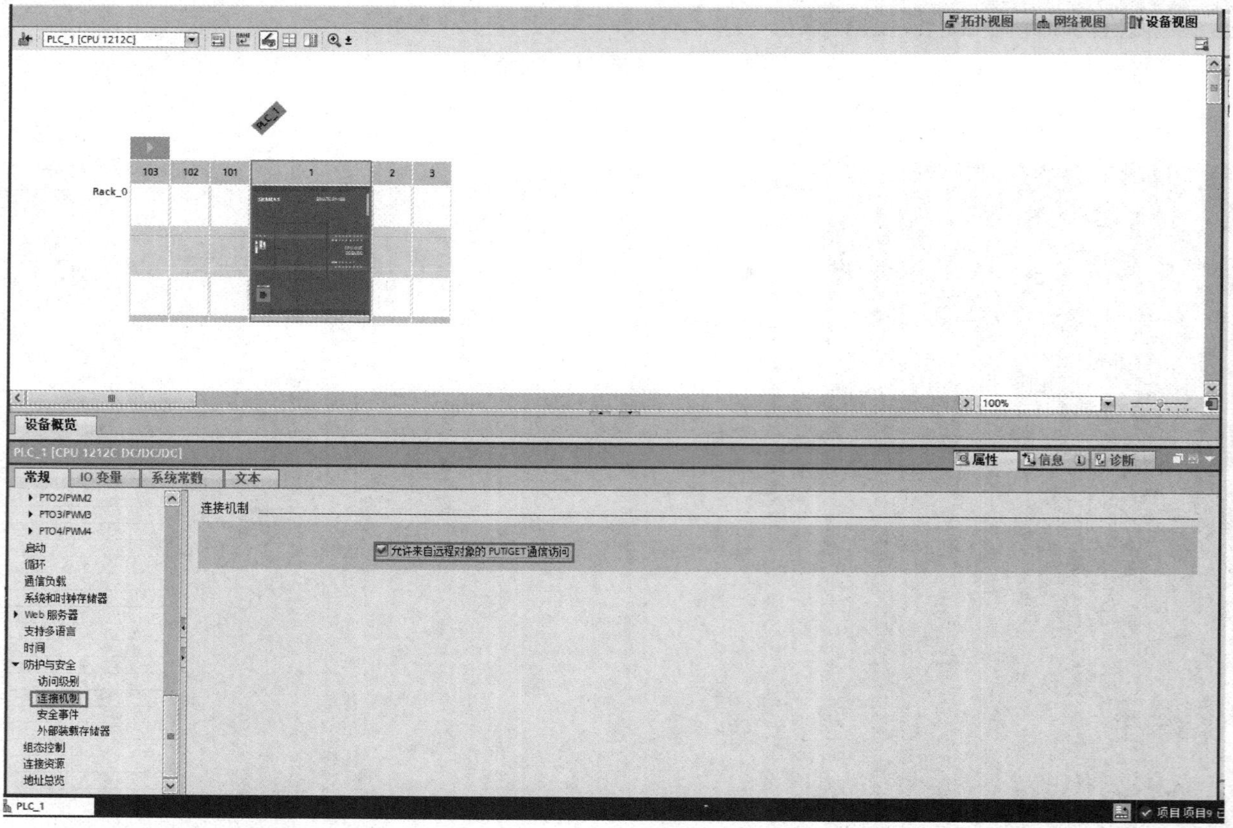
拓扑视图
网络视图
设备视图
PLC_1 [CPU 1212C]
PLC_1
Rack_0
103
102
101
1
2
3
SIEMENS
100%
设备概览
PLC_1 [CPU 1212C DC/DC/DC]
属性
信息
诊断
常规
IO 变量
系统常数
文本
PTO2/PWM2
PTO3/PWM3
PTO4/PWM4
启动
循环
通信负载
系统和时钟存储器
Web 服务器
支持多语言
时间
防护与安全
访问级别
连接机制
安全事件
外部装载存储器
组态控制
连接资源
地址总览
连接机制
允许来自远程对象的 PUT/GET 通信访问
PLC_1
项目 项目9

（b）

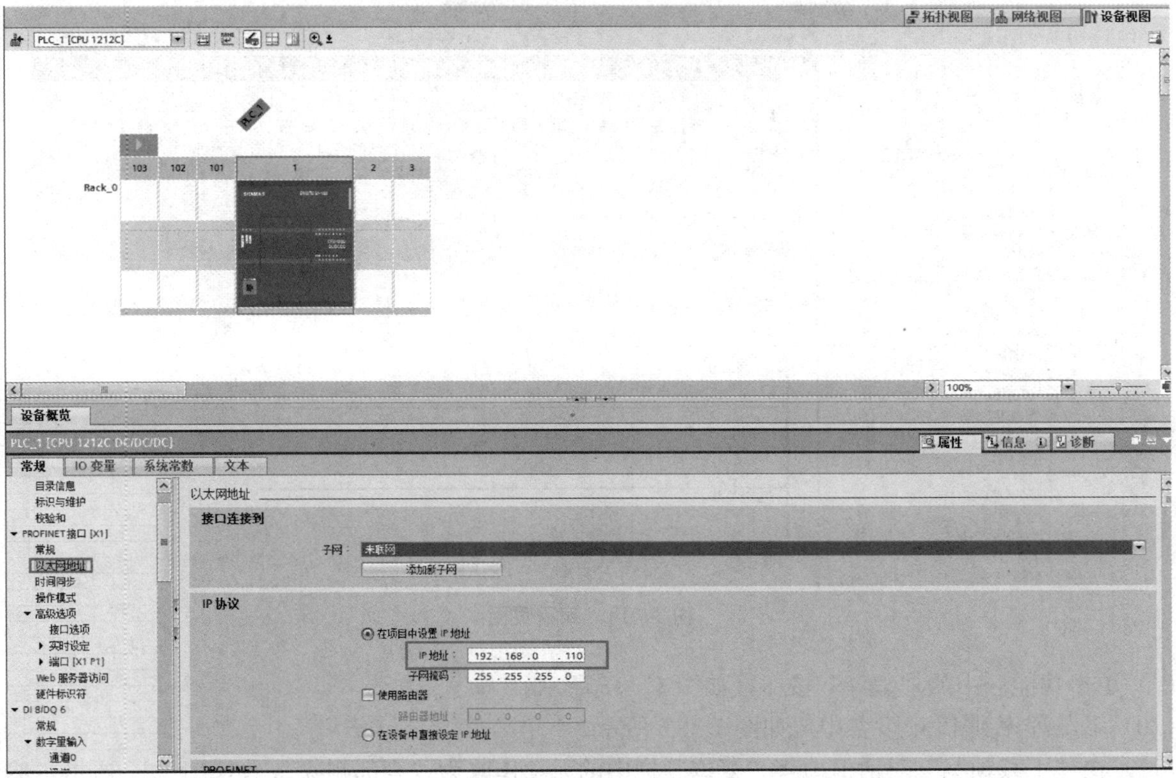
拓扑视图
网络视图
设备视图
PLC_1 [CPU 1212C]
Rack_0
设备概览
PLC_1 [CPU 1212C DC/DC/DC]
属性
信息
诊断
常规
IO 变量
系统常数
文本
以太网地址
接口连接到
子网：
未联网
添加新子网
IP 协议
在项目中设置 IP 地址
IP 地址：192 . 168 . 0 . 110
子网掩码：255 . 255 . 255 . 0
使用路由器
在设备中直接设定 IP 地址

(c)

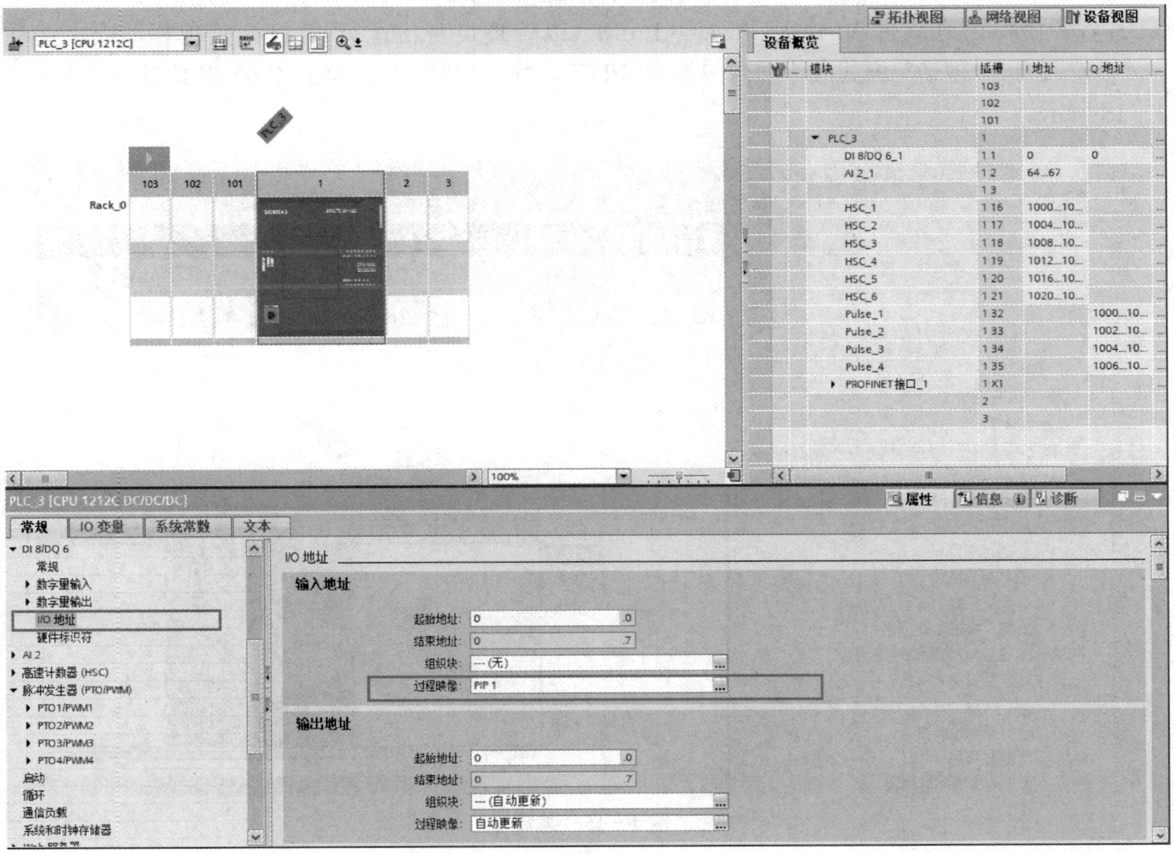
拓扑视图
网络视图
设备视图
PLC_3 [CPU 1212C]
Rack_0
设备概览
模块
插槽
I 地址
Q 地址
PLC_3 [CPU 1212C DC/DC/DC]
属性
信息
诊断
常规
IO 变量
系统常数
文本
I/O 地址
输入地址
起始地址：0
结束地址：0
组织块：--- (无)
过程映像：PIP 1
输出地址
起始地址：0
结束地址：0
组织块：--- (自动更新)
过程映像：自动更新

(d)

图 1－13　设备组态

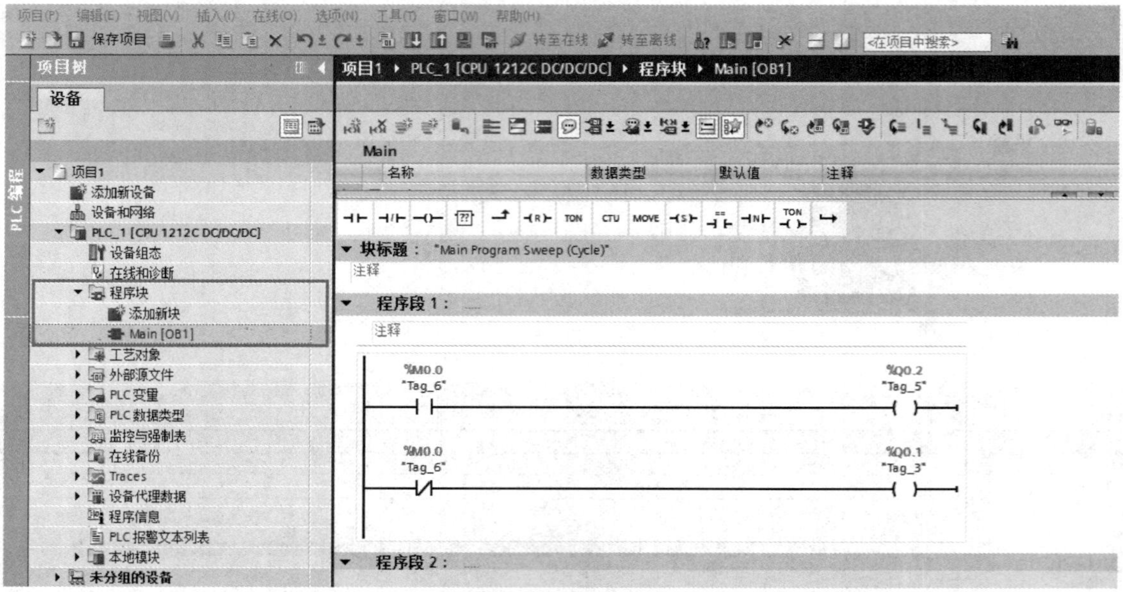

图 1 - 14　编程页面

（9）单击功能区中的“编译”按钮，如图 1 - 15 所示。

（10）下载程序到 PLC 设备中，如图 1 - 16 所示。

（11）在“下载预览”对话框中将“复位”栏中的无动作改为“全部删除”，如图 1 - 17 所示，然后进行装载。至此，我们完成了第一步——将 PLC 程序装载到实际 PLC 装置上。

（12）打开模拟仿真软件 Virtual Universe Pro 3（以管理员身份运行），打开菜单栏，依次选择“配置”→“设置”，将“驱动”模式改为“西门子 S7 PLC”，“IP 地址”设置为 PLC 的 IP 地址 192.168.0.110，如图 1 - 18 所示。

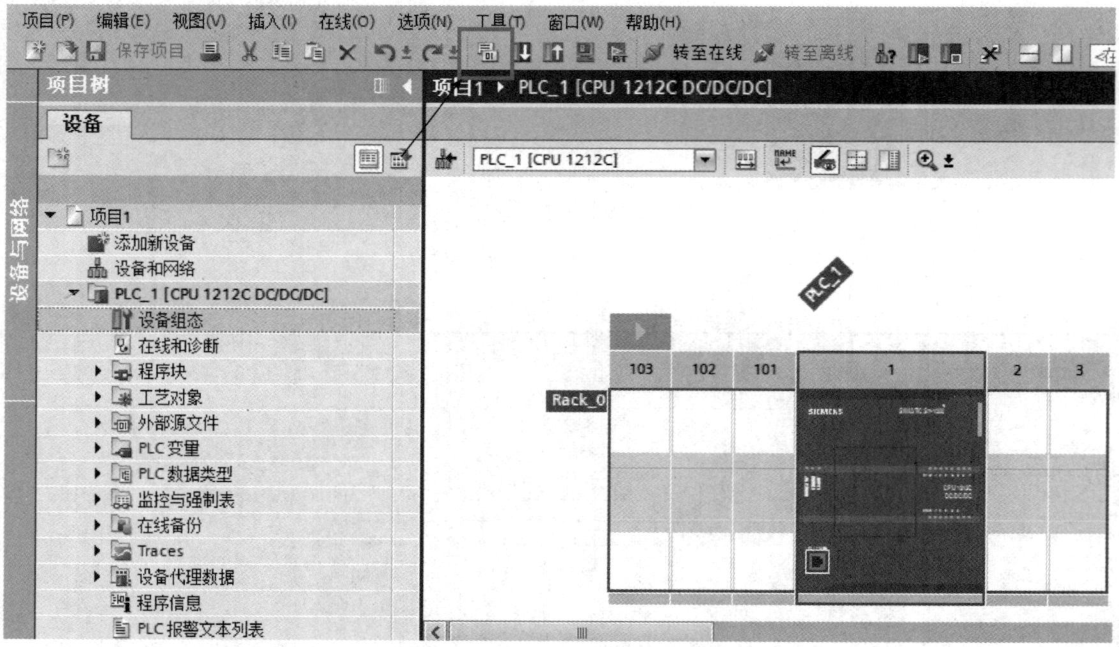

图 1 - 15　编译

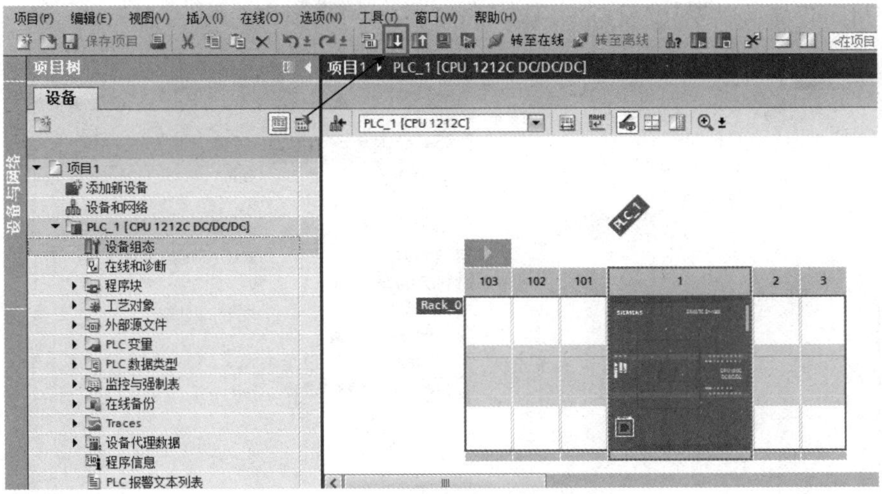

图 1－16　下载 PLC 程序

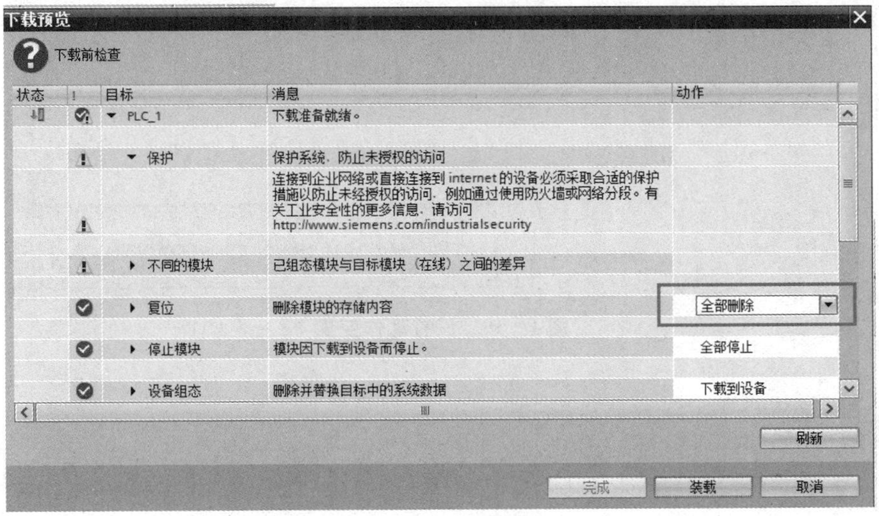

图 1－17　下载预览

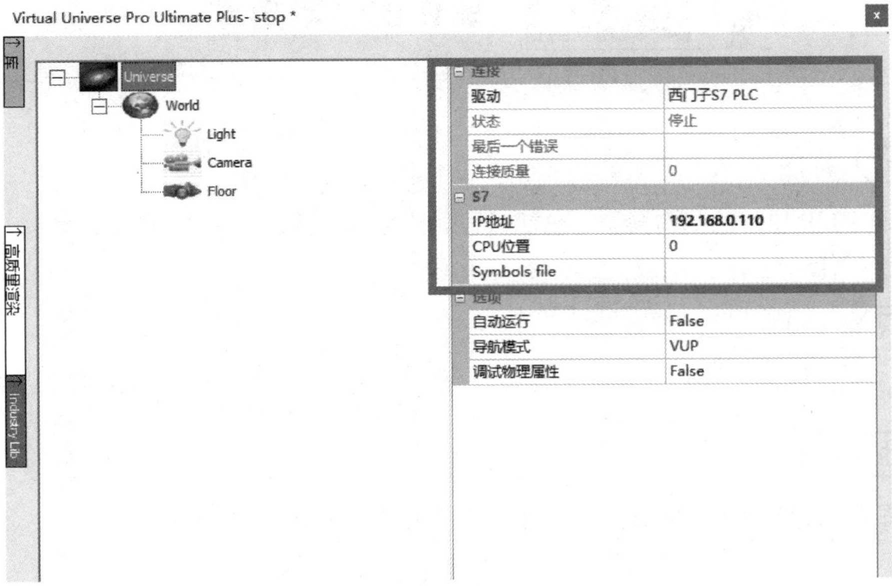

图 1－18　模拟仿真软件 Virtual Universe Pro 3

（13）动作变量可设置为%I0.0、%Q2.0 等，如图 1－19 所示。

图 1－19　设置动作变量

任务引导

任务 1.1　软件的基本操作

• 任务介绍

本任务要完成 VUP 软件的基本操作，包括以管理员身份运行、导入 3D 模型、修改零件尺寸的基本操作。

微课视频

软件基本操作

• 相关知识

知识点 1.1、知识点 1.2

• 任务实施

（1）以管理员身份运行 VUP 的方法有两种，如图 1－20 和图 1－21 所示。

图 1-20　右击 VUP 软件并选择"以管理员身份运行"

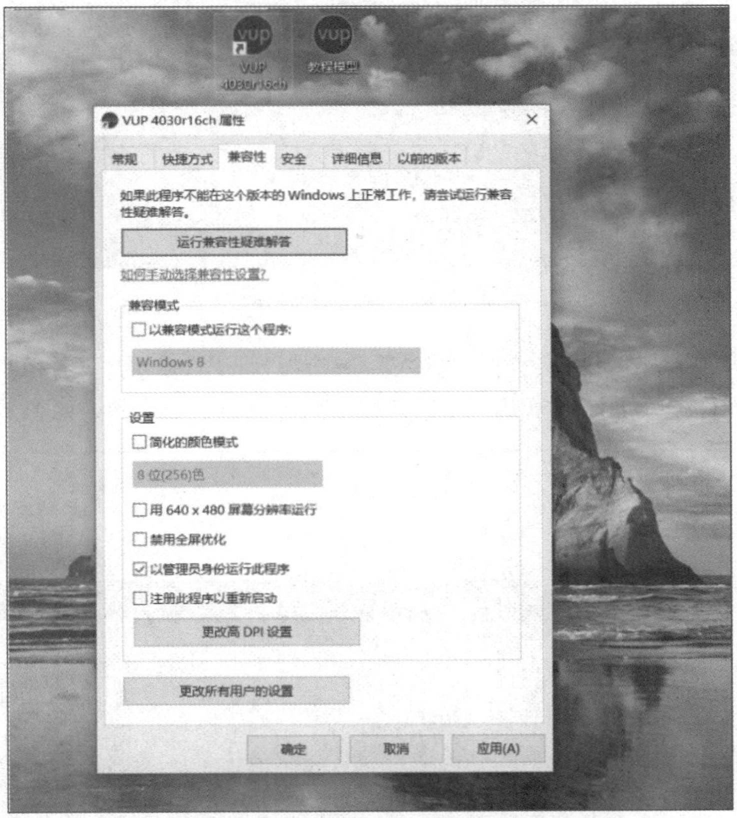

图 1-21　在 VUP 软件"属性"对话框中选择"以管理员身份运行此程序"

（2）鼠标的使用：按住鼠标右键，拖动鼠标可以对场景进行旋转。单击选中目标，可以看见 X-Y-Z 坐标系，按住对应的坐标箭头可以沿着箭头方向进行移动，长按 Ctrl 键再按住对应的坐标箭头可以沿着箭头方向进行缩放，按住对应坐标轴下的圆环可以将模型以对应坐标轴为旋转轴进行旋转。向上滚动滚轮键，即可缩小场景视角；向下滚动滚轮键，即可放大场景视角。按住滚轮键移动可以移动场景视角。

（3）3D 模型的导入：首先，在上方菜单栏中找到“视角”选项并单击，接着单击“属性配置”，这样即可显示或隐藏“属性配置”窗口，如图 1－22 所示。

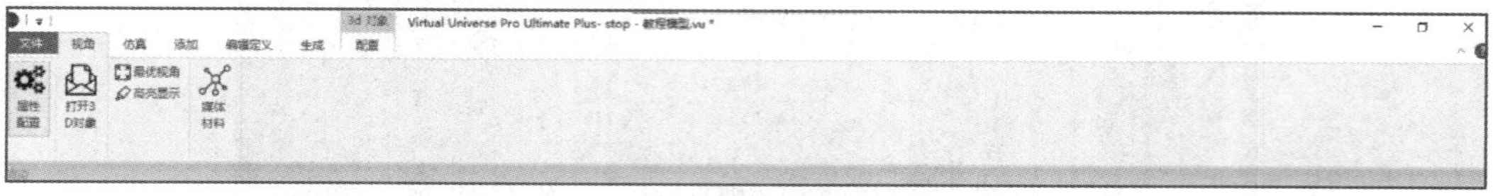

图 1－22　调出“属性配置”窗口

“属性配置”窗口调出后，如图 1－23 所示。

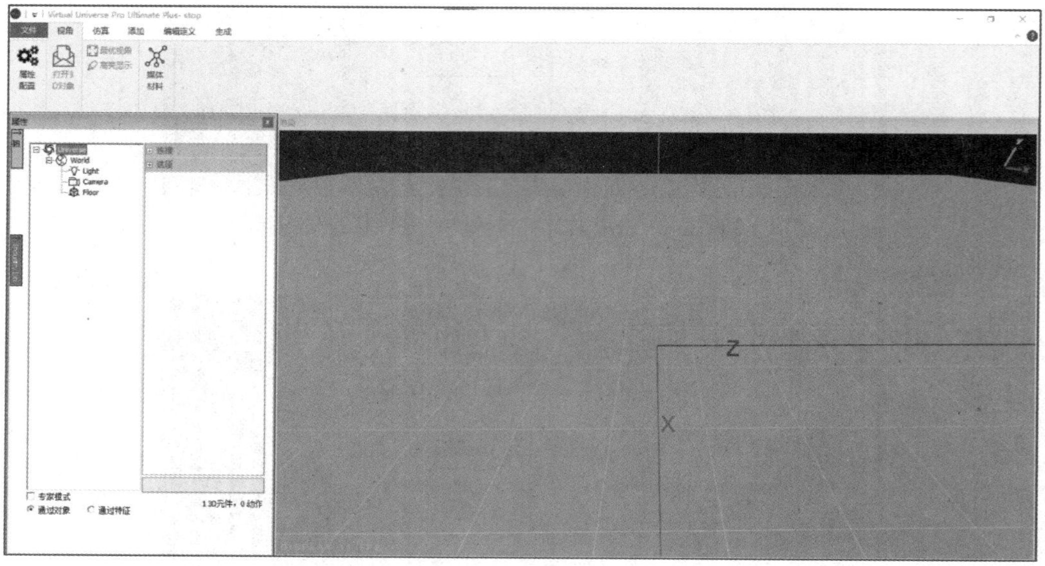

图 1－23　配置菜单页面

右击“World”或者“Floor”，依次选择“导入”→“从 SolidWorks 或一个 3DXML 文件（SolidWorks 或 Catia）”，也可以在元件一级下导入模型，无论其在工程树中的哪个位置，如图 1－24 所示。

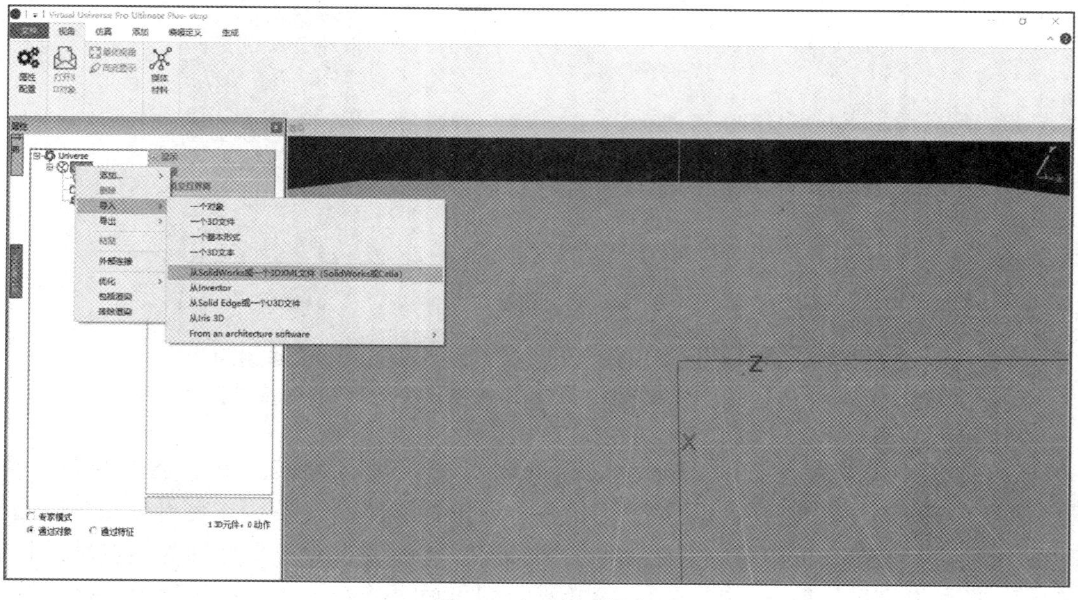

图 1－24　导入模型

此时会弹出一个窗口，列出两种导入方法：一种是“导入 3DXML 文件”，另一种是“导入 SolidWorks 模型”。在此，我们选择“导入 3DXML 文件”方法，如图 1－25 所示。

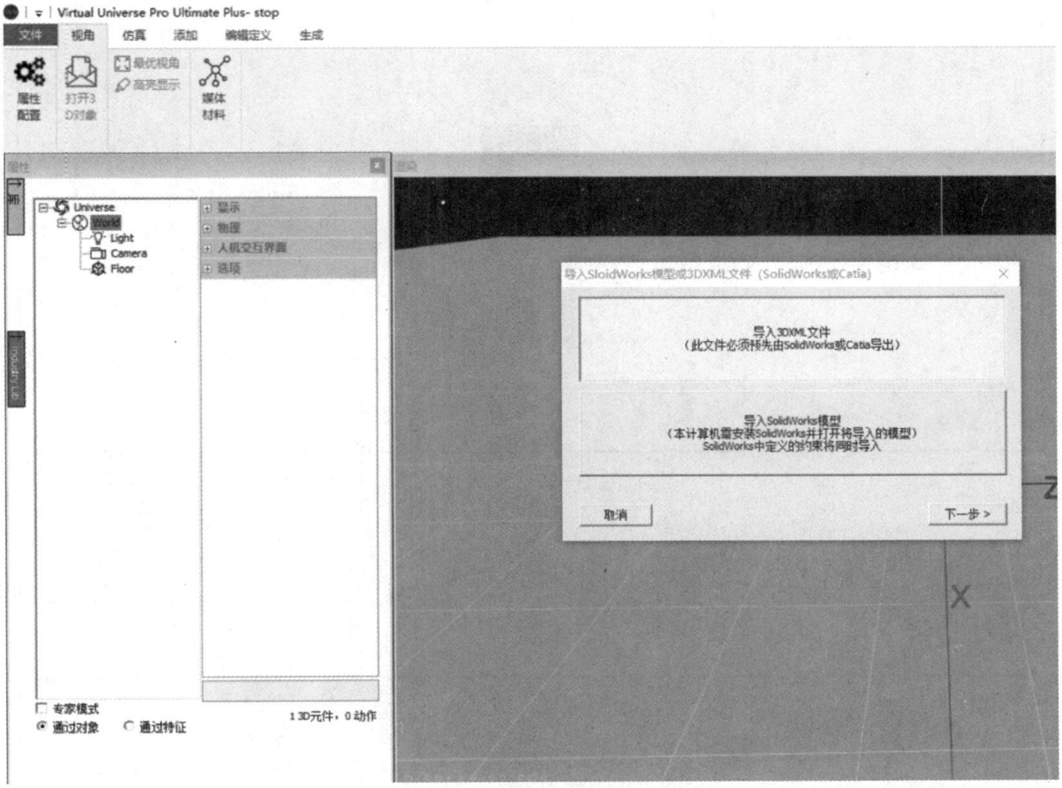

图 1－25　选择导入方法

在弹出窗口中，单击“浏览”按钮，弹出一个浏览窗口，此时可以选择需要导入的 3DXML 文件。选择完成后，返回上方的对话框，单击“导入”按钮，如图 1－26 和图 1－27 所示。

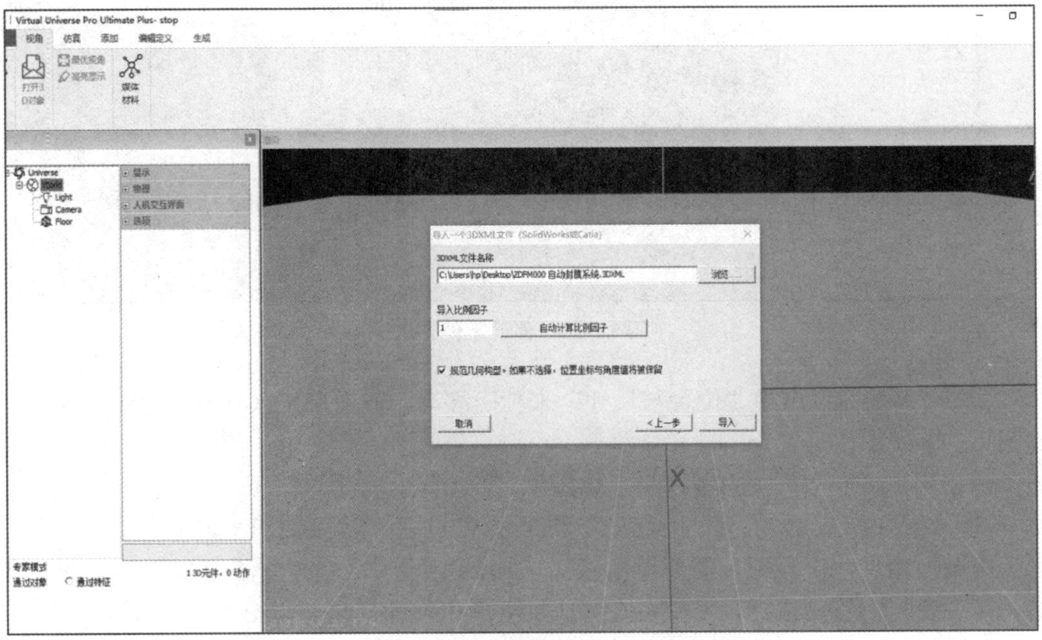

图 1－26　弹出窗口

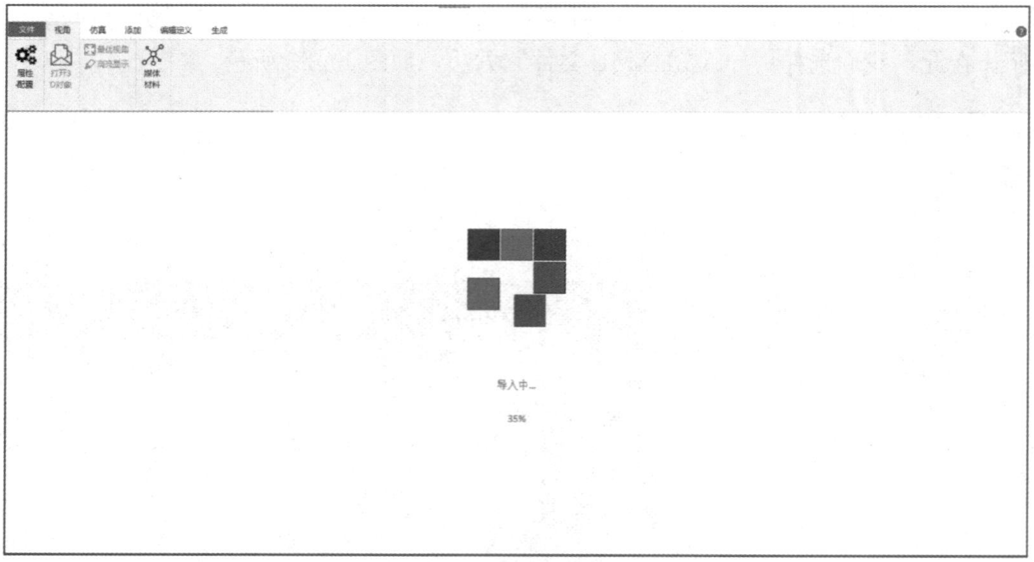

图 1－27　导入中

（4）移动零件有两种方法：

方法 1：直接通过零件附加在罗盘上的箭头（X-Y-Z，移动）和圆环（旋转）来实现移动，如图 1－28 所示。

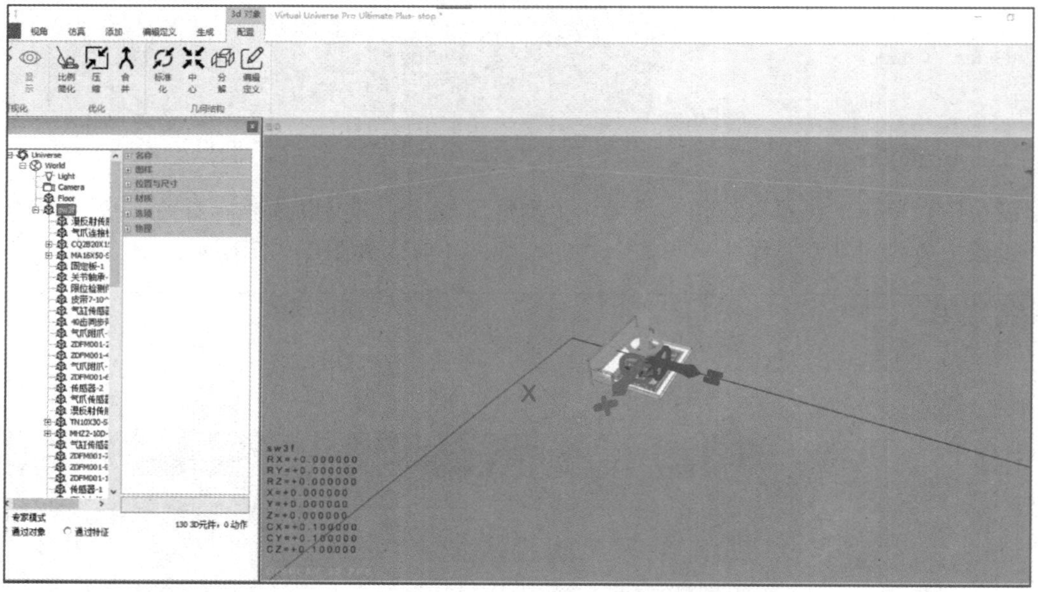

图 1－28　移动零件方法

方法 2：通过局部坐标设定中“位置与尺寸”来精确移动：显示单位（米或者毫米）在 World 的属性中选择，如图 1－29 所示。

与上述步骤相同，再导入一个桌子模型，如图 1－30 所示。

将模型 sw1f 放置在模型 sw2f 上，用移动零件的两种方法移动，如图 1－31 所示。

（5）由于两个模型尺寸不匹配，需要调整模型大小。零件尺寸修改方法：按住 Ctrl 键，鼠标移动到罗盘箭头上，箭头变粗时移动鼠标，零件可在对应轴上产生尺寸变化，如图 1－32 所示。

在该零件的属性栏中，修改位置和尺寸的参数，如图 1－33 所示。

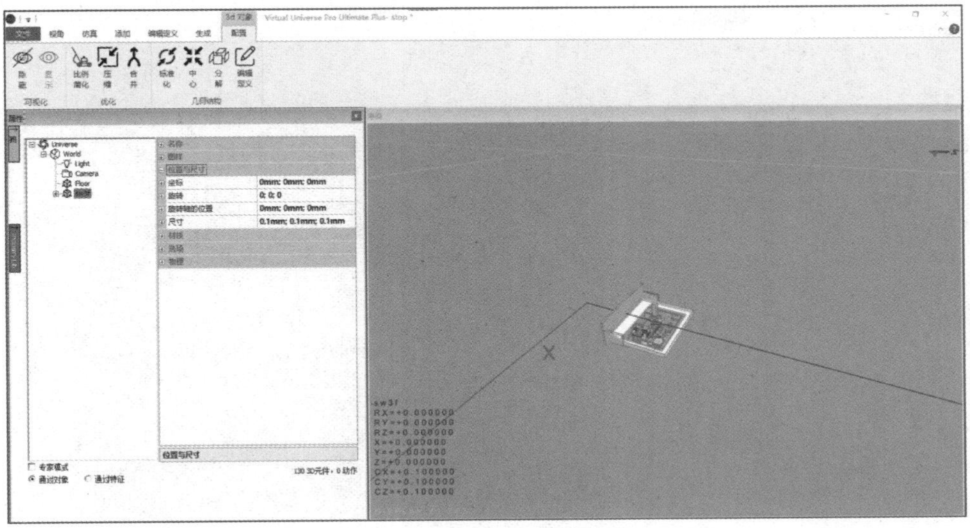

图 1－29　设置 World 的属性

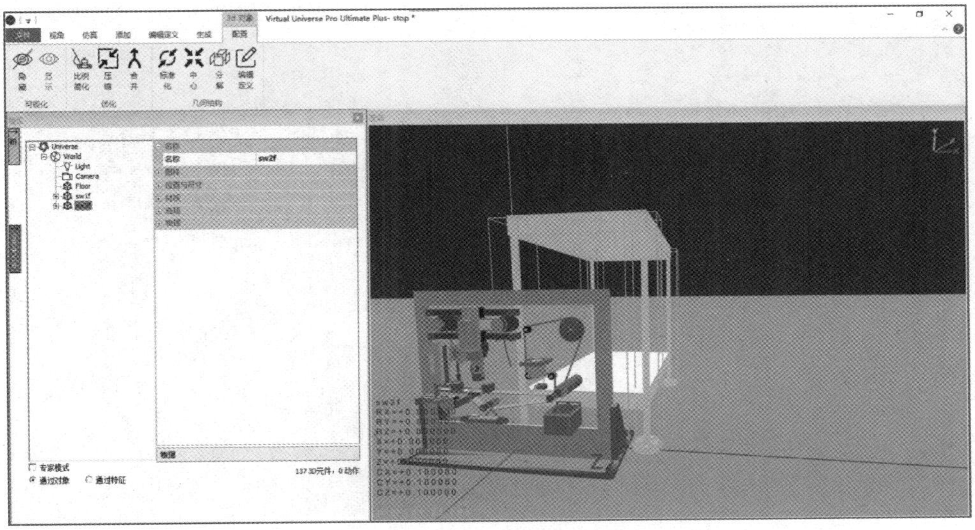

图 1－30　导入桌子模型

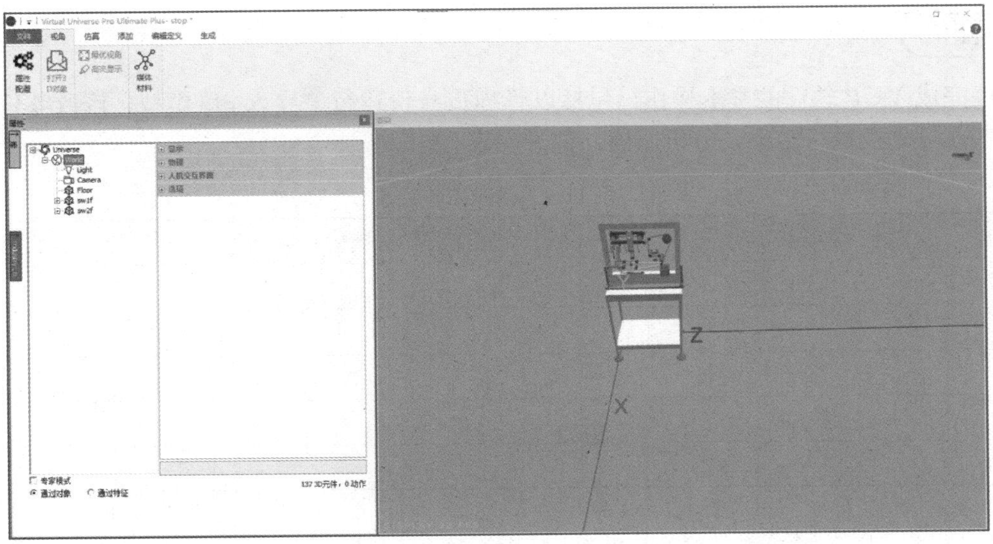

图 1－31　移动后的画面

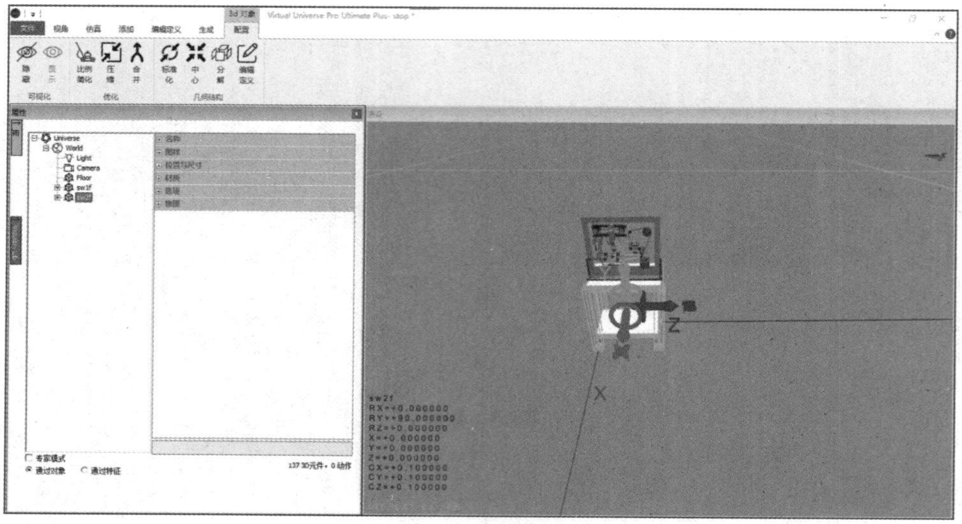

图 1－32　修改零件尺寸

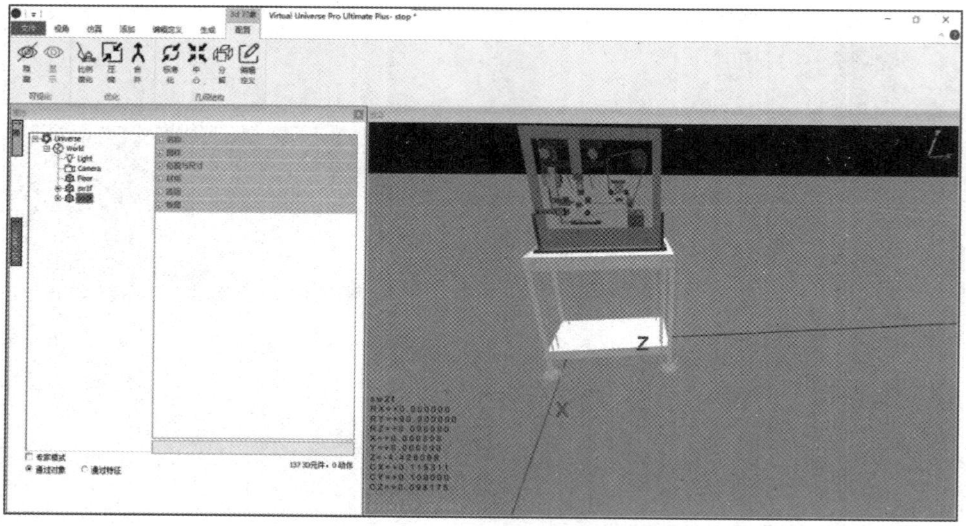

图 1－33　零件尺寸修改后

任务评价

是否正确完成 VUP 软件的基本操作，包括以管理员身份运行、导入 3D 模型、修改零件尺寸的基本操作。验证工作计划及执行结果，分析原因并记录于表 1－1。

表 1－1　阶段工作记录

序号	问题现象描述	原因分析	处理方法
1			
2			
3			
4			
5			

• 素养之窗

根据本任务的特点，主动挖掘出与团队协作、诚信友善、创新创效、规范务实、精益专注、爱岗爱国六大职业素养要素相关的案例并填入表 1－2 中。

表 1－2　素养融入

序号	知识点	素养要素切入点
1		
2		
3		
4		
5		

任务 1.2　父子级设置

• 任务介绍

微课视频

父子级设置

本任务主要学习零件之间的父子级设置。

• 相关知识

知识点 1.1、知识点 1.2

• 任务实施

（1）在右侧场景区域单击某个零件时，相对应的左侧模型树区域会高亮显示。同理，通过单击左侧的模型树区域的模型，相对应的右侧场景区域零件也会高亮显示，如图 1－34 所示。

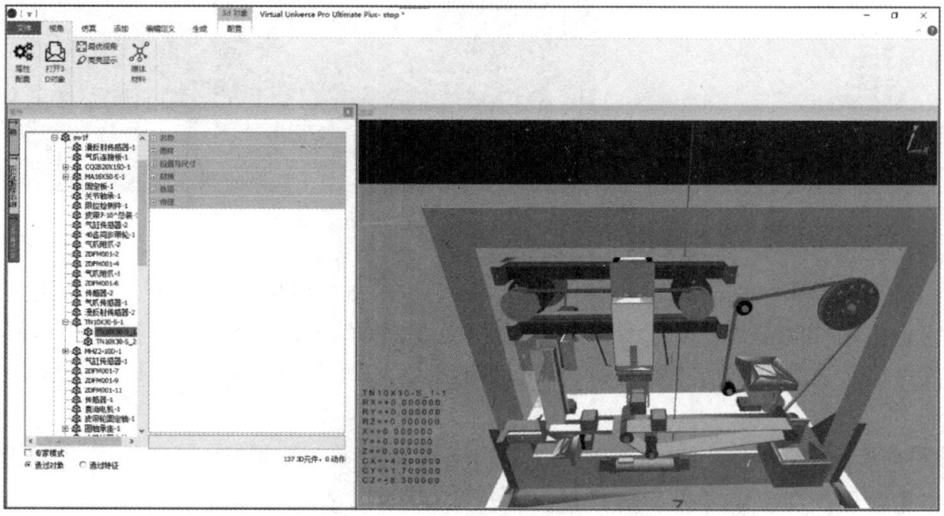

图 1－34　高亮显示

（2）当我们选择左侧模型树的一个零件时，可以看到右侧场景区域对应的零件高亮显示并且出现了一个坐标轴，此时我们可以单击选中任一坐标轴并拖动，就可以让零件顺着坐标轴的方向移动，如图 1－35 所示。

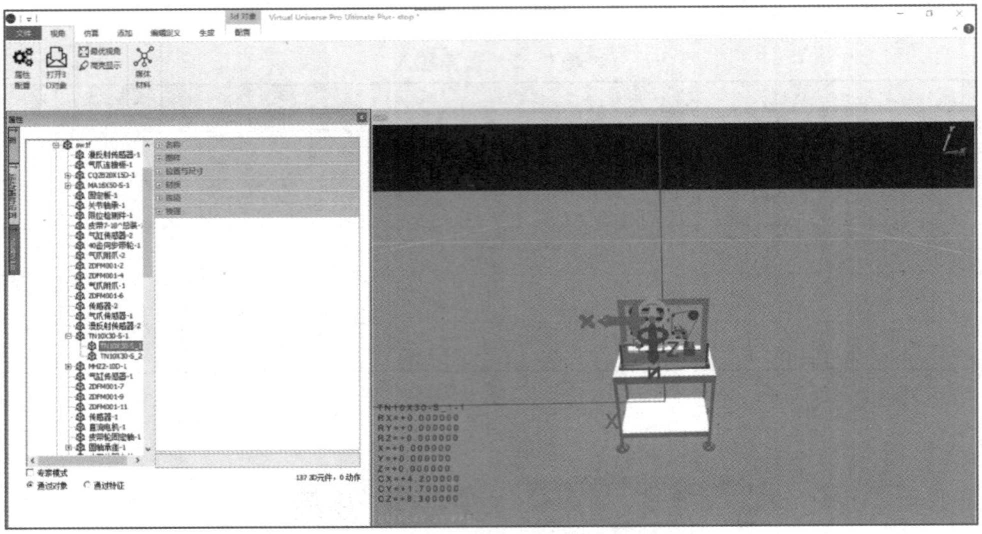

图 1－35　零件顺着坐标轴移动

（3）通过上述操作，可以看到，零件会跟随鼠标进行移动。但是有一个问题，这个零件是单独移动的，它并没有跟随着整个模块进行移动，如图 1－36 所示。

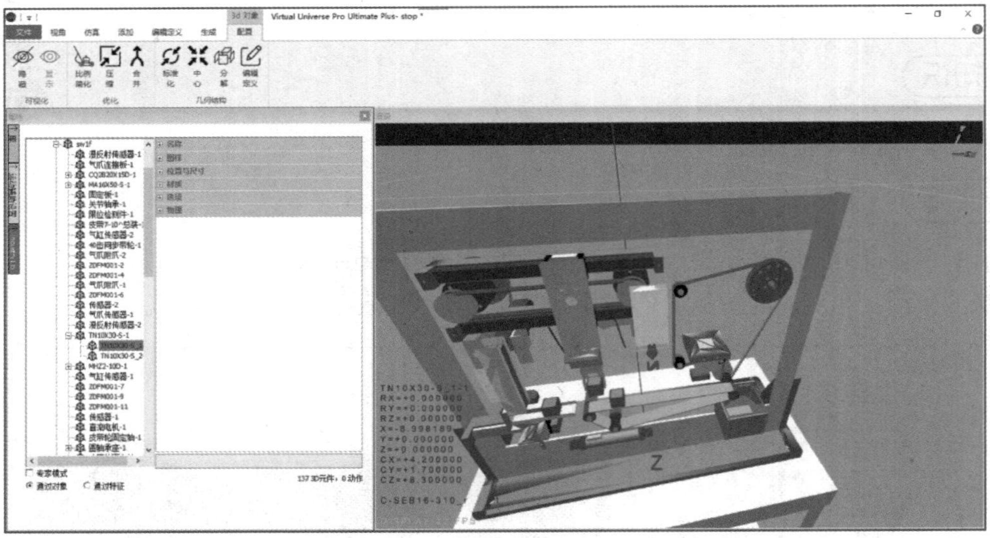

图 1－36　零件单独移动

（4）此时，我们需要引入一个方法，使零件能够跟随模块一起移动，这个方法就是父子级设置。通过将从动件设置为主动件的子级，从动件就可以跟随父级运动。软件中的父子级设置类似于制图软件中的约束关系。首先，右击需要成为子级并被带动的零件，选择“剪切”选项卡，然后选择“此 3D 元件”，如图 1－37 所示。

此时可以看到选中的零件从右侧的场景模块中消失，如图 1－38 所示，此时，零件在剪切板中。

接着，选择需要成为父级的零件，此处选择“连接板-1”，如图 1－39 所示。

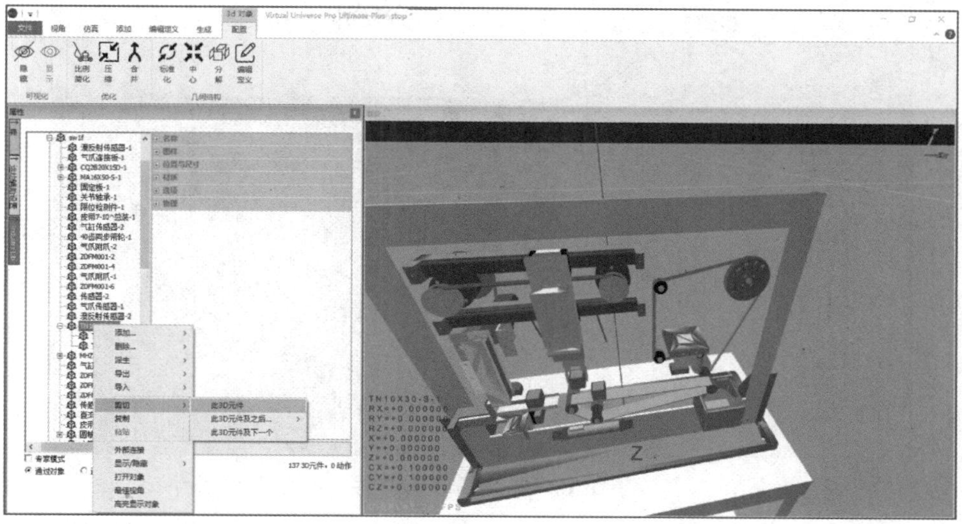

图 1 - 37　剪切此 3D 元件

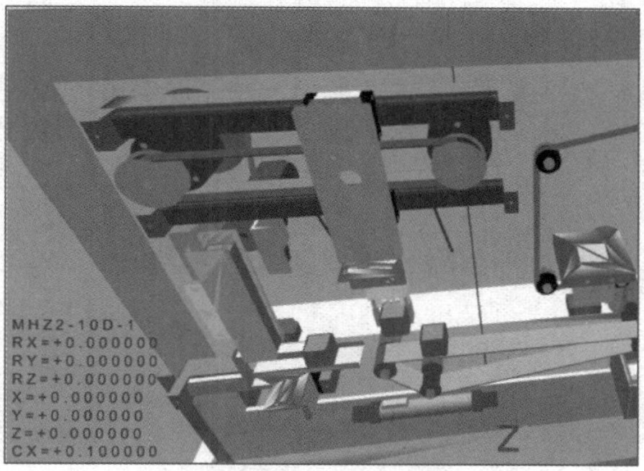

图 1 - 38　零件消失

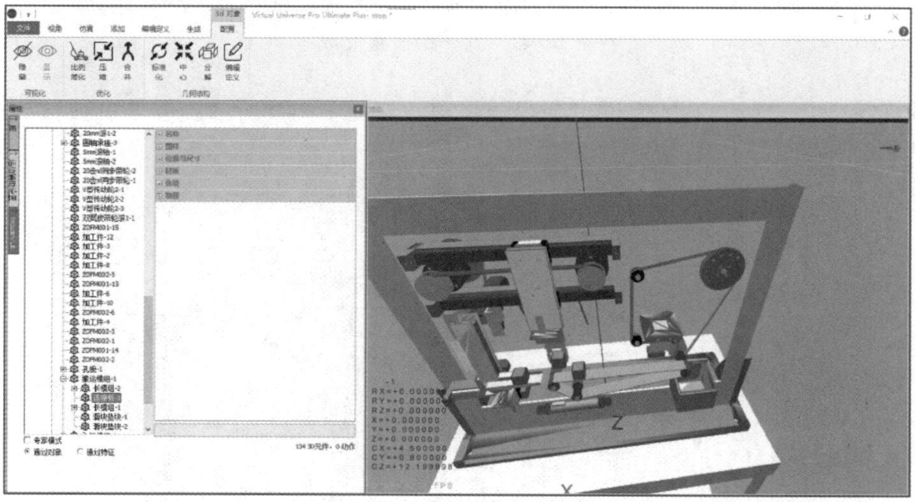

图 1 - 39　选择“连接板- 1”

右击“连接板- 1”选项，接着单击“粘贴”命令，如图 1 - 40 所示。

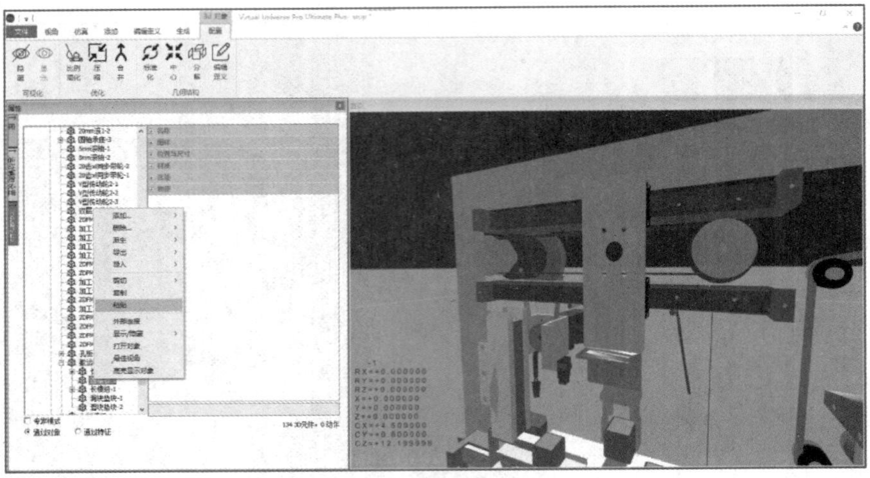

图 1－40　粘贴子级零件

这样就成功设置了相应零件的父子级关系，如图 1－41 所示。

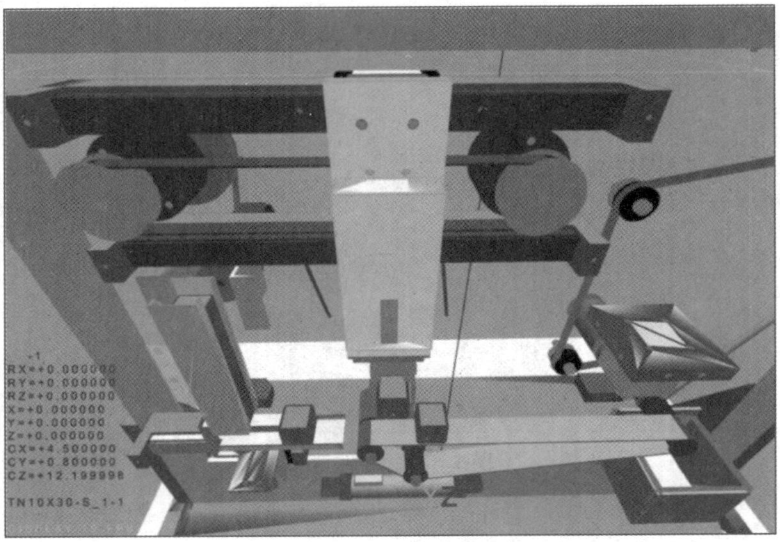

图 1－41　父子级设置完成

此时去移动连接板，子级关系的零件也会跟随移动，如图 1－42 所示。但是单独移动子级的话，父级是不会跟随移动的，如图 1－43 所示。

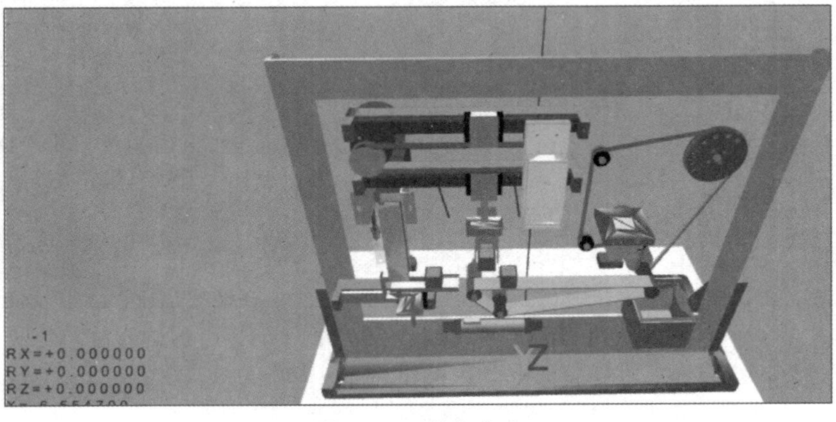

图 1－42　父级移动

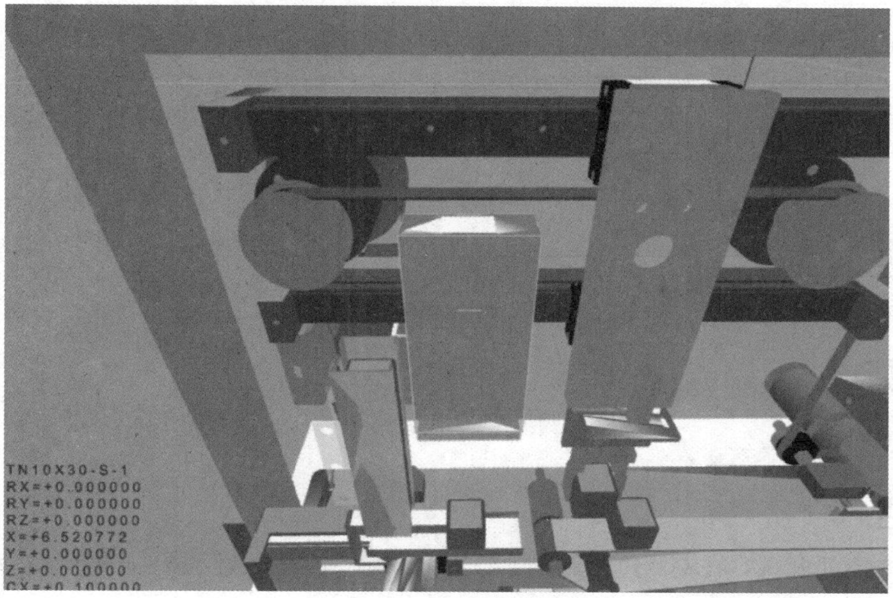

图 1-43　子级移动

• 任务评价

是否正确完成相关零件的父子级设置。验证工作计划及执行结果，分析原因并记录于表 1-3。

表 1-3　阶段工作记录

序号	问题现象描述	原因分析	处理方法
1			
2			
3			
4			
5			

• 素养之窗

根据本任务的特点，主动挖掘出与团队协作、诚信友善、创新创效、规范务实、精益专注、爱岗爱国六大职业素养要素相关的案例并填入表 1-4 中。

表 1-4　素养融入

序号	知识点	素养要素切入点
1		
2		
3		
4		
5		

任务 1.3 添加位置型动作

微课视频

添加位置型动作

任务介绍

对气爪进行位置动作的添加，使其能够在供料站和传送带之间进行移动。

相关知识

知识点 1.1、知识点 1.2

任务实施

(1) 选中机械气爪父级，在左侧边栏右击“C-SEB16-310-b 滑块 1”，接着选择“运动辅助设置”命令，如图 1-44 所示。

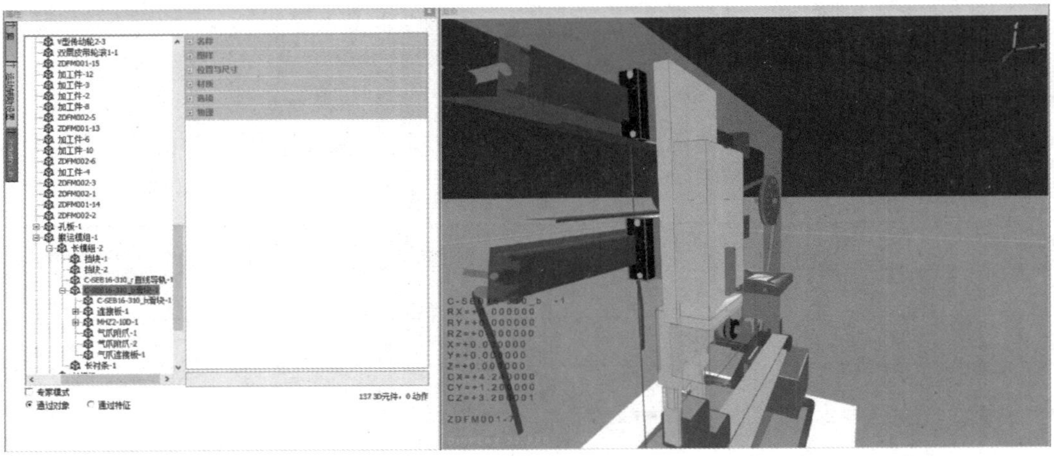

图 1-44 设置气爪父级

(2) 打开界面与功能后，内容分为四大模块：运动方式选择、运动轴向选择、最小和最大位置输入点、指令类型选择框。在运动方式选择中，可以根据需求选择不同的运动方式，包括直线型、旋转型、力、移动、时间、速度和位置等类别。运动轴向包括 X 轴、Y 轴、Z 轴，如图 1-45 所示。

(3) 将气爪父级移动到取料位置后，单击“最小值设置”按钮，如图 1-46 所示。再将气爪父级移动到放料位置后，单击“最大值设置”按钮，如图 1-47 所示。单击“测试”按钮，移动气爪父级可以检验坐标是否合理，当坐标不合理时，重新拖动气爪进行位置的设置。最终参数的设置如图 1-48 所示。

(4) 单击指令类型选择框（图标为省略号），然后弹出如图 1-49 所示的界面。第一栏为直接位置指令，第二栏为相对位置指令，第三栏为启停加减速设置。选择动作值在最大值和最小值之间，然后输入开始值为−69，结束值为 17，勾选第三项配置画面，最后单击“确认”按钮，如图 1-50 所示。

(5) 单击“运动辅助设置”，可以发现气爪父级下多出了动作，如图 1-51 所示。其中，move 是直接写入资源位置，reqpos 是位置设置点，maxspeed 是最大速度（单位为 mm 或 deg/s），acctime 是达到最大速度的时间，dectime 是达到停止的时间。单击“运行”按钮，选中父级中的 reqpos 项，修改当前数值后，可以观察到气爪缓慢向所输入的位置移动。

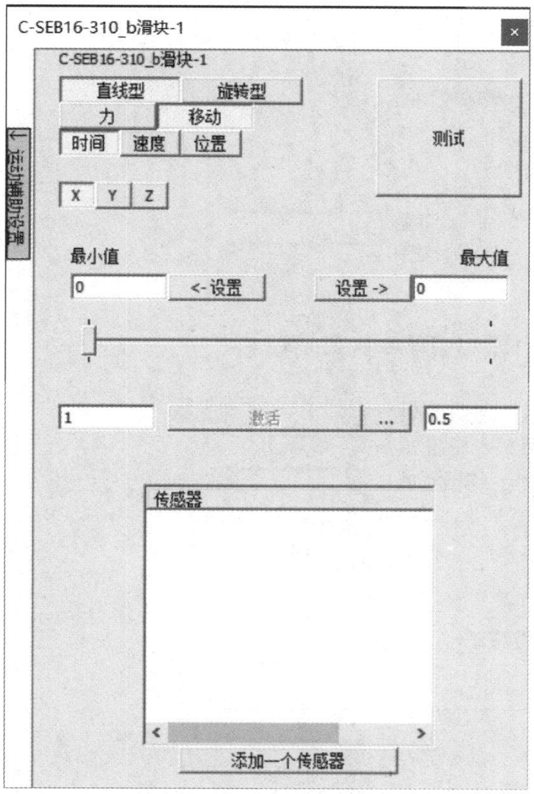

图 1－45　气爪动作的设置界面

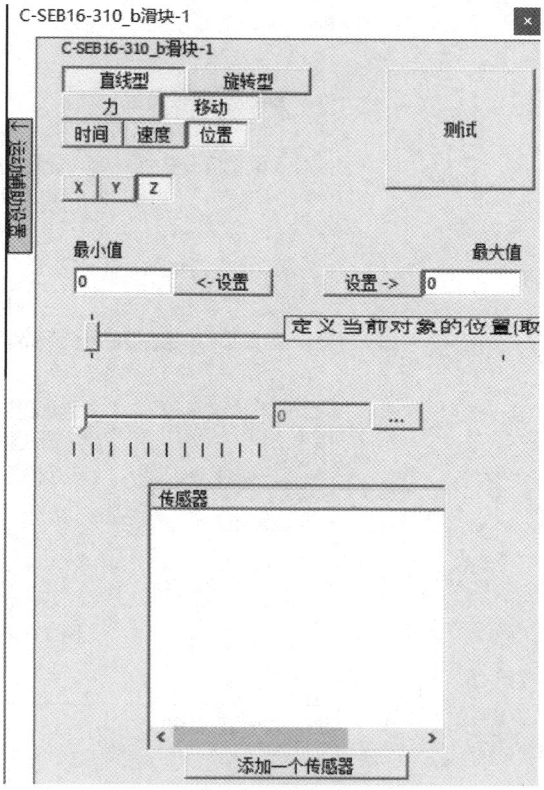

图 1－46　滑块最小值的设置

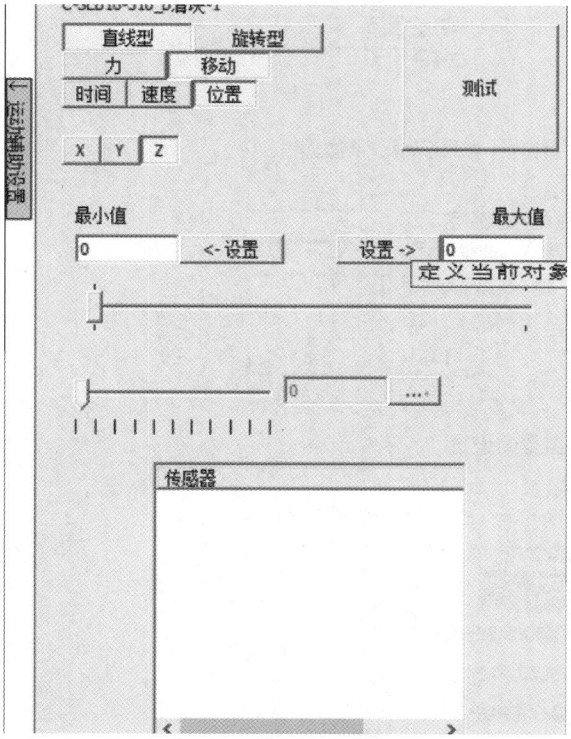

图 1－47　滑块最大值的设置

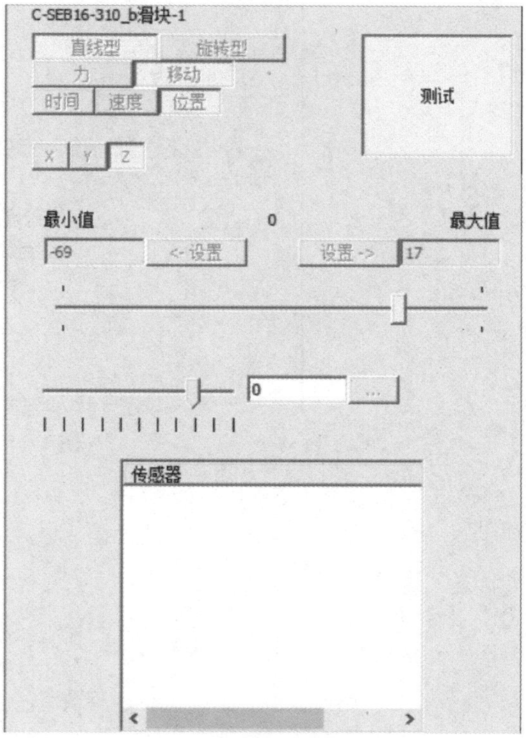

图 1－48　最终参数的设置

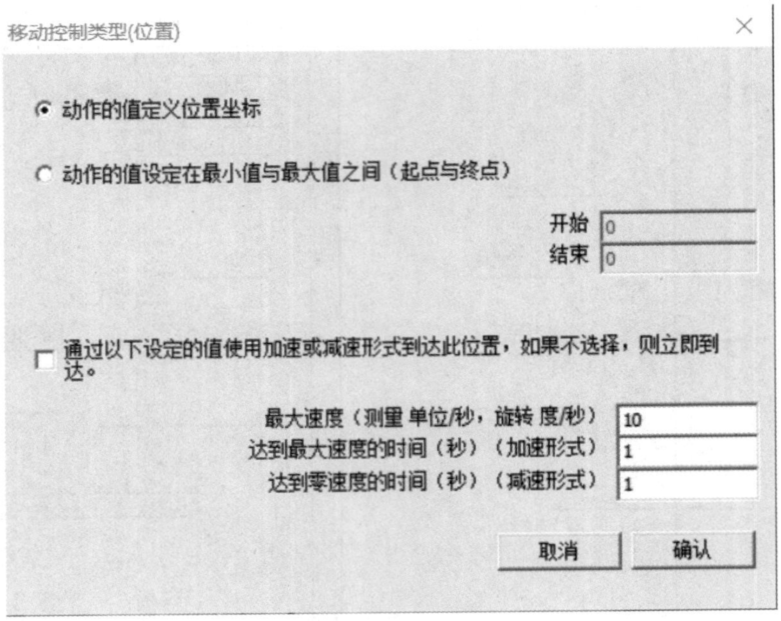
移动控制类型(位置)
动作的值定义位置坐标
动作的值设定在最小值与最大值之间（起点与终点）
开始
0
结束
0
通过以下设定的值使用加速或减速形式到达此位置，如果不选择，则立即到达。
最大速度（测量单位/秒，旋转 度/秒）
10
达到最大速度的时间（秒）（加速形式）
1
达到零速度的时间（秒）（减速形式）
1
取消
确认

图 1-49　设置位置移动

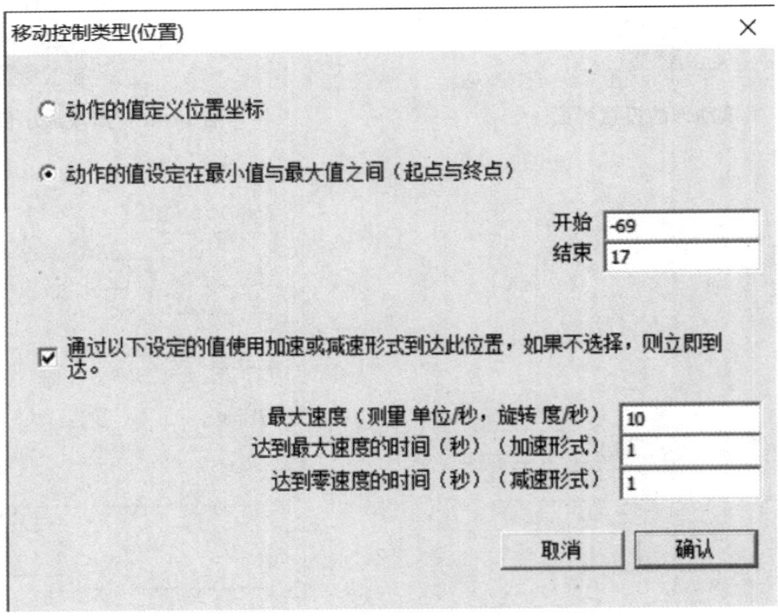
移动控制类型(位置)
动作的值定义位置坐标
动作的值设定在最小值与最大值之间（起点与终点）
开始
-69
结束
17
通过以下设定的值使用加速或减速形式到达此位置，如果不选择，则立即到达。
最大速度（测量单位/秒，旋转 度/秒）
10
达到最大速度的时间（秒）（加速形式）
1
达到零速度的时间（秒）（减速形式）
1
取消
确认

图 1-50　移动控制类型的设置

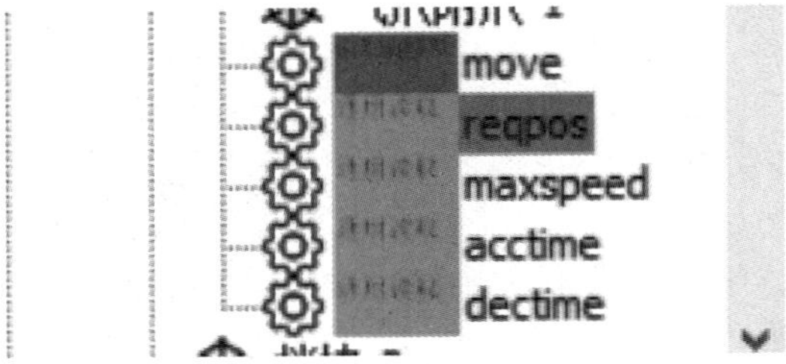
move
reqpos
maxspeed
acctime
dectime

图 1-51　位置型动作的相关参数

• 任务评价

是否正确对气爪进行位置动作的添加。验证工作计划及执行结果，分析原因并记录于表 1－5。

表 1－5　阶段工作记录

序号	问题现象描述	原因分析	处理方法
1			
2			
3			
4			
5			

• 素养之窗

根据本任务的特点，主动挖掘出与团队协作、诚信友善、创新创效、规范务实、精益专注、爱岗爱国六大职业素养要素相关的案例并填入表 1－6 中。

表 1－6　素养融入

序号	知识点	素养要素切入点
1		
2		
3		
4		
5		

任务 1.4　添加时间型动作

• 任务介绍

微课视频

添加时间型动作

本任务主要学习在气爪建立新的父级后，添加伸缩动作和夹紧动作。

• 相关知识

知识点 1.1、知识点 1.2

• 任务实施

（1）对气爪的伸缩（如图 1－52 所示）和夹紧（如图 1－53 和图 1－54 所示）分别进行父子级设置（气爪左右两边均需要设置父子级），并将整个机械手移动到－69 的位置。

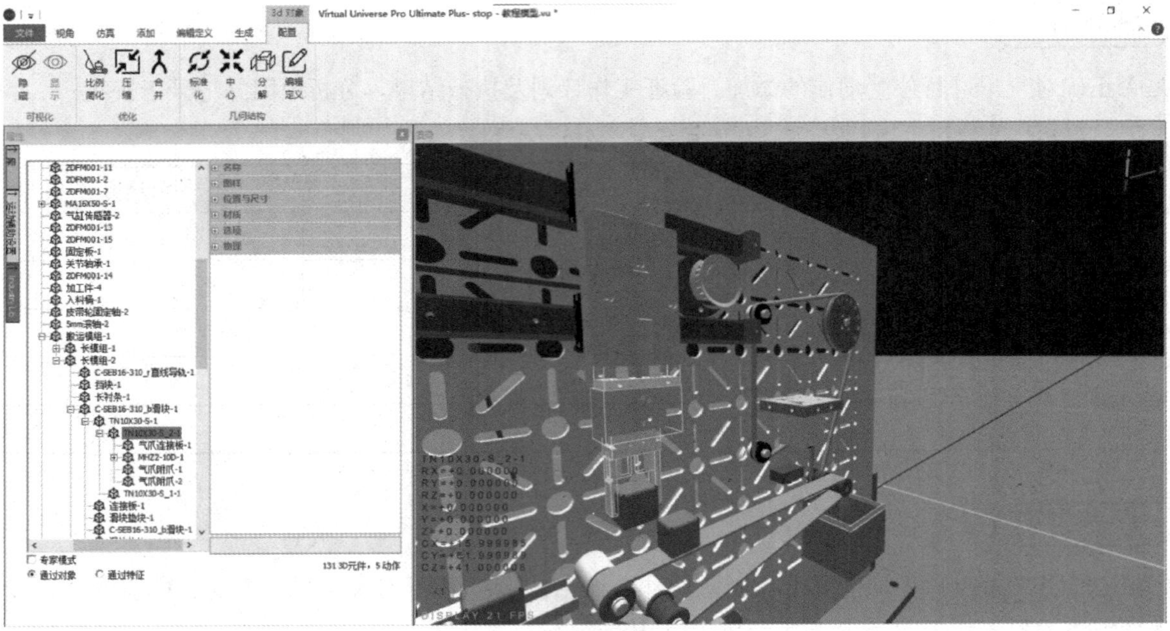

图 1-52　设置气爪伸缩父级

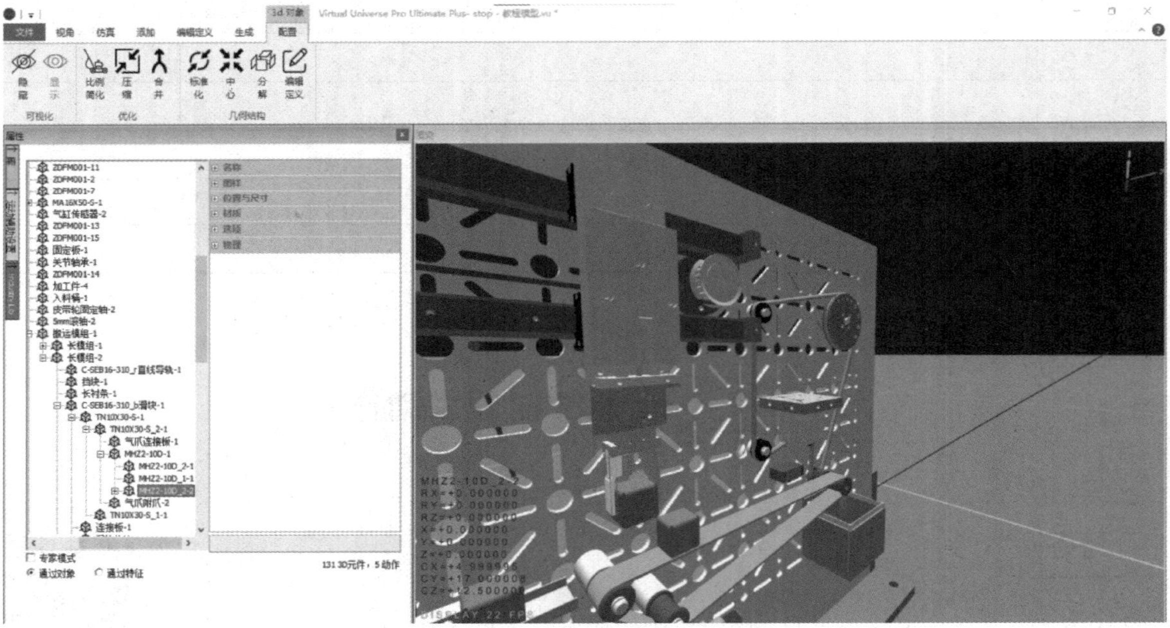

图 1-53　设置左气爪夹紧父级

（2）在气爪伸缩父级中添加伸缩的时间型动作。

时间型动作设置有运动类型选择、运动轴向选择、起点终点位置选择、出发返回时间设置等。以下为具体步骤：

①选中气爪伸缩父级，单击“运动辅助设置”按钮，类型选择“直线型”“移动”“时间”，移动轴选择 Y 轴。

②将气爪伸缩父级原点设置为“最小值”，将夹取物料的位置设置为“最大值”。设定时间为默认值。

③单击“测试”按钮和“激活”按钮看是否达到要求的位置。最终设置的参数如图 1-55 所示。

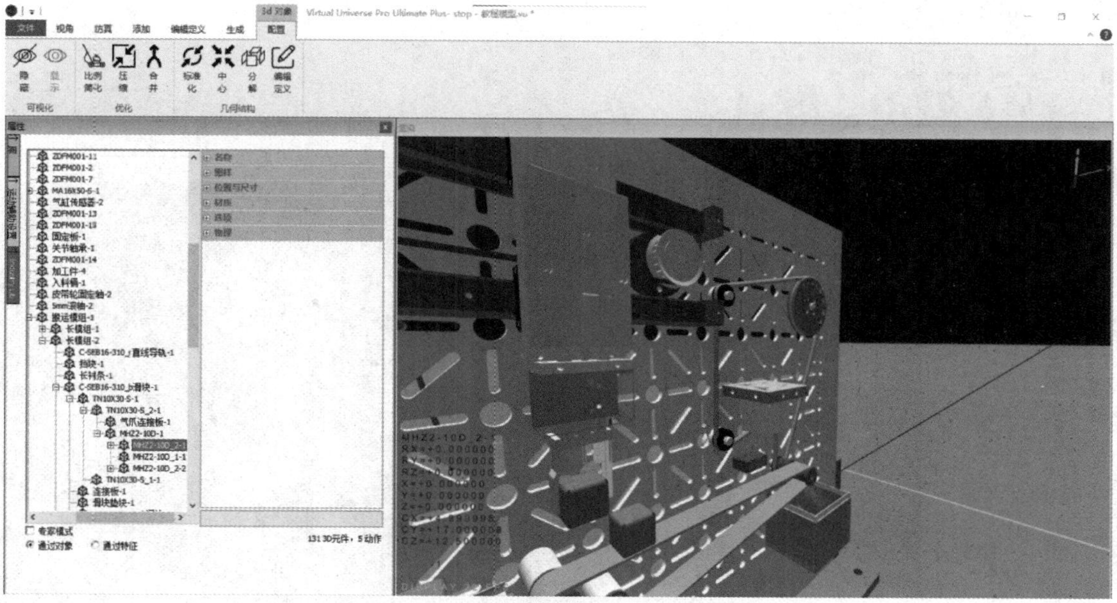

图 1-54　设置右气爪夹紧父级

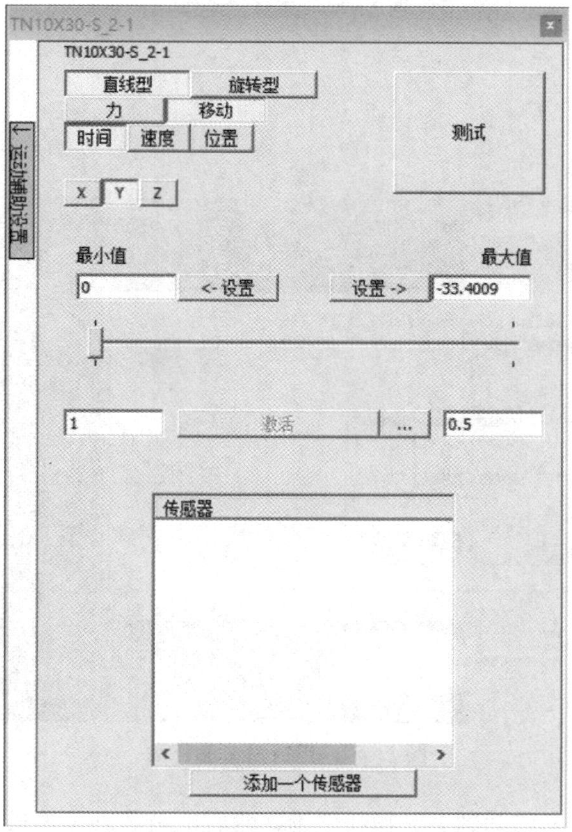

图 1-55　时间型动作设置的界面

(3) 在气爪夹紧父级中添加伸缩的时间型动作。

①将气爪移动到夹紧物料的地方。

②右击气爪夹紧父级后，依次选择“添加”→“动作”命令，如图 1-56 所示，设置“运动与位置”

沿 Z 轴移动，如图 1－57 所示。

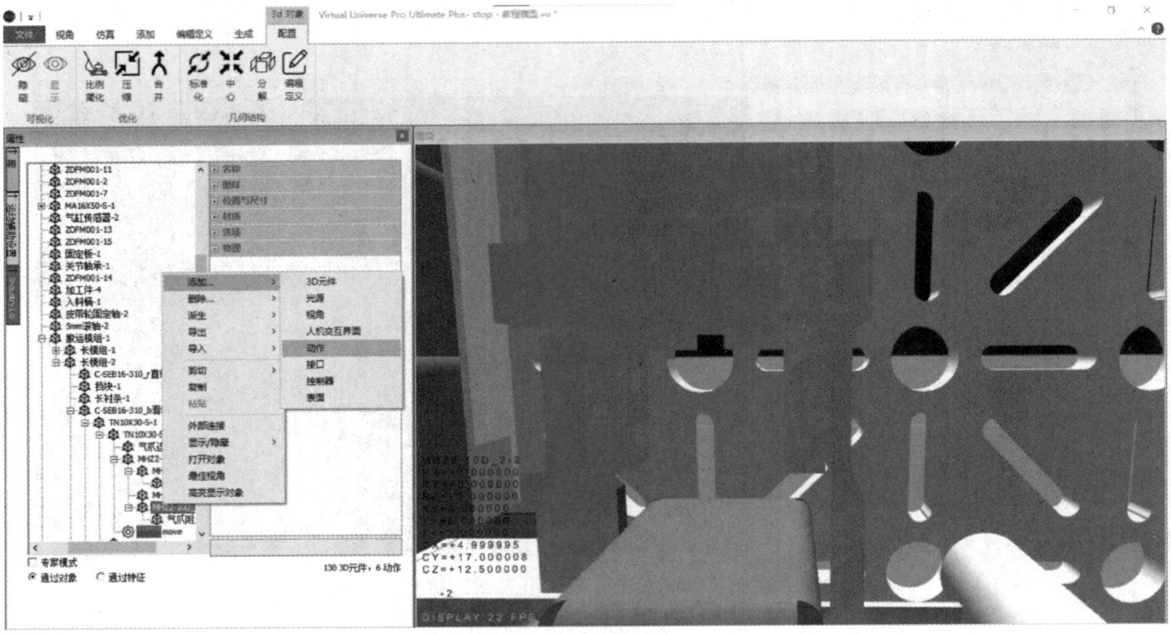

图 1－56　选择“动作”

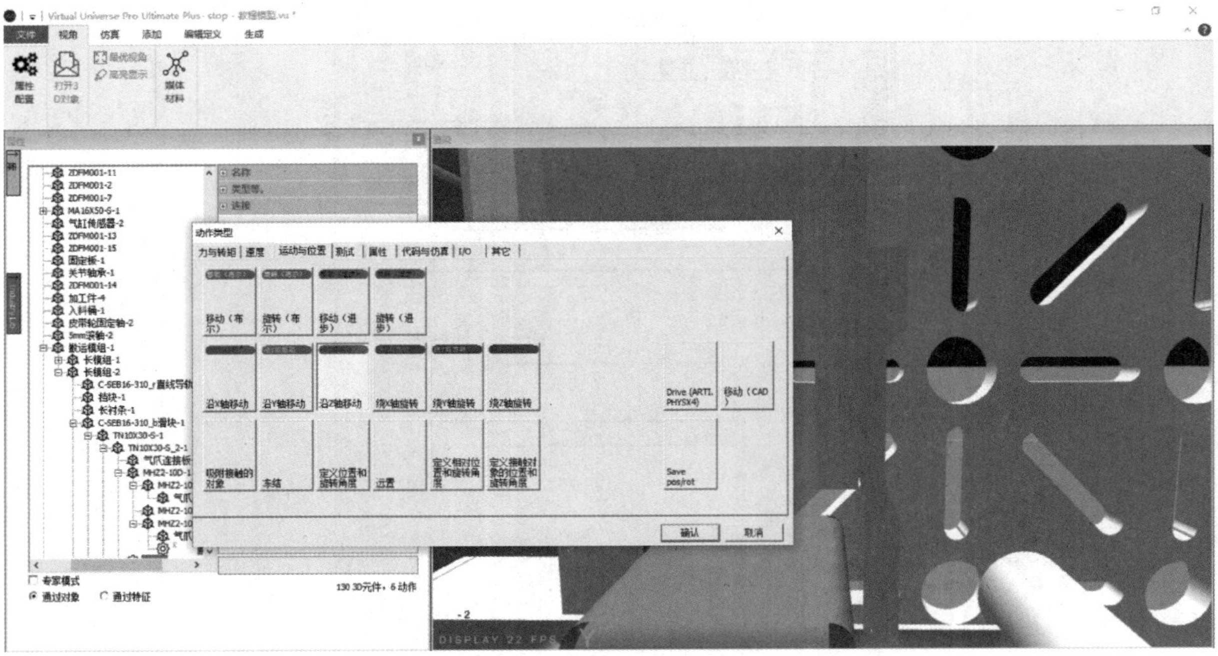

图 1－57　选择沿 Z 轴移动

③选择气爪夹紧父级并将其移动到夹紧物料位置，然后记录 Z 轴偏移量。

④单击选中的气爪夹紧父级下的动作，展开“类型等”选项的加号。在“移动旋转模式”中，选择时间型，起点设置为 0，终点设置为之前记录的值，出发时间和返回时间均设置为 0.5s。完成设置后，界面显示如图 1－58 和图 1－59 所示。

⑤单击“测试”按钮，将气爪移动到夹紧物料的位置，然后单击“气爪夹紧动作”，检验其是否符合预设规则。

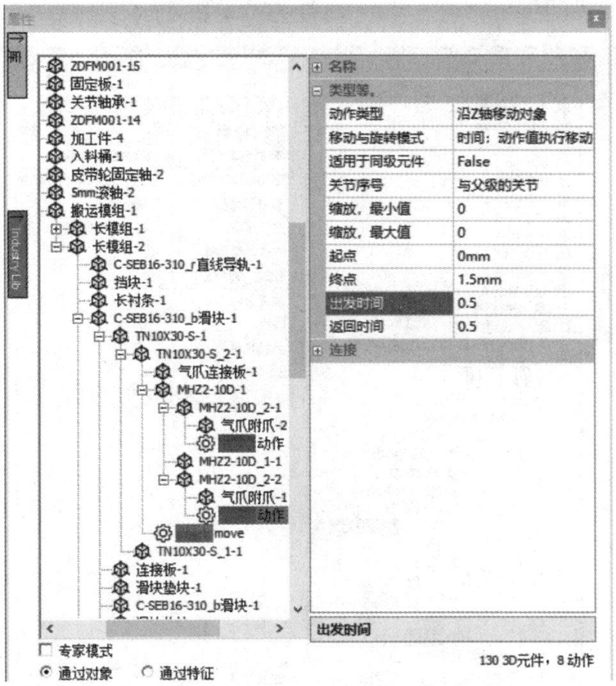

图 1-58　出发时间设置的界面

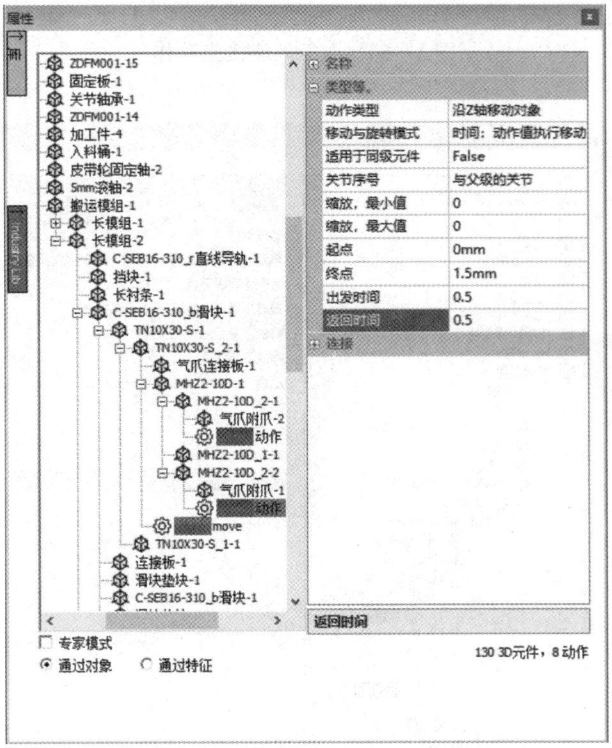

图 1-59　返回时间设置的界面

⑥右击气爪夹紧父级，依次选择“添加”→“动作”→“其他”→“添加一个空动作”。接下来，选择左、右两边的气爪动作，展开“连接”选项，选择“从此动作获取数值”，然后连接到之前创建的空动作。如果在当前界面中找不到相关动作，可以选择“全局路径”来进行查找。完成连接后，界面上显示

的面板如图 1－60 和图 1－61 所示。

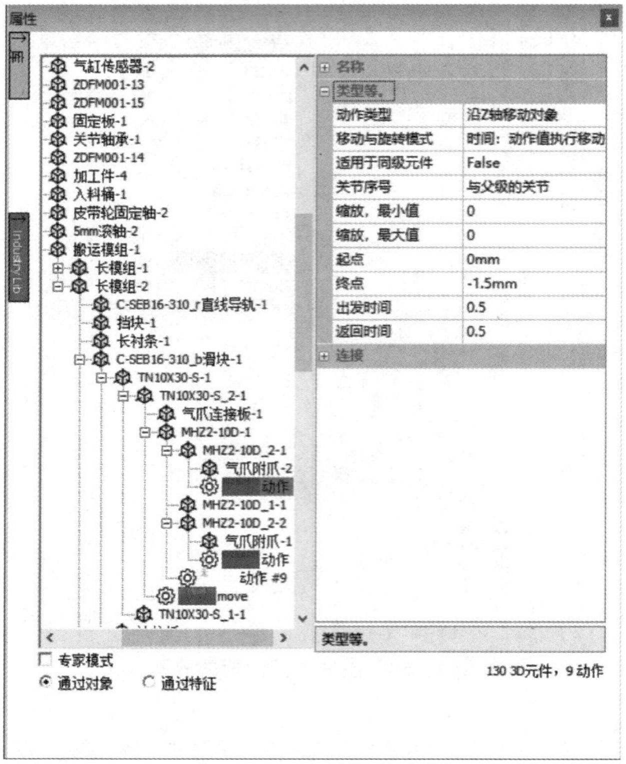

图 1－60　左气爪连接空动作

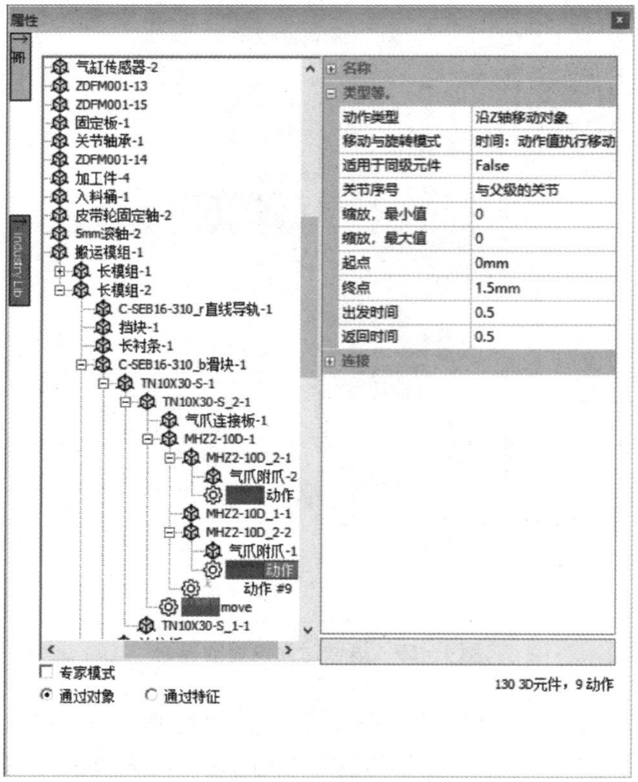

图 1－61　右气爪连接空动作

任务评价

是否在气爪建立新的父级后，正确添加伸缩动作和夹紧动作。验证工作计划及执行结果，分析原因并记录于表 1－7。

表 1－7 阶段工作记录

序号	问题现象描述	原因分析	处理方法
1			
2			
3			
4			
5			

素养之窗

根据本任务的特点，主动挖掘出与团队协作、诚信友善、创新创效、规范务实、精益专注、爱岗爱国六大职业素养要素相关的案例并填入表 1－8 中。

表 1－8 素养融入

序号	知识点	素养要素切入点
1		
2		
3		
4		
5		

任务 1.5 设置物理属性

任务介绍

微课视频

设置物理属性

通过对料仓、物料、推杆、台面的物理属性设置，使得运行中料仓的物料可以自由下落，推杆可以将物料推出至台面上，台面可以盛放物料。

相关知识

知识点 1.1、知识点 1.2

任务实施

（1）对推杆以及与推杆相连的零件进行父级设置，如图 1－62 所示。

（2）为推杆父级添加时间型动作，如图 1－63 所示。

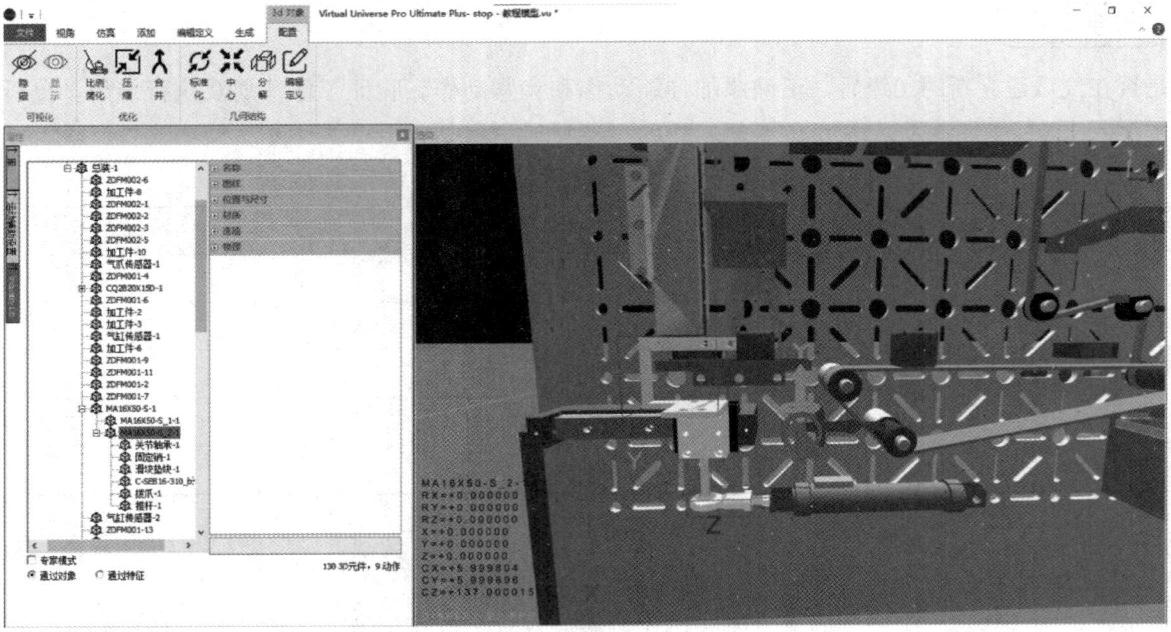

图 1-62　设置推杆父级

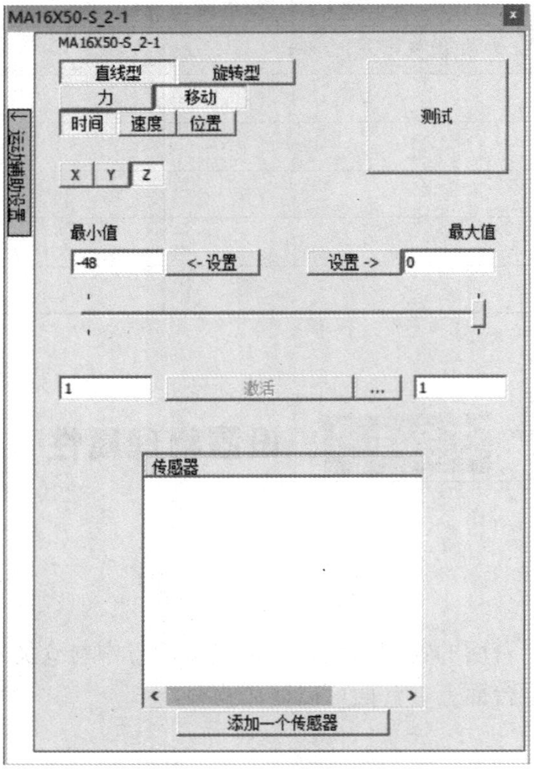

图 1-63　设置推杆动作

(3) 为物料添加物理属性，首先单击选中物料，展开“物理”选项。然后将“使用物理属性”项设置为 True，“使用重力”项也设置为 True。如果希望在运行过程中能够拖动物料，可以将“用户可施加力”项设置为 True。

(4) 单击台面底面，展开“物理”选项，将“使用物理属性”项设置为 True，完成台面底面物理属性的添加。然后，重复上述操作，依次为台面左、右面添加物理属性，设置“使用物理属性”项为 True。

（5）对料仓及其物料进行物理属性的添加，选择对应对象并在物理选项中启用“使用物理属性”项，必要时调整其他属性，并可在材质选项中设置料仓为不可见。

（6）单击推杆，勾选左下角的“专家模式”，展开“物理”选项，将“使用物理属性”项和“强置位置到物理引擎”项设置为 True，完成推杆的物理属性设置，如图 1－64 所示。

图 1－64　设置推杆的物理属性

任务评价

是否正确设置零件的物理属性。验证工作计划及执行结果，分析原因并记录于表 1－9。

表 1－9　阶段工作记录

序号	问题现象描述	原因分析	处理方法
1			
2			
3			
4			
5			

素养之窗

根据本任务的特点，主动挖掘出与团队协作、诚信友善、创新创效、规范务实、精益专注、爱岗爱国六大职业素养要素相关的案例并填入表 1-10 中。

表 1-10　素养融入

序号	知识点	素养要素切入点
1		
2		
3		
4		
5		

任务 1.6　设置传送带

任务介绍

微课视频

设置传送带

本任务将完成对传送带动作的设置，以及传动轮的旋转、压缩气缸的伸缩、物料仓的物理属性的设置。

相关知识

知识点 1.1、知识点 1.2

任务实施

（1）选中传送带并单击界面左上角"库"按钮，选择 Primitive 文件夹中的 cube 元件并拖出至主界面，然后将该元件调整为与传送带相似的大小。

（2）单击传送带（父级），将"物理"选项中的"使用物理属性"和"穿透"项改为 True。然后设置 cube（子级）属性，将"物理"选项中"使用物理属性"设置为 True，在"与父级间的物理关节"选项中，设置"关节"为"滑块"，"动作轨迹"沿 Z 轴，使用数据设为 0；0；1，设置参数如图 1-65 所示。

（3）选择 cube 元件后右击，选择"添加"→"动作"→"速度"选项，单击"定义相对速度"并确认。

（4）选择该动作，然后展开"类型等"选项，将动作的"Z 轴速度"改为"20mm/s"。

（5）选择 cube 元件后右击，选择"添加"→"动作"→"运动与位置"选项，单击"冻结"并确认。

（6）选择"冻结"动作，然后展开"连接"选项，将"初始值"改为 1。

（7）移动物料仓的前后、左右四面及底面，避免它们相交。接下来，为它们设置物理属性。

（8）设置压缩气缸伸缩的动作。

（9）单击并选中传动轮，然后单击"运动辅助设置"，并对其面板进行修改，如图 1-66 所示。

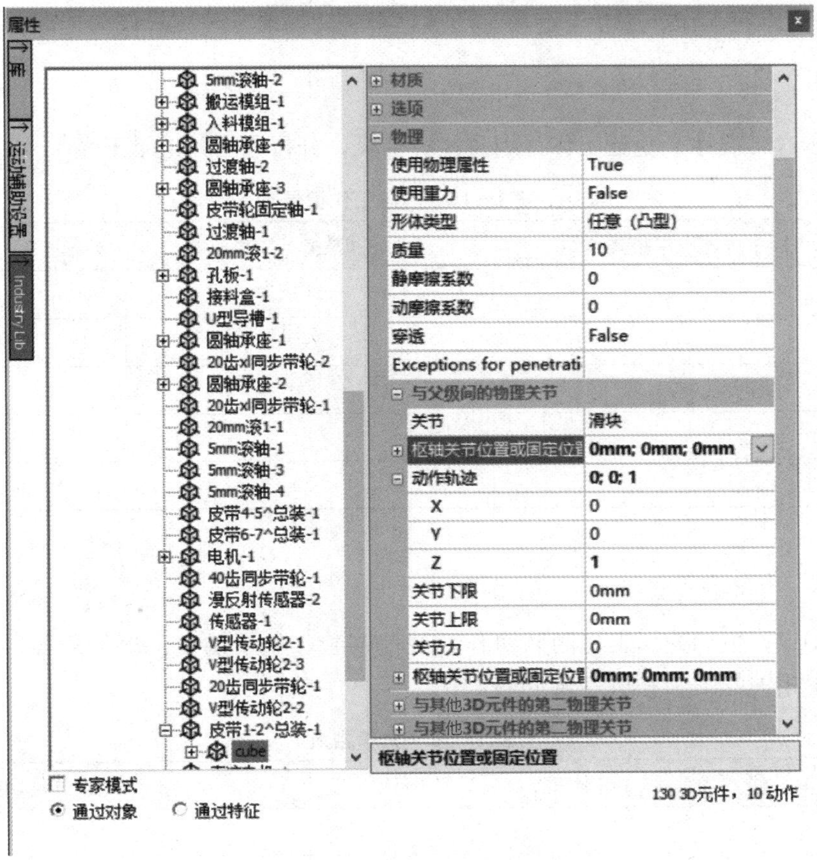
属性
库
运动辅助设置
Industry Lib
5mm滚轴-2
搬运模组-1
入料模组-1
圆轴承座-4
过渡轴-2
圆轴承座-3
皮带轮固定轴-1
过渡轴-1
20mm滚1-2
孔板-1
接料盒-1
U型导槽-1
圆轴承座-1
20齿xl同步带轮-2
圆轴承座-2
20齿xl同步带轮-1
20mm滚1-1
5mm滚轴-1
5mm滚轴-3
5mm滚轴-4
皮带4-5^总装-1
皮带6-7^总装-1
电机-1
40齿同步带轮-1
漫反射传感器-2
传感器-1
V型传动轮2-1
V型传动轮2-3
20齿同步带轮-1
V型传动轮2-2
皮带1-2^总装-1
cube
材质
选项
物理
使用物理属性　True
使用重力　False
形体类型　任意（凸型）
质量　10
静摩擦系数　0
动摩擦系数　0
穿透　False
Exceptions for penetrati
与父级间的物理关节
关节　滑块
枢轴关节位置或固定位置　0mm; 0mm; 0mm
动作轨迹　0; 0; 1
X　0
Y　0
Z　1
关节下限　0mm
关节上限　0mm
关节力　0
枢轴关节位置或固定位置　0mm; 0mm; 0mm
与其他3D元件的第二物理关节
与其他3D元件的第二物理关节
枢轴关节位置或固定位置
专家模式
通过对象
通过特征
130 3D元件，10 动作

图 1－65　设置传送带的物理属性

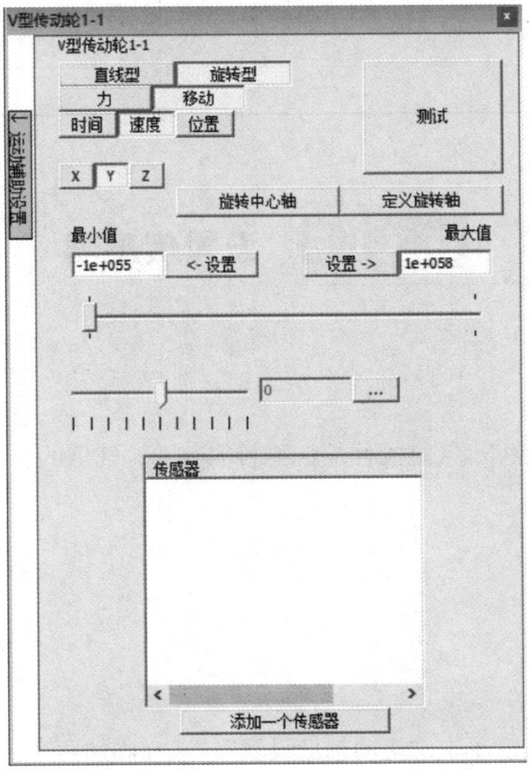
V型传动轮1-1
运动辅助设置
V型传动轮1-1
直线型
旋转型
力
移动
时间
速度
位置
测试
X
Y
Z
旋转中心轴
定义旋转轴
最小值
最大值
-1e+055
<-设置
设置->
1e+058
0
...
传感器
添加一个传感器

图 1－66　设置传动轮动作

（10）选择传动轮旋转动作，展开“连接”选项，将“初始值（速度）”设为－20。

• 任务评价

是否正确设置传送带属性。验证工作计划及执行结果，分析原因并记录于表 1－11。

表 1－11　阶段工作记录

序号	问题现象描述	原因分析	处理方法
1			
2			
3			
4			
5			

• 素养之窗

根据本任务的特点，主动挖掘出与团队协作、诚信友善、创新创效、规范务实、精益专注、爱岗爱国六大职业素养要素相关的案例并填入表 1－12 中。

表 1－12　素养融入

序号	知识点	素养要素切入点
1		
2		
3		
4		
5		

任务 1.7　设置传感器

• 任务介绍

微课视频

设置传感器

本任务主要学习为气爪的伸缩、气缸的伸缩、物料的有无、气爪的左右限位添加传感器。

• 相关知识

知识点 1.1、知识点 1.2

• 任务实施

（1）选中气爪滑块父级，然后单击“运动辅助设置”，选择添加两个传感器。第一个传感器为“搬运起点”，开始位置为“－70”，结束位置为“－68”；第二个传感器为“搬运终点”，开始位置为“16”，结束位置为“18”。修改传感器信息，确保设置如图 1－67 所示。全部修改完后，界面显示如图 1－68 所示。

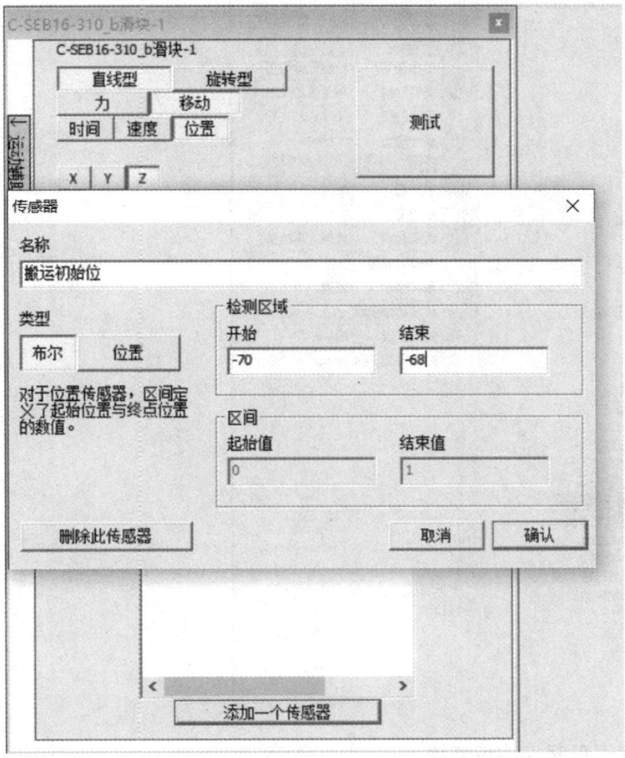

图 1－67　传感器 1 修改

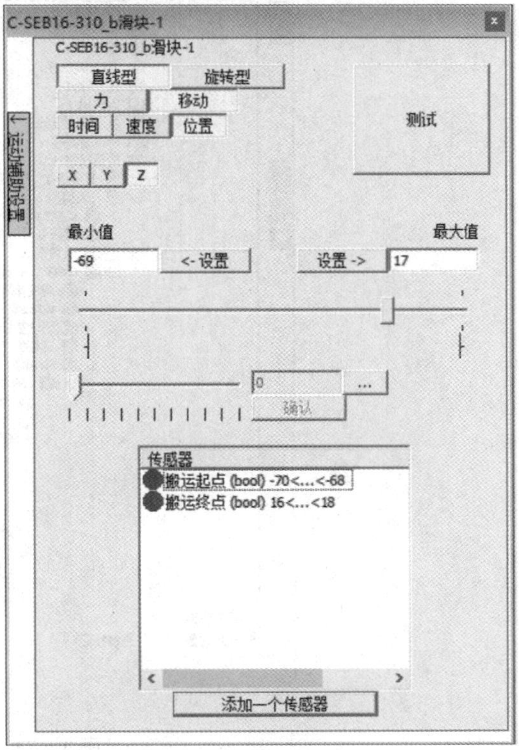

图 1－68　传感器 2 修改

（2）选择气缸伸缩运动零件并右击，依次选择“添加”→“动作”→“检测”→“检测元件位置”。根据气缸原点，设置传感器范围为“－1mm～1mm”。接下来，再添加一个终点传感器，根据终点位置，设置传感器范围为“－34mm～－33mm”。设置完成后，界面应如图 1－69 和图 1－70 所示。

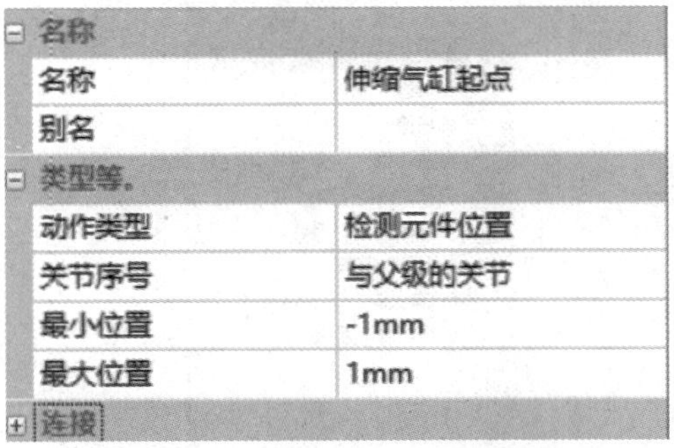

图 1－69　传感器 1 检测范围设置

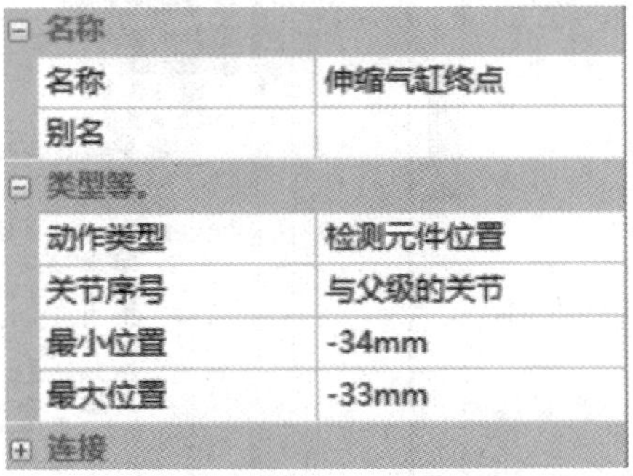

图 1－70　传感器 2 检测范围设置

（3）以相同的方法对气爪进行传感器的添加，设置完成，界面如图 1－71 和图 1－72 所示。

（4）选中漫反射传感器，然后在库中的 sensors 文件夹找到 Detection sensor 的元件，将它添加到界面中，然后展开该元件，可以看见如图 1－73 所示的接口 I，选中该接口并展开“属性”选项，将“隐藏同级对象”设为 False，将除光线外的元件删除，然后将其移动到物料检测口并调整为合适的长度。展开光线设置，如图 1－74 所示，单击“test collision”，并展开“连接”选项，然后将其他元件名称改为“加工件”，如图 1－75 所示。至此，物料有无的检测就完成了。

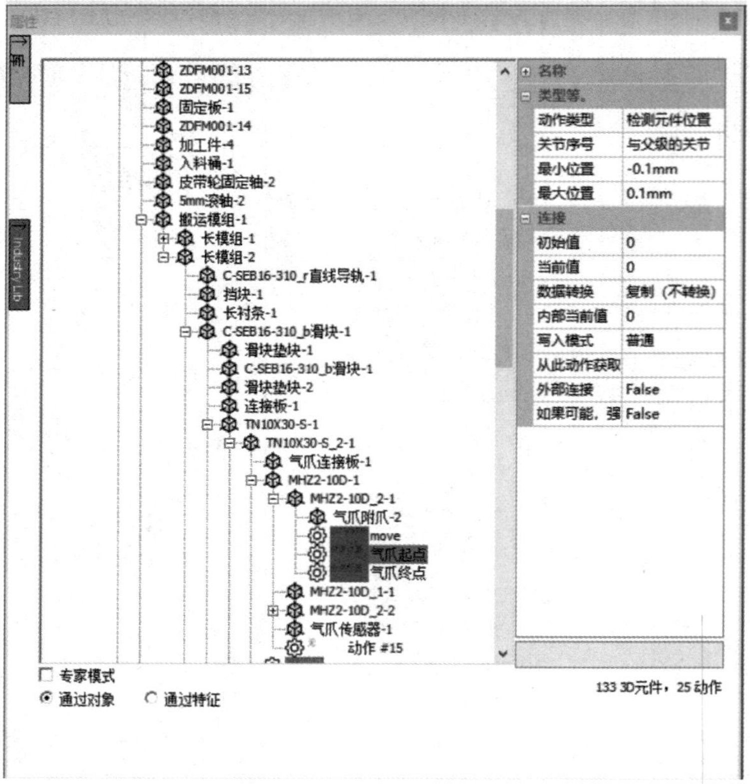
属性
Industry Lib
ZDFM001-13
ZDFM001-15
固定板-1
ZDFM001-14
加工件-4
入料桶-1
皮带轮固定轴-2
5mm滚轴-2
搬运模组-1
长模组-1
长模组-2
C-SEB16-310_r直线导轨-1
挡块-1
长衬条-1
C-SEB16-310_b滑块-1
滑块垫块-1
C-SEB16-310_b滑块-1
滑块垫块-2
连接板-1
TN10X30-S-1
TN10X30-S_2-1
气爪连接板-1
MHZ2-10D-1
MHZ2-10D_2-1
气爪附爪-2
move
气爪起点
气爪终点
MHZ2-10D_1-1
MHZ2-10D_2-2
气爪传感器-1
动作 #15
名称
类型等。
动作类型
检测元件位置
关节序号
与父级的关节
最小位置
-0.1mm
最大位置
0.1mm
连接
初始值
0
当前值
0
数据转换
复制（不转换）
内部当前值
0
写入模式
普通
从此动作获取
外部连接
False
如果可能，强
False
专家模式
通过对象
通过特征
133 3D元件，25 动作

图 1－71　设置气爪起点的传感器

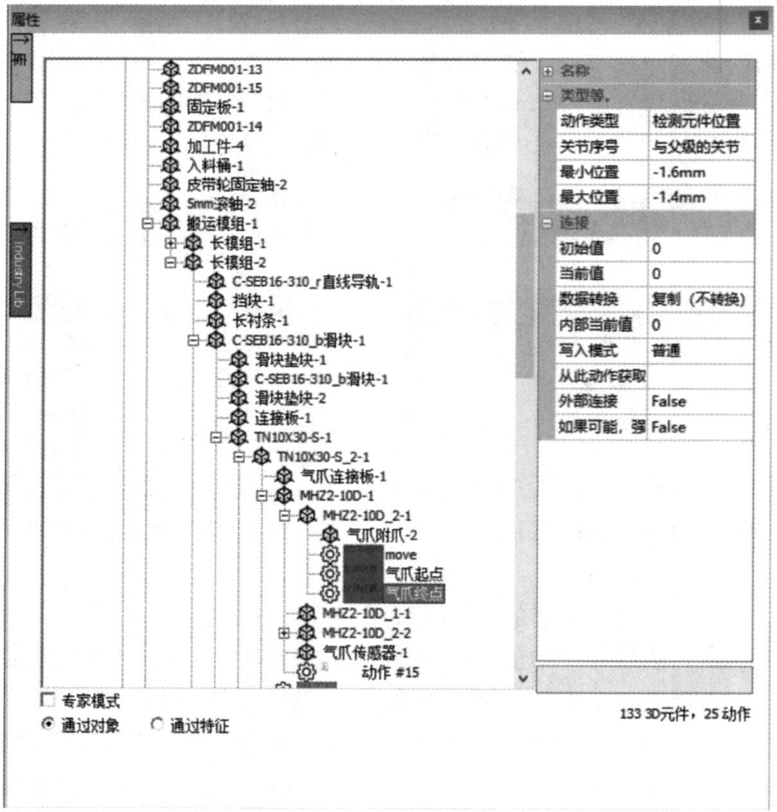
属性
Industry Lib
ZDFM001-13
ZDFM001-15
固定板-1
ZDFM001-14
加工件-4
入料桶-1
皮带轮固定轴-2
5mm滚轴-2
搬运模组-1
长模组-1
长模组-2
C-SEB16-310_r直线导轨-1
挡块-1
长衬条-1
C-SEB16-310_b滑块-1
滑块垫块-1
C-SEB16-310_b滑块-1
滑块垫块-2
连接板-1
TN10X30-S-1
TN10X30-S_2-1
气爪连接板-1
MHZ2-10D-1
MHZ2-10D_2-1
气爪附爪-2
move
气爪起点
气爪终点
MHZ2-10D_1-1
MHZ2-10D_2-2
气爪传感器-1
动作 #15
名称
类型等。
动作类型
检测元件位置
关节序号
与父级的关节
最小位置
-1.6mm
最大位置
-1.4mm
连接
初始值
0
当前值
0
数据转换
复制（不转换）
内部当前值
0
写入模式
普通
从此动作获取
外部连接
False
如果可能，强
False
专家模式
通过对象
通过特征
133 3D元件，25 动作

图 1－72　设置气爪终点的传感器

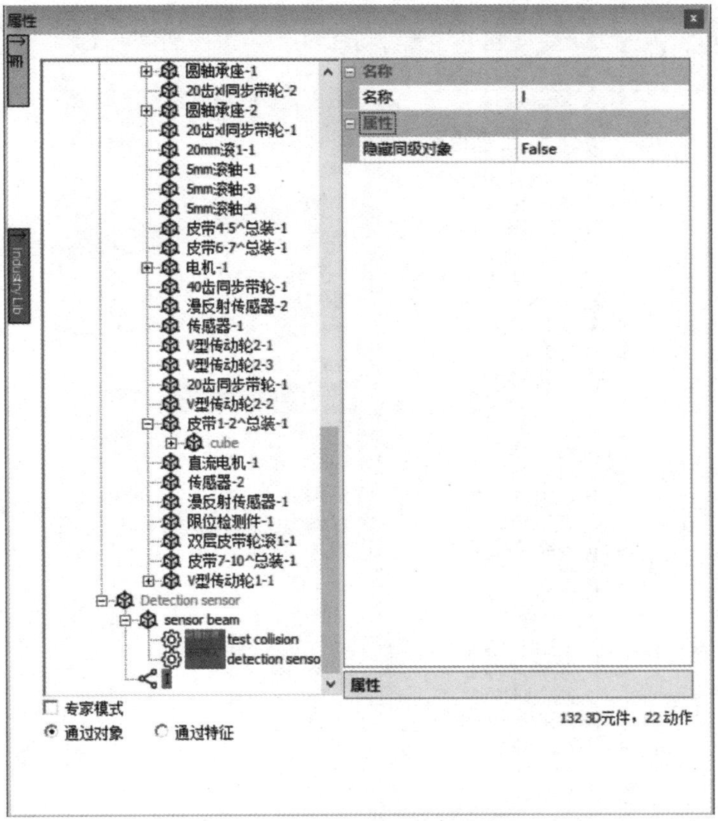

图 1－73　选择接口

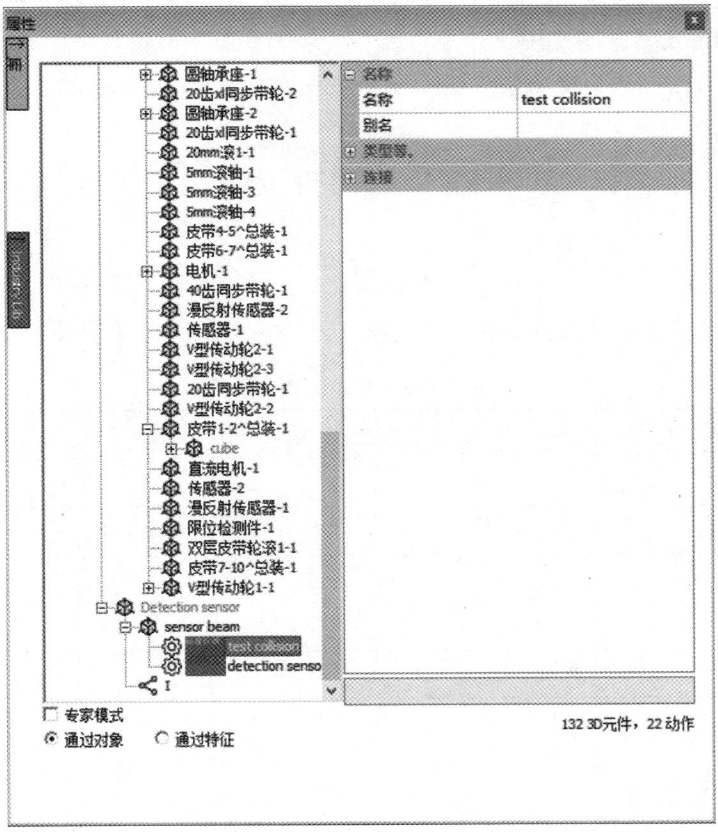

图 1－74　选择 test collision

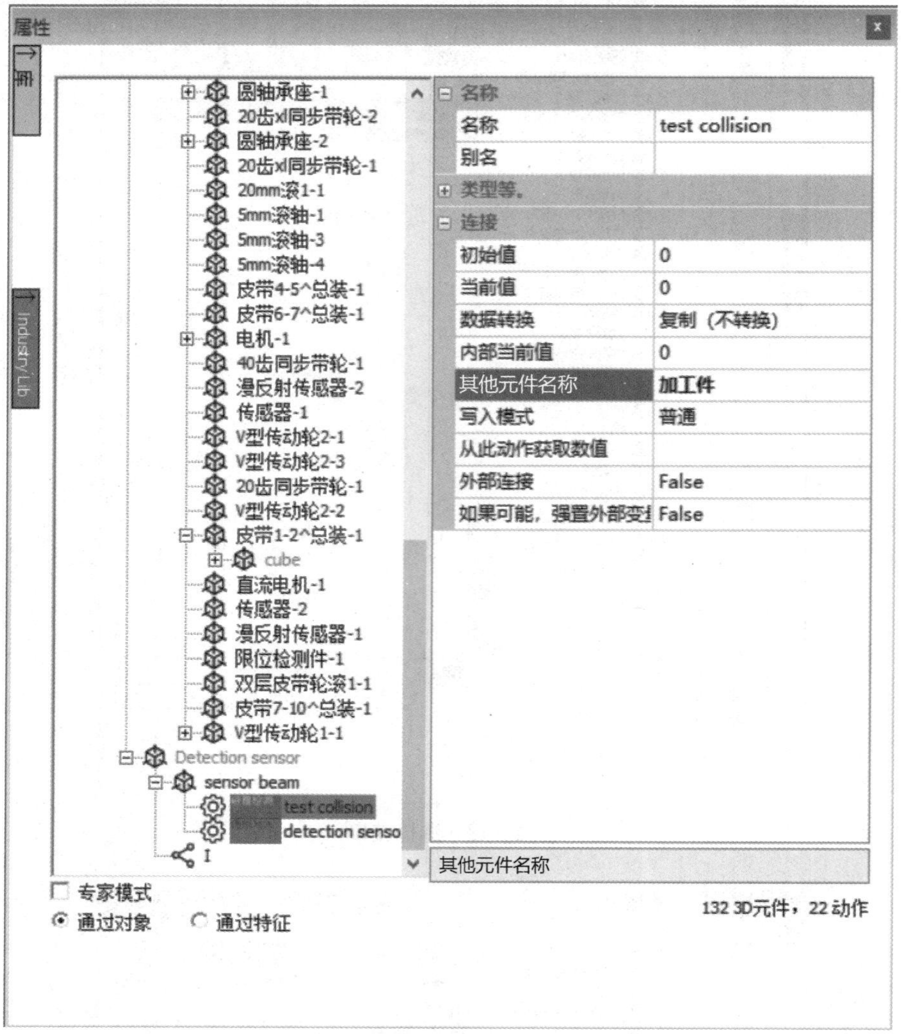

图 1 - 75　修改其他元件名称

• 任务评价

是否正确为零件设置传感器。验证工作计划及执行结果，分析原因并记录于表 1 - 13。

表 1 - 13　阶段工作记录

序号	问题现象描述	原因分析	处理方法
1			
2			
3			
4			
5			

• 素养之窗

根据本任务的特点，主动挖掘出与团队协作、诚信友善、创新创效、规范务实、精益专注、爱岗爱国六大职业素养要素相关的案例并填入表 1－14 中。

表 1－14　素养融入

序号	知识点	素养要素切入点
1		
2		
3		
4		
5		

任务 1.8　设置人机交互界面

任务介绍

微课视频

设置人机交互界面

通过人机交互界面和控制器的添加，完成人机交互界面的设置。

相关知识

知识点 1.1、知识点 1.2

任务实施

（1）在 sw1f 下添加一个人机交互界面。

（2）双击进入人机交互界面，选择 button 文件夹并添加两个按钮，分别设置为绿色启动按钮和红色停止按钮。然后在 layout 文件夹中选择“text”并分别为按钮添加“启动”和“停止”字样。单击界面右下角的“确认”按钮，保存修改的内容。选中人机交互界面后，进行位置设置，如图 1－76 所示。

（3）为两个按钮添加中转动作。右击人机交互界面，选择“添加”→“动作”→“其他”→“无属性动作”，完成动作的添加。将两个动作分别命名为“启动”和“停止”。然后进行动作的绑定，如图 1－77 和图 1－78 所示。

（4）以气爪运动为例添加控制器，单击“添加控制器”，双击新添的控制器进入程序的编写，将程序名设为“运送”并将语言改为“Ladder”。各触点含义如图 1－79 和图 1－80 所示。

（5）编写如图 1－81 所示的程序并连接到相应动作。

（6）在库中选择 primitive 文件夹，选择添加 cube 元件，将其缩放到合适大小并移动到气爪中间，右击 cube 元件，接着依次选择“添加”→“动作”→“运动与位置”→“吸附接触对象”，完成动作的添加。按照图 1－82 对其他元件名称进行修改，将“吸附模式”改为第二项，如图 1－83 所示，最后修改“从此动作获取数值”为选择“爪终点”，完成吸附动作的添加。

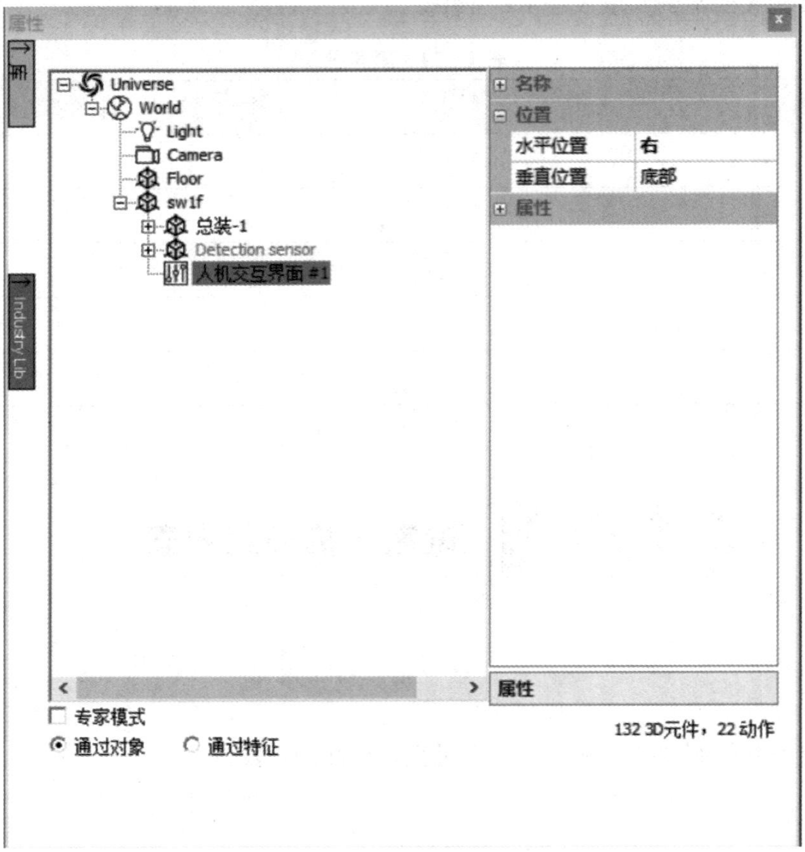
属性
Universe
World
Light
Camera
Floor
sw1f
总装-1
Detection sensor
人机交互界面 #1
名称
位置
水平位置
右
垂直位置
底部
属性
Industry Lib
专家模式
通过对象
通过特征
132 3D元件，22 动作

图 1-76　设置“人机交互界面”位置

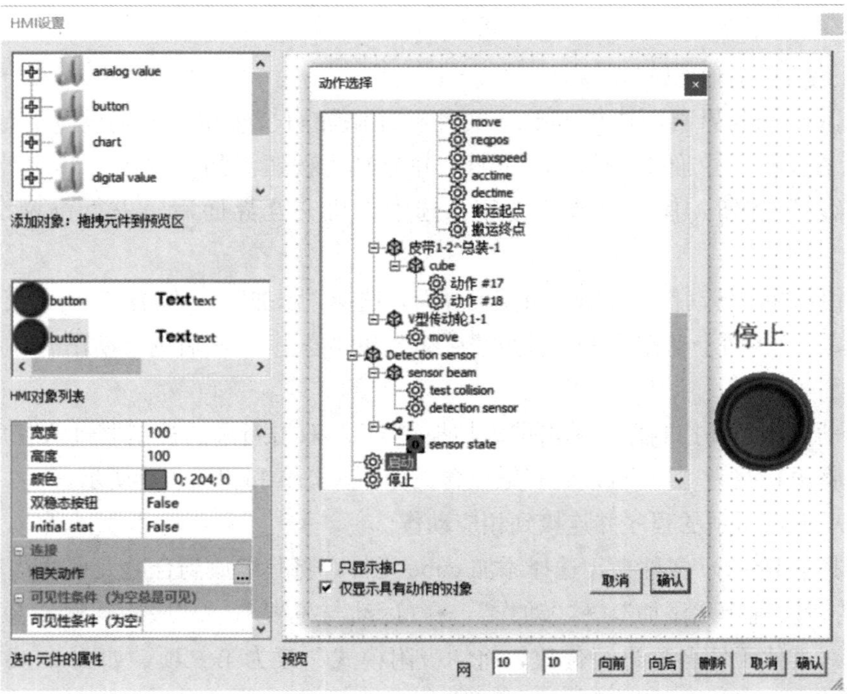
HMI设置
analog value
button
chart
digital value
添加对象：拖拽元件到预览区
HMI对象列表
宽度
100
高度
100
颜色
0; 204; 0
双稳态按钮
False
Initial stat
False
连接
相关动作
可见性条件（为空总是可见）
选中元件的属性
动作选择
move
reqpos
maxspeed
acctime
dectime
搬运起点
搬运终点
皮带1-2^总装-1
cube
动作 #17
动作 #18
V型传动轮1-1
Detection sensor
sensor beam
test collision
detection sensor
sensor state
启动
停止
只显示接口
仅显示具有动作的对象
取消
确认
预览
网
10
向前
向后
删除

图 1-77　绑定启动按钮

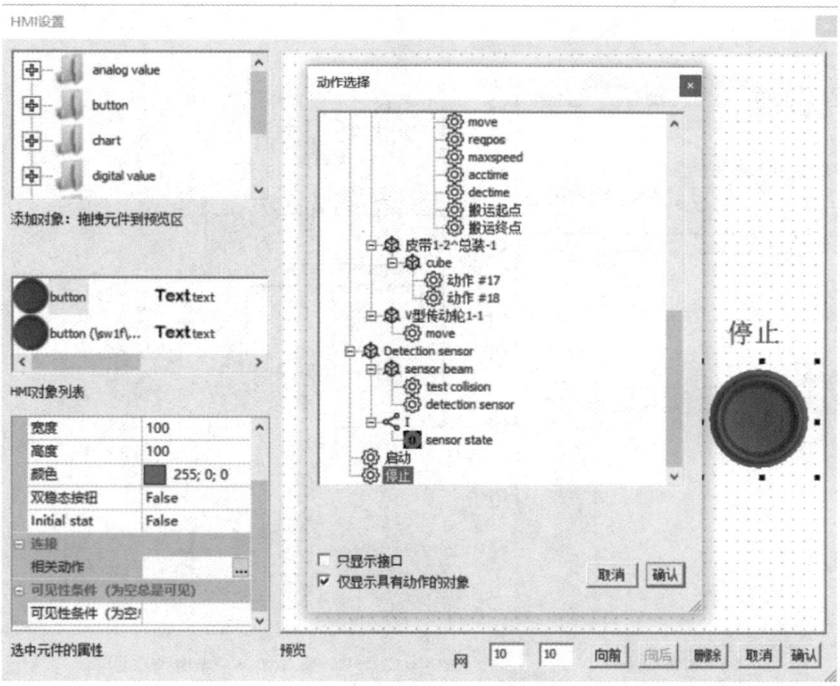

图 1－78　绑定停止按钮

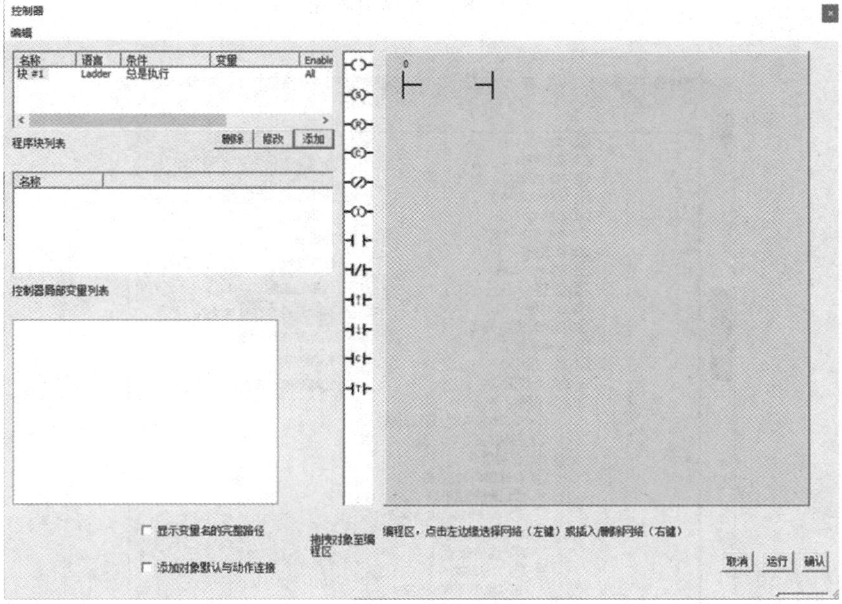

图 1－79　程序元件图标

1	线圈	所关联的变量值根据网络布尔方程（True为1，False为0）定义的状态决定写入1或者0。
2	非线圈	与线圈相同，但False时值为1，True时值为0。
3	置位线圈	如果网络为True，则该变量被置为1。
4	复位线圈	如果网络为True，则该变量被复位为0。
5	反相线圈	如果网络为True，则该线圈反相。该员每执行一次，反相就生效一次；使用“上升沿Raising Edge触点”可以让该反相操作只执行一次。
6	运算线圈	如果网络为True，则执行一个数学运算或者变量/常量与变量之间的复制。
7	常开触点	如果相关联的变量为True（不为0），则触点为True。
8	常闭触点	如果相关联的变量为False（等于0），则触点为True。
9	上升沿触点	如果相关联的变量从False（等于0）变为True（不等于0）则该触点在一个执行周期内为True。
10	下降沿触点	如果相关联的变量从True（不等于0）变为False（等于0）则该触点在一个执行周期内为True。
11	定时器触点	在所关联的变量为True并延时一段时间后，该触点为True。延时以秒为单位定义并且必须在触点的属性中定义。
12	比较触点	如果数值比较为True，则触点为True。

图 1－80　程序元件的含义解释

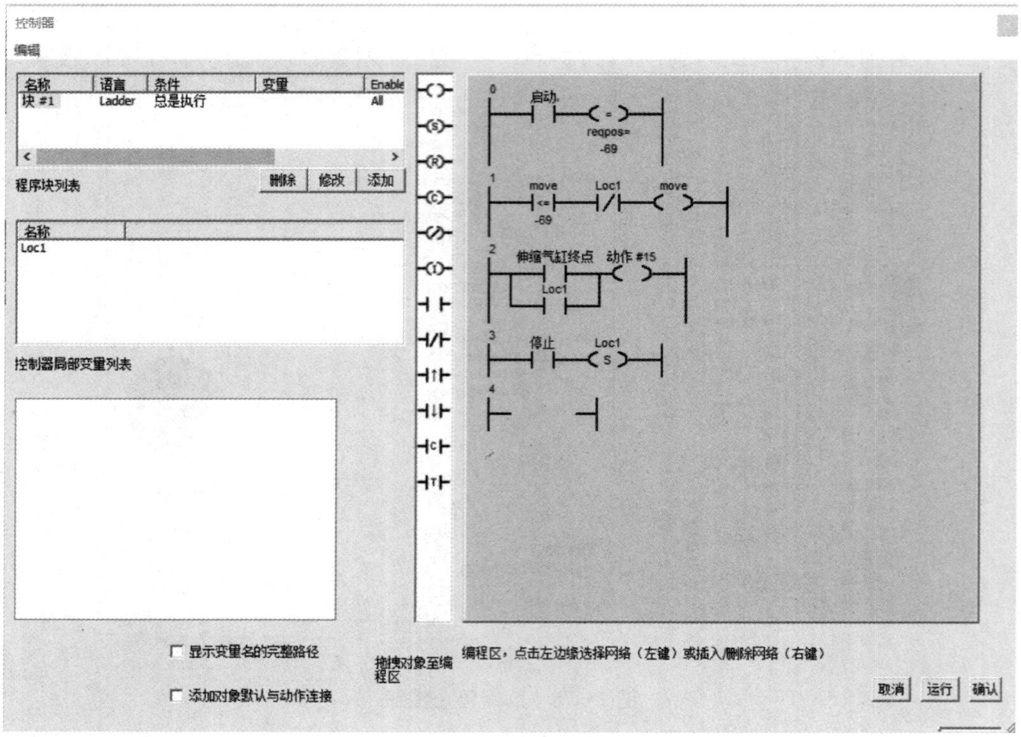
控制器
编辑
名称
语言
条件
变量
Enable
块 #1
Ladder
总是执行
All
删除
修改
添加
程序块列表
名称
Loc1
控制器局部变量列表
启动
reqpos=
-69
move
Loc1
move
伸缩气缸终点
动作 #15
停止
显示变量名的完整路径
添加对象默认与动作连接
拖拽对象至编程区
编程区，点击左边缘选择网络（左键）或插入/删除网络（右键）
取消
运行
确认

图 1－81　程序流程图

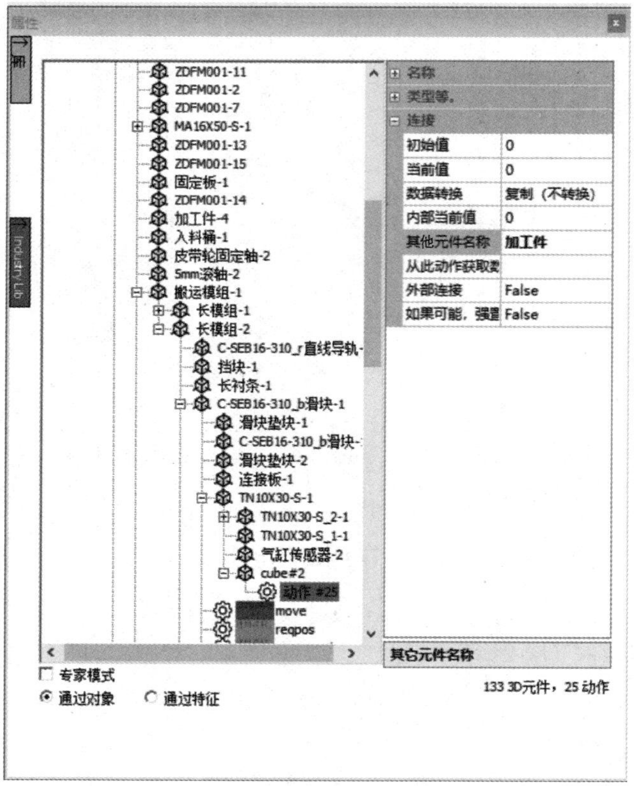
ZDFM001-11
ZDFM001-2
ZDFM001-7
MA16X50-S-1
ZDFM001-13
ZDFM001-15
固定板-1
ZDFM001-14
加工件-4
入料桶-1
皮带轮固定轴-2
5mm滚轴-2
搬运模组-1
长模组-1
长模组-2
挡块-1
长衬条-1
C-SEB16-310_b滑块-1
滑块垫块-1
滑块垫块-2
连接板-1
TN10X30-S-1
TN10X30-S_2-1
TN10X30-S_1-1
气缸传感器-2
cube#2
动作 #25
move
reqpos
名称
连接
初始值
0
当前值
0
数据转换
复制（不转换）
内部当前值
0
其他元件名称
加工件
外部连接
False
False
其它元件名称
专家模式
通过对象
通过特征
133 3D元件，25 动作

图 1－82　修改其他元件名称

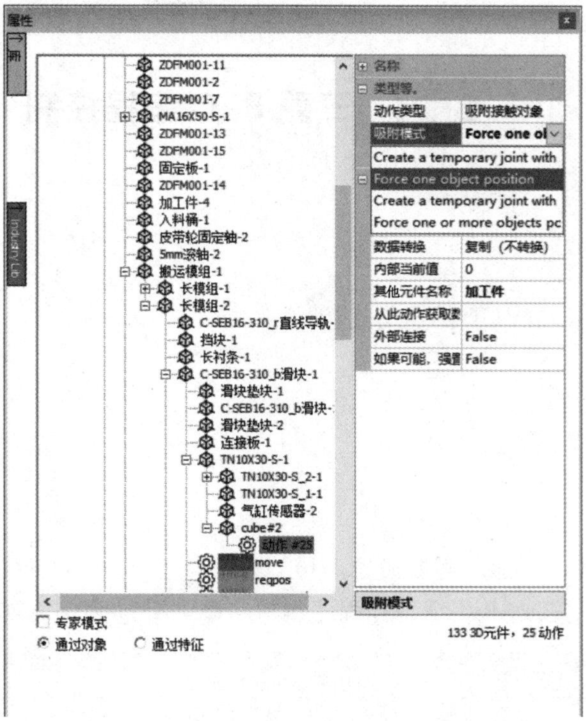

图 1－83　选择吸附模式

任务评价

是否正确设置人机交互界面。验证工作计划及执行结果，分析原因并记录于表 1－15。

表 1－15　阶段工作记录

序号	问题现象描述	原因分析	处理方法
1			
2			
3			
4			
5			

素养之窗

根据本任务的特点，主动挖掘出与团队协作、诚信友善、创新创效、规范务实、精益专注、爱岗爱国六大职业素养要素相关的案例并填入表 1－16 中。

表 1－16　素养融入

序号	知识点	素养要素切入点
1		
2		
3		
4		
5		

任务 1.9　三菱 PLC 编程控制

微课视频

三菱 PLC 编程控制

• 任务介绍

本任务主要学习三菱 PLC 与 VUP 的通信连接。

• 相关知识

知识点 1.1、知识点 1.2

• 任务实施

（1）动作添加与之前一致，添加后需要设置 I/O 点位。

（2）根据控制器的要求，完成 PLC 组态和程序编写，以 FX3U 为例，如图 1－84 所示。

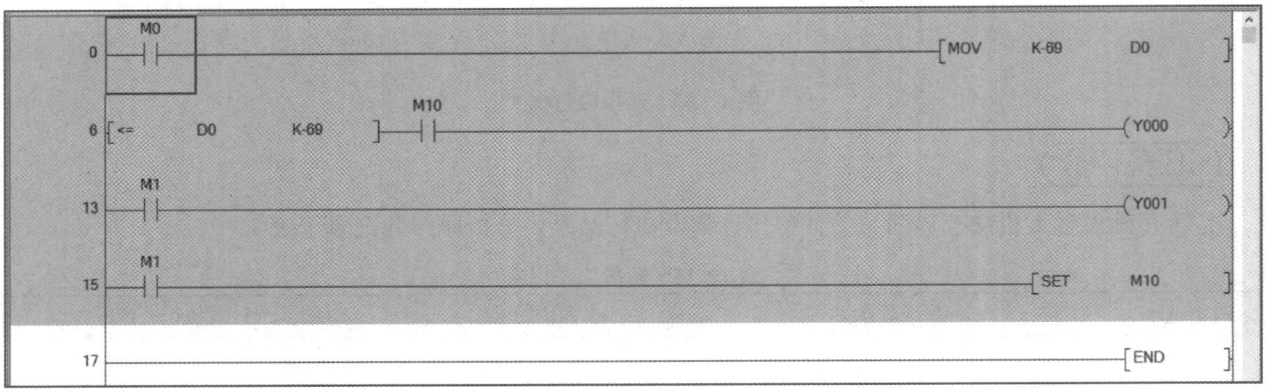

图 1－84　程序编写

（3）按下键盘上的 F4 键转换程序，这样未转换的程序就成为已转换的程序，如图 1－85 和图 1－86 所示。

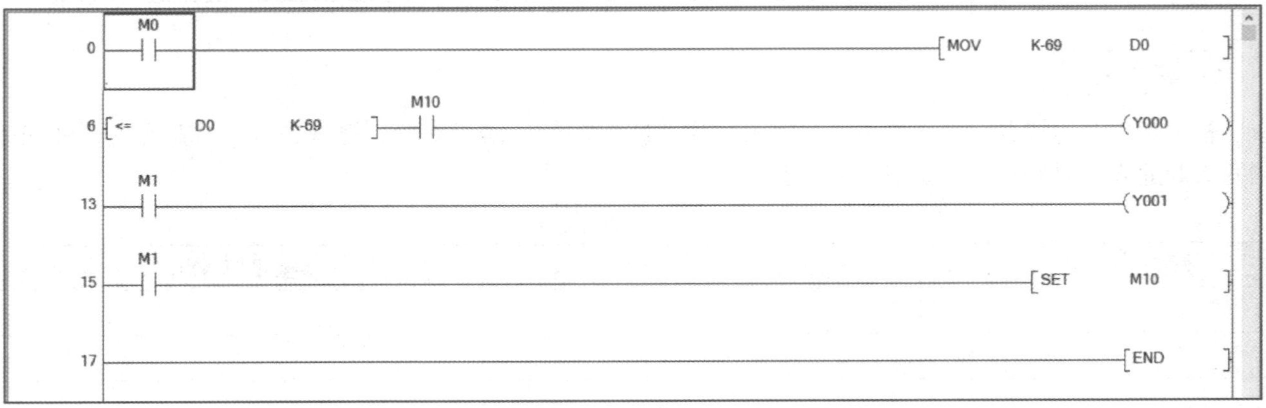

图 1－85　转换程序

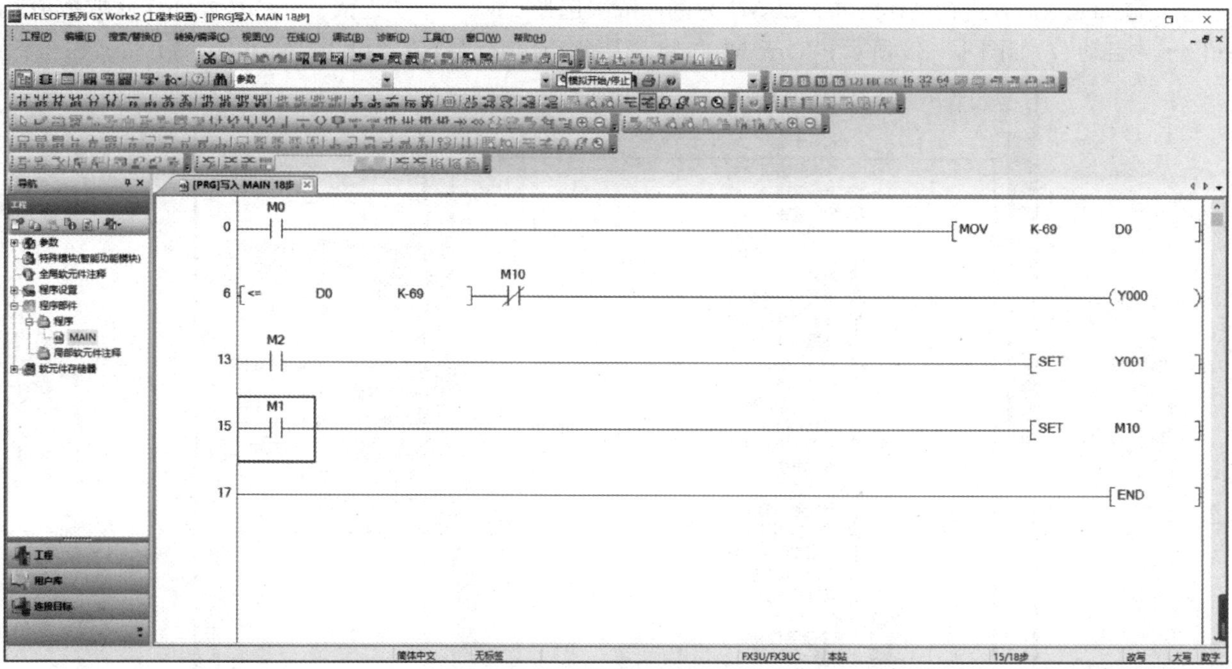

图 1-86　写入程序

（4）远程操作复位后，回到软件中，删除现有的控制器，根据现有的控制程序添加对应的 I/O 端口（红色为 PLC 输入，绿色为 PLC 输出）。右击 sw2f 后，依次选择“添加”→“动作”→“I/O”→“通用写入”，将名称改为“M0”，再写入一个相同的通用写入动作，名称改为“M1”。接着，右击 sw2f 后，依次选择“添加”→“动作”→“I/O”→“通用读取”，添加三个通用读取动作，名称依次改为“D0”“Y0”“Y1”，如图 1-87 所示。

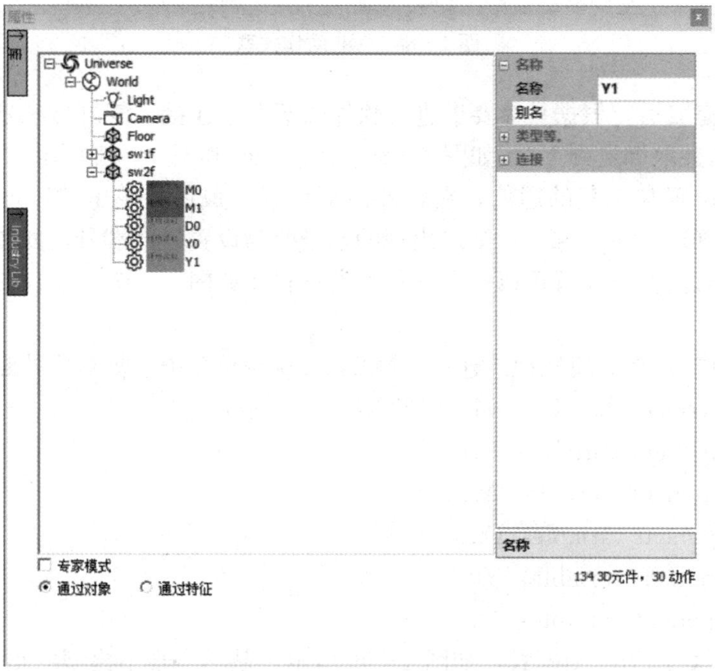

图 1-87　添加 I/O 端口

（5）添加完成后，进行动作关联。以 M0 为例，依次选择“M0”→“连接”→“从此动作获取数值”→“…”→“启动”，如图 1－88 所示；对于 M1，将“从此动作获取数值”设为“停止”。

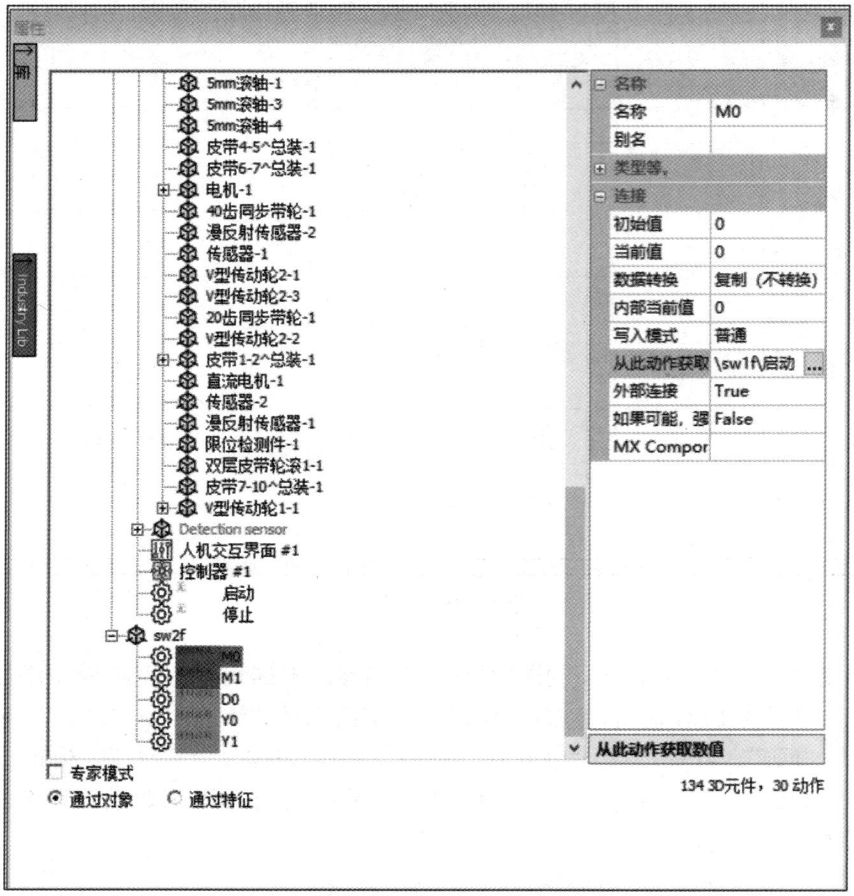

图 1－88　M0 动作关联

（6）输入输出添加完成后，根据具体要求进行软件内部点位连接，气缸传感器 reqpos 绑定到 D0，气缸伸出绑定到 Y0，气爪夹取绑定到 Y1，如图 1－89、图 1－90 和图 1－91 所示。

（7）绑定完成后，设置与三菱的通信，在软件内部设置完成后，单击“Universe”级，在其属性栏中，设置驱动为“MX COMPONENT”，随之出现的端号改为设置好的端号，如图 1－92 所示。

（8）MX Component 的具体设置可以参考三菱官方资料，如图 1－93、图 1－94、图 1－95、图 1－96、图 1－97 所示。

（9）选中“对应动作”，在其属性栏，连接“MX component”中设置对应的点位，具体如下：

M0：MX Component variable：M0（如图 1－98 所示）

M1：MX Component variable：M1

M2：MX Component variable：M2

D0：MX Component variable：D0

Y0：MX Component variable：Y0

Y1：MX Component variable：Y1

（10）运行模型，PLC 调为监测模式，如图 1－99 所示，基本实现了模型的整个功能。

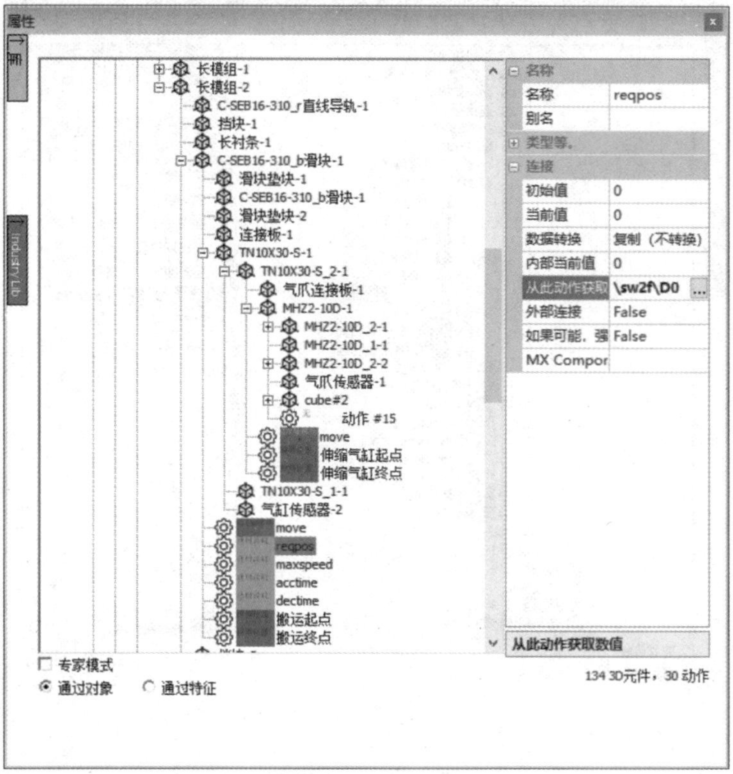
属性
长模组-1
长模组-2
C-SEB16-310_r直线导轨-1
挡块-1
长衬条-1
C-SEB16-310_b滑块-1
滑块垫块-1
C-SEB16-310_b滑块-1
滑块垫块-2
连接板-1
TN10X30-S-1
TN10X30-S_2-1
气爪连接板-1
MHZ2-10D-1
MHZ2-10D_2-1
MHZ2-10D_1-1
MHZ2-10D_2-2
气爪传感器-1
cube#2
动作 #15
move
伸缩气缸起点
伸缩气缸终点
TN10X30-S_1-1
气缸传感器-2
move
reqpos
maxspeed
acctime
dectime
搬运起点
搬运终点
名称
名称 reqpos
别名
类型等。
连接
初始值 0
当前值 0
数据转换 复制（不转换）
内部当前值 0
从此动作获取 \sw2f\D0
外部连接 False
如果可能，强 False
MX Compor
从此动作获取数值
专家模式
通过对象
通过特征
134 3D元件，30 动作

图 1-89 D0 绑定

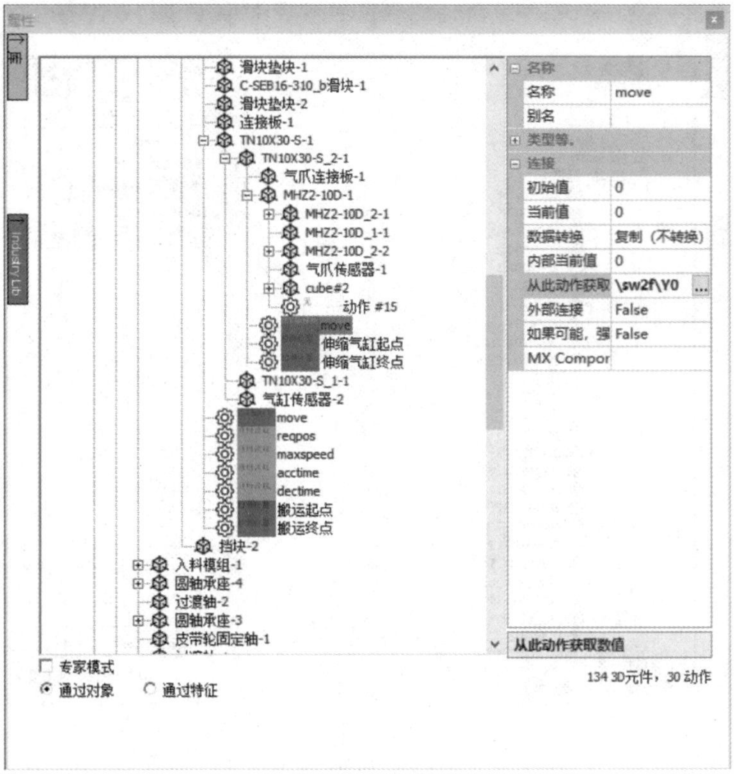
属性
滑块垫块-1
C-SEB16-310_b滑块-1
滑块垫块-2
连接板-1
TN10X30-S-1
TN10X30-S_2-1
气爪连接板-1
MHZ2-10D-1
MHZ2-10D_2-1
MHZ2-10D_1-1
MHZ2-10D_2-2
气爪传感器-1
cube#2
动作 #15
move
伸缩气缸起点
伸缩气缸终点
TN10X30-S_1-1
气缸传感器-2
move
reqpos
maxspeed
acctime
dectime
搬运起点
搬运终点
挡块-2
入料模组-1
圆轴承座-4
过渡轴-2
圆轴承座-3
皮带轮固定轴-1
名称
名称 move
别名
类型等。
连接
初始值 0
当前值 0
数据转换 复制（不转换）
内部当前值 0
从此动作获取 \sw2f\Y0
外部连接 False
如果可能，强 False
MX Compor
从此动作获取数值
专家模式
通过对象
通过特征
134 3D元件，30 动作

图 1-90 Y0 绑定

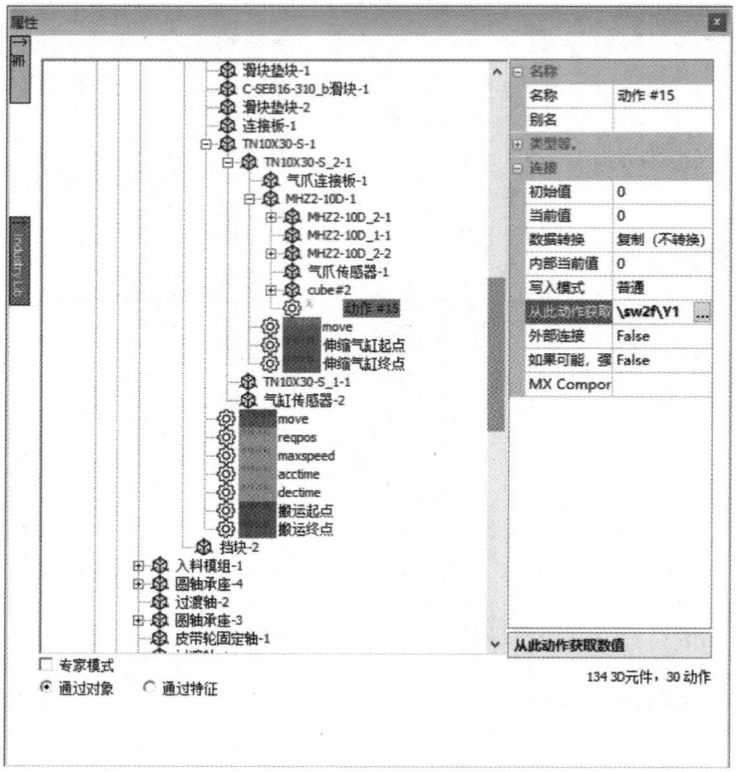

图 1－91　Y1 绑定

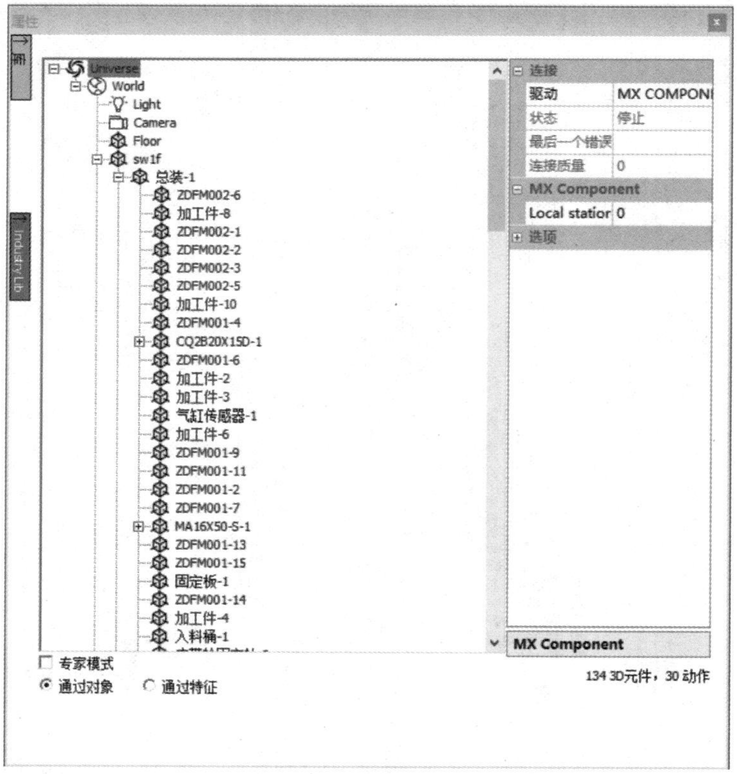

图 1－92　驱动选择

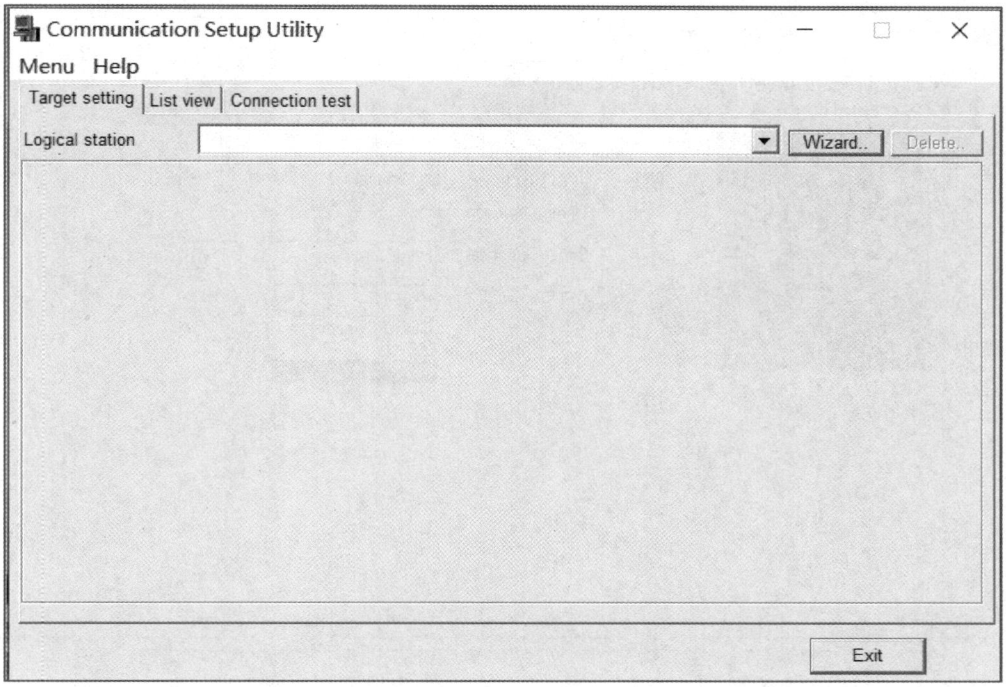

图 1－93　MX Component 设置步骤一：单击“Wizard”按钮

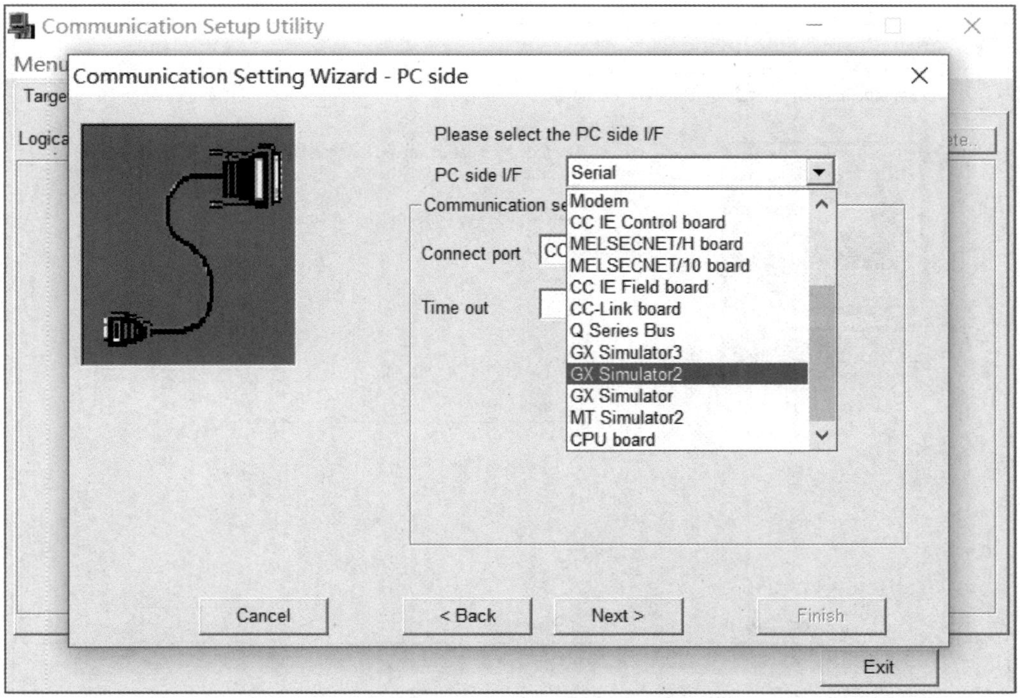

图 1－94　MX Component 设置步骤二：选择“GX Simulator2”选项

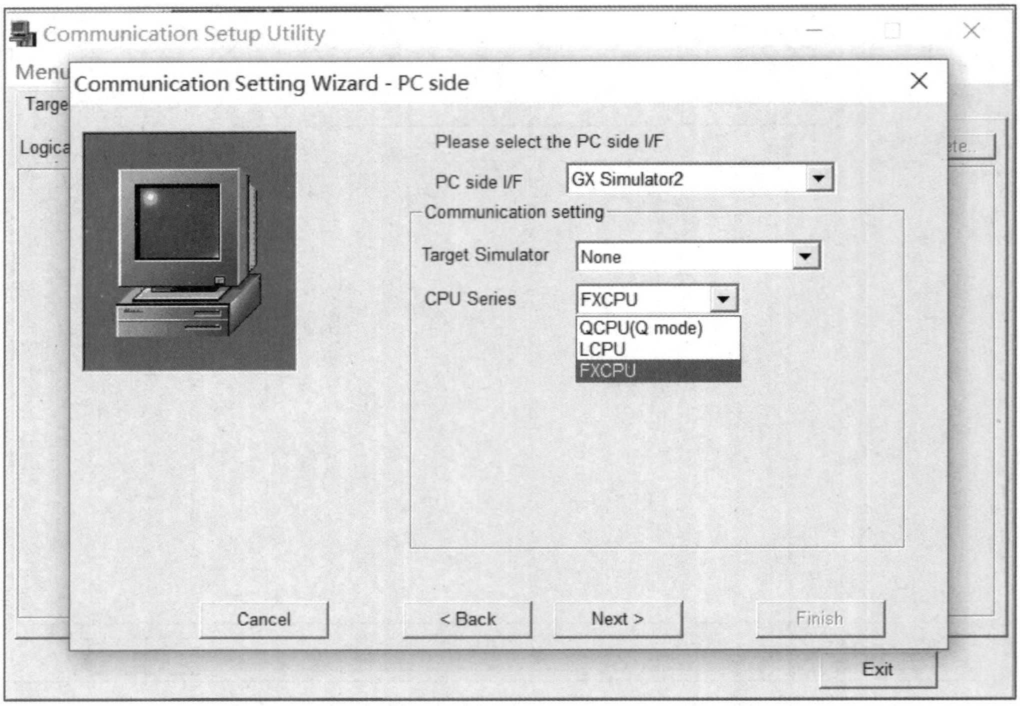

图 1-95　MX Component 设置步骤三：选择“FXCPU”选项

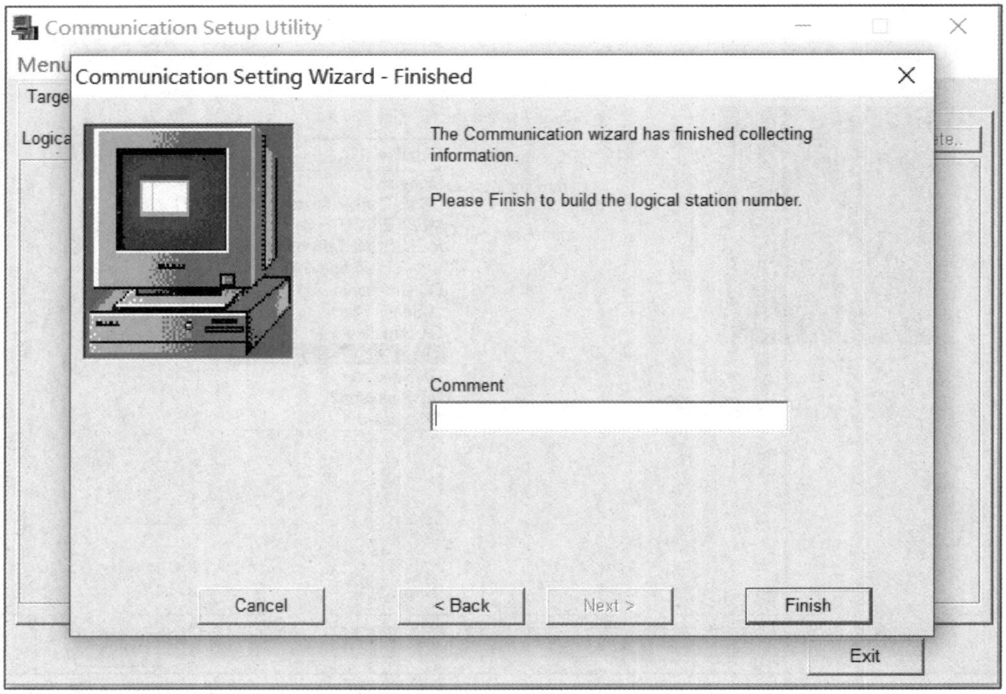

图 1-96　MX Component 设置步骤四：单击“Finish”按钮

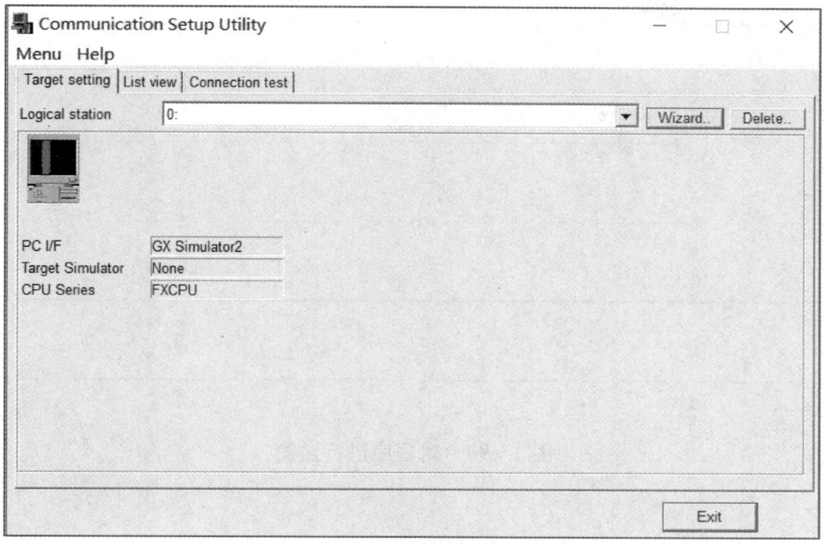

图 1-97 MX Component 设置完成

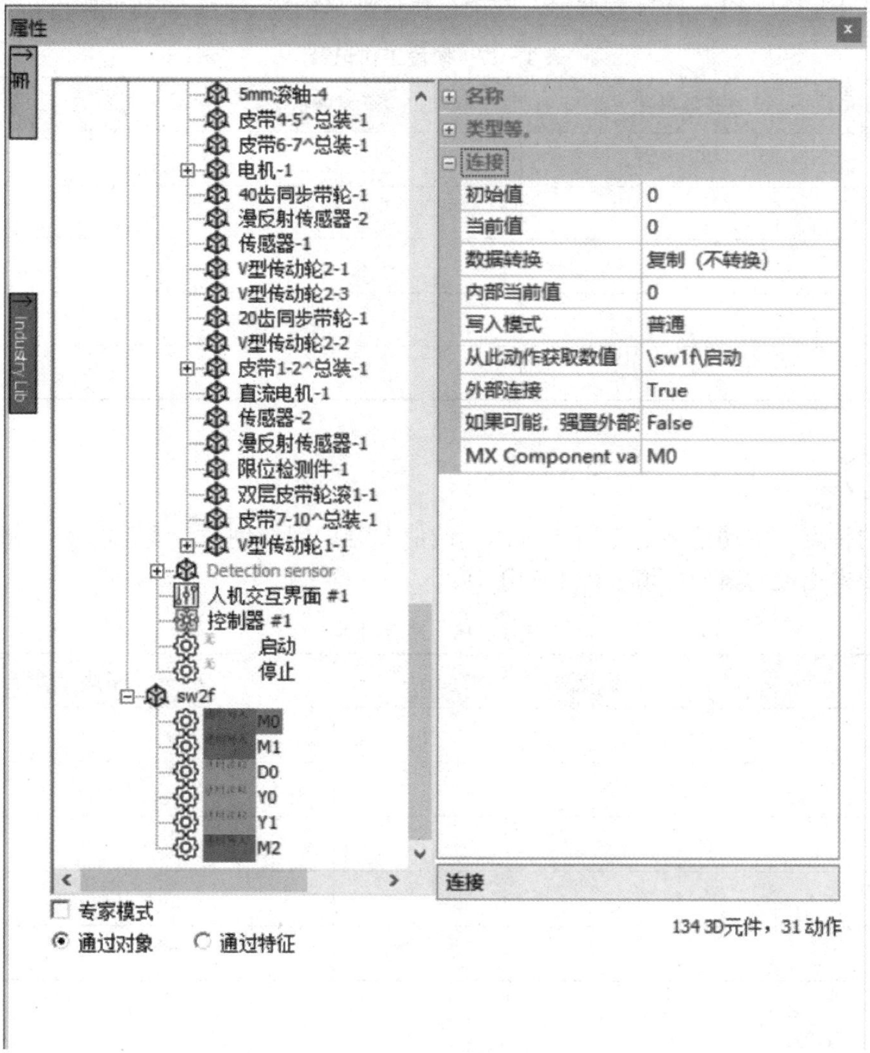

图 1-98 修改 M0 的 MX Component variable

图 1－99 对程序进行监测

• 任务评价

是否正确实现 VUP 与 PLC 的信号通信。验证工作计划及执行结果，分析原因并记录于表 1－17。

表 1－17 阶段工作记录

序号	问题现象描述	原因分析	处理方法
1			
2			
3			
4			
5			

• 素养之窗

根据本任务的特点，主动挖掘出与团队协作、诚信友善、创新创效、规范务实、精益专注、爱岗爱国六大职业素养要素相关的案例并填入表 1－18 中。

表 1－18 素养融入

序号	知识点	素养要素切入点
1		
2		
3		
4		
5		

任务 1.10　西门子 PLC 编程控制

任务介绍

微课视频

西门子 PLC 编程控制

本任务主要学习通过西门子 PLC 程序的编写对 VUP 软件进行控制。

相关知识

知识点 1.1、知识点 1.2

任务实施

（1）在软件中添加好对应的输入输出端口，同时做好数据连接，设置“Universe”级的“驱动”模式为“西门子 S7 PLC”，然后在新增的西门子连接中，设定 PLC 的 IP 地址和 CPU 槽位，如图 1－100 所示。

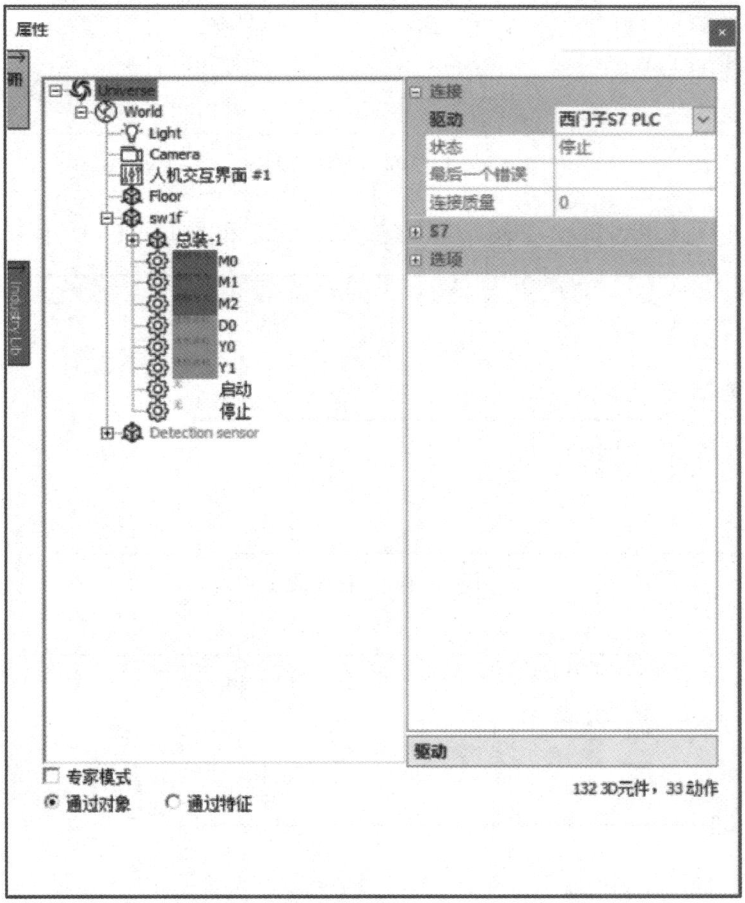

图 1－100　驱动选择

（2）创建 PLC 程序，CPU 添加 PLC 后，先设置硬件组态信息，在 PLC 组态时，确定 IP 地址与软件对应，同时在 CPU 连接机制中，勾选“允许来自远程对象的 PUT/GET 通信访问”复选框，如图 1－101 和图 1－102 所示。

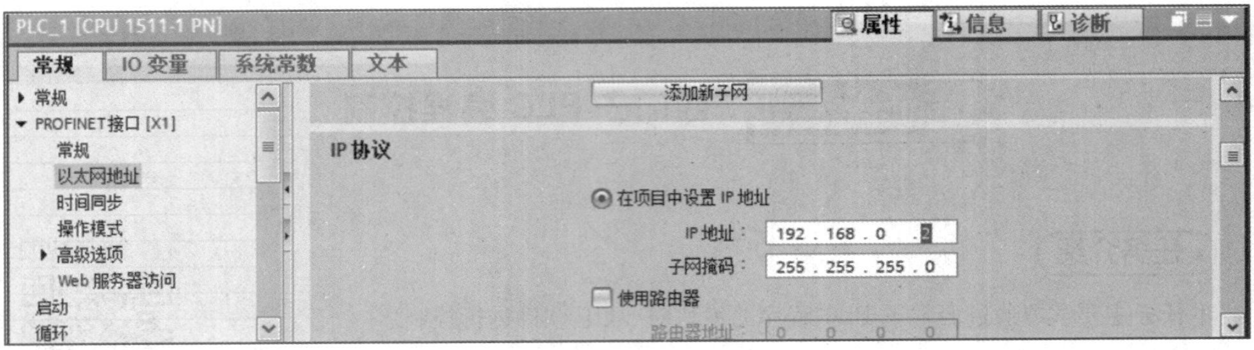

图 1 - 101　设置 IP 地址

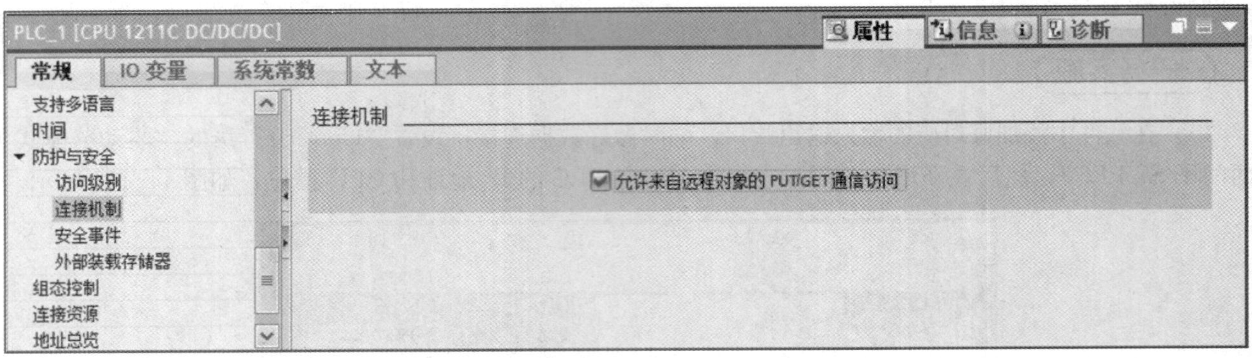

图 1 - 102　允许访问

（3）组态完成后，进行程序编写，如图 1 - 103、图 1 - 104 和图 1 - 105 所示。

图 1 - 103　程序段 1

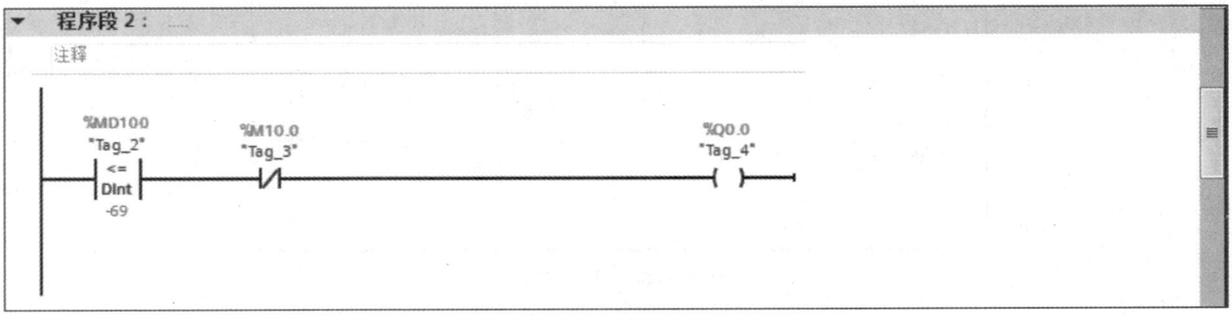

图 1 - 104　程序段 2

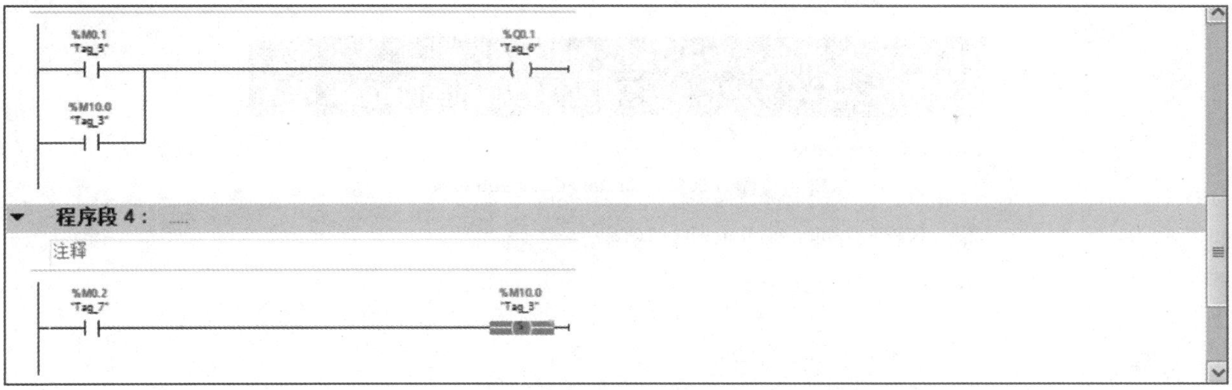

图 1-105　程序段 3 和程序段 4

(4) 设置 S7-PLCSIM Advanced V2.0 SP1。首先以管理员身份运行该软件，然后如图 1-106 所示设置相应参数，然后单击“Start”按钮，当黄灯亮起时软件运行成功，如图 1-107 所示。

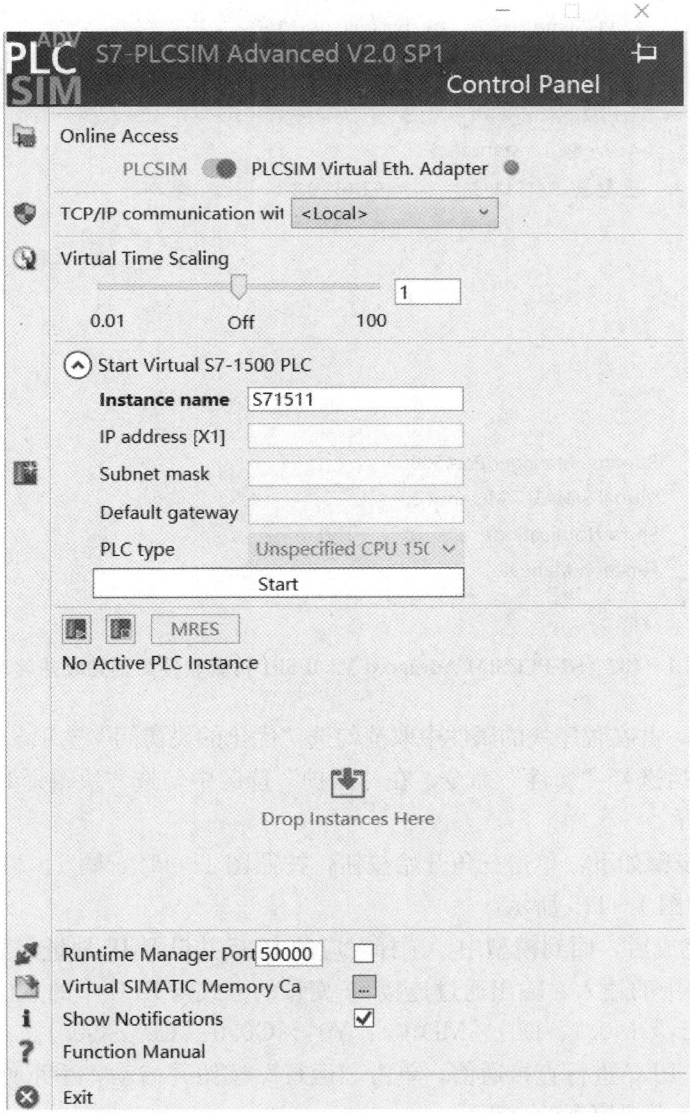

图 1-106　S7-PLCSIM Advanced V2.0 SP1 仿真软件配置

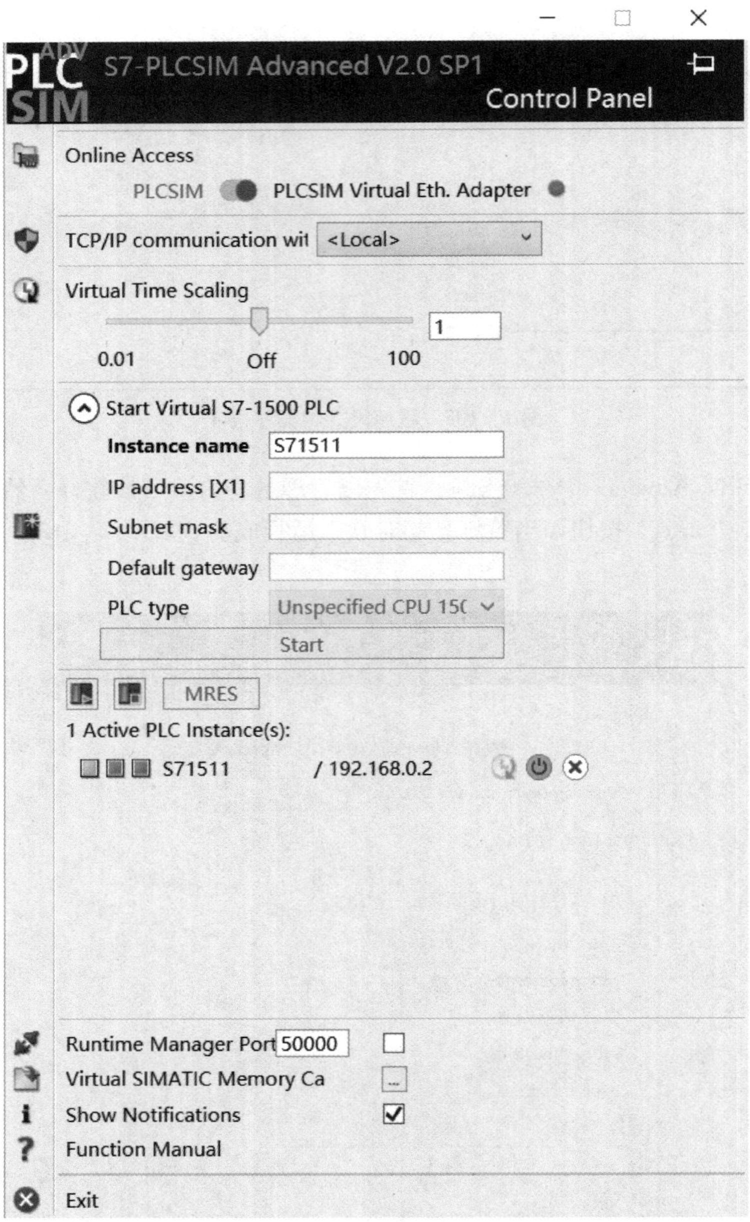

图 1-107　S7-PLCSIM Advanced V2.0 SP1 仿真软件配置完成并启动

（5）为程序添加新块，并在程序块的属性中取消勾选“优化的块访问”选项，如图 1-108 和图 1-109 所示。右击项目名称，然后选择“属性”命令，在“保护”选区中勾选“块编译时支持仿真”复选框，如图 1-110 和图 1-111 所示。

（6）下载到 PLC 的步骤如下：单击三角开始按钮，按照图 1-112、图 1-113 和图 1-114 所示进行操作，完成下载操作，如图 1-115 所示。

（7）PLC 基本配置完成后，回到模型中，选择对应的 PLC 并设置 IP 地址，如图 1-116 所示。

（8）完成后，将软件中的输入、输出通过连接 S7 变量的方式与 PLC 中的点位进行绑定，其中 M0：%M0.0、M1：%M0.2、M2：%M0.1、D0：%MD100、Y0：%Q0.0、Y1：%Q0.1。

（9）设置完成后，与 PLC 进行直接通信，单击“运行”按钮并启动，手爪伸出并夹紧到位，成功实现了通过西门子 PLC 控制虚拟模型的过程。

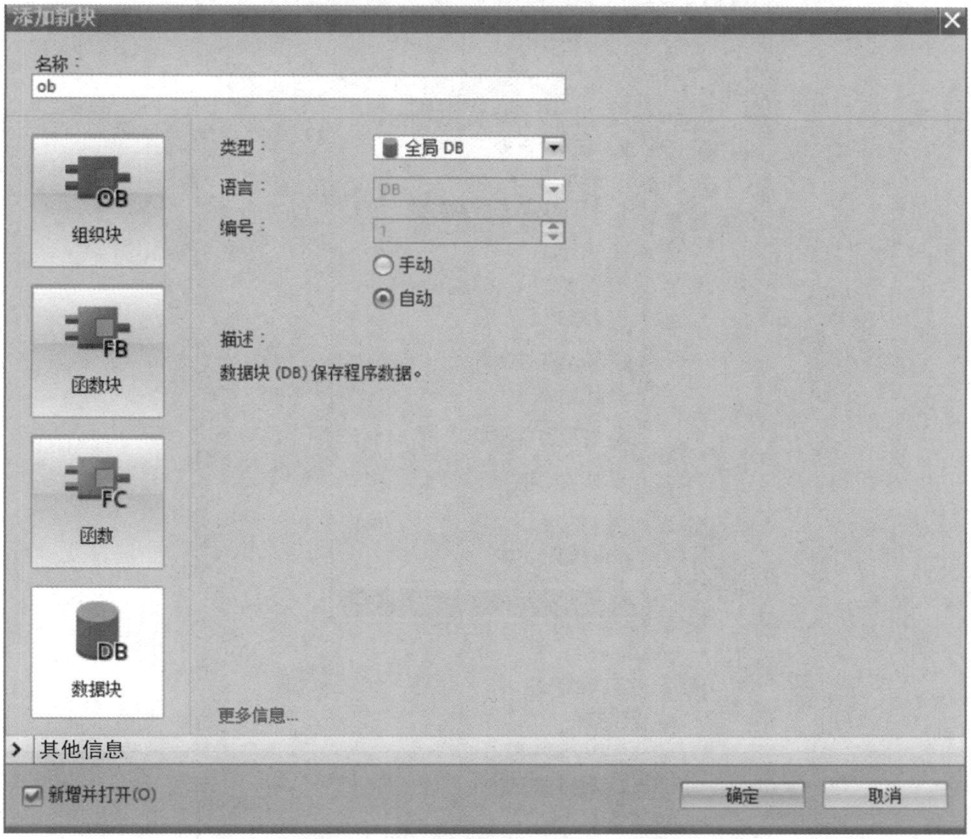
添加新块
名称：
ob
组织块
函数块
函数
数据块
类型：
全局 DB
语言：
DB
编号：
1
手动
自动
描述：
数据块 (DB) 保存程序数据。
更多信息...
其他信息
新增并打开(O)
确定
取消

图 1-108　添加新块

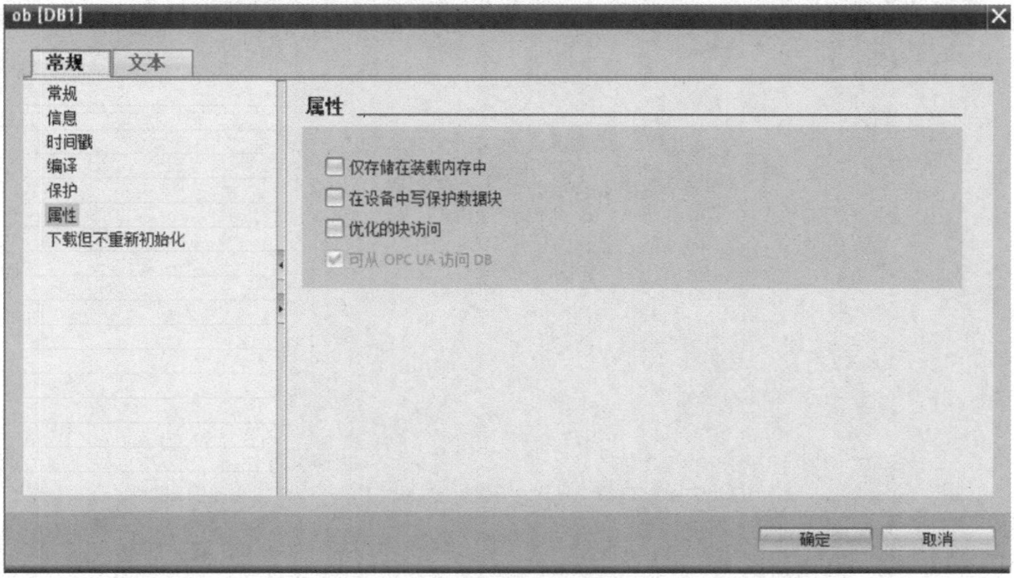
ob [DB1]
常规
文本
常规
信息
时间戳
编译
保护
属性
下载但不重新初始化
属性
仅存储在装载内存中
在设备中写保护数据块
优化的块访问
可从 OPC UA 访问 DB
确定
取消

图 1-109　取消勾选“优化的块访问”

项目树
设备
项目3
添加新设备
新增组
打开块/PLC 数据类型... F7
剪切(T) Ctrl+X
复制(Y) Ctrl+C
粘贴(P) Ctrl+V
转至在线(N) Ctrl+K
转至离线(F) Ctrl+M
在项目中搜索(J) Ctrl+F
交叉引用 F11
打印(P)... Ctrl+P
打印预览(V)...
属性... Alt+Enter
Traces
设备代理数据
程序信息
PLC 监控和报警
PLC 报警文本列表
本地模块
未分组的设备

图 1－110　修改项目属性

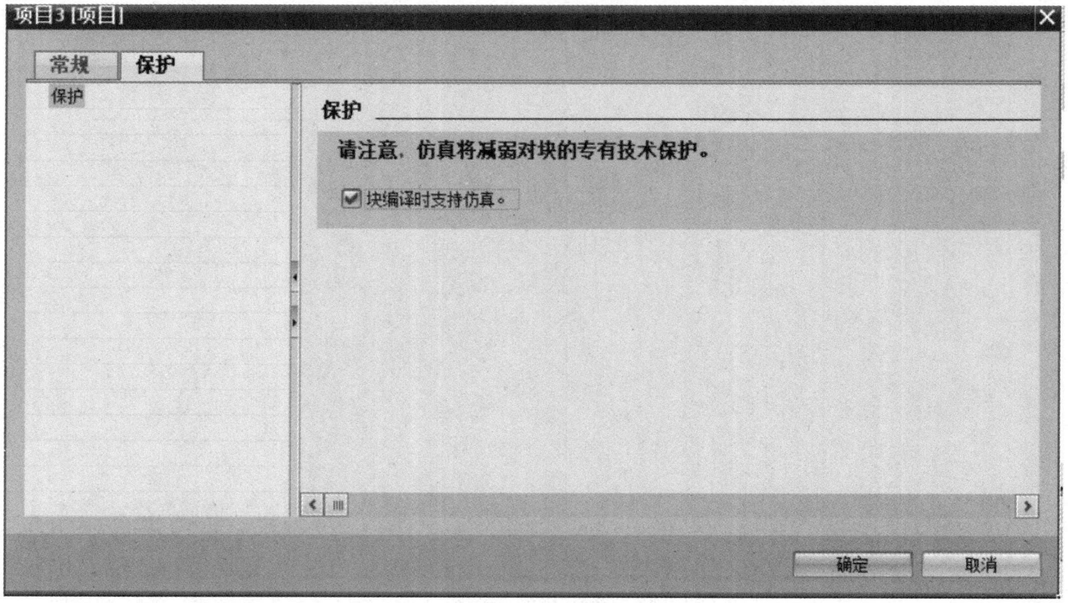
项目3 [项目]
常规
保护
保护
保护
请注意，仿真将减弱对块的专有技术保护。
块编译时支持仿真。
确定
取消

图 1－111　勾选“块编译时支持仿真”

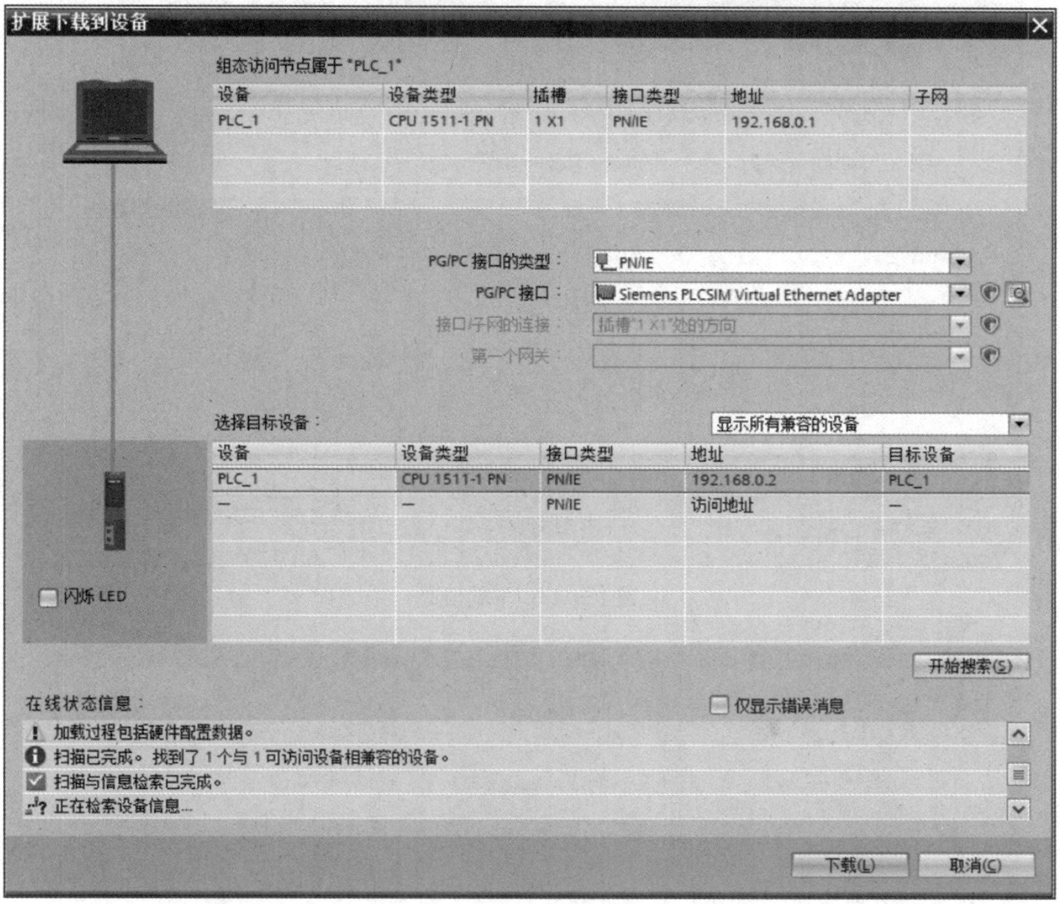
扩展下载到设备
组态访问节点属于 "PLC_1"
设备 设备类型 插槽 接口类型 地址 子网
PLC_1 CPU 1511-1 PN 1 X1 PN/IE 192.168.0.1
PG/PC 接口的类型：PN/IE
PG/PC 接口：Siemens PLCSIM Virtual Ethernet Adapter
接口/子网的连接：
第一个网关：
选择目标设备：
显示所有兼容的设备
设备 设备类型 接口类型 地址 目标设备
PLC_1 CPU 1511-1 PN PN/IE 192.168.0.2 PLC_1
— — PN/IE 访问地址 —
闪烁 LED
开始搜索(S)
在线状态信息：
仅显示错误消息
加载过程包括硬件配置数据。
扫描已完成。找到了 1 个与 1 可访问设备相兼容的设备。
扫描与信息检索已完成。
正在检索设备信息...
下载(L)
取消(C)

图 1-112　PLC 下载

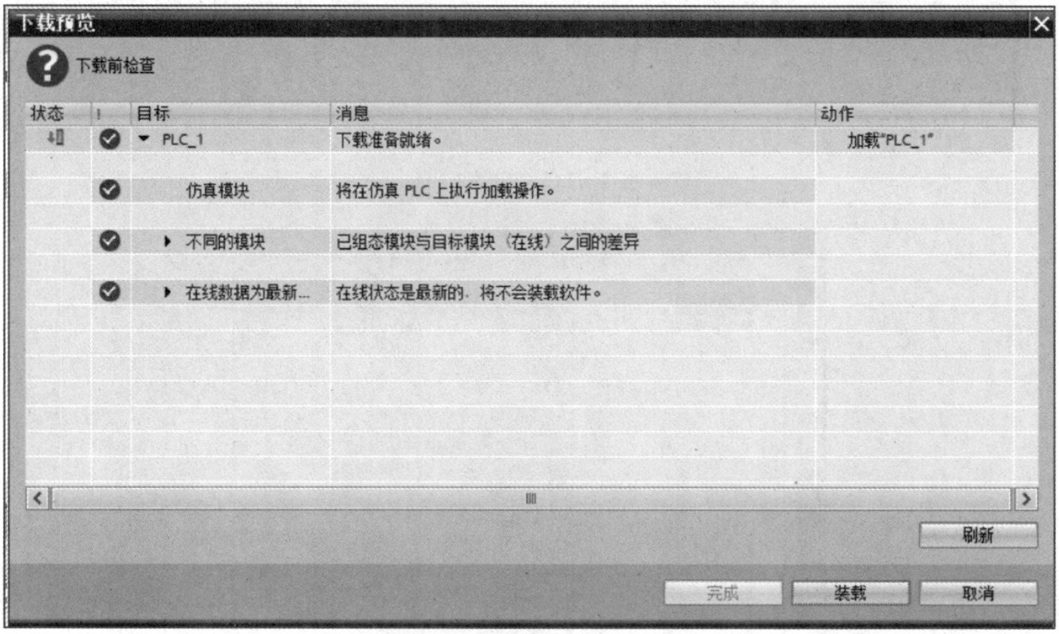
下载预览
下载前检查
状态 ! 目标 消息 动作
PLC_1 下载准备就绪。 加载"PLC_1"
仿真模块 将在仿真 PLC 上执行加载操作。
不同的模块 已组态模块与目标模块（在线）之间的差异
在线数据为最新... 在线状态是最新的，将不会装载软件。
刷新
完成
装载
取消

图 1-113　装载入虚拟设备

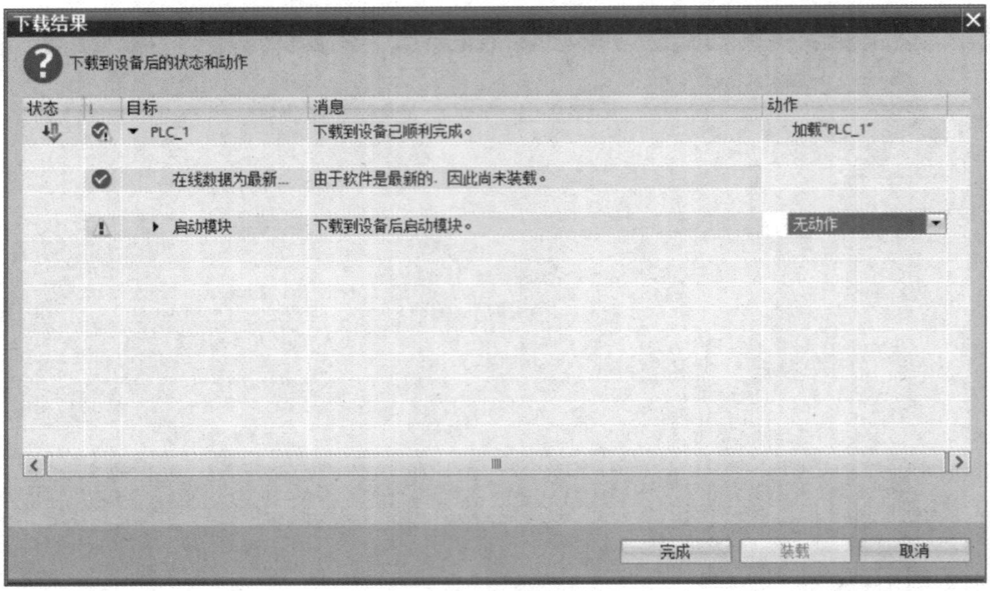
下载结果
下载到设备后的状态和动作
状态
目标
消息
动作
PLC_1
下载到设备已顺利完成。
加载"PLC_1"
在线数据为最新...
由于软件是最新的，因此尚未装载。
启动模块
下载到设备后启动模块。
无动作
完成
装载
取消

图 1－114　下载预览

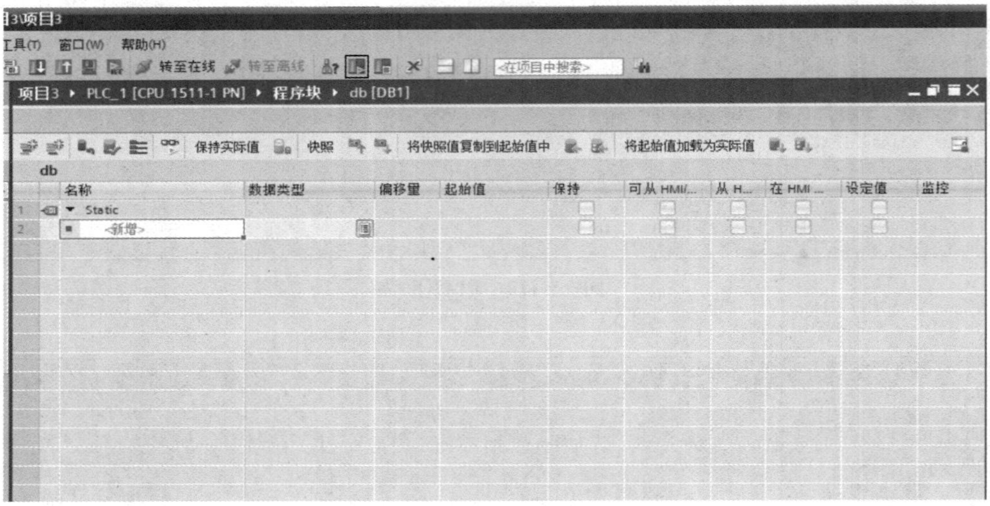
项目3 ▸ PLC_1 [CPU 1511-1 PN] ▸ 程序块 ▸ db [DB1]
转至在线
转至离线
保持实际值
快照
将快照值复制到起始值中
将起始值加载为实际值
db
名称
数据类型
偏移量
起始值
保持
设定值
监控
Static
<新增>

图 1－115　启动 CPU

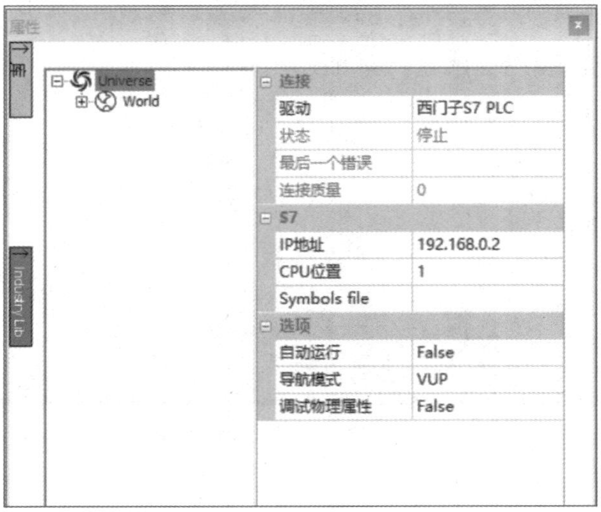
属性
Universe
World
连接
驱动
西门子S7 PLC
状态
停止
最后一个错误
连接质量
0
S7
IP地址
192.168.0.2
CPU位置
1
Symbols file
选项
自动运行
False
导航模式
VUP
调试物理属性
False
Industry Lib

图 1－116　修改 IP 地址

任务评价

是否正确实现通过西门子 PLC 程序的编写对 VUP 软件进行控制。验证任务执行结果，分析原因并记录于表 1-19。

表 1-19　阶段工作记录

序号	问题现象描述	原因分析	处理方法
1			
2			
3			
4			
5			

素养之窗

根据本任务的特点，主动挖掘出与团队协作、诚信友善、创新创效、规范务实、精益专注、爱岗爱国六大职业素养要素相关的案例并填入表 1-20 中。

表 1-20　素养融入

序号	知识点	素养要素切入点
1		
2		
3		
4		
5		

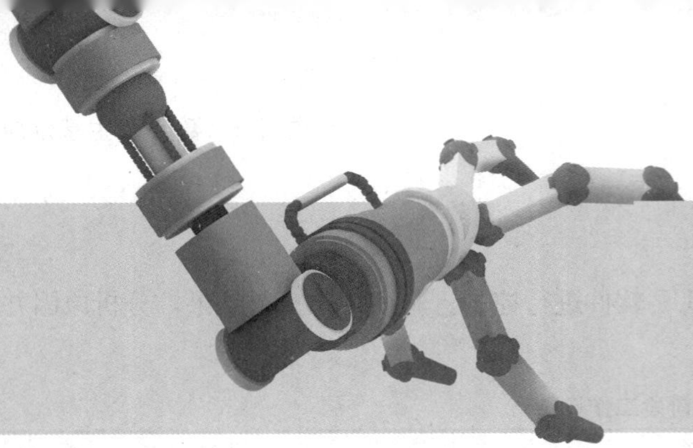

项目 2

工业机器人基本操作

项目概述

在劳动密集型企业中，智能工厂的建设已成为趋势。智能工厂中，人工与自动化机器的协作能大幅度减少人工因素所导致的工期延误、质量不稳定等问题，但同时也对操作人员的操作技能提出了更高的要求。在企业改造生产线的过程中，MES、机器人和智能小车等一系列智能化软硬件设备的引进，亟须操作人员熟练掌握工业机器人的操作以及安全保护等基本技能。

学习目标

● 知识目标：

(1) 掌握 ROBOGUIDE 离线编程软件的安装与工程文件的创建

(2) 掌握 ROBOGUIDE 离线编程软件中外围设备的添加与设置

(3) 掌握工业机器人点动控制的方法及运动特点

(4) 掌握工业机器人基本安全设置方法

● 能力目标：

(1) 能创建工业机器人虚拟仿真工作站

(2) 能正确导入相关模型

(3) 能按照任务要求构建工作站

● 素质目标：

(1) 养成良好的职业道德和团队精神

(2) 养成形象思维和逻辑思维能力

(3) 养成职业技能习惯和创新意识

知识准备

2.1 ROBOGUDIE 软件模块功能

ROBOGUIDE 是发那科（FANUC）机器人公司提供的一个离线编程与仿真软件，它是围绕一个离线的三维世界进行模拟的，在这个三维世界中模拟现实中的机器人和周边设备的布局，通过 TP 示教，进一步来模拟它的运动轨迹。通过这样的模拟可以验证方案的可行性，同时获得准确的周期时间。作为一款核心应用软件，ROBOGUIDE 还包括搬运、弧焊、喷涂和点焊等其他工程模块，模块功能说明见表 2-1。其仿真环境界面为传统的 Windows 界面，由菜单栏、工具栏、状态栏等组成。

表 2-1　工程模块功能说明

工程模块名称	功能说明
ChamferingPR 去毛刺、倒角模块	可添加弧焊工具包（ArcTool）、点焊工具包（SpotTool）等工具包实现去毛刺、倒角等仿真应用
4DEdit 4D 编辑模块	将真实的 3D 机器人模型导入示教器，形成 4D 图像显示
HandlingPro 物料搬运模块	用于机床上下料、冲压、装配等物料搬运仿真应用
OlpcPRO 入门模块	TP 程序、KAREL 程序的编辑模块
PalletPRO 码垛模块	用于各种码垛仿真应用
PalletPROTP 码垛 TP 程序模块	可生成码垛程序及码垛仿真应用
WeldPRO 焊接、激光切割模块	用于焊接、弧焊及激光切割等仿真应用

2.2　ROBOGUDIE 软件任务栏

ROBOGUDIE 软件任务栏如图 2-1 所示，创建工作站时，需要根据导入模型的用途，选择对应的添加类型，导入外围设备类型及其说明见表 2-2。ROBOGUDIE 软件可添加系统自带模型、简单三维模型以及第三方软件生成的 STL 或 IGS 格式模型，建议使用 IGS 格式模型显示模型颜色。

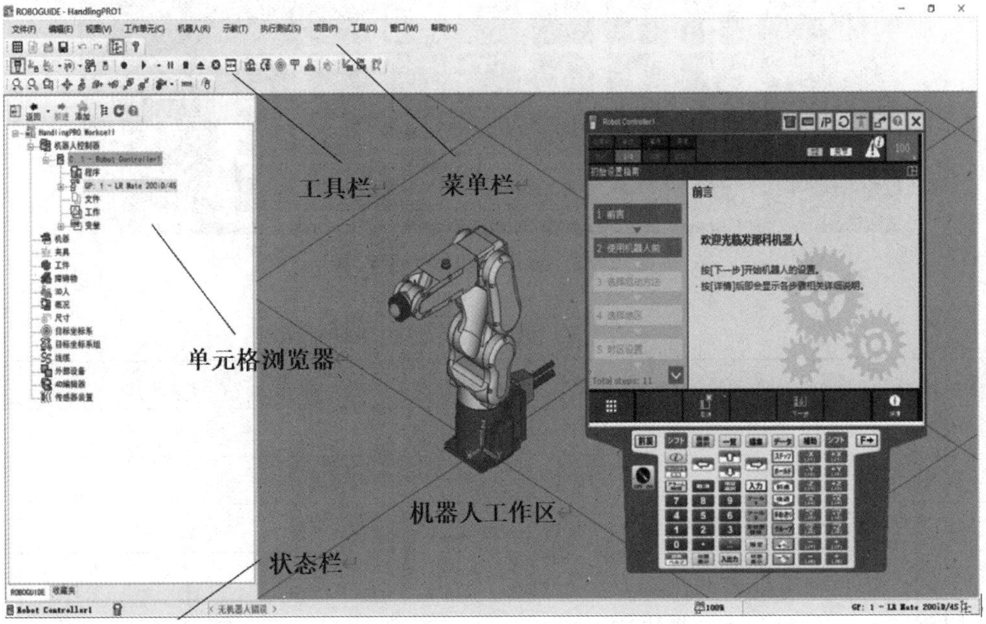

图 2-1　ROBOGUDIE 软件任务栏

表 2-2　外围设备类型及其说明

序号	设备类型	说明
1	机器	由机器人控制系统从而控制运动的设备，如安全门、变位机等
2	夹具	通常为固定不动的外围设备，如机器人固定底座等
3	工件	机器人可直接移动的物体，如搬运的物料、加工的对象等
4	障碍物	主要为围栏、控制柜等固定位置设备
5	3D 人	模拟机器人操作员所站位置

2.3　ROBOGUDIE 软件示教器

工业机器人示教器是一种专门设计用于操作工业机器人的设备。它通常采用物理或虚拟的形式，使操作人员能够直观地与机器人进行交互，以执行特定的任务或学习机器人的动作。通过示教器，操作人员可以直观地引导机器人执行特定的动作。同时，机器人示教器还能够记录示教过程中机器人的位置和路径信息，用于生成机器人控制程序。

在实际工作中，操作人员可以编辑示教器上记录的动作序列，调整机器人执行任务的顺序，并设置机器人执行任务的速度和加速度。另外，一些先进的机器人示教器还能提供实时反馈和监控功能，使操作人员能够在示教过程中观察机器人的状态，从而更好地调整和优化示教工作。发那科机器人示教器如图 2-2 所示，其各按键及指示灯功能见表 2-3。

图 2-2　发那科机器人示教器

表 2-3　按键及指示灯的功能

按键及指示灯	功能
PREV	上一页
NEXT	下一页
MENU	菜单键
FCTN	功能键
DISP	显示屏切换

续表

按键及指示灯	功能
STEP	单步/连续切换键
RESET	复位键，清除一般报警信息
BACK SPACE	删除键
ENTER	确认键
COORD	坐标系切换键，用来切换坐标系。若同时按下“SHIFT”键可直接输入数值并选择坐标系序号
	运行速度设置键，按“COORD”键切换坐标系后速度依系统参数设置可能会发生变化，设置范围为1%～100%以及低速、微速，使用低速、微速时每按下该键则机器人运动一步
DIAG HELP	帮助键
POSN	位置显示键
I/O	I/O信息
STATUS	轴运动状态
	与其他键配合使用实现点动给进、位置数据示教、程序启动，示教器上深蓝色操作键必须与“SHIFT”键配合使用，两个“SHIFT”键功能相同
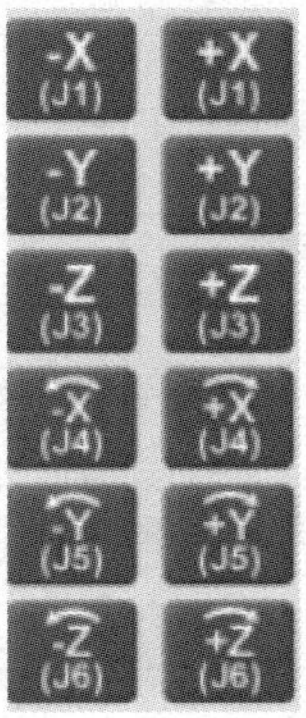	点动键，与“SHIFT”键同时按下时用于点动给进。在直角坐标系下，上边6键控制位置信息X、Y、Z，下边6键控制姿态信息W、P、R；在关节坐标系下，分别实现对轴的控制，即按键上小括号内的功能
	光标键，用来移动光标

示教器通常具有直观的可视化界面，显示机器人的运动轨迹、当前位置和其他关键信息。这使得操作人员能够清晰地了解机器人的行为。示教器显示屏提供了机器人运行状态、报警信息及参数显示等内容，主要分为状态窗口、主窗口和功能键菜单三个部分，如图2-3所示。其中，状态窗口显示信息如图2-4所示。

在状态窗口中，状态指示灯亮灯表示有效，熄灭表示无效，具体说明见表2-4。

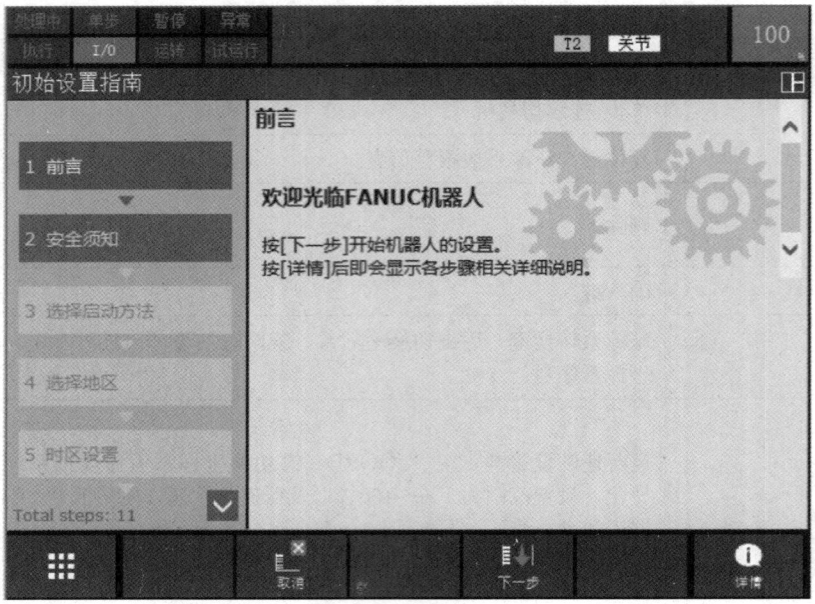

图 2－3　示教器显示屏

图 2－4　状态窗口

表 2－4　状态指示灯及其说明

状态指示灯	说明
处理中	Mate 控制柜处理信息中
单步	机器人程序单步执行
暂停	机器人处于 HOLD 状态
异常	有故障发生
执行	正在执行程序
I/O	应用程序固有 LED 并且 LED 常亮
运转	机器人自动运行中
试运行	机器人为试运行状态

主窗口用于显示机器人的信息参数及程序等，最下方功能键菜单在不同页面下显示不同功能，在 ROBOGUIDE 中可直接单击选择，在实体机器人中该功能键与示教器 F1～F5 键一一对应。

2.4　工业机器人移动操作及奇异点

FANUC 工业机器人移动方法分为参照关节坐标系（JOINT）的关节移动和参照直角坐标系的直线移动，其中直角坐标系又可分为世界坐标系、工具坐标系和用户坐标系。

工业机器人关节移动是以各关节旋转轴为中心进行移动，在关节坐标系下机器人各轴可单独运动，适用于大范围运动且不要求 TCP 姿态的情况。直线移动是机器人工具参照直角坐标系，分别沿直角坐标系的 X 轴、Y 轴和 Z 轴做平移运动或绕 X 轴、Y 轴、Z 轴做旋转运动。由于机器人在进行直线运动时，各轴的旋转量是由机器人内部计算机计算出来的，因此在某些位置会出现无穷多解的情况，导致工业机器人无法运行并报“MOTN-023 在奇异点附近错误”。其典型状态就是 J5 轴接近 0°以及 33 轴在运动直线上，可通过切换为关节坐标系或改变工业机器人的姿态避开该点。在程序编写中可将动作指令修改为 J 命令，或使用附加动作指令（Wjm）避开该点。

任务引导

任务 2.1　创建工程文件

• 任务介绍

本任务主要学习创建与实体工业机器人系统版本一致的工程文件，并根据导入设备特性选择合适的机器人模型类型。

• 相关知识

知识点 2.1

• 任务实施

创建 ROBOGUDIE 工程文件的步骤如下：

（1）创建工程文件：打开离线编程软件后，单击“文件”工具栏下“新建工作单元”选项以创建工程文件，或通过“打开工作单元”选项导入已创建的工程文件，ROBOGUIDE 工程文件后缀名为 frw，如图 2 - 5 所示。在“Recent Workcells”页面中，将显示已创建的工程文件。

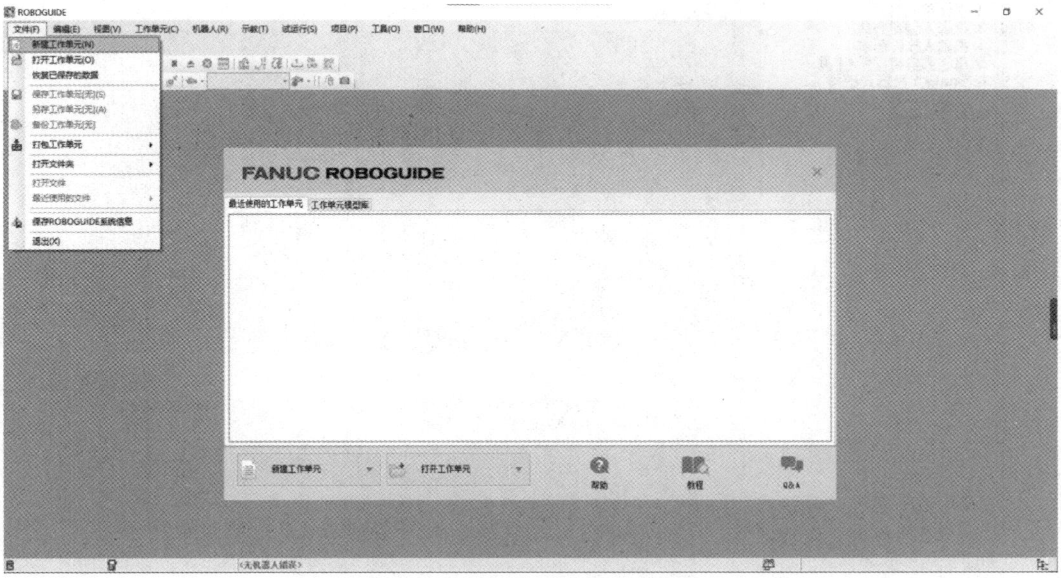

图 2 - 5　创建工程文件页面

（2）选择工程模块：根据工程对象选择不同工程模块，以加载相应的软件包，此处选择“Handling-PRO”模块，如图 2 - 6 所示。

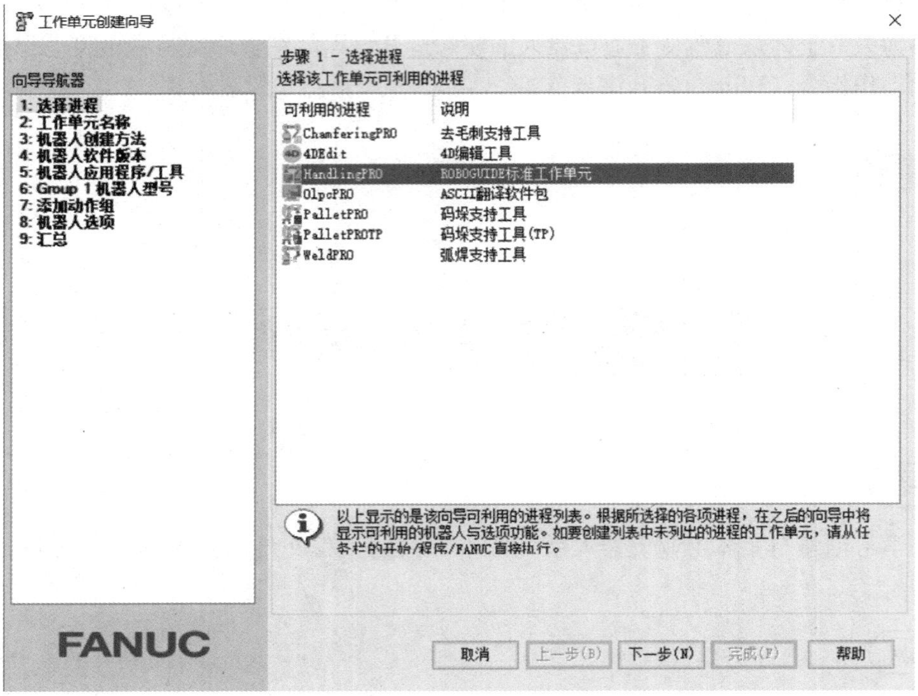

图 2-6　选择工程模块

（3）命名工程文件：在页面“名称”后文本框中输入创建的工程文件名，创建的工程文件默认保存在系统文档文件夹下“我的工作单元”文件夹中，“现有工作单元”列出已创建的工程文件，如图 2-7 所示。

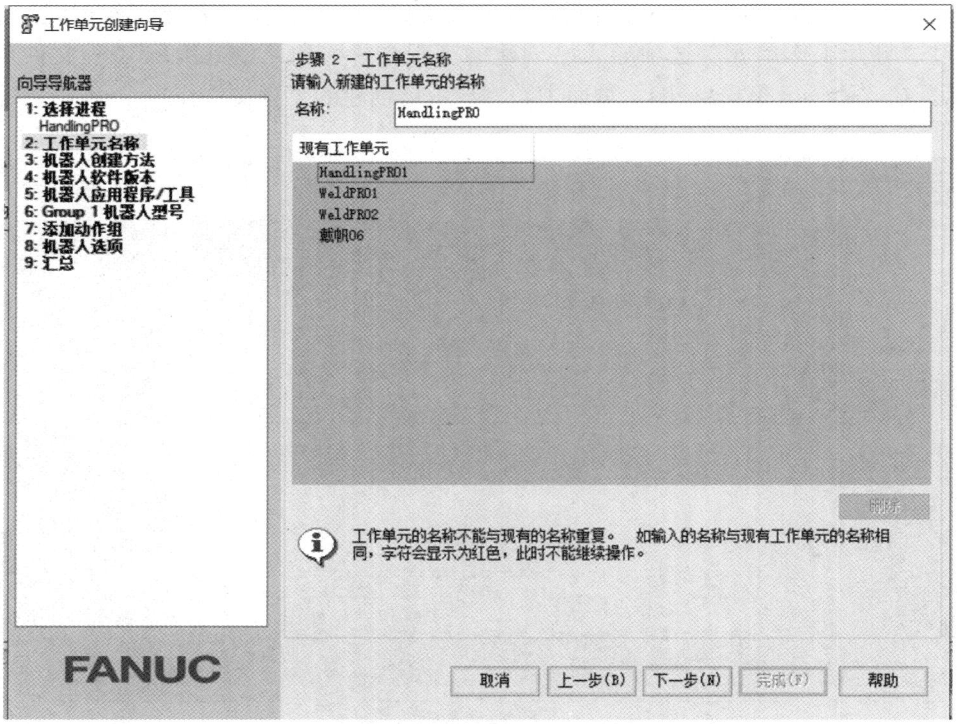

图 2-7　创建工程文件名

（4）创建工程文件：勾选“新建”按钮后，单击“下一步”按钮，如图 2-8 所示。

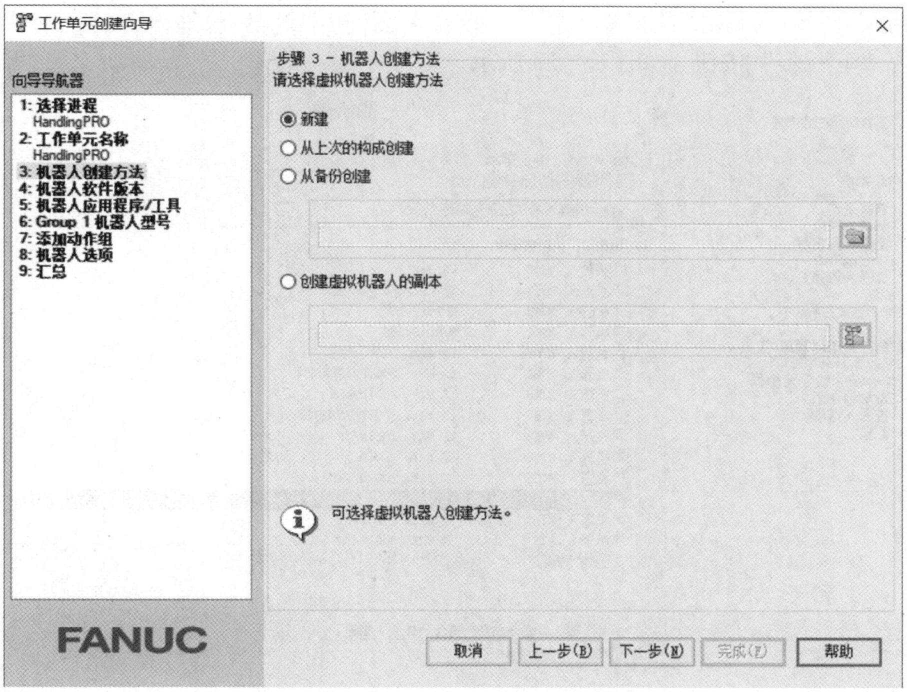

图 2-8　创建工程文件

（5）选择机器人软件版本：建议根据被控实体机器人选择合适的机器人软件版本，此处选择 V9.10P/06 机器人软件版本，单击“下一步”按钮。

（6）设置机器人应用程度/工具：选择离线编程可能使用到的工具，如弧焊工具（ArcTool）、搬运工具（HandlingTool）、喷涂工具（PaintTool）等，此处选择“稍后设置手爪”按钮，如图 2-9 所示，单击“下一步”按钮进入下一页面。

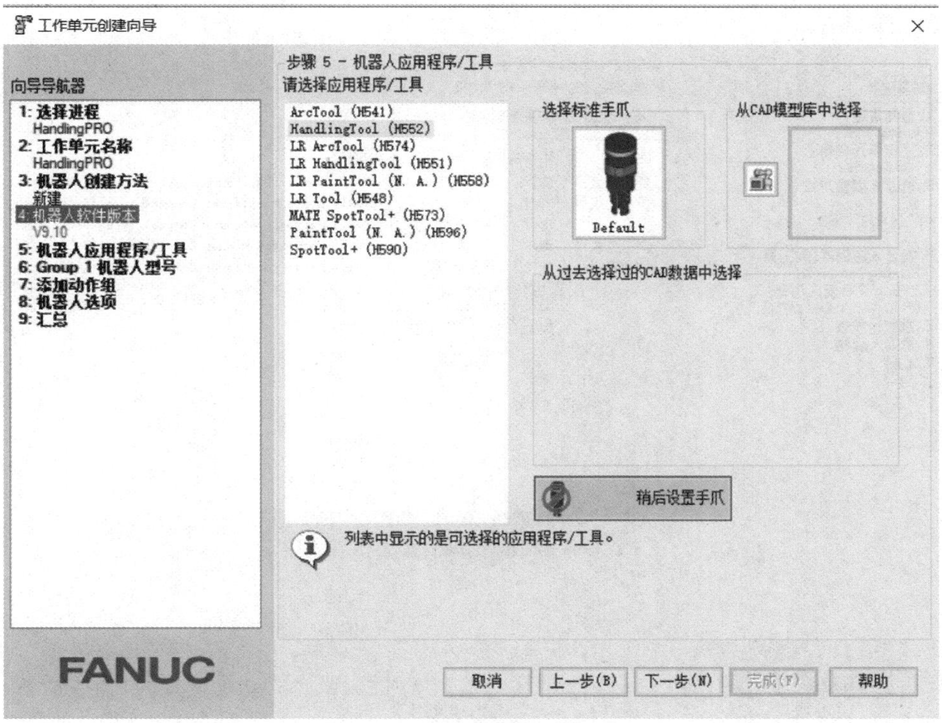

图 2-9　选择应用工具

（7）选择机器人型号：根据实体机器人型号，选择对应的 FANUC 机器人型号，此处选择“LR Mate 200iD/4S”，单击“下一步”按钮，如图 2-10 所示。

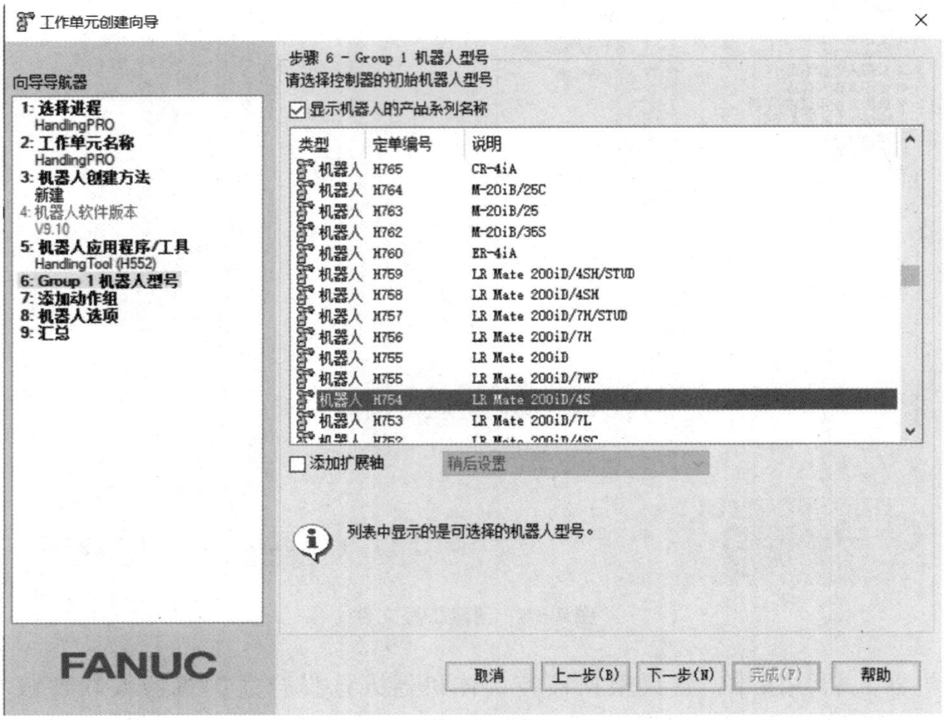

图 2-10　选择机器人型号

（8）设置附加动作组：本项目开始阶段不添加任何外部轴，创建工程文件后根据需要再添加外部轴，单击“下一步”按钮，如图 2-11 所示。

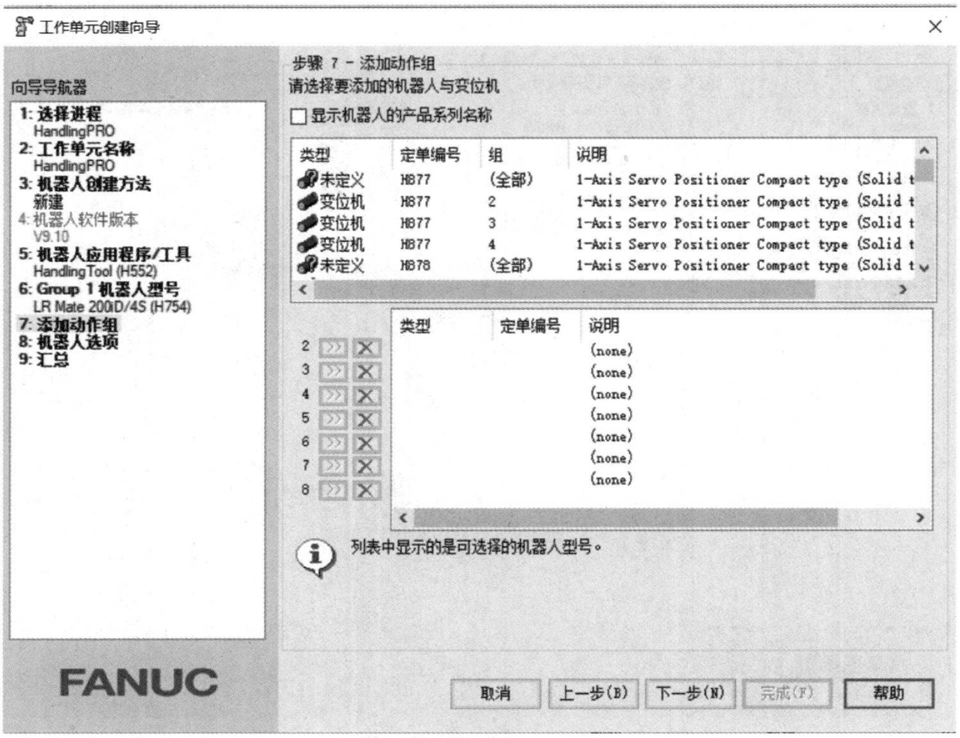

图 2-11　添加外部轴

（9）设置语言：在图 2－12 所示的页面中设置示教器的显示语言，其中“基础词典”为示教器默认显示的语言，此处选择“简体中文词典”，可在“加选词典”选区中选择添加其他语言，如勾选“加选词典（英文）”选项，即可添加英语为备用显示语言。设置完成后，单击“完成”按钮切换页面。

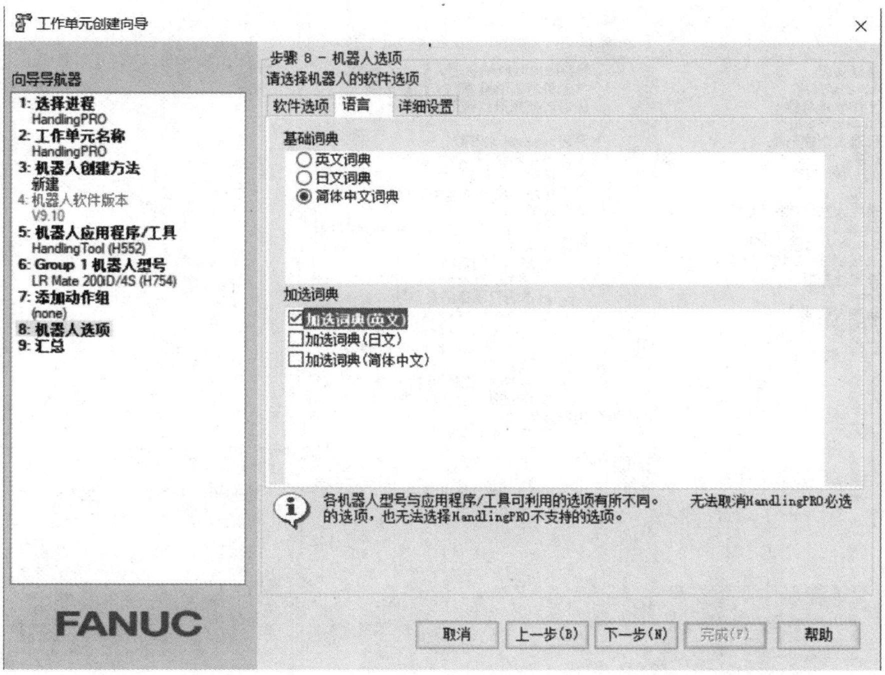

图 2－12　设置语言

若进入示教器页面语言为英文，依次单击“MENU”→“6 SETUP”→“General”→“2 Current language”→“F4 CHOICE”→“1 CHINESE”命令，即可切换为中文显示。

（10）设置高级选项：程序数量、堆栈数量及数值寄存器个数等与机器人内存大小相关，参照图 2－13 修改 FROM、CMOS、DRAM 等参数，建议与实体机器人保持一致，确认无误后单击“下一步”按钮。

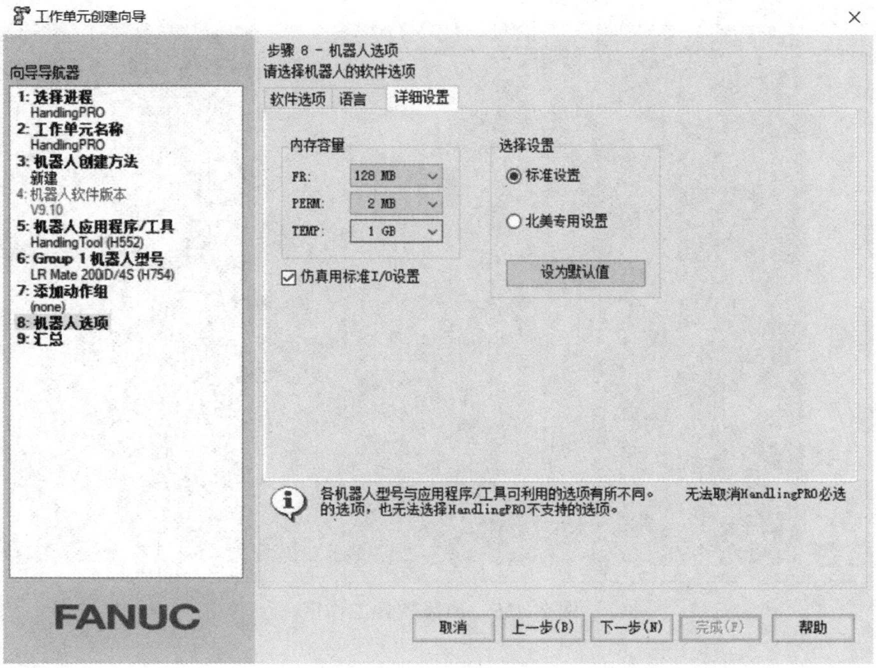

图 2－13　设置高级选项

（11）确认配置：图 2－14 中列出了所有已设置选项，若确定无误则单击“完成”按钮即可完成工程设置，进入离线编程环境；若需要修改则单击“上一步”按钮，退回上一步进行调整。

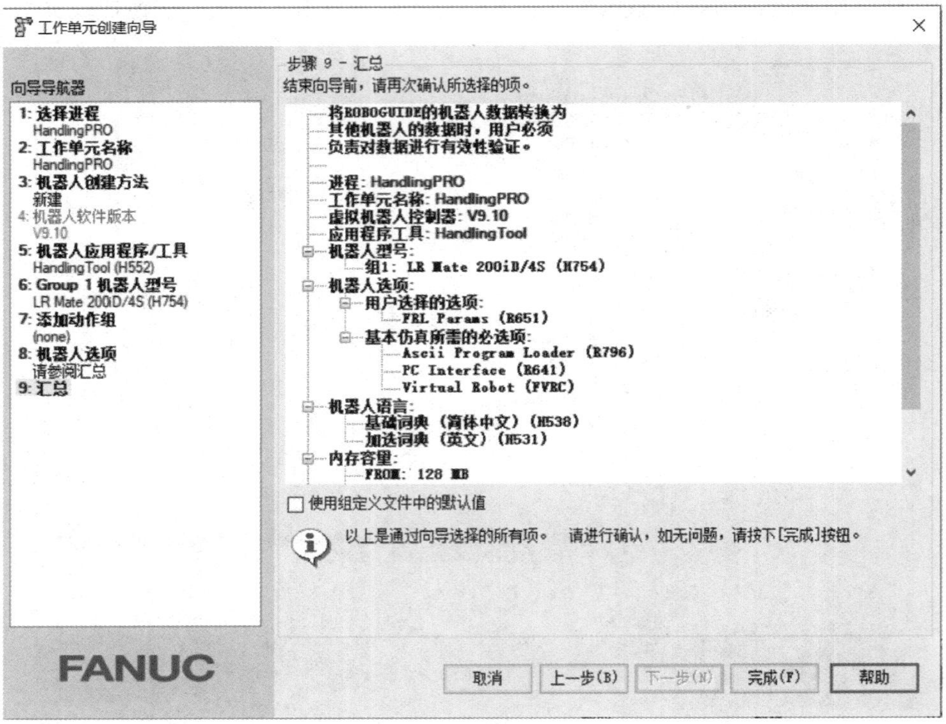

图 2－14　确认配置

设置完成后，软件系统开始初始化，并自动打开当前设置的工程文件。工业机器人所在空间称为 Workcell，即灰色区域所覆盖的 3D 空间，如图 2－15 所示。

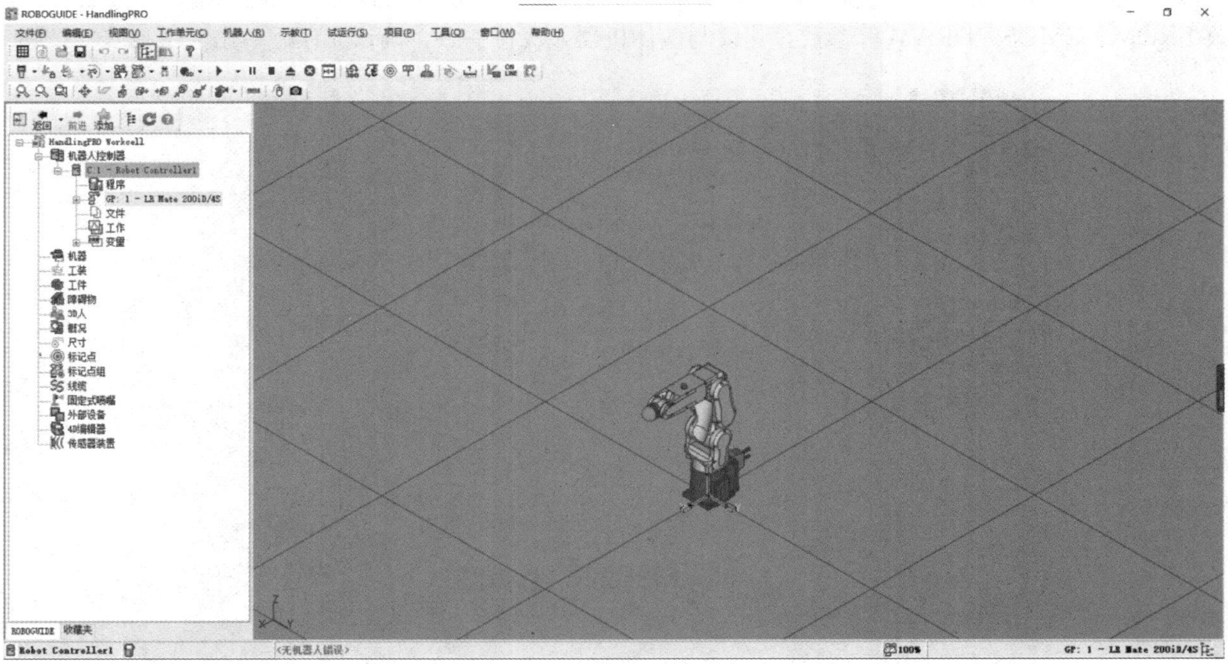

图 2－15　离线软件工作区

滚动鼠标滚轮可实现鼠标符号所在位置视图的缩放，按住鼠标中键移动画面，单击选择操作对象，右击选中的对象，以其为中心切换观察角度。

• 任务评价

验证创建工程文件任务执行结果，分析原因并记录于表 2-5。

表 2-5　阶段工作记录

序号	问题现象描述	原因分析	处理方法
1			
2			
3			
4			
5			

• 素养之窗

根据本任务的特点，主动挖掘出与团队协作、诚信友善、创新创效、规范务实、精益专注、爱岗爱国六大职业素养要素相关的案例并填入表 2-6 中。

表 2-6　素养融入

序号	知识点	素养要素切入点
1		
2		
3		
4		
5		

任务 2.2　导入机器人工具

• 任务介绍

ROBOGUIDE 软件中自带各类机器人工具，若软件中的机器人工具无法满足工作需求，则需要用户通过第三方软件自行设计机器人工具并导入 ROBOGUIDE 软件。本任务要求学生能够根据实际工作场景需要，导入并正确安装机器人工具。

• 相关知识

知识点 2.2

• 任务实施

(1) 导入机器人工具。

在“单元格浏览器”菜单栏中，依次选择“工具”→“UT：1（Eoat1）”命令，右击打开快捷菜单，选择“Eoat1属性”。在“常规”选项卡中单击“打开CAD文件”图标，找到需要导入的机器人工具模型，单击“打开”按钮。若工具是用户自行设计的，则需要对工具位置进行设置，如图2-16所示。

本任务中，单击“导入第三方软件工具”按钮，选择“机器人涂胶工具”并单击“打开”按钮。

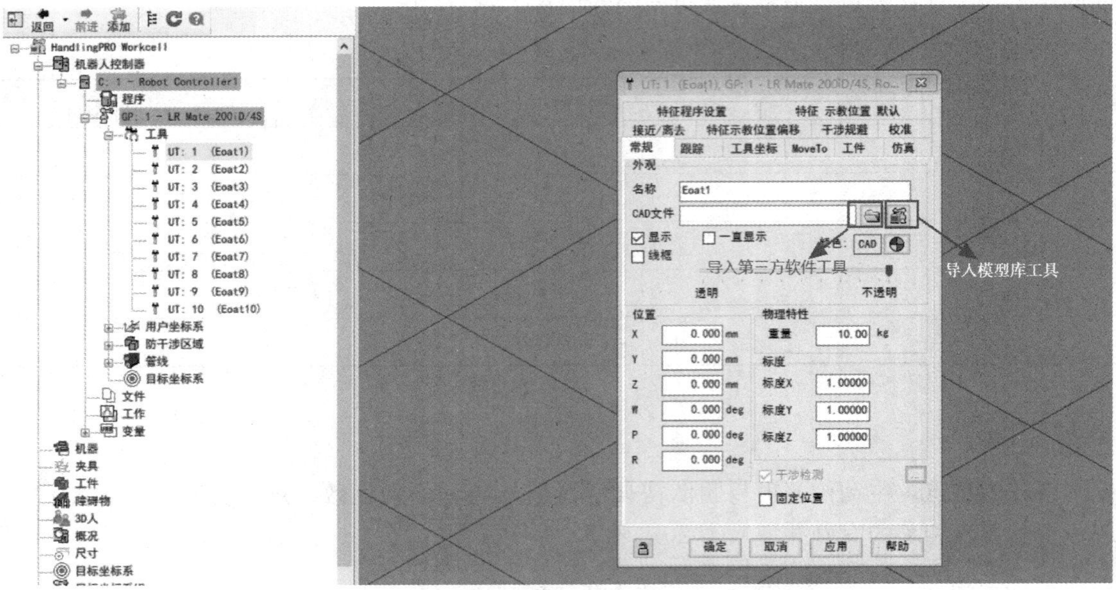

图2-16　导入机器人工具

（2）设置机器人工具位置。

在常规选型卡的位置界面，对机器人工具的安装位置进行设置，通过设置X、Y、Z的值，改变机器人工具的空间位置；通过设置W、P、R的值，调节机器人工具的空间姿态，使其安装在法兰盘上，如图2-17所示。

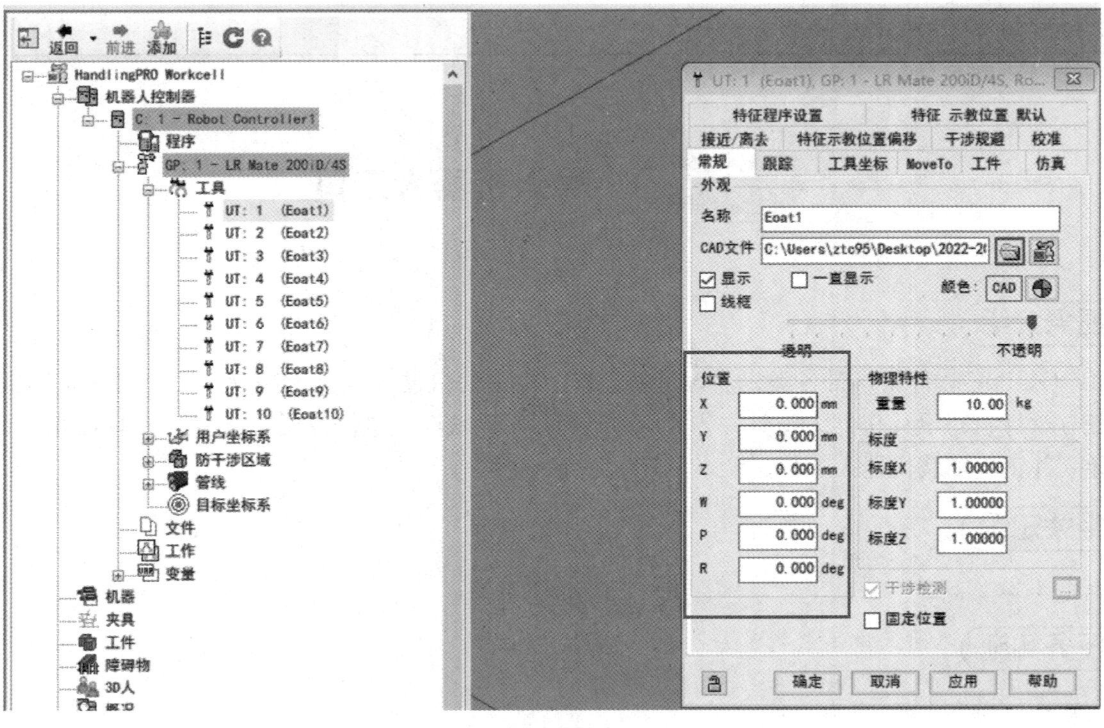

图2-17　设置机器人工具位置

在本任务中，将 X 设置为 32，Y 设置为 2.4，Z 设置为 3.2，W 设置为 0，P 设置为 0，R 设置为－90，单击“确定”按钮，涂胶工具即被安装在机器人法兰盘上。

（3）在机器人工具安装完成后，需对机器人工具坐标系进行设置。如图 2－18 所示，在“工具坐标”选项卡中，勾选“编辑工具坐标系”复选框，输入所测算的机器人工具的 X、Y、Z、W、P、R 值，单击“应用”按钮。机器人工具坐标系具体测算方法在项目 3 中会提及，本任务中，机器人涂胶工具的坐标系测算数值为 X：0、Y：0、Z：243、W：0、P：0、R：0。

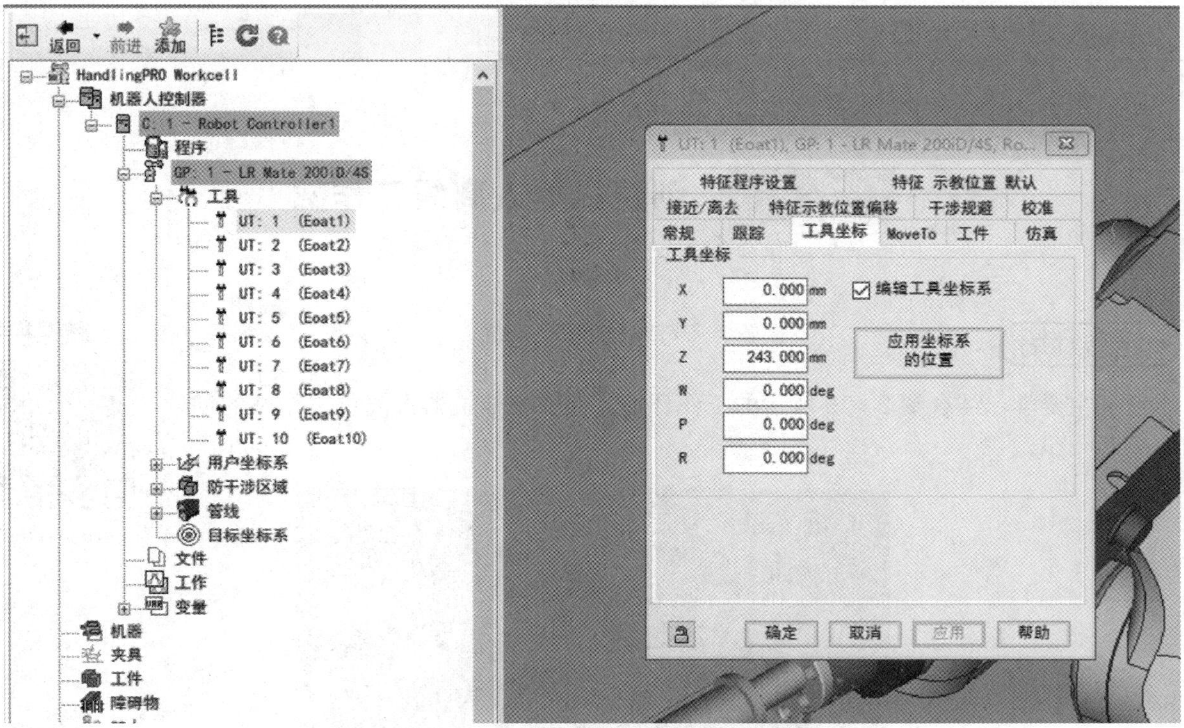

图 2－18　设置机器人工具坐标系

任务评价

验证工作计划及执行结果是否满足表 2－7 的要求，若满足则勾选“是”，反之勾选“否”。

表 2－7　任务检查

序号	任务检查点	小组自我检查	
1	机器人工具选择正确	○是	○否
2	机器人工具安装正确	○是	○否
3	机器人工具坐标系设置正确	○是	○否

素养之窗

根据本任务的特点，主动挖掘出与团队协作、诚信友善、创新创效、规范务实、精益专注、爱岗爱国六大职业素养要素相关的案例并填入表 2－8 中。

表 2-8　素养融入

序号	知识点	素养要素切入点
1		
2		
3		
4		
5		

任务 2.3　创建机器人离线工作站

• 任务介绍

微课视频

工作站的创建

本任务主要学习结合图 2-19 所示的工作环境，完成工业机器人离线工作站的创建与布局。

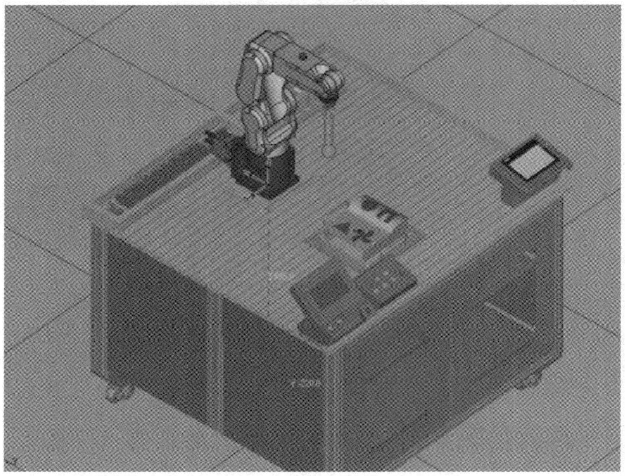

图 2-19　创建机器人工作站

• 相关知识

知识点 2.2

• 任务实施

（1）导入机器人工作桌：右击“夹具”选项，选择“添加夹具”，如图 2-20 所示。单击“选择 CAD 文件”后，在路径中找到机器人工作站，单击“打开”按钮。

（2）导入实训台后，系统自动显示模型设置页面，如图 2-21 所示。设置过程中可使用工具栏中“角度选项”按钮观察位置是否合理，可用鼠标拖动工作桌上绿色坐标来调整位置。当鼠标移动到坐标系附近显示为 X、Y 或 Z 符号时，可沿坐标系所指示方向移动该坐标系原点，改变工作桌位置。在显示 X、Y 或 Z 符号的同时，按下键盘上的 Shift 键并移动鼠标，机器人将以所选轴为基准进行旋转，改变工作桌的

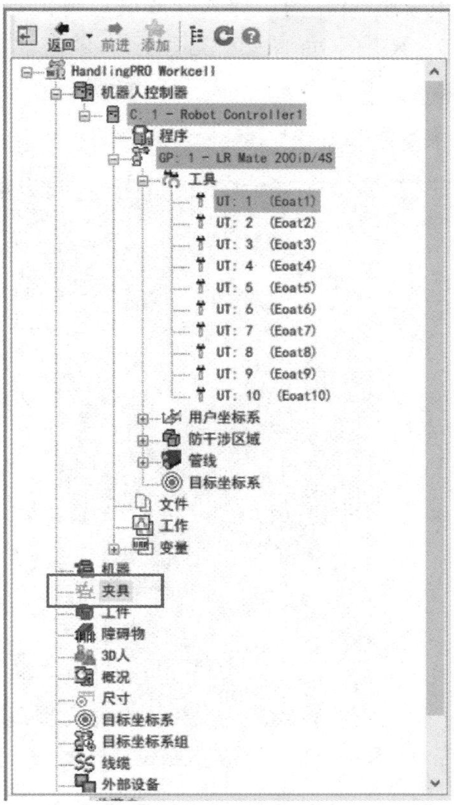

图 2-20　添加机器人工作站

姿态。同时，也可以在位置框中直接输入 X、Y、Z 的值，改变机器人工作桌的空间位置；输入 W、P、R 的值来调节机器人工作桌的空间姿态。在本任务中，将数值设置为 X：0、Y：0、Z：243（把−2015 改成实际位置 243）、W：0、P：0、R：0，单击“应用”按钮，工作桌便被摆放在指定位置。

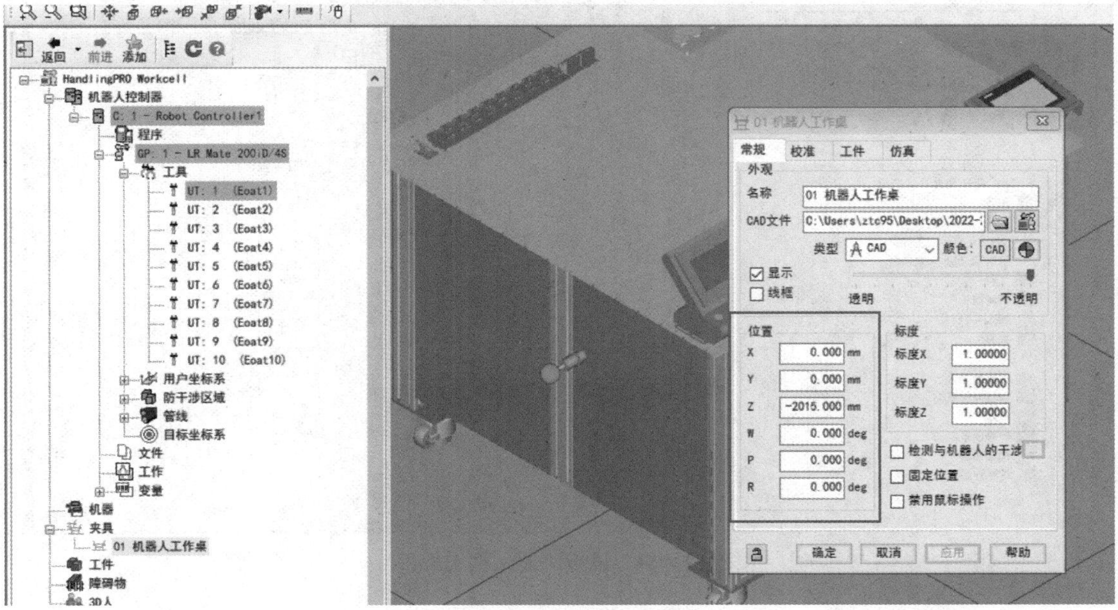

图 2-21　设置工作站位置界面

（3）机器人安装板的导入方法与工作桌相同，导入完成后，将机器人安装板的位置数值设置为 X：0、Y：－220、Z：885、W：90、P：0、R：0，如图 2－22 所示。单击“应用”按钮，安装板便被摆放在指定位置。

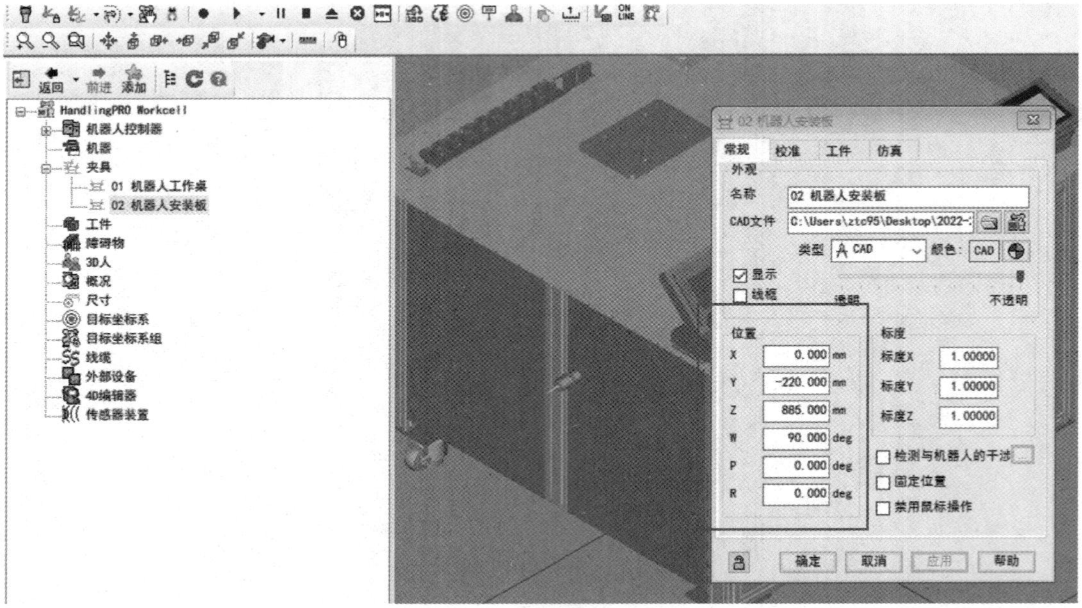

图 2－22　设置安装板位置界面

（4）右击“CP：1－LR Mate 200iD/4S”，选择“属性”选项，将机器人安装位置数值设置为 X：0、Y：－220、Z：900、W：0、P：0、R：90，如图 2－23 所示。单击“应用”按钮，机器人便被安装在指定位置。

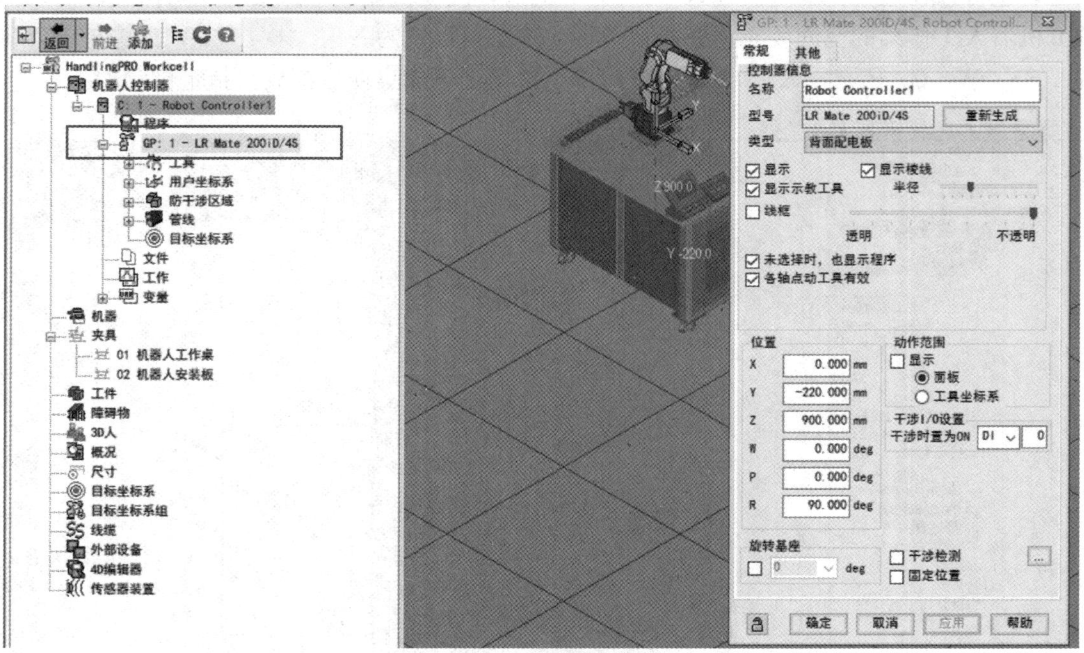

图 2－23　设置机器人位置界面

（5）工件模块必须依附于机器人的外围设备，首先需要将加工对象添加进机器人项目文件中，右击工件，选择“添加夹具”，然后单击“选择 CAD 文件”后，在路径中找到机器人涂胶模块，单击“打开”

按钮，如图 2－24 所示。

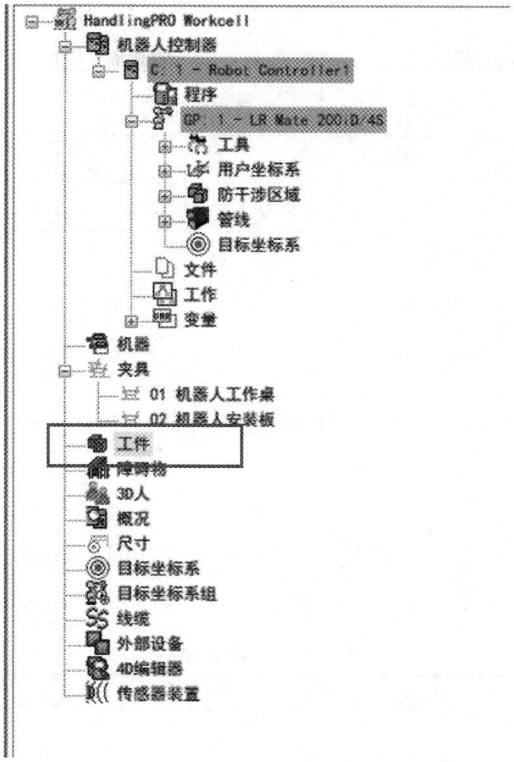

图 2－24 添加机器人工件界面

工件添加完成后，需要将工件安装在工作桌上。右击“夹具”菜单下的“机器人工作桌”，选择“属性”命令，在“工件”菜单栏下，勾选“涂胶模块”复选框，单击“应用”按钮。应用完成后，勾选“编辑工件偏移”，将涂胶模块的偏移数值设置为 X：40、Y：400、Z：2950、W：90、P：0、R：0。再次单击“应用”按钮，涂胶模块安装完成，如图 2－25 所示。

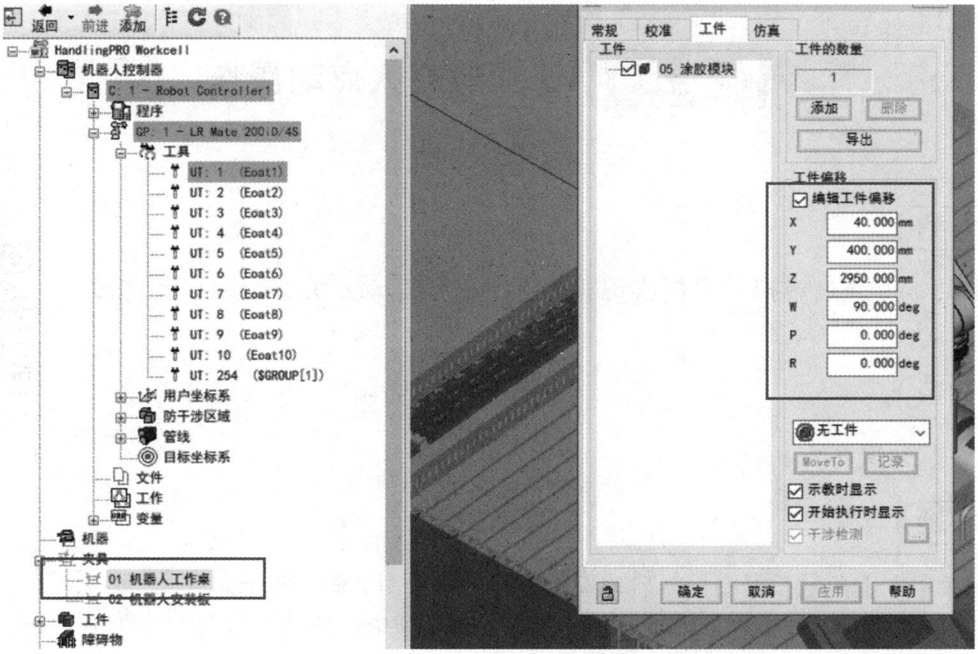

图 2－25 设置机器人工件位置界面

• 任务评价

验证工作计划及执行结果是否满足表 2－9 的要求，若满足则勾选“是”，反之勾选“否”。

表 2－9　项目检查

序号	任务检查点	小组自我检查	
1	虚拟工业机器人系统版本号与实体工业机器人相同	○是	○否
2	外围设备模块所属类型选择合理	○是	○否
3	外制设备模块位置布局合理	○是	○否
4	机器人安装在安装板上	○是	○否
5	涂胶模块摆放合理	○是	○否

• 素养之窗

根据本任务的特点，主动挖掘出与团队协作、诚信友善、创新创效、规范务实、精益专注、爱岗爱国六大职业素养要素相关的案例并填入表 2－10 中。

表 2－10　素养融入

序号	知识点	素养要素切入点
1		
2		
3		
4		
5		

任务 2.4　工业机器人点动操作

• 任务介绍

微课视频

工业机器人运动范围及点动操作

本任务主要学习通过虚拟示教器实现机器人的直线运动、关节运动以及速度控制。

• 相关知识

知识点 2.3、知识点 2.4

• 任务实施

(1) 单击菜单左上角示教器图标，启动虚拟示教器，如图 2－26 所示。

(2) 通过示教器“＋％”“－％”键调节机器人的移动速度，速度设置范围为 1％～100％并可选择低速或微速模式。在低速或微速模式下，每按下该键则机器人以步进方式运动一次。

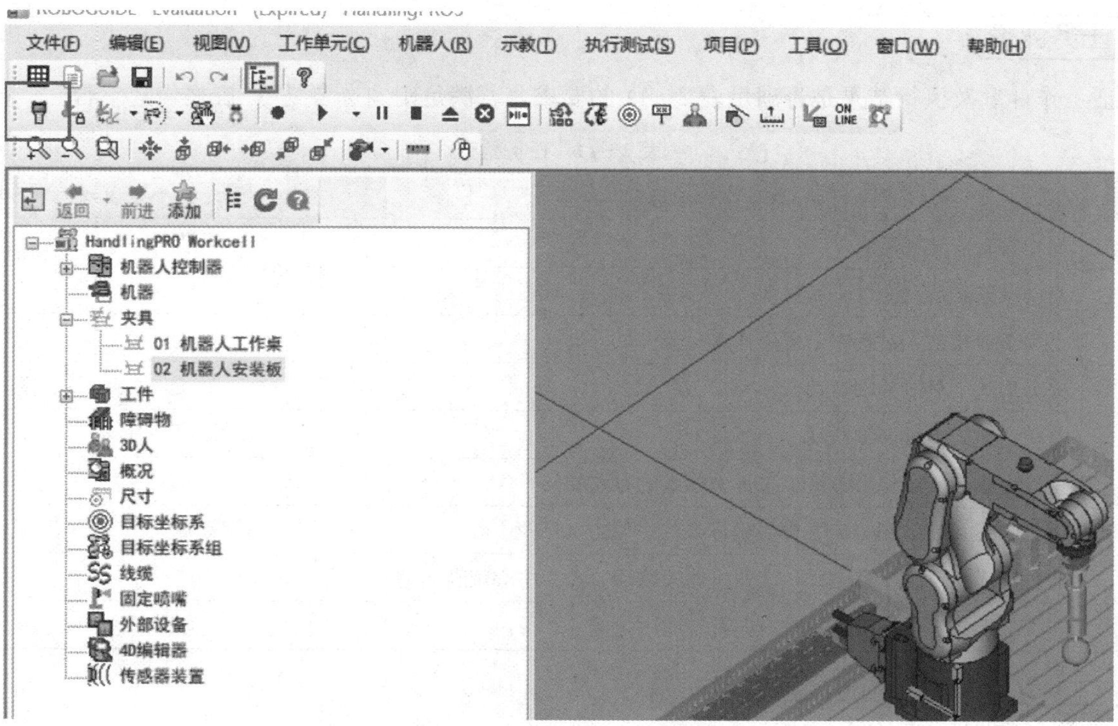

图 2-26　启动虚拟示教器

（3）单击示教器“COORD”键切换坐标系，将坐标系选择为世界坐标系。同时按下“SHIFT”和“COORD”键，直接选择坐标系类型。

（4）同时按下如图 2-27 所示的方向键与“SHIFT”键可进行点动给进。在直角坐标系下，上方 6 个键用于控制位置信息 X、Y、Z，下方 6 个键用于控制姿态信息 W、P、R。

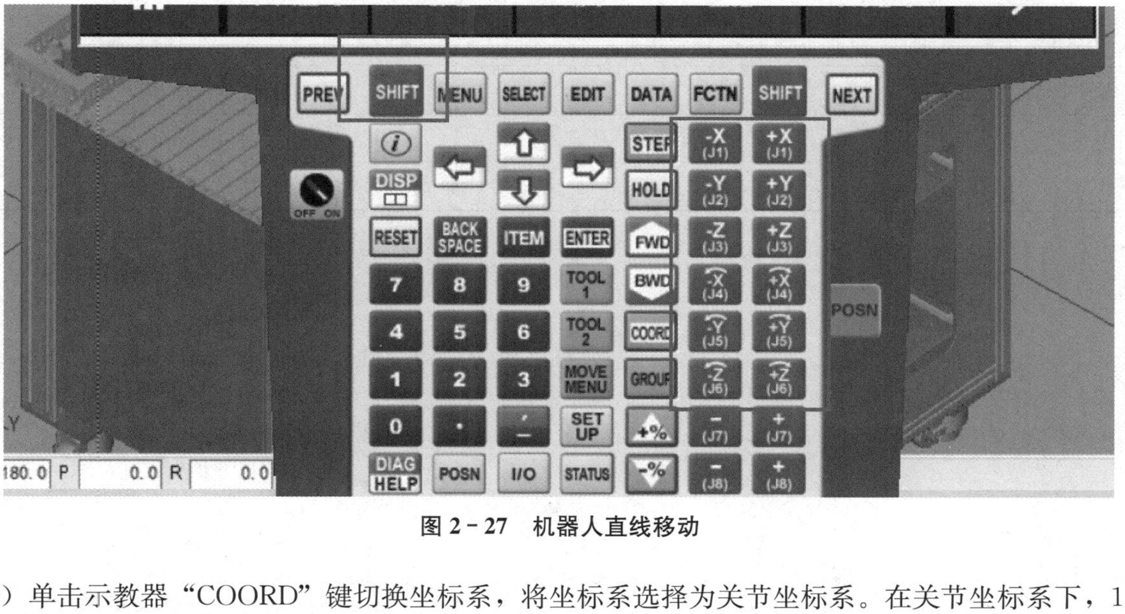

图 2-27　机器人直线移动

（5）单击示教器“COORD”键切换坐标系，将坐标系选择为关节坐标系。在关节坐标系下，12 个方向键分别用于控制机器人 6 个轴的运行。

（6）在非关节坐标系下，使用点动模式操作工业机器人，直到显示窗口提示“MOTN-023”报警信息，此时切换回关节坐标系，利用关节移动功能解除奇异点警报。

• 任务评价

验证工作计划及执行结果是否满足表 2－11 的要求，若满足则勾选“是”，反之勾选“否”。

表 2－11　任务检查

序号	任务检查点	小组自我检查	
1	操作符合安全规范	○是	○否
2	点动模式下运动速度不超过 30%	○是	○否
3	点动工业机器人过程中未发生任何碰撞	○是	○否
4	关节形式下只能单轴运动	○是	○否
5	非关节形式下可多轴联动	○是	○否
6	世界坐标系、用户坐标系、工具坐标系的方向相同	○是	○否
7	工具坐标系的 Z 轴方向与世界坐标系的 Z 轴方向相反	○是	○否
8	非关节形式下改变姿态时，工业机器人以法兰盘为中心旋转运动	○是	○否
9	非关节形式下所有姿态运动方向符合右手定则	○是	○否

• 素养之窗

根据本任务的特点，主动挖掘出与团队协作、诚信友善、创新创效、规范务实、精益专注、爱岗爱国六大职业素养要素相关的案例并填入表 2－12 中。

表 2－12　素养融入

序号	知识点	素养要素切入点
1		
2		
3		
4		
5		

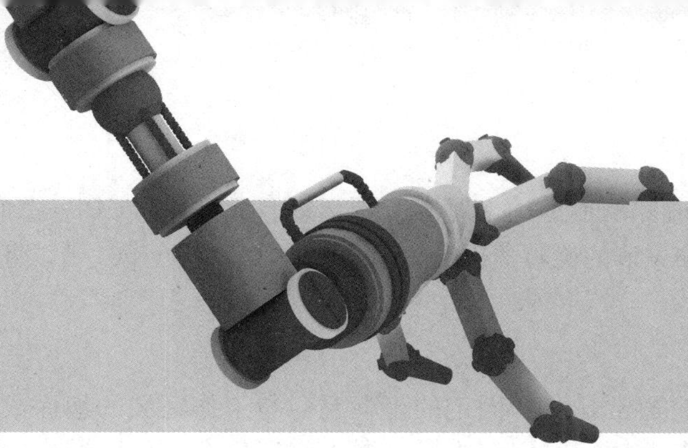

项目 3

工业机器人运动控制

项目概述

工业机器人需在末端安装焊枪、机械手等工具方可实施作业。工业机器人坐标系的设定旨在建立工具和加工对象在空间中的联系，从而简化点动操作难度，且有利于现场设备维护。汽车生产企业常使用工业机器人焊接车辆框架，准确完成焊枪工具中心点的示教，可以避免出现焊偏及撞枪等问题。通过合理示教焊接顺序，可以保障焊枪在空间的过渡轨迹平滑、安全。本项目要求完成工业机器人工具坐标系和用户坐标系示教，分析不同坐标系对运动轨迹的影响，并根据项目要求选择不同的坐标系示教方式。

学习目标

● **知识目标：**

（1）掌握工业机器人坐标系的使用特点和示教方法

（2）掌握工业机器人程序的编辑方法

（3）掌握工业机器人动作指令的工作特点和使用方法

（4）掌握工业机器人常见报警处理方法

● **能力目标：**

（1）能区分关节移动指令和直线移动指令

（2）能根据工作要求编写机器人轨迹程序

（3）能对程序进行调试和优化

● **素质目标：**

（1）养成良好的职业道德和团队精神

（2）养成形象思维和逻辑思维能力

（3）培养职业技能和创新意识

知识准备

3.1　工业机器人坐标系

FANUC 工业机器人坐标系分为关节坐标系和直角坐标系，其中工业机器人关节坐标系是以各关节旋转轴为中心的坐标系。在关节坐标系下，机器人各轴可单独运动，对大范围运动且不要求 TCP 姿态时，可使用关节坐标系。在工业机器人初始姿态下，各轴关节的旋转角度分别为 0、0、0、0、−90、0。直角坐标系又分为世界坐标系、工具坐标系和用户坐标系。

3.1.1 世界坐标系

世界坐标系是机器人工作区域的参考坐标系。它通常是一个固定的坐标系，与工作区域的地面或其他固定结构相关联。世界坐标系提供了一个统一的参考框架，用来描述机器人和工件在工作区域中的位置和方向关系。

3.1.2 工具坐标系

工具坐标系是机器人末端执行器（如夹具、焊枪等）的参考坐标系。工具坐标系通常位于末端执行器的中心点，它随着末端执行器的运动而移动。在工作时，机器人的运动是相对于工具坐标系来描述和控制的，这使得机器人能够精确地定位和操作工件。工具坐标系必须先定义后使用，定义前后坐标系如图 3－1 所示。

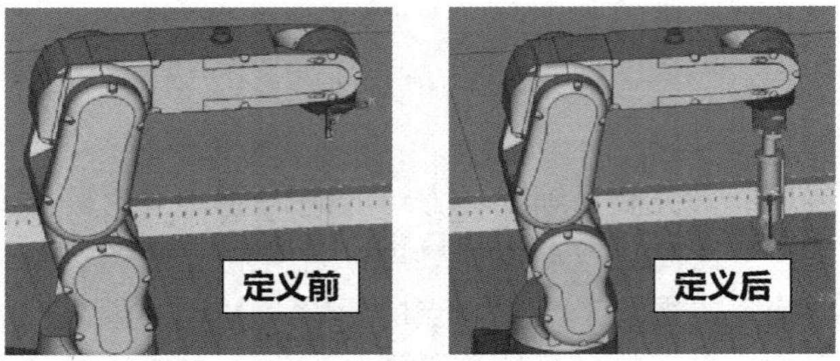

图 3－1 工具坐标系

在工具坐标系下点动操作时，所有的操作都是基于 TCP 移动或者旋转，程序轨迹控制对象也为 TCP。在法兰盘上安装工具后须重新定义工具坐标系，新定义的工具坐标系由默认工具坐标系变换得到，TCP 一般设置在机械手抓取中心、焊枪前端、吸盘端部等位置。

3.1.3 用户坐标系

用户坐标系又称工件坐标系，相对于世界坐标系和工具坐标系而言，是一个自定义在固定设备上的直角坐标系。用户可以根据需要自定义一个坐标系，用来描述特定的工件或工作环境。用户坐标系的位置和方向可以根据实际需求进行调整，这使得机器人能够更灵活地适应不同的工作场景。另外，用户坐标系还可以用于离线程序导入机器人本体后的工作定位，通过测算目标工件的用户坐标系，反映工件的实际位置，提高程序的适应性。

3.2 设置工业机器人坐标系

在 ROBOGUIDE 中可输入坐标系参数或拖拉坐标系实现坐标系的快速设置，单击工具栏中“COORD”键可显示坐标系快速切换工具。

设置工具坐标系的步骤：打开机器人“工具”菜单栏，选择对应的机器人工具坐标系，右击“Eoat 属性”，在弹出的对话框中选择“工具坐标系”，勾选“编辑工具坐标系”后便可以对工具坐标进行设置。确认无误后，单击“应用坐标系的位置”按钮，将当前 TCP 的位置值保存到工具坐标系参数输入框中，单击“确定”或“应用”按钮进行保存，如图 3－2 所示。

设置用户坐标系的步骤：打开机器人“用户坐标系”菜单栏，选择对应的机器人用户坐标系，右击“Eoat 属性”，在弹出的对话框中勾选“用户坐标系编辑”可以对用户坐标进行设置。拖动绿色坐标系，将用户坐标系移动到指定位置，确认无误后，单击“使用当前的 TCP 位置”按钮，将当前 TCP 的位置值保存到用户坐标系参数输入框中。最后，单击“确定”或“应用”按钮保存设置。也可直接在用户坐标系参数输入框中输入参数，完成用户坐标系的设置，如图 3－3 所示。

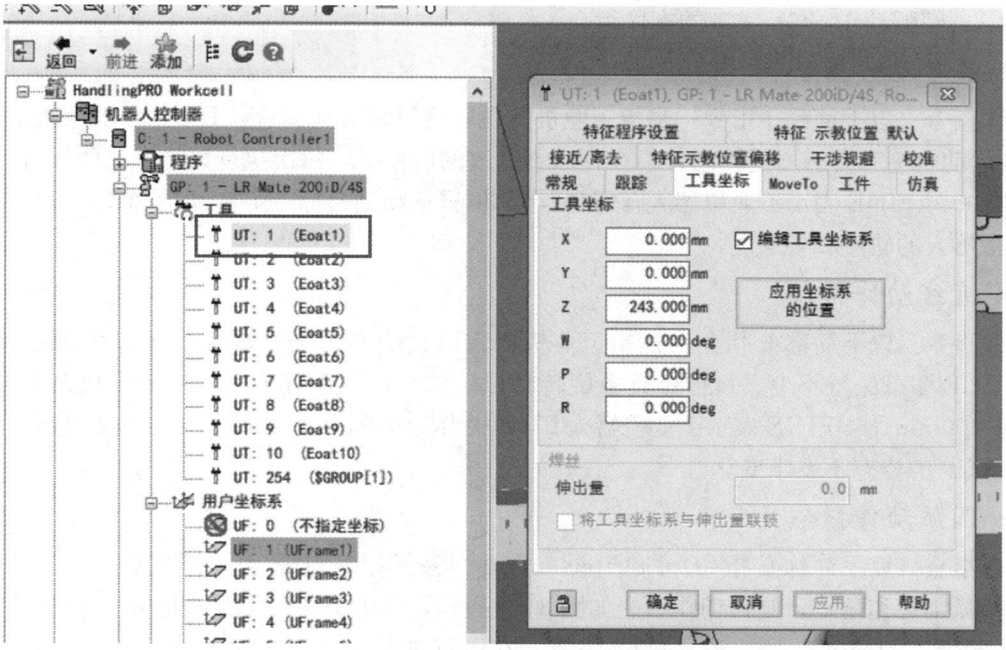

图 3-2　设置 ROBOGUIDE 中工具坐标系

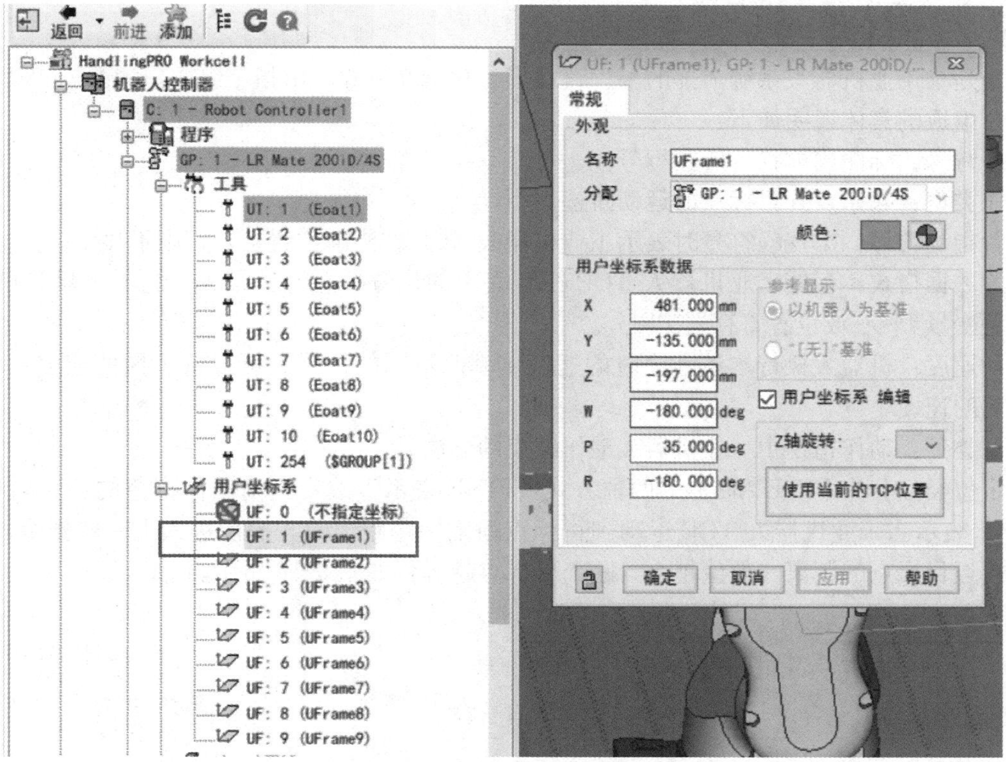

图 3-3　设置 ROBOGUIDE 中用户坐标系

3.3　工业机器人动作类型

工业机器人基于内部算法控制工业机器人各运动轴，配合安装在工业机器人法兰盘上的工装夹具，实现直线、弧线等轨迹控制以满足工艺要求。FANUC 工业机器人将所有的轨迹分解为以关节动作（J）、直线动作（L）、圆弧动作（C）实现的有序组合。

3.3.1　关节动作指令

关节动作指令（以下简称 J 指令）是指工业机器人以最短时间从起始点 P[1] 以任意轨迹运动到目标点 P[2]，其运动轨迹和姿态不受控制，但在程序不修改的前提下，每次执行该指令时的轨迹一致。例如：指令 J P[1] 100% FINE 表示工业机器人 TCP 从当前位置运动到目标点 P[1]，系统以全速方式运行，但不控制工业机器人的轨迹和姿态。

3.3.2　直线动作指令

直线动作指令（以下简称 L 指令）是指工业机器人以直线方式从起始点 P[1] 运动到目标点 P[2]，运动过程中 TCP 姿态保持不变。L 指令具备旋转特性，即在保持位置不变的情况下仅改变姿态。例如：指令 L P[1] 400mm/sec FINE 表示工业机器人 TCP 从当前位置以 400mm/sec 的速度直线运行到目标点 P[1]，期间 TCP 的姿态不发生变化。

3.3.3　圆弧动作指令

圆弧动作指令（以下简称 C 指令）即 Circular 指令。系统以三点确定一个圆弧的方式计算圆弧半径和角度，圆弧动作指令如图 3－4 所示，其中 P[1] 为圆弧起始点，P[2] 为圆弧上的经过点，P[3] 为圆弧终点。在运行过程中 TCP 姿态保持不变，且最大只能绘制半圆弧。

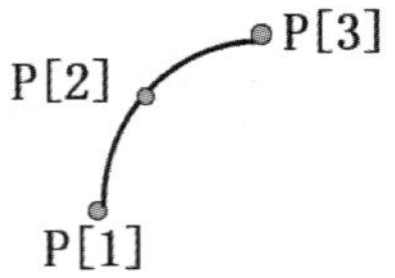

图 3－4　圆弧动作指令

3.4　工业机器人动作指令

动作指令是指工业机器人系统内部的一种存在形式和交互方式，由指令组成，如图 3－5 所示。

动作指令组成的具体说明如下：

（1）程序行号：标注当前指令所在行号。

（2）动作类型：起始点到目标点的运动轨迹类型。

（3）位置指示符号：出现@符号时表示工业机器人 TCP 在当前位置点，否则不显示。

（4）位置数据格式：存储工业机器人 TCP 在空间中的位置信息，也是工业机器人动作的目标位置。可设置为位置变量 P[i] 或位置寄存器 PR[i]。

（5）移动速度：机器人执行本条程序时的速度倍率。不同的机器人可设置不同的速度，不同动作类型可选择不同的速度单位。

（6）定位类型：动作指令中工业机器人动作结束的方法。

其中，定位类型分为 FINE 和 CNT 两种方式，FINE 表示不改变当前动作指令的原始轨迹并停留在目标点，CNT 表示当工业机器人 TCP 运动到目标点周围一定距离时，提前进入下一步指令。CNT0-100 中的数值是接近目标点的距离，数值越大，距离目标点越远，如图 3－6 所示。

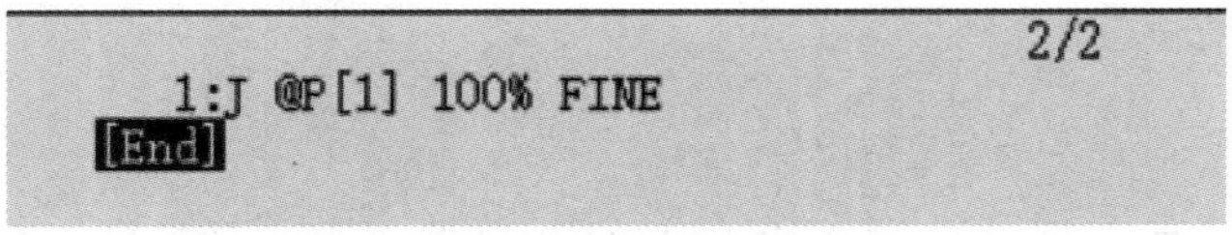

图 3－5　动作指令的组成

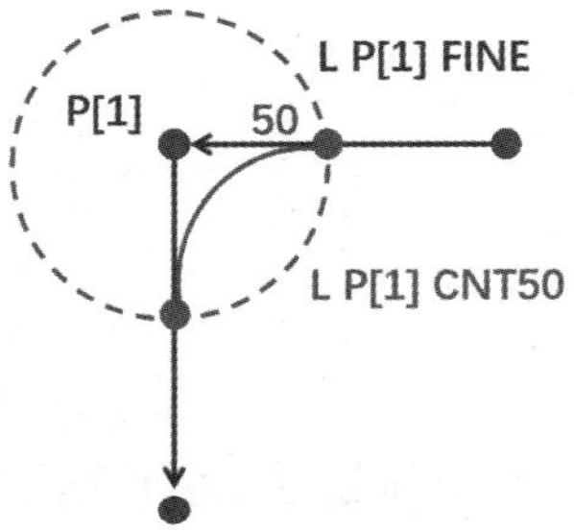

图 3－6　定位类型路线图

指令注释见表3-1。

表3-1　指令注释

序号	代码	说明
1	J P[1] 100% FINE	工业机器人TCP从当前位置运动到目标点P[1]，系统以全速方式运行，但不控制工业机器人的轨迹和姿态。
2	J P[2] 1.0SEC FINE	工业机器人TCP从起始点P[1]运动到目标点P[2]。运动时间固定为1s，表示以规定时间执行动作指令，适用于对时间进度要求较高的场合，但某些情况下无效。
3	L P[1] 400mm/sec FINE	工业机器人TCP从当前位置以400mm/sec的速度直线运行到目标点P[1]，期间TCP的姿态不发生变化。
4	L P[2] 5.0sec FINE	工业机器人TCP从起始点P[1]运动到目标点P[2]，运行时间为5s。 速度控制运行方式可选择"mm/sec""cm/min""inch/min""deg/sec"四种单位；固定时间运行方式可选择"sec""msec"两种单位。
5	C P[2] P[3] 400mm/sec FINE	工业机器人TCP从起始点P[1]开始，途经点P[2]并以圆弧方式达到目标点P[3]，期间运行速度为400mm/sec。

3.5　工业机器人位置数据

位置数据格式分为位置变量P[i]和位置寄存器PR[i]，其中P[i]在程序运行过程中不能改变，而PR[i]在运行过程中可由赋值语句修改其值。位置数据分为关节形式和正交形式两种，关节形式P[i]或PR[i]中存储用户坐标系序号、工具坐标系序号和各轴角度位置值，如图3-7所示。若存在附加轴，则还会显示E1、E2等外部轴信息。

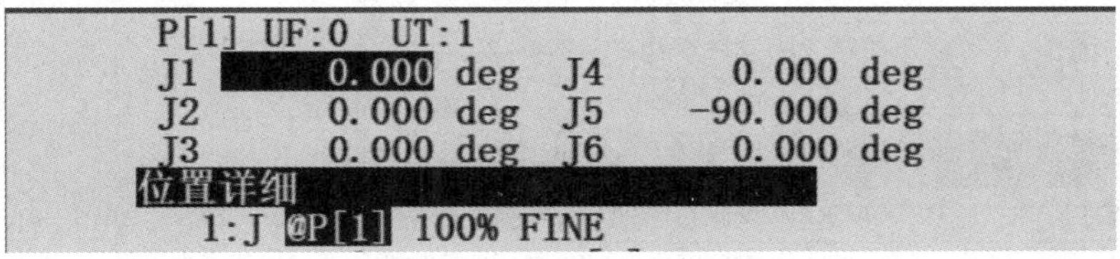

图3-7　关节形式位置信息

在正交形式下，P[i]或PR[i]存储用户坐标系序号、工具坐标系序号和直角坐标系值，其中X、Y、Z为TCP位置资料，W、P、R为TCP姿态资料，如图3-8所示。

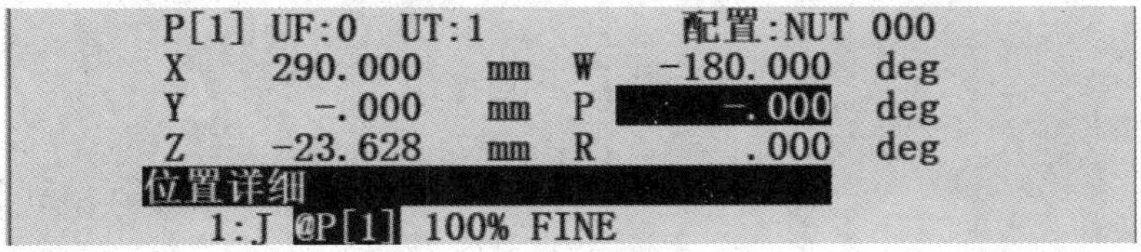

图3-8　正交形式位置信息

3.6　工业机器人I/O指令

I/O是工业机器人与外围设备通信时的电信号，FANUC工业器人I/O分为通用I/O和专用I/O两种类别，通用I/O须分配逻辑地址后使用；专用I/O功能固定，且机器人I/O和SOP不能分配逻辑地址。机器人I/O类型见表3-2：

表 3-2　机器人 I/O 类型

I/O 类别	名称	符号	说明
通用 I/O	数字 I/O	DI[i]/DO[i]	数字输入/输出，有 ON 和 OFF 两种状态
	模拟 I/O	AI[i]/AO[i]	模拟电压值输入/输出，非机器人标配 I/O
	组 I/O	GI[i]/GO[i]	并行交换数字信号，将 2～16 个数字信号作为整体定义，用于与外围设备通信
专用 I/O	机器人 I/O	RI[i]/RO[i]	机器人 I/O 可控制机器人内部电磁阀，并与外围设备通信
	操作面板（SOP）I/O	SI[i]/SO[i]	TP 示教器或 Mate 控制柜数字控制信号用于控制内部状态，不提供对外接口
	外围设备（UOP）I/O	UI[i]/UO[i]	工业机器人功能专用信号，其功能虽固定，但可逻辑分配绑定的物理地址

机器人 I/O 指令设置方法分为手动控制和程序控制两种。手动控制方法：如图 3-9 所示，在示教器中单击“MENU”调出主菜单，依次选择“I/O”→“机器人”命令进入 I/O 设置菜单栏。如图 3-10 所示，在状态栏下方显示I/O 信号当前的状态，用户可单击屏幕上的“ON/OFF”按钮对信号状态进行手动修改。

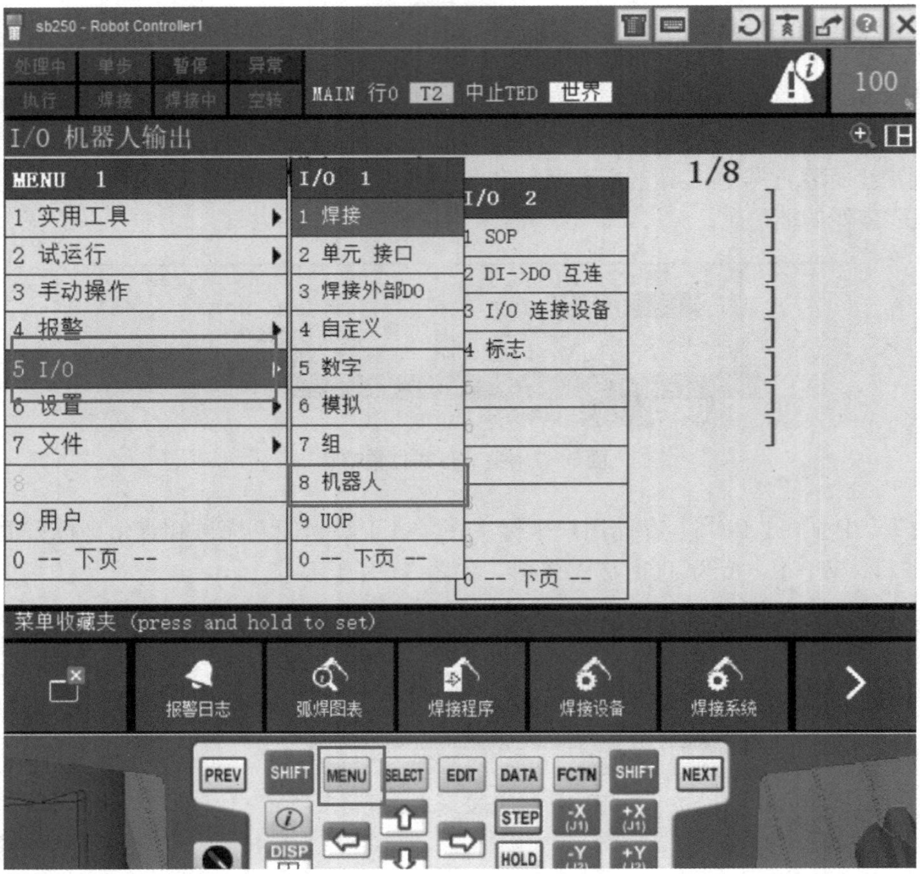

图 3-9　机器人 I/O 指令设置方法

程序控制是在 TP 程序中，利用程序对信号状态进行控制。操作方法：在程序编写界面，单击“添加指令”，在弹出的菜单栏里单击“I/O”按钮。选择所需的 I/O 类型，设置对应的端口序号，并选择信号的输出状态，如图 3-11 所示。

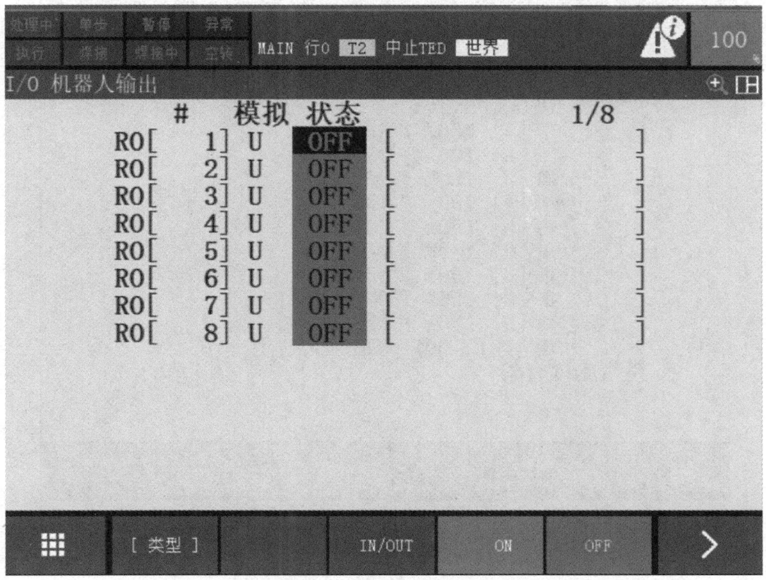

图3-10　机器人I/O设置菜单栏

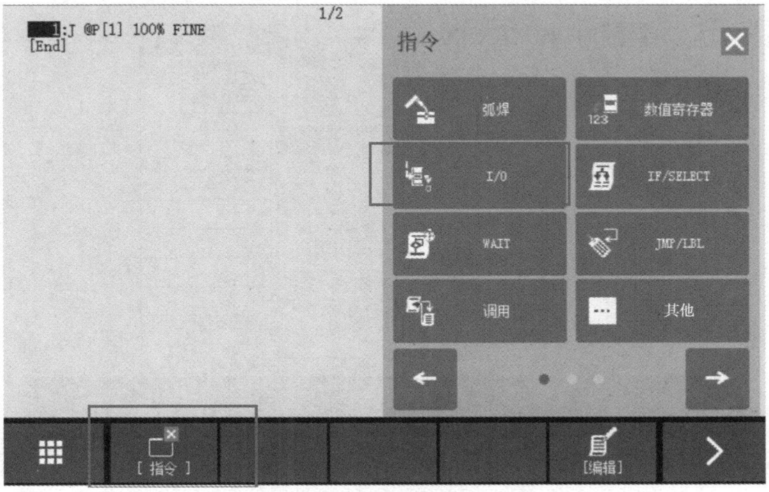

图3-11　程序控制I/O信号

3.7　程序的编辑与调试

程序编写过程中，需要对程序进行编辑，其操作方法有以下几种：

（1）插入：在光标所在行上方增加指定空白行。

（2）删除：将所指定范围的程序语句从程序中删除。如图3-12所示，单击示教器上、下方向键选择想要删除的程序语句，再单击“F4”键即可删除所选择的所有程序。

（3）复制/剪切：将所选程序粘贴到指定位置，步骤如图3-13所示。

（4）查找：查找当前程序中指定的元素。

（5）替换：在当前行查找指定元素后再替换。

（6）变更编号：将当前程序中所有的位置变量序号以出现的顺序升序标注，不影响P[i]中保存的位置值及调用关系。

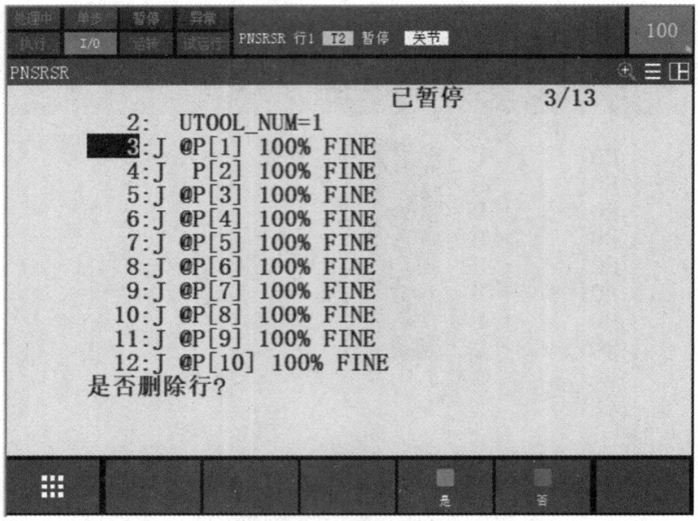
PNSRSR 行1 T2 暂停 关节
100
PNSRSR
已暂停 3/13
2: UTOOL_NUM=1
3:J @P[1] 100% FINE
4:J P[2] 100% FINE
5:J @P[3] 100% FINE
6:J @P[4] 100% FINE
7:J @P[5] 100% FINE
8:J @P[6] 100% FINE
9:J @P[7] 100% FINE
10:J @P[8] 100% FINE
11:J @P[9] 100% FINE
12:J @P[10] 100% FINE
是否删除行?
是
否

图 3-12　删除程序语句

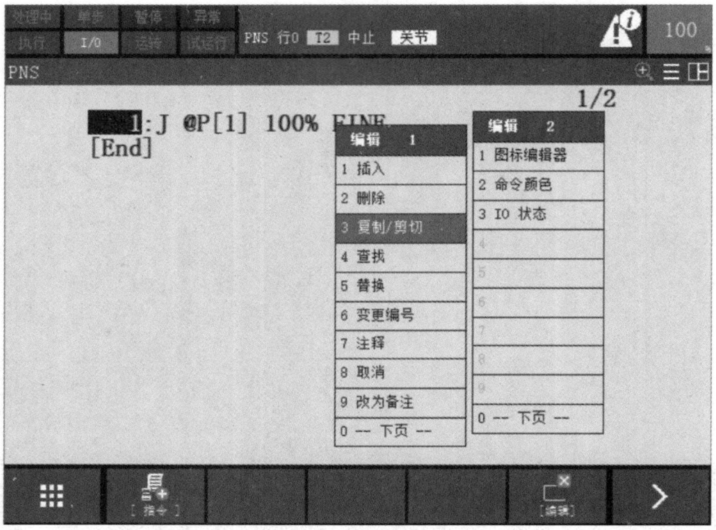
PNS 行0 T2 中止 关节
100
PNS
1/2
1:J @P[1] 100% FINE
[End]
编辑 1
1 插入
2 删除
3 复制/剪切
4 查找
5 替换
6 变更编号
7 注释
8 取消
9 改为备注
0 -- 下页 --
编辑 2
1 图标编辑器
2 命令颜色
3 IO 状态
0 -- 下页 --
[指令]
[编辑]

(a)

PNS 行0 T2 中止 关节
100
PNS
1/2
1:J @P[1] 100% FINE
[End]
选择行
选择
粘贴

(b)

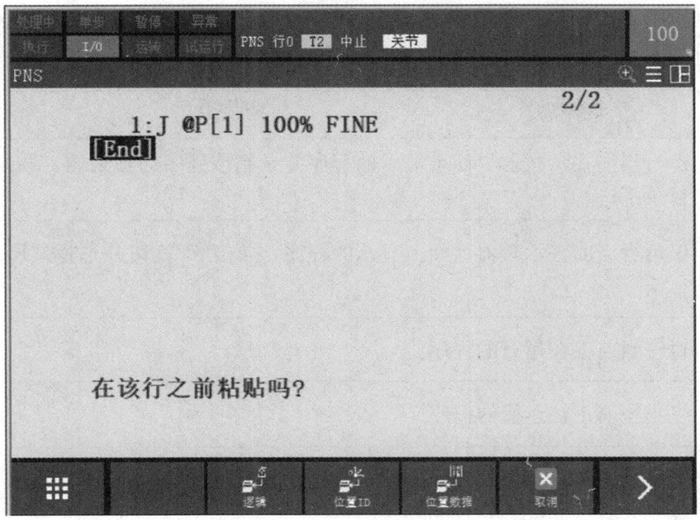

（c）

图 3-13　复制/剪切功能

（7）注释：切换程序中的变量注释为“显示/隐藏”。

（8）取消：取消上一步操作，再次单击则返回上一步操作。

（9）图标编辑器：进入图标编辑器页面，触摸屏示教器可直接通过触摸图标进行程序编辑。

（10）指令颜色：使 O 等指令以彩色状态显示。

（11）I/O 状态：在指令中显示 I/O 实时状态。

程序编写完成后，需要对程序进行调试，在 T1/T2 模式下。将光标移动到程序第一行，按下“STEP”键切换为连续运行模式或单步运行模式，如图 3-14 所示。

在连续运行模式下，同时按下“SHIFT”键和“FWD”键，系统将自动从当前行向下依次运行，直到程序执行完毕。若为单步运行模式，则每次只运行一行程序，在程序运行过程中，若松开“SHIFT”键或安全开关，程序将暂停运行。同时按下“SHIFT”键和“BWD”键则退回上一行程序。

在执行程序过程中，若手动改变程序执行顺序，系统会提示如图 3-15 所示信息。在确保工业机器人运行到该点过程中不会发生碰撞的前提下，可谨慎选择“是”。

图 3-14　单步/连续运行指示灯（灯亮为单步）

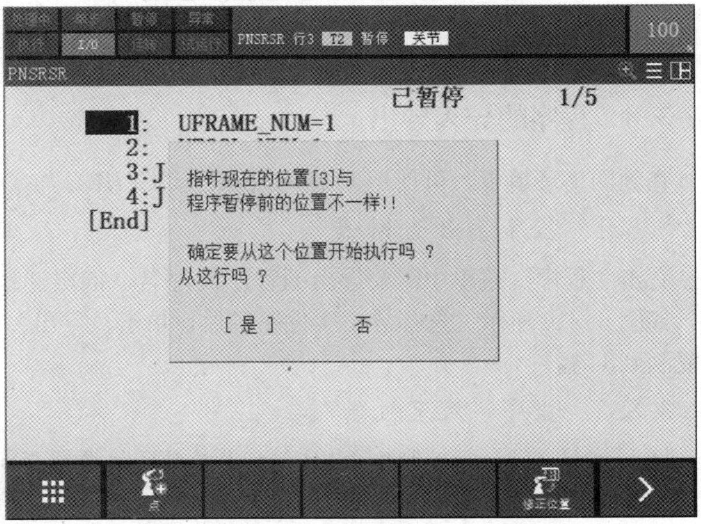

图 3-15　提示运行步骤与当前位置不符

在 ROBOGUIDE 中执行程序时，可单击工具栏程序运行按钮，具体程序运行按钮见表 3－3。

表 3－3　ROBOGUIDE 程序运行按钮一览表

序号	工具栏按钮	说明
1		运行当前在示教器界面上显示的程序并录制该程序动画录像，录像保存在工程文件夹的 AVI 目录下
2		仅运行当前在示教器界面上显示的程序，单击▼ 按钮并选择“Run Configuration”打开设置选项
3		暂停当前正在运行的程序
4		终止当前正在运行的程序
5		复位当前示教器上的报警故障，等效于示教器上的“RESET”键
6		立即停止按钮，等同于 IMSTP 信号
7		运行“Run Panel”，设置页面

程序的运行状态分为暂停、运行中、中止中，具体见表 3－4。

表 3－4　程序运行状态

状态	说明
 暂停状态	程序执行完一条指令，还未执行下一条指令
 程序运行中	程序正在执行一条指令，状态灯亮
 程序中止中	程序已执行完全部指令

3.8　程序的导入导出

在无网络环境下，可使用 U 盘实现 ROBOGUIDE 与实体机器人之间的程序管理，步骤如下。

3.8.1　程序导出至 U 盘

右击“程序”菜单中需要导出的程序文件名，依次选择“导出”→“负载集”选项，打开文件导出界面，如图 3－16 所示。选择导出文件路径后，单击“导出”按钮即可导出程序，关闭界面，再将导出的程序复制到 U 盘。

3.8.2　程序导入至机器人

将 U 盘插入 Mate 控制柜 USB 接口后，TP 示教器显示“FLE-066UDI 插入 General UDisk”，表示 U 盘已被识别。依次选择“MENU”键→“7 文件”→“1 文件”→“F5 工具”→“1 切换设备”命令，选择“6 USB 盘（UD1:）”，切换至 U 盘目录下。在上述界面下选择所要导入的文件类型和文件名，按下“F3 加载”键并选择“F4 是”或“覆盖”，即可将程序导入实体机器人中。

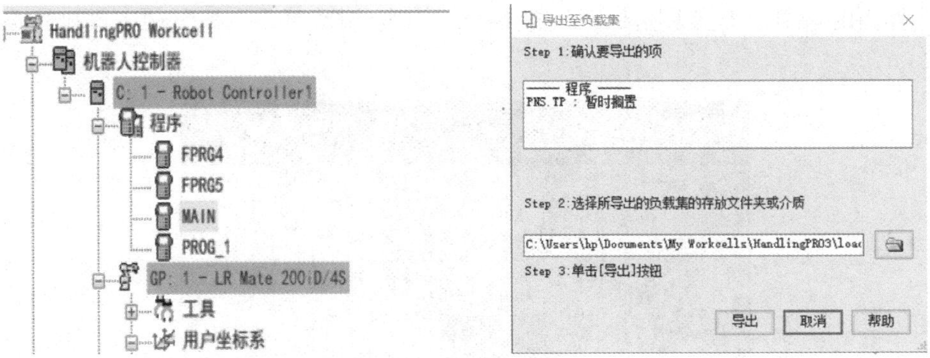

图 3-16　导出文件

任务引导

任务3.1　创建工具坐标系

任务介绍

本任务主要学习在工业机器人法兰盘上安装轨迹工具后，完成轨迹工具尖端的三点示教，并验证该工具坐标系是否准确。

微课视频

设置 ROBOGUIDE 坐标系

相关知识

知识点 3.1、知识点 3.2

任务实施

工业机器人工具坐标系的示教主要分为三点法、六点法和直接输入法三种，其中三点法仅通过示教三个点改变 TCP 相对于法兰盘的位置，而不改变姿态，具体操作步骤如下：

(1) 依次选择“MENU”键→“6 设置”→“4 坐标系”，进入坐标系设置界面，如图 3-17 所示。

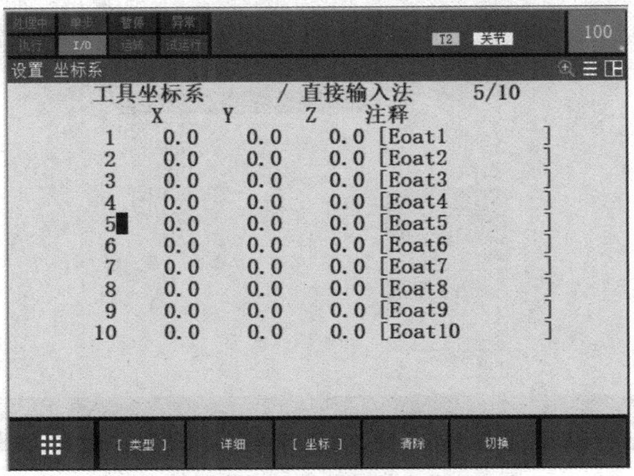

图 3-17　坐标系设置界面

若进入上述界面时，显示非工具坐标系设置界面，依次选择“F3 坐标”→“工具坐标系”，如图 3－18 所示。

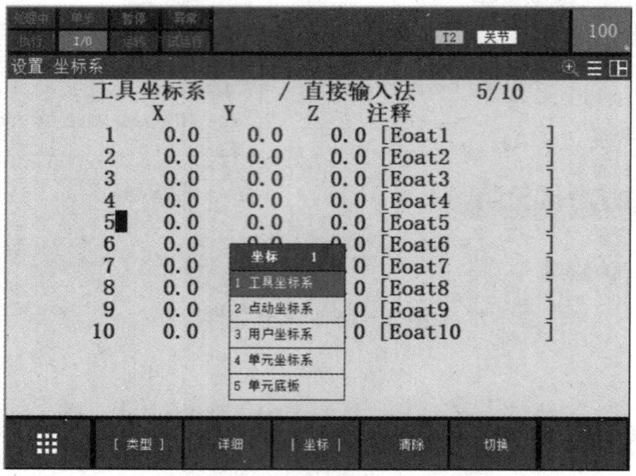

图 3－18　选择“工具坐标系”

（2）将光标移动到所需要设置的工具坐标系序号处，单击“F2 详细”则进入详细设置界面，如图 3－19 所示。

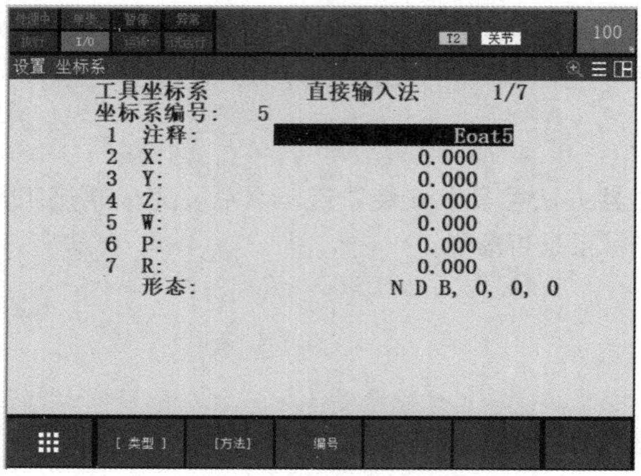

图 3－19　设置工具坐标系

（3）按下“F2 方法”→选择“三点法”→按下“ENTER”键，如图 3－20 所示。

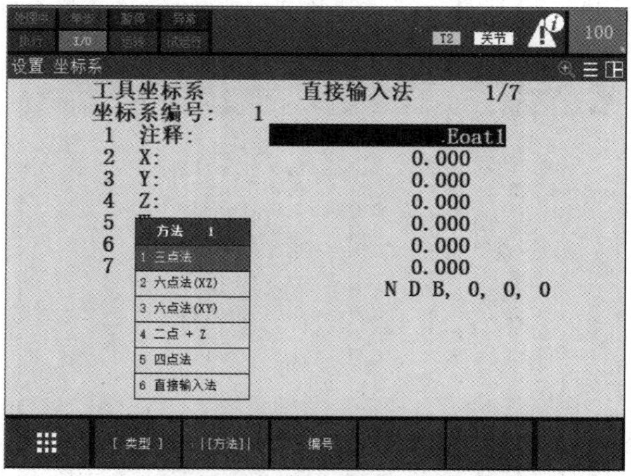

图 3－20　选择工具坐标系示教方法

(4) 在图 3-21 所示的界面中，将光标移动到“注释”所在行，按下“ENTER”键可对当前工具坐标系进行备注说明。

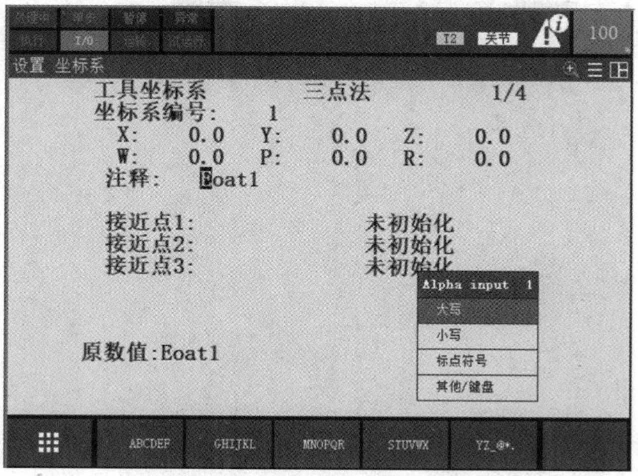

图 3-21 修改工具坐标系的注释

若在 ROBOGUIDE 中输入注释，则可在选择“其他/键盘”后按下“F5”键，在文本框中输入注释，单击“结束”按钮，完成注释输入，如图 3-22 所示。

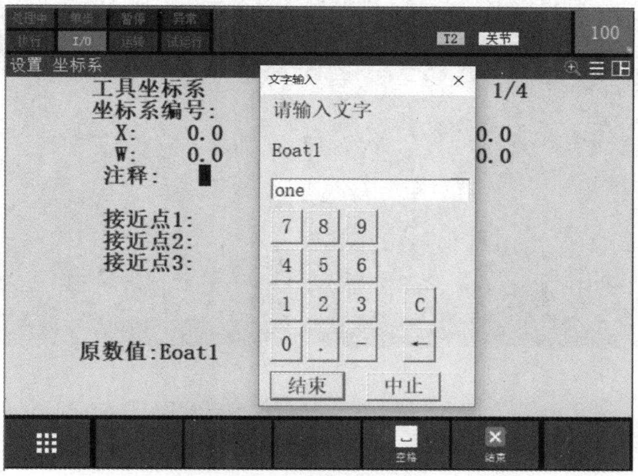

图 3-22 输入注释

(5) 示教接近点：分别从三个角度接近同一个点，尽可能让所有的轴均发生角度变化，以提高示教的精度，如图 3-23 所示。

(6) 确定姿态后，同时按下“SHIFT”键和“F5 记录”即可完成接近点的位置记录。已示教的接近点由“未初始化”变为“已记录”，如图 3-24 所示。

若中途须回到已示教的接近点，可同时按下“SHIFT”键和“F4 移至”回到光标所选择的接近点。

按照上述方式依次示教接近点 2、3 后，系统会自动计算新的 TCP 位置，即完成工具坐标系的近点。三点示教如图 3-25 所示，其中 X、Y、Z 表示当前 TCP 中心相对于法兰盘中心的偏移量，而 W、P、R 的值为 0，即三点法只是平移了原始工具坐标系，并没有改变姿态。

(7) 工具坐标系构建完成后，必须激活方可生效，按下“PREV”键返回坐标系页面后，按下“F5 切换”，输入所需激活的工具坐标系序号并确认，屏幕将显示被激活的工具坐标系号，如图 3-26 所示。

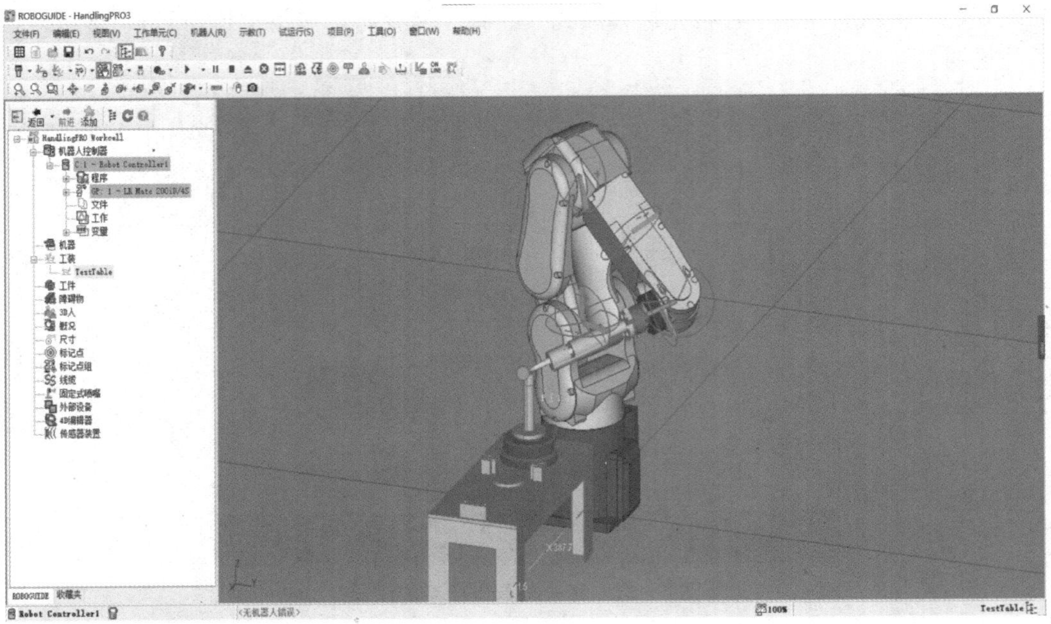
ROBOGUIDE - HandlingPRO3

(a)

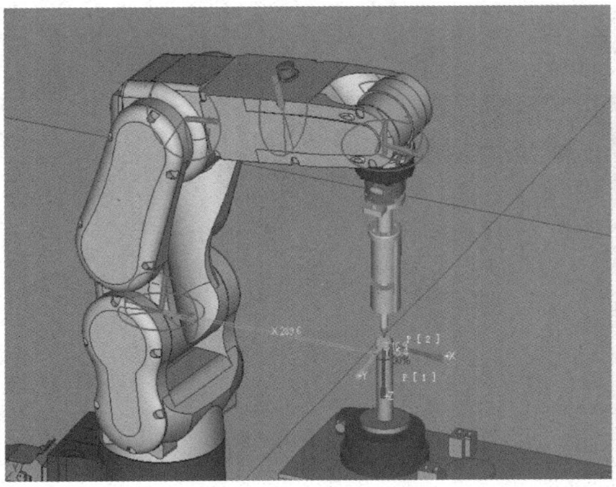

(b)

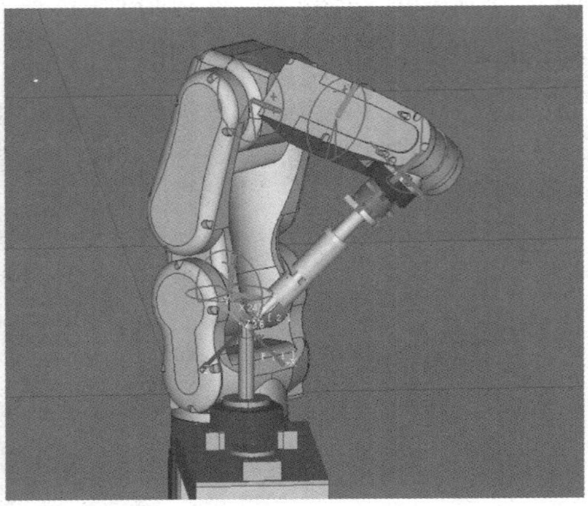

(c)

图 3－23　三点示教角度示意图

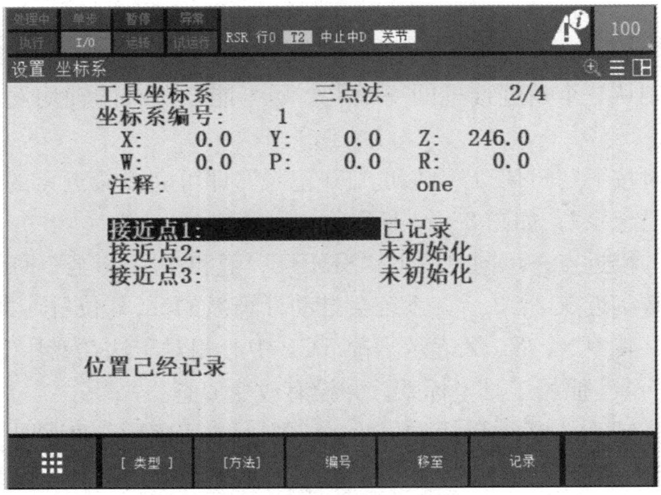
RSR 行0 T2 中止中D 关节
100
设置 坐标系
工具坐标系　三点法　2/4
坐标系编号：　1
X:　0.0　Y:　0.0　Z:　246.0
W:　0.0　P:　0.0　R:　0.0
注释：　one
接近点1:　已记录
接近点2:　未初始化
接近点3:　未初始化
位置已经记录
[类型]
[方法]
编号
移至
记录

图 3－24　记录接近点

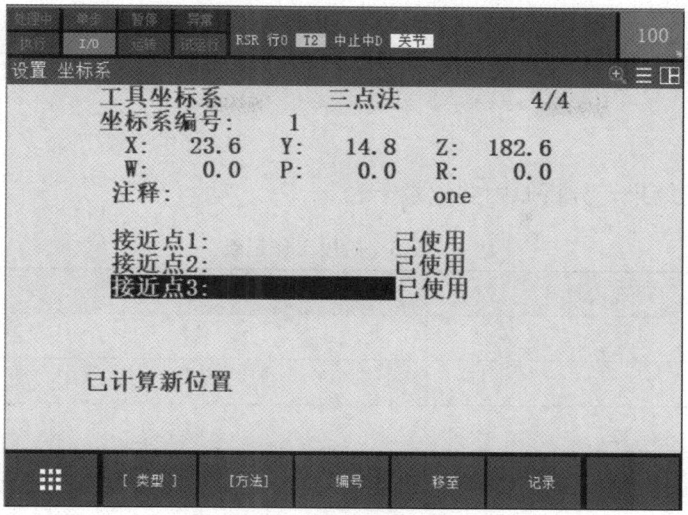

图 3-25 三点法重新计算

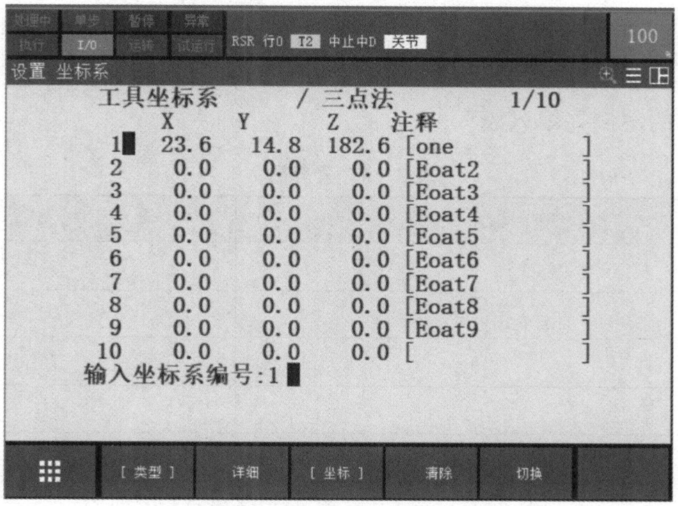

(a) 手动切换工具坐标系

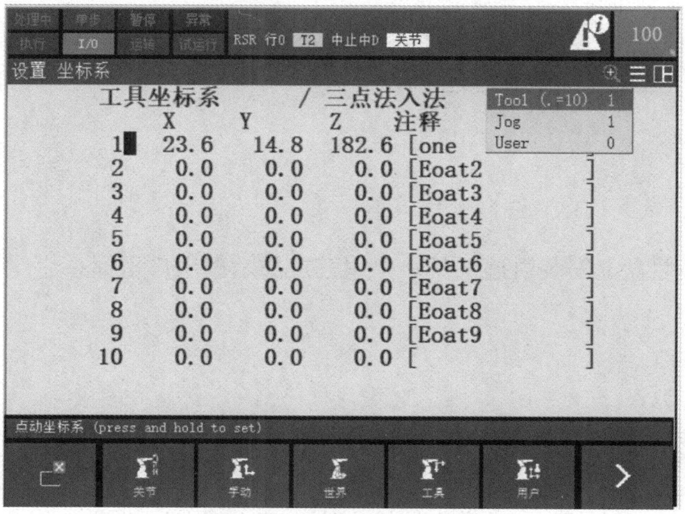

(b) 快速切换工具坐标系

图 3-26 切换工具坐标系

在任意界面同时按下“SHIFT”键和“COORD”键，使用方向键选择坐标系类型，然后按下示教器上的数字键直接输入坐标系的序号，即可快速完成工具坐标系的切换。

• 任务评价

验证工作计划及执行结果，分析原因并记录于表 3－5。

表 3－5　阶段工作记录

序号	问题现象描述	原因分析	处理方法
1			
2			
3			
4			
5			

• 素养之窗

根据本任务的特点，主动挖掘出与团队协作、诚信友善、创新创效、规范务实、精益专注、爱岗爱国六大职业素养要素相关的案例并填入表 3－6 中。

表 3－6　素养融入

序号	知识点	素养要素切入点
1		
2		
3		
4		
5		

任务 3.2　示教用户坐标系

• 任务介绍

本任务主要学习在法兰盘上安装轨迹工具，并用三点法示教用户坐标系。

• 相关知识

知识点 3.1、知识点 3.2

• 任务实施

示教用户坐标系分为三点法、四点法和直接输入法。其中三点法步骤如下：

(1) 依次选择“MENU”键→“6 设置”→“4 坐标系”→“F3 坐标”→“3 用户坐标系”命令，进入用户坐标系的设置页面，如图 3－27 所示。

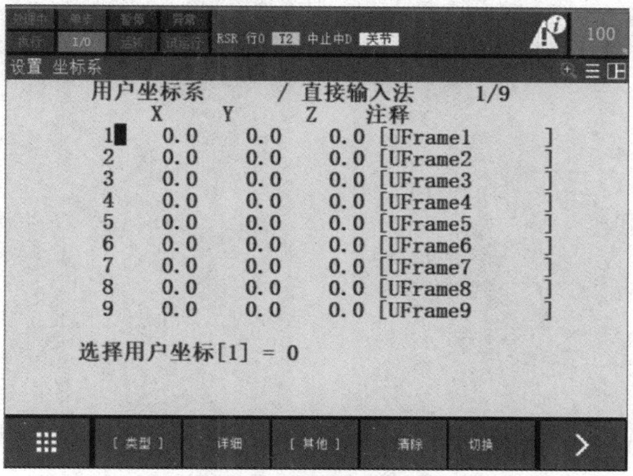

图 3－27　设置用户坐标系

（2）选择用户坐标系序号后，依次单击“F2 详细”→“F2 方法”→“1 三点法”，如图 3－28 所示。

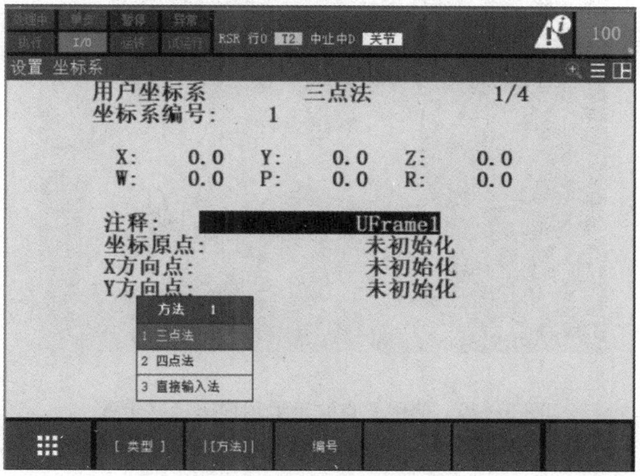

图 3－28　选择用户坐标系设置方法

（3）示教坐标原点及坐标轴：以斜面轨迹模块为例设置用户坐标系，设置步骤如图 3－29 所示。

（4）光标选择“坐标原点”后，点动工业机器人使 TCP 移动到斜面轨迹模块上的坐标原点，同时按下“SHIFT”键和“F5 记录”记录当前位置信息。在示教过程中，必须使用同一个 TCP，其姿态不影响示教过程。随后，点动工业机器人使 TCP 沿着斜面轨迹模块上的 X 轴移动，距离越大，示教精度越高，确定位置后选择“X 方向点”，记录当前位置信息。

将光标移动到“坐标原点”所在行，按下“SHIFT”键＋“F4 移至”，使 TCP 回到坐标原点。注意：移动过程中轨迹不可控，若还有其他 Y 轴参照物，则可跳过此步骤。然后，将光标移动到“Y 方向点”所在行，点动工业机器人沿着斜面轨迹模块上的 Y 轴移动，确定位置后记录当前位置信息，完成用户坐标系的设置。

在 ROBOGUIDE 中，可同时按 PC 键盘上的“Ctrl”和“Shift”键，系统自动将当前 TCP 移动到鼠标所指目标表面，加快示教速度。

与设置工具坐标系一样，依次单击“PREV”键→“F5 切换”，输入用户坐标系序号后即可使用该用户坐标系，也可以同时按下“SHIFT”键和“COORD”键快速切换坐标系。

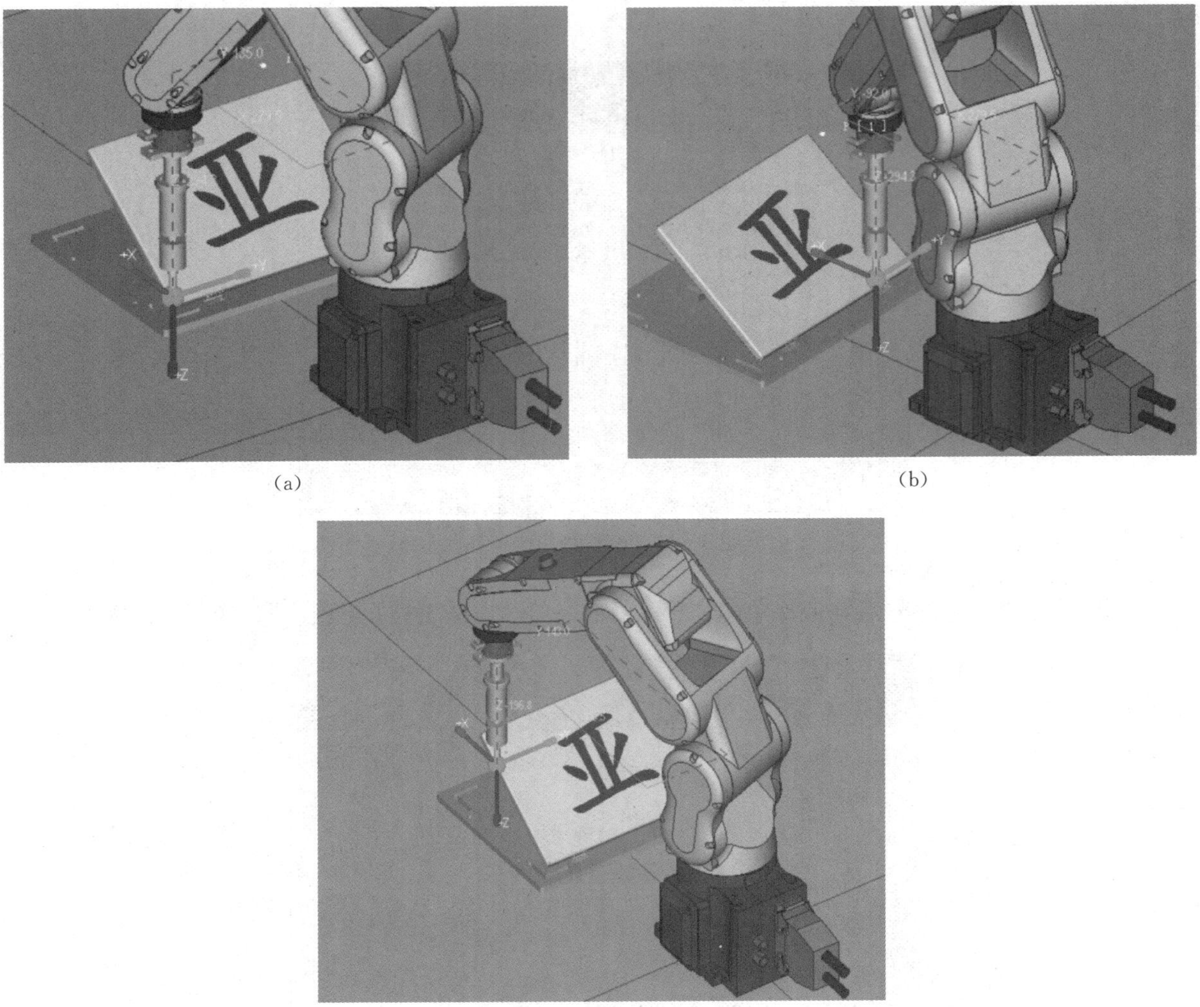

(a)　　(b)

(c)

图 3-29　使用三点法示教用户坐标系步骤

• 任务评价

验证示教用户坐标系任务执行结果，分析原因并记录于表 3-7。

表 3-7　阶段工作记录

序号	问题现象描述	原因分析	处理方法
1			
2			
3			
4			
5			

• 素养之窗

根据本任务的特点，主动挖掘出与团队协作、诚信友善、创新创效、规范务实、精益专注、爱岗爱国六大职业素养要素相关的案例并填入表 3-8 中。

表 3-8　素养融入

序号	知识点	素养要素切入点
1		
2		
3		
4		
5		

任务 3.3　机器人运动指令的应用

任务介绍

本任务主要学习创建机器人程序，并利用运动控制指令完成机器人涂胶作业。

微课视频

创建程序

相关知识

知识点 3.3、知识点 3.4、知识点 3.5

任务实施

打开任务 2.3 创建的机器人工作站。

（1）创建机器人 TP 程序：进入程序选择页面，打开 TP 示教器有效性开关，在任意页面按下“SELECT”键进入程序选择页面，如图 3-30 所示。

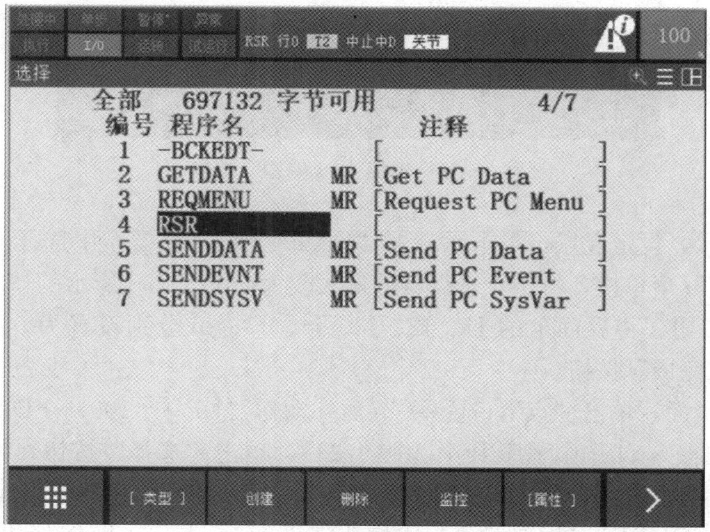

图 3-30　程序选择页面

（2）按下“F2 创建”则进入创建 TP 程序页面，如图 3-31 所示。按 TP 示教器上的“↑”或“↓”键移动光标，选择程序命名方式。在“单词”选项下，按功能键（F1～F5）输入预定义程序名，或者选择“大写”“小写”“其他/键盘”选项输入自定义程序名。

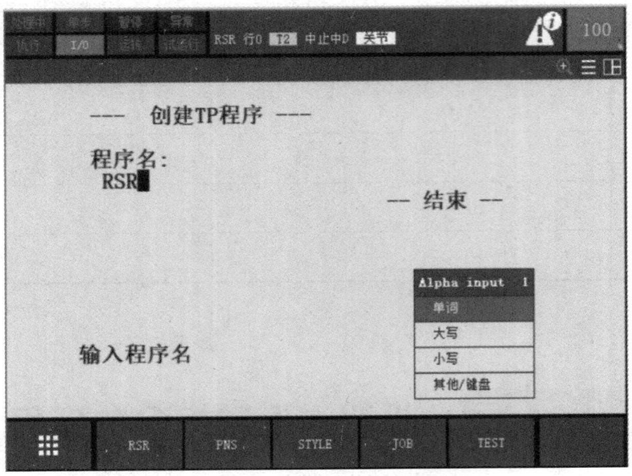

图 3-31　创建 TP 程序页面

（3）程序全部输入完毕后，按下“ENTER”键完成程序名命名，当遇到输入错误时，只需移动光标至对应位置，直接修改即可。

（4）编辑程序：在界面按下“F3 编辑”，进入程序编辑界面，如图 3-32 所示。

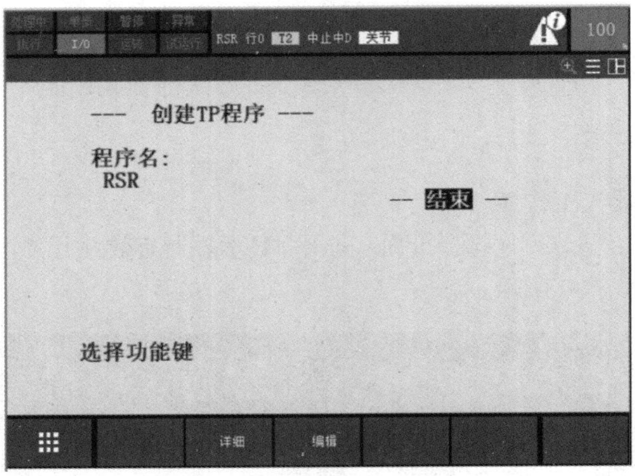

图 3-32　选择“F3 编辑”功能

微课视频

程序管理

（5）如图 3-33 所示，设定起点，单击示教器“DATA”键，在类型中选择“位置寄存器”。单击“位置”菜单栏，将位置寄存器的形式改为如图 3-33 所示的“2 关节”，并单击“继续”按钮。将界面上的 J1、J2、J3、J4、J5、J6 分别设置为 0、0、0、0、−90、0，单击“完成”按钮。

（6）回到程序创建页面，单击“点”，选择关节插补动作“J P [] 100% FINE”，指令插入完成后，参照图 3-34 选中程序 P[1] 中的“1”，单击“选择”按钮，将动作修改为“PR[]”，PR 点的序号同上一步设置的起点保持一致。

（7）利用示教器“COORD”键将坐标系切换为工具，通过手动操作将机器人工具末端移至如图 3-35 所示的图案上方。在程序创建页面，单击“点”，选择关节插补动作“J P [] 100% FINE”，将该位置 P1 记录在示教器中。

（8）通过手动操作将机器人工具末端移至如图 3-36 所示的图案起点位置。在程序创建页面，单击

“点”，选择直线插补动作“L P [] 100% FINE”，将该位置 P2 记录在示教器中。

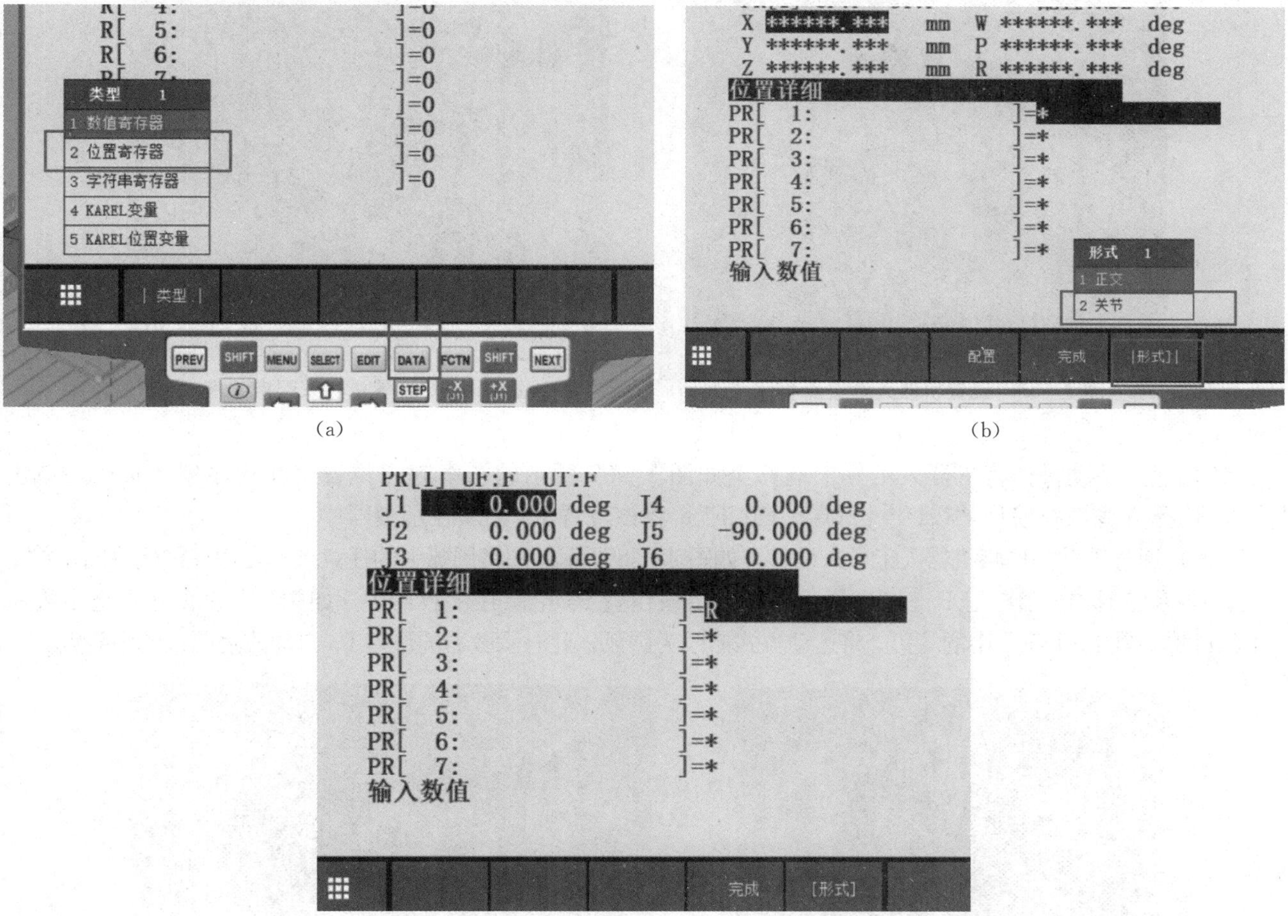

(a)　(b)

(c)

图 3－33　设置起点

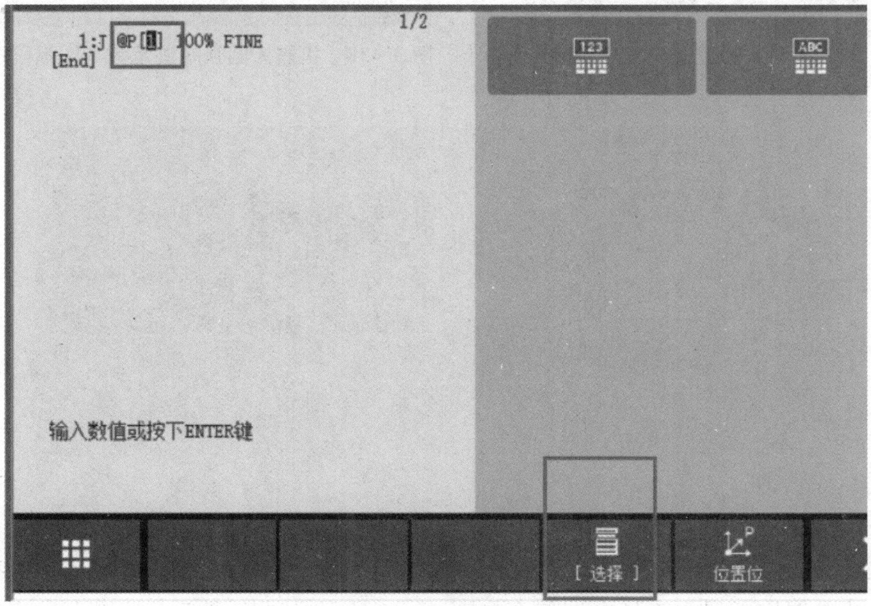

图 3－34　设置机器人回原点程序

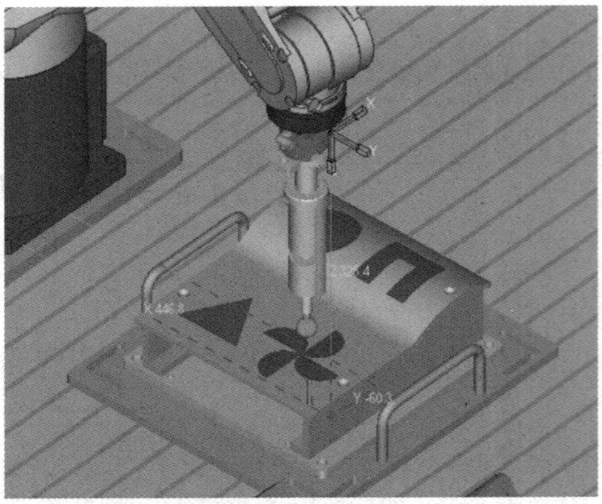

图 3 - 35　设置机器人渐进点程序

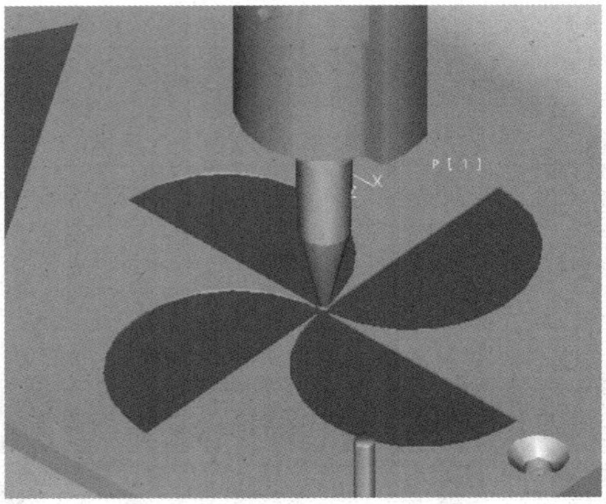

图 3 - 36　设置机器人起点程序

（9）通过手动操作将机器人工具末端移至如图 3 - 37 所示的图案起点位置，在程序创建页面，单击“点”，选择直线插补动作“L P [] 100% FINE”，将该位置 P3 记录在示教器中。

（10）通过手动操作将机器人工具末端移至如图 3 - 38 所示的图案圆弧上的任意点，在程序创建页面，单击“点”，选择关节插补动作“J P [] 100% FINE”，将该位置 P4 记录在示教器中。如图 3 - 39 所示，选中程序“J @P[3] 100% FINE”中的“J”，将运动方式修改为圆弧，此时示教器的位置 P3 自动改为圆弧的中间点。

图 3 - 37　机器人轨迹模块程序示教

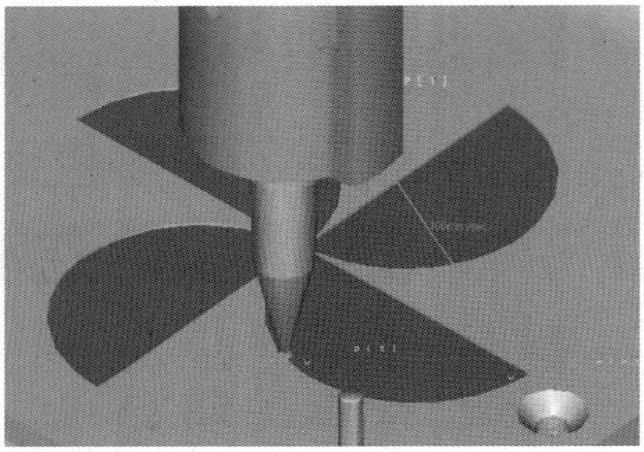

图 3 - 38　机器人圆弧轨迹示教（圆弧段过渡点）

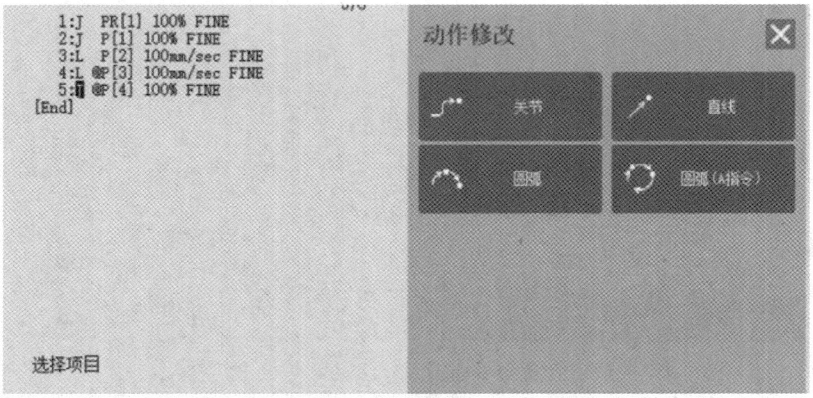

图 3 - 39　机器人圆弧轨迹程序（圆弧段过渡点）

（11）通过手动操作将机器人工具末端移至如图 3 - 40 所示的图案圆弧上的终点。将光标选中图 3 - 41 所示的圆弧指令的第二行，按下示教器上的“SHIFT”键，单击“修正位置”按钮。参照该步骤，完成后续机器人轨迹程序的绘制。

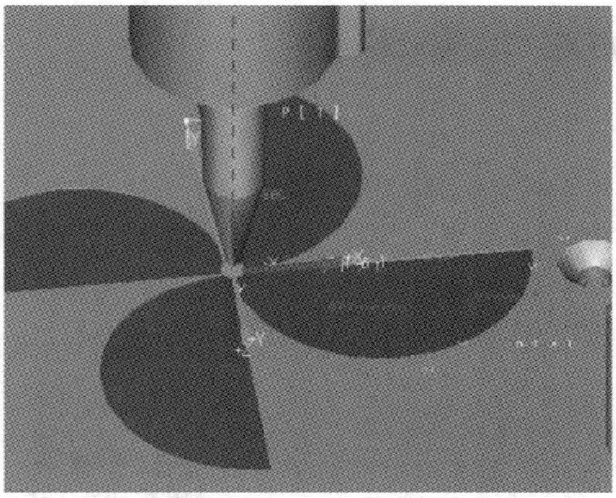

图 3-40　机器人圆弧轨迹示教（圆弧段终点）

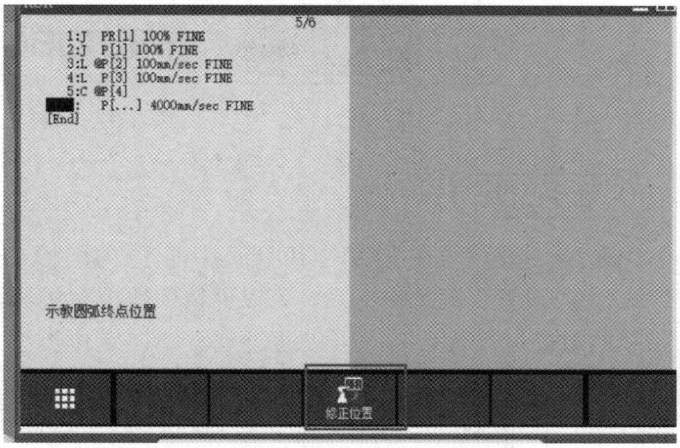

图 3-41　机器人圆弧轨迹程序（圆弧段终点）

（12）程序编写完成后，单击示教器上的“STEP”键，将其切换为单步模式，接着按下“SHIFT”键和“FWD”键，利用单步运行对程序进行调试。

• 任务评价

验证机器人运动指令任务的工作计划及执行结果，分析原因并记录于表 3-9。

表 3-9　阶段工作记录

序号	问题现象描述	原因分析	处理方法
1			
2			
3			
4			
5			

• 素养之窗

根据本任务的特点，主动挖掘出与团队协作、诚信友善、创新创效、规范务实、精益专注、爱岗爱国六大职业素养要素相关的案例并填入表 3-10 中。

表 3-10　素养融入

序号	知识点	素养要素切入点
1		
2		
3		
4		
5		

任务 3.4 示教 ROBOGUIDE 中的坐标系

• 任务介绍

本任务主要学习在 ROBOGUIDE 中通过“属性”选项设置工具坐标系和用户坐标系。通过设置不同的坐标系，可以更精确地控制机器人运动并进行轨迹仿真。研究 J 指令的轨迹运行特点时，可以通过观察不同定位类型（如 CNT 参数）对程序的影响，进一步理解机器人在运行过程中如何调整速度、精度以及运动方式。通过设置不同的 CNT（连续插补）参数，可以控制机器人在运动中的平滑度、路径跟踪误差等，从而优化程序的执行效果。

微课视频

离线编辑

• 相关知识

知识点 3.3、知识点 3.4、知识点 3.5

• 任务实施

（1）添加轨迹工具及平面轨迹模块、斜面轨迹模块：从在线课程资料库中下载轨迹工具、涂胶模块、焊接模块等必要的 IGS 文件，并将它们添加到工程文件中。然后，在工业机器人工作范围内合理调整这些模块的位置，确保机器人能够顺利操作这些模块。

（2）设置工具坐标系及用户坐标系：在 ROBOGUIDE 中，设置工具坐标系和用户坐标系，并标注其方向。将这些参数值填入表 3－11 中，确保坐标系设置的准确性。

表 3－11　设置工具坐标系及用户坐标系

工具坐标系示教				用户坐标系示教			
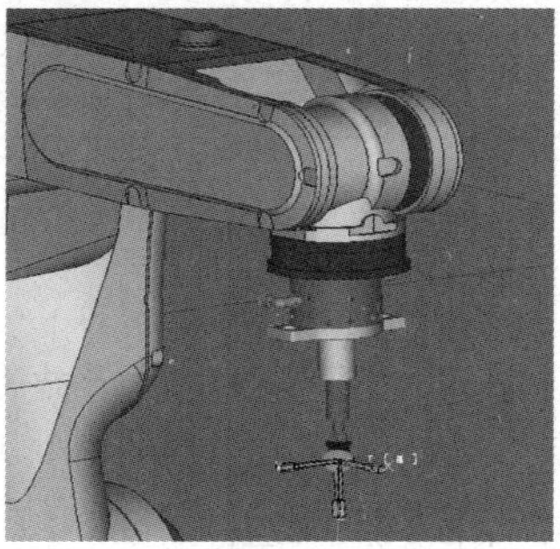							
工具坐标系序号：＿＿＿＿＿＿				用户坐标系序号：＿＿＿＿＿＿			
参数	单位：mm	参数	单位：（°）	参数	单位：mm	参数	单位：（°）
X 值		W 值		X 值		W 值	
Y 值		P 值		Y 值		P 值	
Z 值		R 值		Z 值		R 值	

（3）绘制图形：在 TP 示教器上输入程序，实现在涂胶模块上绘制三角形。程序只能使用 J 指令来实现。将位置变量序号和程序内容填入表 3－12，以确保程序正确地绘制出三角形。

表 3-12　图形绘制程序

涂胶模块三角形	序号	程序
	1	
	2	
	3	
	4	
	5	
	6	
	7	
	8	
	9	

(4) 比较定位类型：更改动作指令的定位类型和参数，观察不同设置对程序执行的影响。录制并运行程序，展示不同定位类型（如关节插补、直线插补等）对机器人运动轨迹的影响，完成程序动画录制。

• 任务评价

验证 ROBOGUIDE 中的坐标系示教执行结果是否满足表 3-13 的要求，若满足则勾选“是”，反之勾选“否”。

表 3-13　任务检查

序号	任务检查点	小组自我检查	
1	ROBOGUIDE 工程中各模块摆放合理	○是	○否
2	轨迹工具 TCP 位于工具尖端且 Z 轴与尖端重合	○是	○否
3	用户坐标系 Z 轴垂直于斜面轨迹	○是	○否
4	X 轴、Y 轴方向和斜面轨迹上标注方向相同	○是	○否
5	按下工具栏 ▶ 键后，TCP 可运行到图形各顶点	○是	○否
6	使用 J 指令运行的轨迹为非线性	○是	○否
7	设置运行速度为 10%、CNT0 可运行到图形各顶点	○是	○否
8	设置运行速度为 10%、CNT100 无法运行到图形各顶点	○是	○否
9	设置运行速度为 100%、CNT0 可运行到图形各顶点	○是	○否
10	设置运行速度为 100%、CNT100 可运行到图形各顶点	○是	○否

• 素养之窗

根据本任务的特点，主动挖掘出与团队协作、诚信友善、创新创效、规范务实、精益专注、爱岗爱国六大职业素养要素相关的案例并填入见表 3-14 中。

表 3-14　素养融入

序号	知识点	素养要养切入点
1		
2		
3		
4		
5		

任务 3.5　导入机器人程序

• 任务介绍

“数字化双胞胎”技术能模拟对象在现实环境中的行为、产品制造过程乃至整个工厂流程，从而提高制造企业产品研发、制造的生产效率。在 ROBOGUIDE 中创建的程序受外围设备安装精度的影响，当程序导入实体工业机器人后，工具坐标系、用户坐标系以及保存在位置变量中的参数均会发生偏移，同时已安装设备在使用过程中也有可能产生位置偏移。因此研究用户坐标系和工具坐标系对程序的影响非常重要，以提高虚拟到实体的转化效率并降低日常维护的工作量。本任务要求在 ROBOGUIDE 中完成斜面轨迹绘制程序，并导入实体机器人中，验证工具坐标系和用户坐标系的作用，同时在程序运行的关键点添加用户提示信息。

• 相关知识

知识点 3.7、知识点 3.8

• 任务实施

（1）安装轨迹工具及斜面轨迹模块：在工业机器人法兰盘上安装轨迹工具，并在工具 TCP 的运动范围内安装固定斜面轨迹模块。

（2）使用直接输入法完成工具坐标系的示教：使用三点法示教用户坐标系后，检查示教结果是否正确，并将参数值填入初始工具坐标系参数和初始用户坐标系参数中。

注意：虚拟和实体机器人必须同时示教相同序号的坐标系。

（3）在 ROBOGUIDE 中完成涂胶模块上“U”字母轨迹程序的设计及调试：要求同时使用 A 指令和 C 指令。

（4）将程序从 ROBOGUIDE 中复制到实体机器人：在将程序导入实体机器人后，思考运行该程序可能出现的问题，并做好相应的预备解决方案。在实体机器人中运行上述程序时，先进行单步调试以防止错误导致设备损坏，单步运行无误后切换为连续运行模式运行程序，确保程序无误。

（5）在完成斜面轨迹绘制程序的基础上，根据需求，重新示教所调用的工具坐标系。

• 任务评价

验证执行结果是否满足表 3-15 的要求，若满足则勾选“是”，反之勾选“否”。

表 3-15　任务检查

序号	任务检查点	小组自我检查	
1	操作符合安全规范且未发生碰撞	○是	○否
2	工具坐标系示教后可绕同一点旋转点动控制	○是	○否
3	用户坐标系示教后可沿斜面沿标注方向同向运行点动控制	○是	○否
4	ROBOGUIDE 中虚拟机器人与实体机器人的系统版号相同	○是	○否
5	用于程序复制的 U 盘为 FAT16/32 格式	○是	○否
6	离线程序可正常导入实体工业机器人中	○是	○否
7	程序所调用的工具坐标系和用户坐标系已示教	○是	○否
8	初次运行程序时为单步调试	○是	○否
9	程序运行开始及程序运行结束，工业机器人均回到安全点	○是	○否
10	程序可完整绘制“U”字母且未与斜面发生碰撞	○是	○否
11	在程序运行过程中，未在字母间连笔绘制	○是	○否
12	工具坐标系中 X、Y、Z 值影响程序中位置点的轨迹	○是	○否
13	工具坐标系中 W、P、R 值影响程序运行时工具的姿态	○是	○否
14	用户坐标系中的参数值决定程序所运行的空间	○是	○否
15	完成实验后工业机器人回到安全点并整理现场	○是	○否
16	任务完成后，关闭设备电源并整理现场	○是	○否

• 素养之窗

根据本任务的特点，主动挖掘出与团队协作、诚信友善、创新创效、规范务实、精益专注、爱岗爱国六大职业素养要素相关的案例并填入表 3-16 中。

表 3-16　素养融入

序号	知识点	素养要素切入点
1		
2		
3		
4		
5		

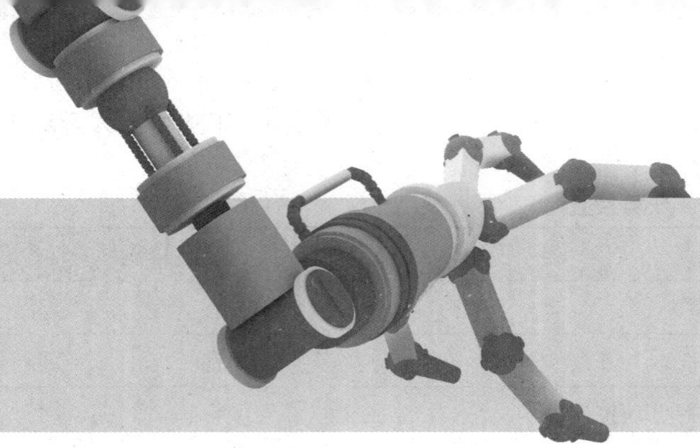

项目 4

基于 VUP 的数字孪生实训平台设计

项目概述

本项目主要学习搭建工业机器人应用实训平台，此次项目难点为凹实体的设计，学会后即可结合之前学习的 VUP 软件的基本操作对工业机器人应用实训平台进行搭建。

学习目标

● **知识目标：**

（1）掌握凹实体的设计方法

（2）掌握西门子编程的基本方法

（3）掌握 FANUC 机器人生产线虚拟仿真的设置方法

（4）掌握视觉配置的相关知识

● **能力目标：**

（1）能根据机器人生产线要求完成 PLC 的编程

（2）能根据机器人生产线要求编写机器人程序

（3）能根据机器人生产线要求完成视觉的配置

● **素质目标：**

（1）养成良好的职业道德和团队精神

（2）养成形象思维和逻辑思维能力

（3）养成职业技能习惯和创新意识

知识准备

微课视频

凹实体

4.1　凹实体的设计

（1）将 SolidWorks 中设计的装配体导入 VUP 中。

（2）将零件 2 与零件 1 解除父子级关系并粘贴到 World 目录下。

（3）从库中导入 cube 元件，并调整为合适大小，组装成一个箱体的黑色部分，如图 4－1 所示。

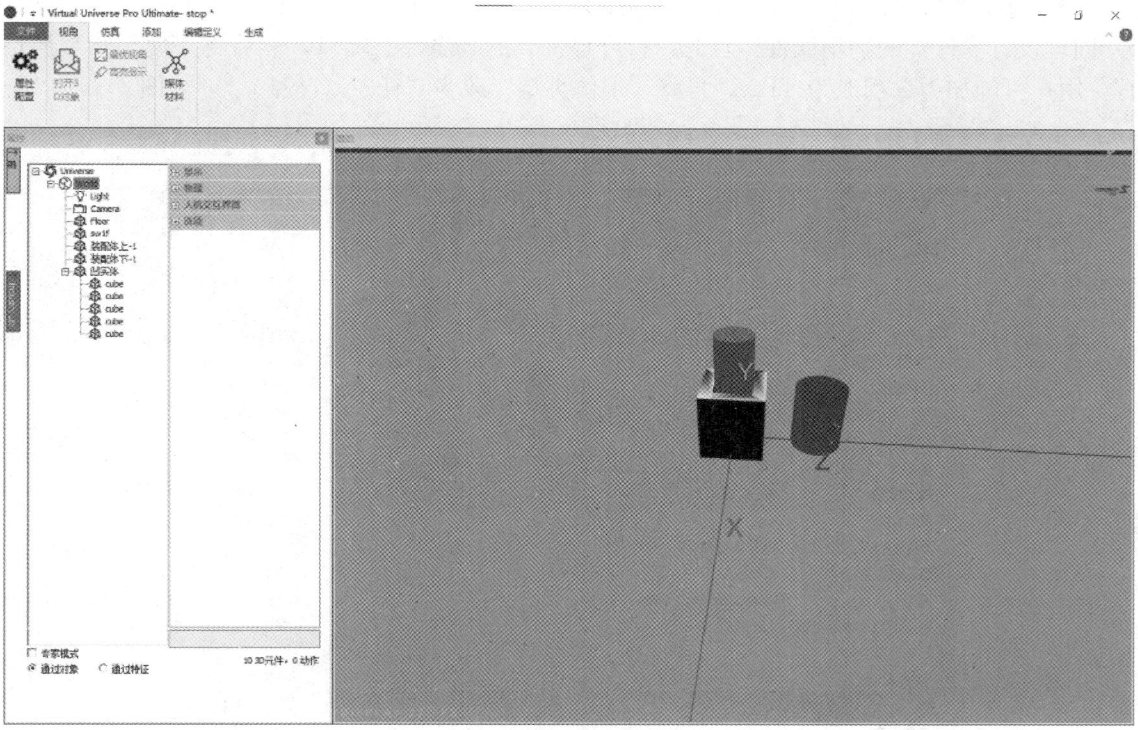

图 4－1　构造箱体

（4）先勾选“专家模式”，然后右击 cube 元件，依次选择“优化”→“Merge（geneiate one concave physic object）”选项，如图 4－2 所示。

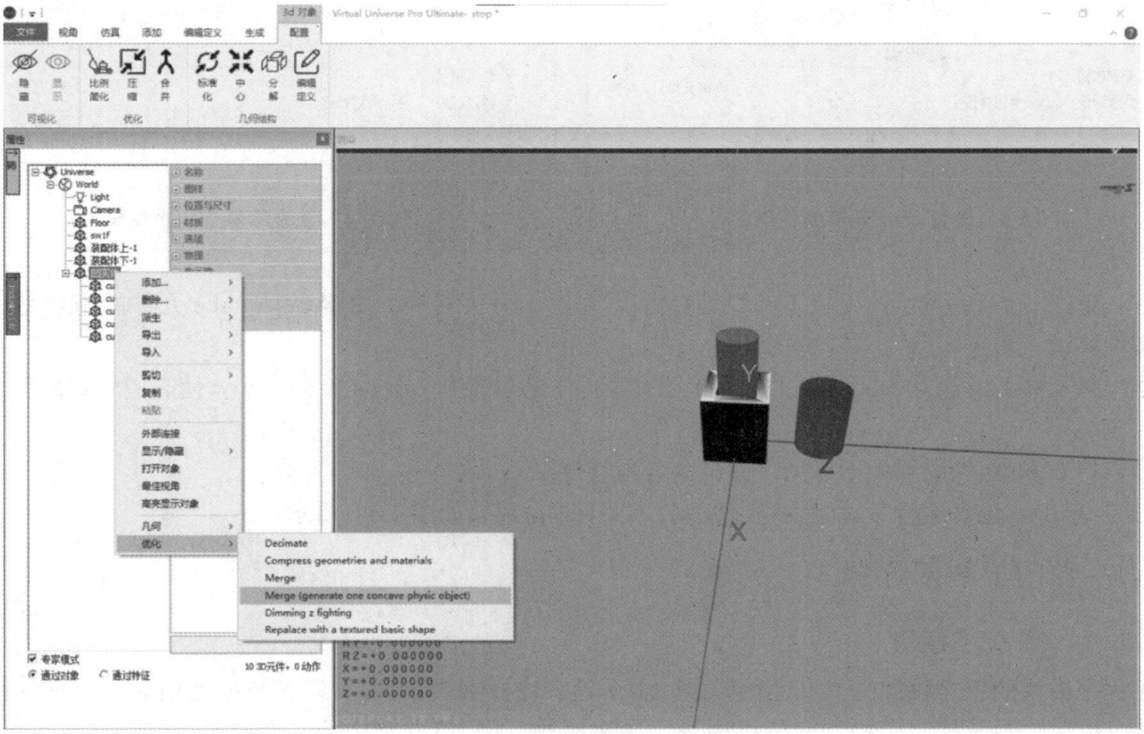

图 4－2　优化设置

（5）设置 cube 元件的物理属性，首先，打开 cube 的“属性”窗口，然后将“使用物理属性”“使用重力”“用户可施加力”项改为 True，再将“形体类型”改为“任意”，如图 4-3 所示。

（6）同理设置零件 2 的物理属性。首先，打开零件 2 的“属性”窗口，然后将“使用物理属性”“使用重力”“用户可施加力”项改为 True，再将“形体类型”改为“任意（凸型）”，如图 4-4 所示。

图 4-3 设置 cube 元件的物理属性

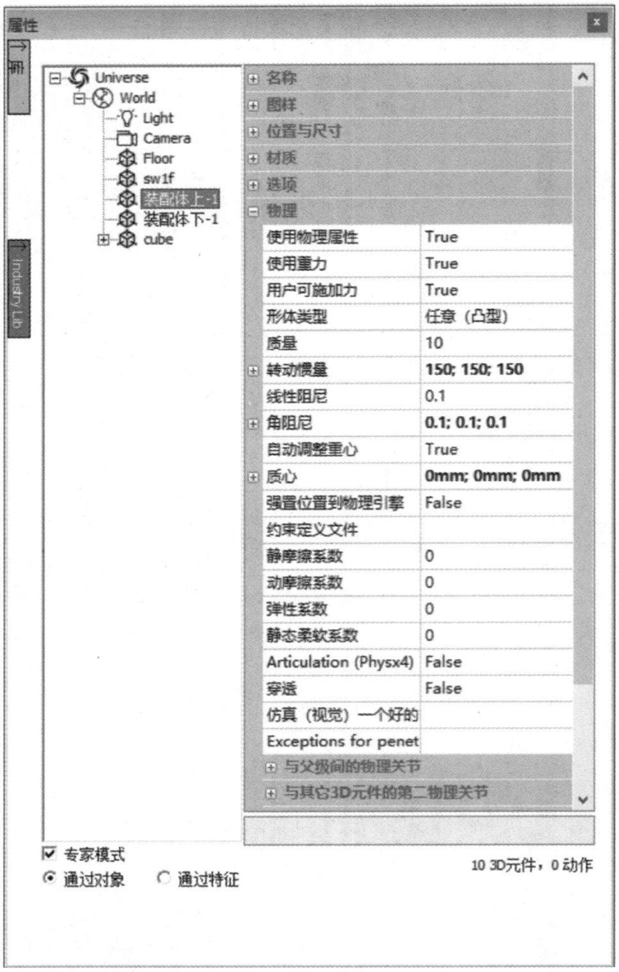

图 4-4 修改零件 2 的物理属性

（7）单击“仿真运行”，检验零件 2 是否可以装进 cube 元件中，并且验证 cube 元件的拖动是否能够带动零件移动。

（8）将零件 1 设置为 cube 元件的子级，调整零件 1 的位置和 cube 元件的大小，使它们较好地契合，如图 4-5 所示。

（9）将 cube 元件设置为不可见，并重命名为零件 1。

（10）单击“仿真运行”，然后将零件 2 装入零件 1，效果如图 4-6 所示。

4.2 西门子 PLC 详解

4.2.1 主程序模块

主程序模块的程序块如图 4-7 所示，这 11 个程序块分别表示调用 TCP 数据通信模块、仓储快换模块、转盘模块、系统控制模块、变位机模块、导轨模块、RFID 检测模块、FANUC 程序自动运行模块、井式供料模块、称重模块、装配与视觉模块。

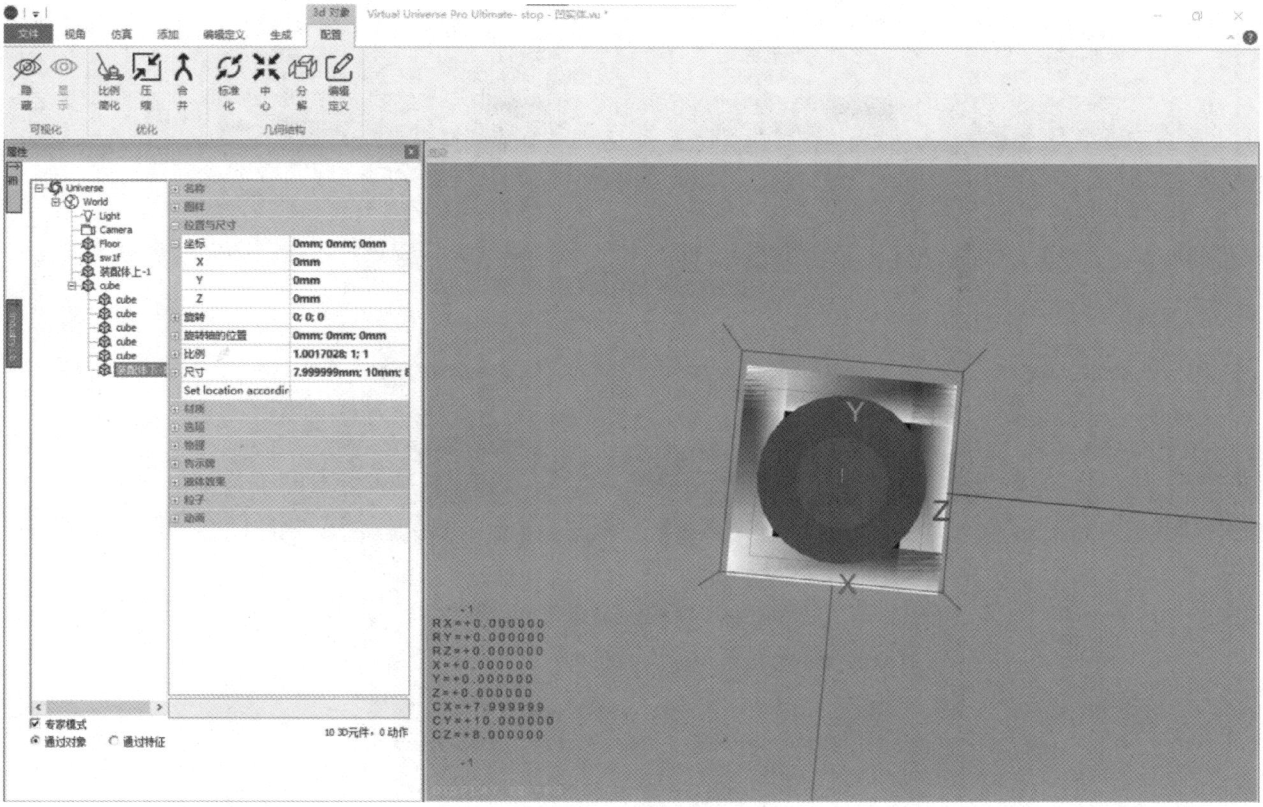
Virtual Universe Pro Ultimate- stop - 凹实体.vu *
文件
视角
仿真
添加
编辑定义
生成
配置
隐藏
显示
比例简化
压缩
合并
标准化
中心
分解
编辑定义
可视化
优化
几何结构
Universe
World
Light
Camera
Floor
sw1f
装配体上-1
cube
名称
图样
位置与尺寸
坐标
0mm; 0mm; 0mm
X
0mm
Y
0mm
Z
0mm
旋转
0; 0; 0
旋转轴的位置
0mm; 0mm; 0mm
比例
1.0017028; 1; 1
尺寸
Set location accordir
材质
选项
物理
告示牌
液体效果
粒子
动画
专家模式
通过对象
通过特征
10 3D元件，0 动作
Y
Z
X
RX=+0.000000
RY=+0.000000
RZ=+0.000000
X=+0.000000
Y=+0.000000
Z=+0.000000
CX=+7.999999
CY=+10.000000
CZ=+8.000000

图 4－5　修改位置

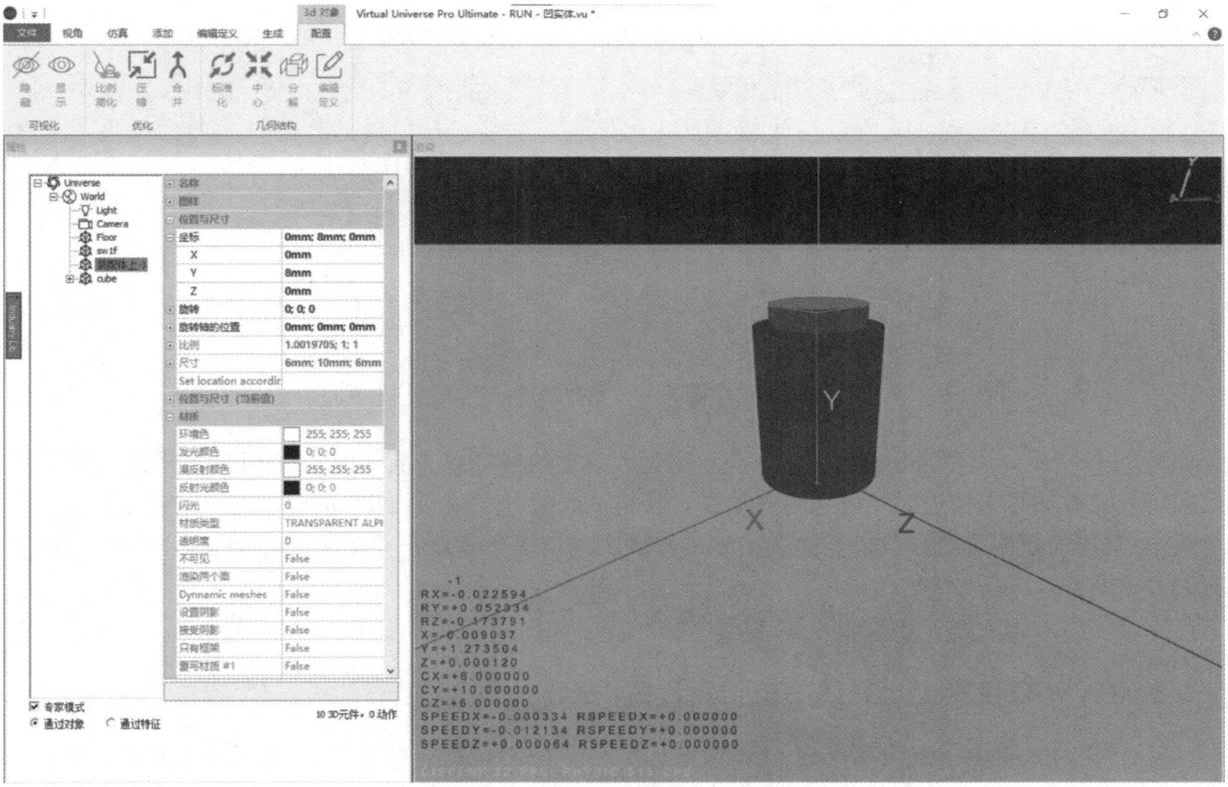
Virtual Universe Pro Ultimate - RUN - 凹实体.vu *
文件
视角
仿真
添加
编辑定义
生成
配置
隐藏
显示
比例简化
压缩
合并
标准化
中心
分解
编辑定义
可视化
优化
几何结构
Universe
World
Light
Camera
Floor
sw1f
装配体上-1
cube
名称
图样
位置与尺寸
坐标
0mm; 8mm; 0mm
X
0mm
Y
8mm
Z
0mm
旋转
0; 0; 0
旋转轴的位置
0mm; 0mm; 0mm
比例
1.0019705; 1; 1
尺寸
6mm; 10mm; 6mm
Set location accordir
位置与尺寸（当前值）
材质
环境色
255; 255; 255
发光颜色
0; 0; 0
漫反射颜色
255; 255; 255
反射光颜色
0; 0; 0
闪光
0
材质类型
TRANSPARENT ALPI
透明度
0
不可见
False
渲染两个面
False
Dynnamic meshes
False
设置阴影
False
接受阴影
False
只有框架
False
覆写材质 #1
False
专家模式
通过对象
通过特征
10 3D元件，0 动作
Y
X
Z
RX=-0.022594
RY=+0.052334
RZ=-0.173791
X=-0.009037
Y=+1.273504
Z=+0.000120
CX=+6.000000
CY=+10.000000
CZ=+6.000000
SPEEDX=-0.000334 RSPEEDX=+0.000000
SPEEDY=-0.012134 RSPEEDY=+0.000000
SPEEDZ=+0.000064 RSPEEDZ=+0.000000

图 4－6　零件 1、零件 2 修改位置

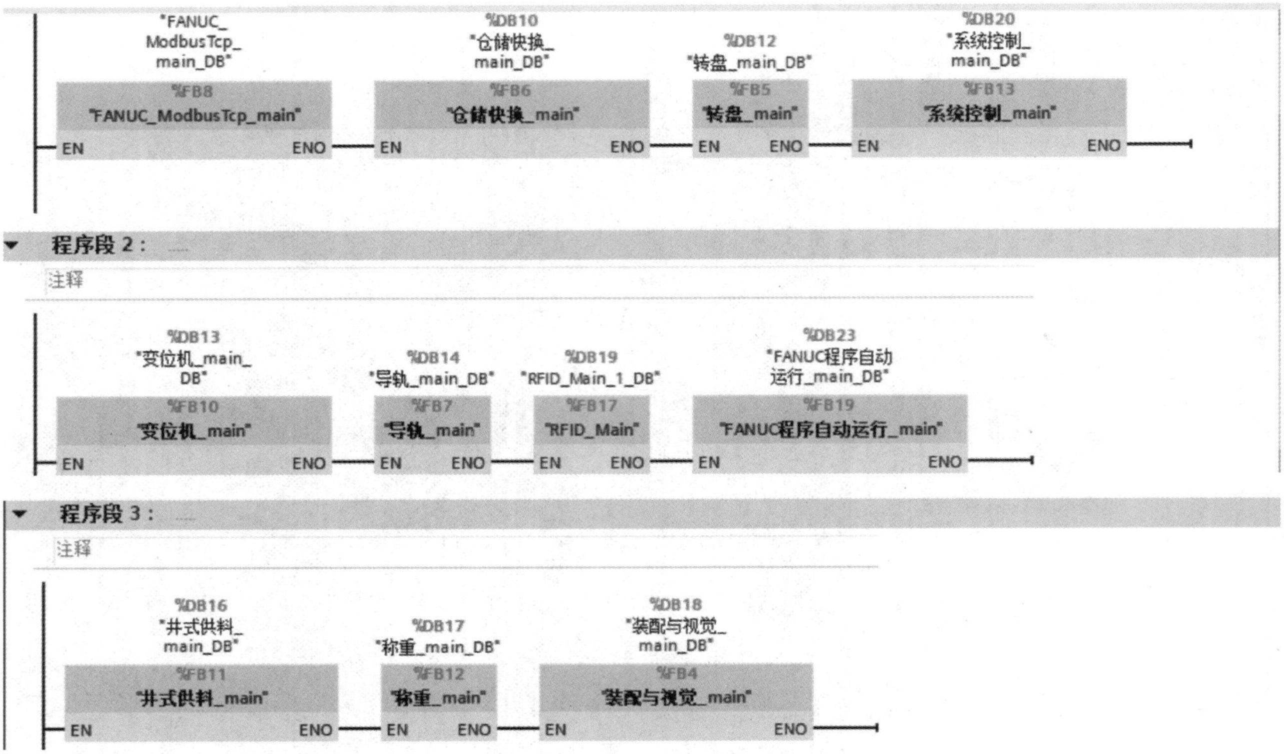

图 4－7　主程序块

4.2.2　TCP 数据通信模块

程序段 1 表示当有 PLC 数据要写入机器人时，将 Tag_1 置 1，如图 4－8 所示。

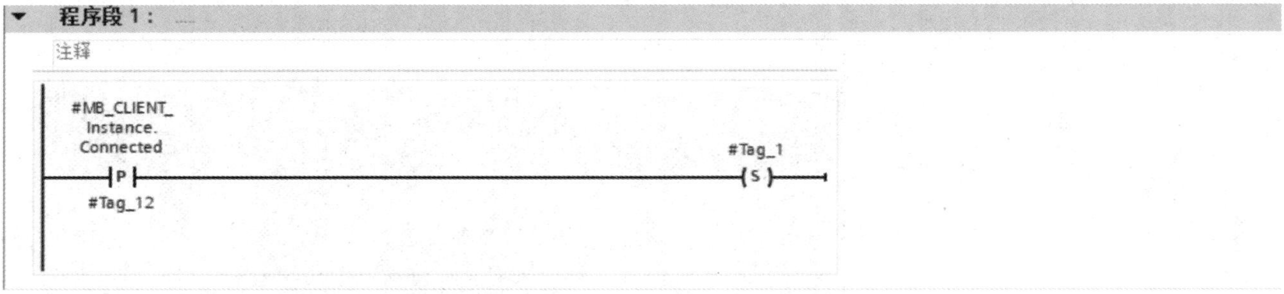

图 4－8　程序段 1

如图 4－9 所示，程序段 2 和程序段 3 表示当写入启动信号 Tag_1 置 1 时，将 PLC 数据写入机器人中，当出现写入完成和写入错误时，停止写入动作，并将读取信号 Tag_2 置 1，同时将写入启动信号 Tag_1 置 0，然后对机器人数据进行读取，当读取完成或者错误时，停止读取，并将写入启动信号 Tag_1 置 1，同时将读取启动信号 Tag_2 置 0。

程序段 4 表示将机器人变量和 PLC 变量进行对应，如图 4－10 所示。

4.3　FANUC 机器人生产线虚拟仿真设置

（1）打开 Virtual Universe Pro 软件，先拖拽一个 Fanuc Gateway 出来，再拖拽出 R-2000iC/270F，如图 4－11 所示。

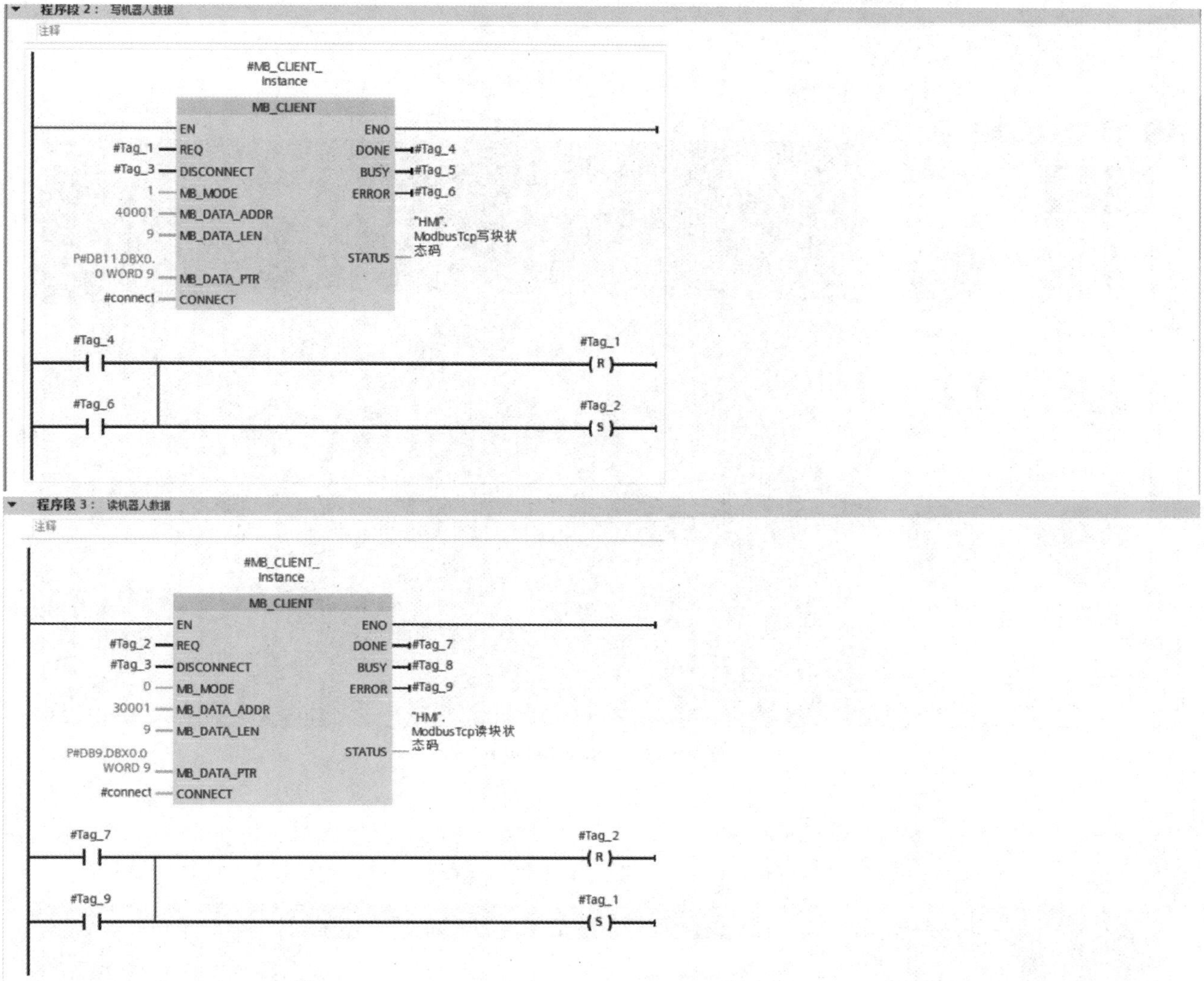

图 4－9　程序段 2 和程序段 3

图 4－10　程序段 4

（2）打开 HandlingPRO 软件，新建文件，大部分选项保持默认，第四项选择“Set Eoat later”，第五项选择“R-2000iC/270F”，第七项依次选择“Languages”→“Chinese Dictionary”，如图 4－12、图 4－13 和图 4－14 所示。

（3）切换到 Virtual Universe Pro 软件，从 Conveyor 中选择 Conveyor 4m 1 的皮带线，并调整位置如图 4－15 所示。

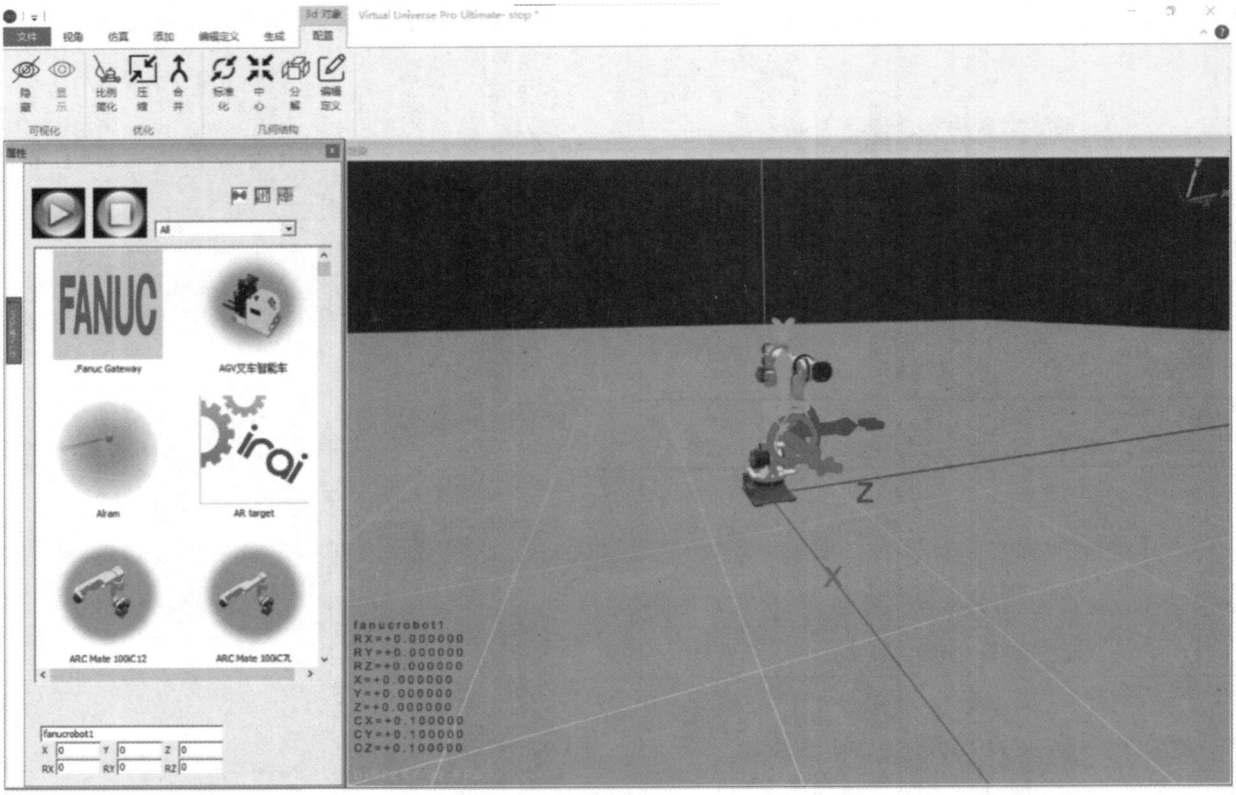
3d 对象
Virtual Universe Pro Ultimate- stop *
文件
视角
仿真
添加
编辑定义
生成
配置
隐藏
显示
比例简化
压缩
合并
标准化
中心
分解
编辑定义
可视化
优化
几何结构
属性
All
FANUC
.Fanuc Gateway
AGV叉车智能车
Alram
AR target
ARC Mate 100iC12
ARC Mate 100iC7L
fanucrobot1
RX=+0.000000
RY=+0.000000
RZ=+0.000000
X=+0.000000
Y=+0.000000
Z=+0.000000
CX=+0.100000
CY=+0.100000
CZ=+0.100000
Z
X

图 4 - 11　Fanuc Getaway

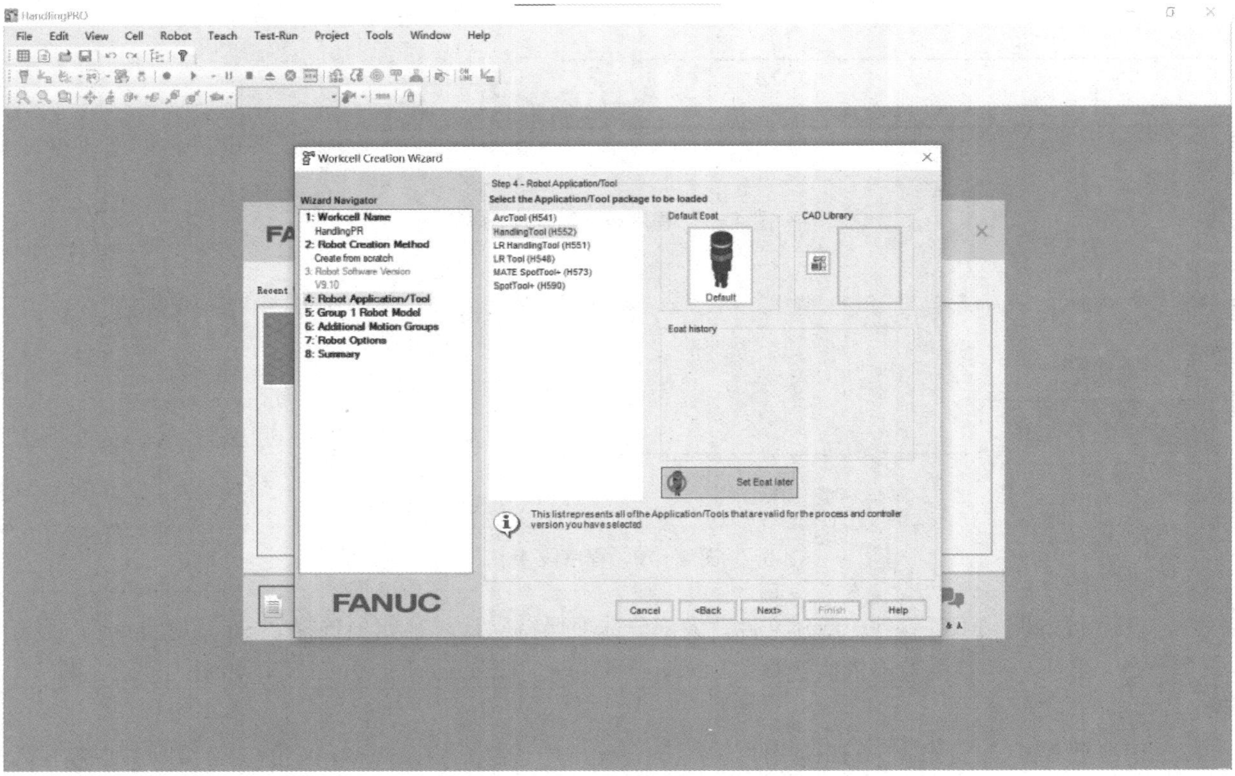
HandlingPRO
File
Edit
View
Cell
Robot
Teach
Test-Run
Project
Tools
Window
Help
Workcell Creation Wizard
Wizard Navigator
1: Workcell Name
HandlingPR
2: Robot Creation Method
Create from scratch
3: Robot Software Version
V9.10
4: Robot Application/Tool
5: Group 1 Robot Model
6: Additional Motion Groups
7: Robot Options
8: Summary
Step 4 - Robot Application/Tool
Select the Application/Tool package to be loaded
ArcTool (H541)
HandlingTool (H552)
LR HandlingTool (H551)
LR Tool (H548)
MATE SpotTool+ (H573)
SpotTool+ (H590)
Default Eoat
CAD Library
Default
Eoat history
Set Eoat later
This list represents all of the Application/Tools that are valid for the process and controller version you have selected
FANUC
Cancel
<Back
Next>
Finish
Help

图 4 - 12　第四项选择“Set Eoat later”

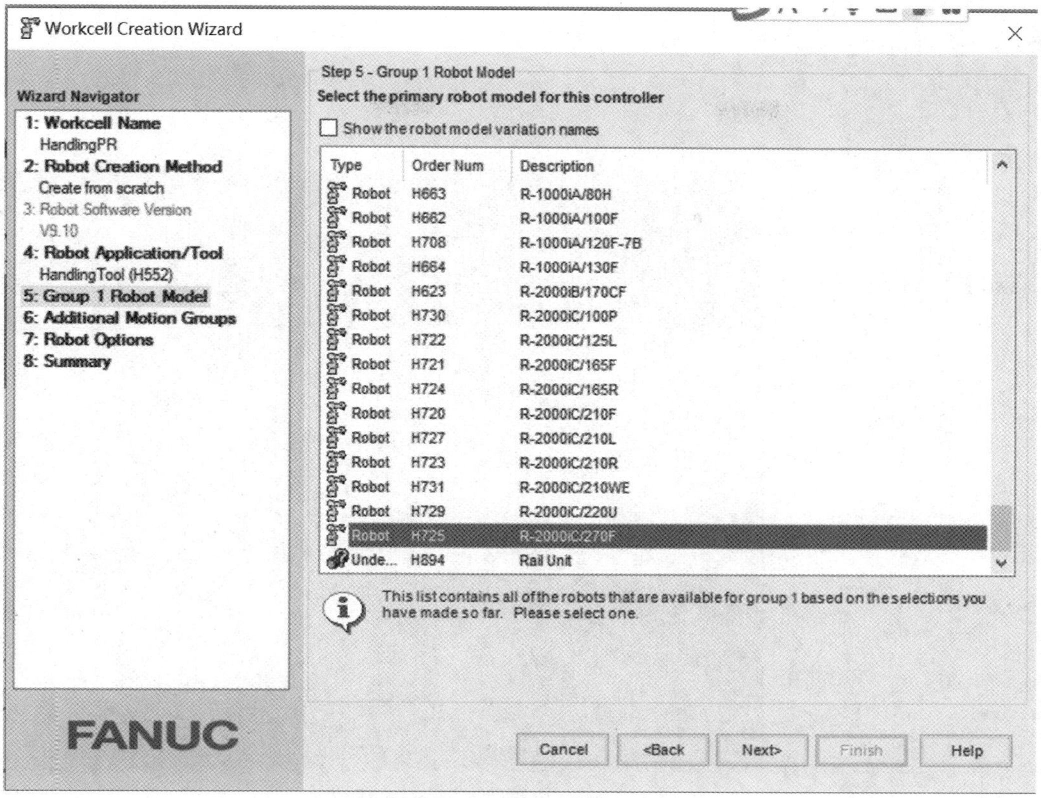

图 4－13　第五项选择“R-2000iC/270F”

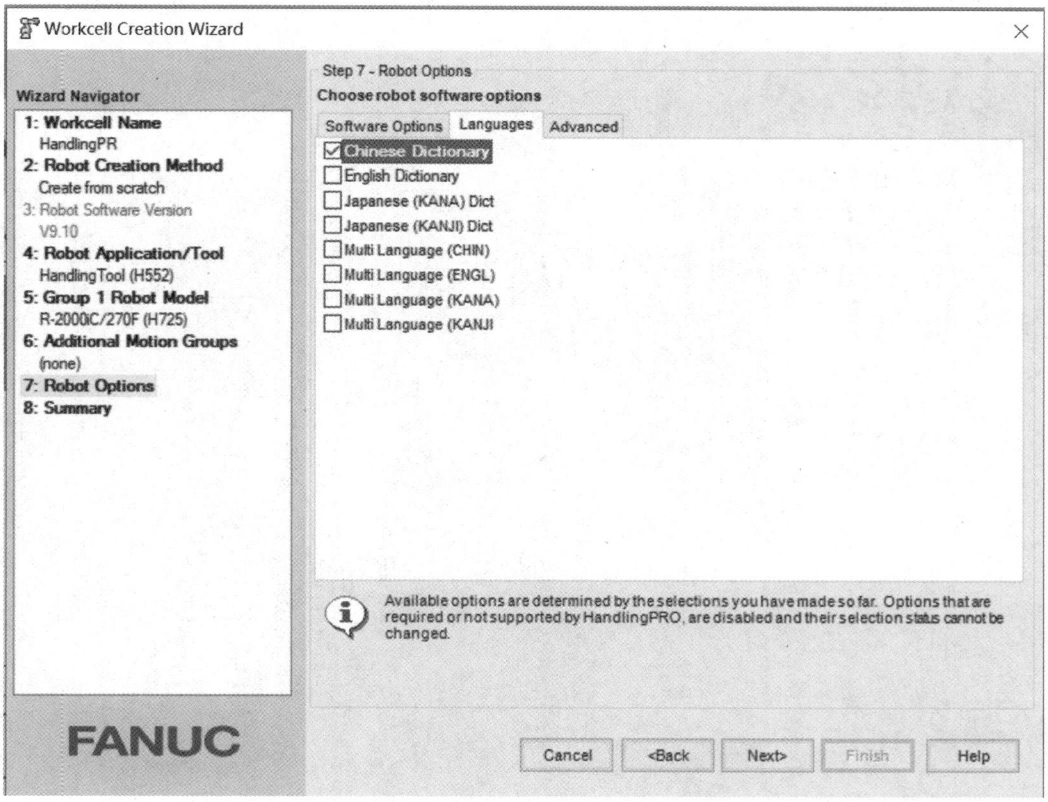

图 4－14　第七项选择“Chinese Dictionary”

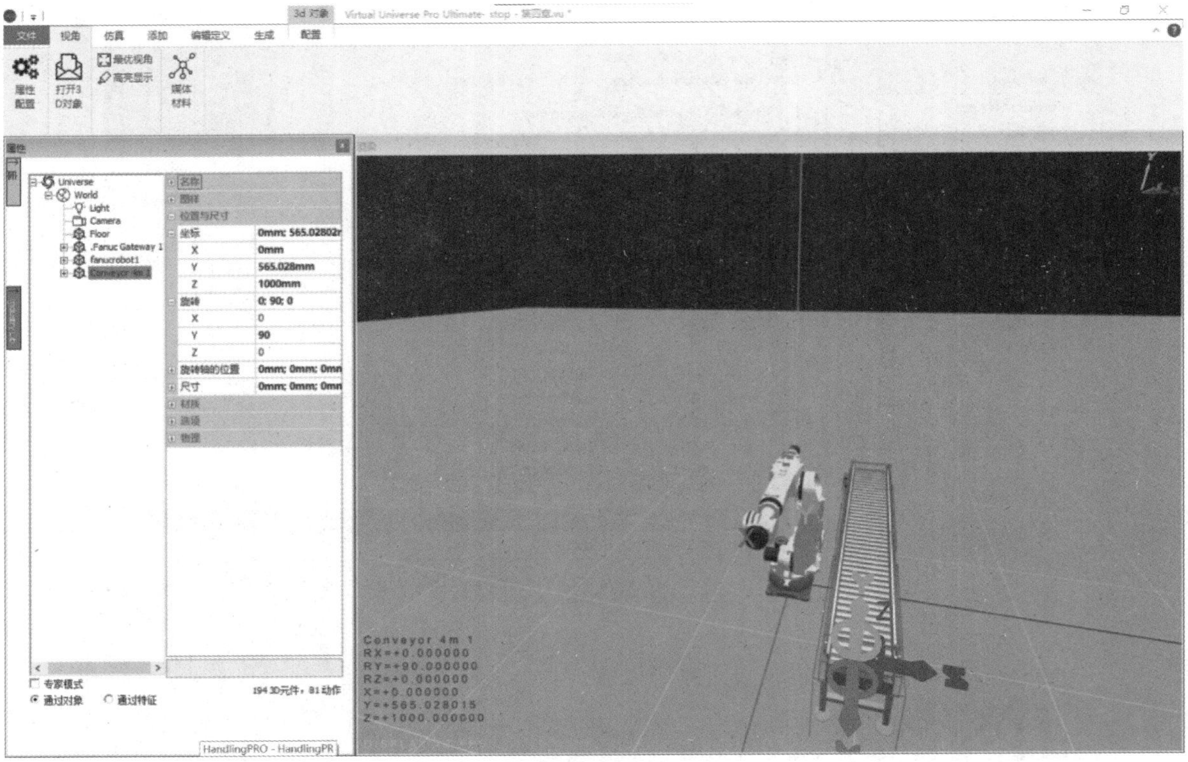

图 4－15　调整皮带线 Conveyor 4m 1

（4）再添加一个相同的皮带线，并调整位置至第一个皮带线的对称点，如图 4－16 所示。

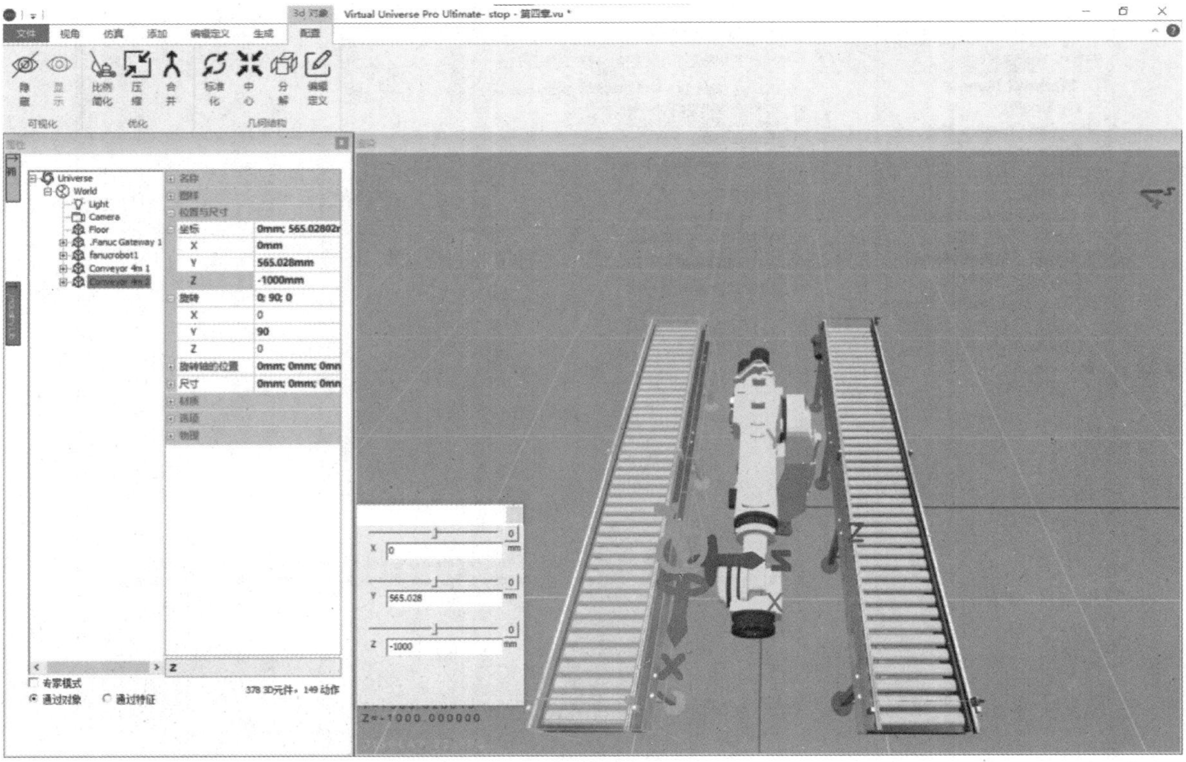

图 4－16　调整皮带线 Conveyor 4m 2

(5) 将两个皮带线的同级对象打开，关闭隐藏同级对象，如图 4－17 所示。

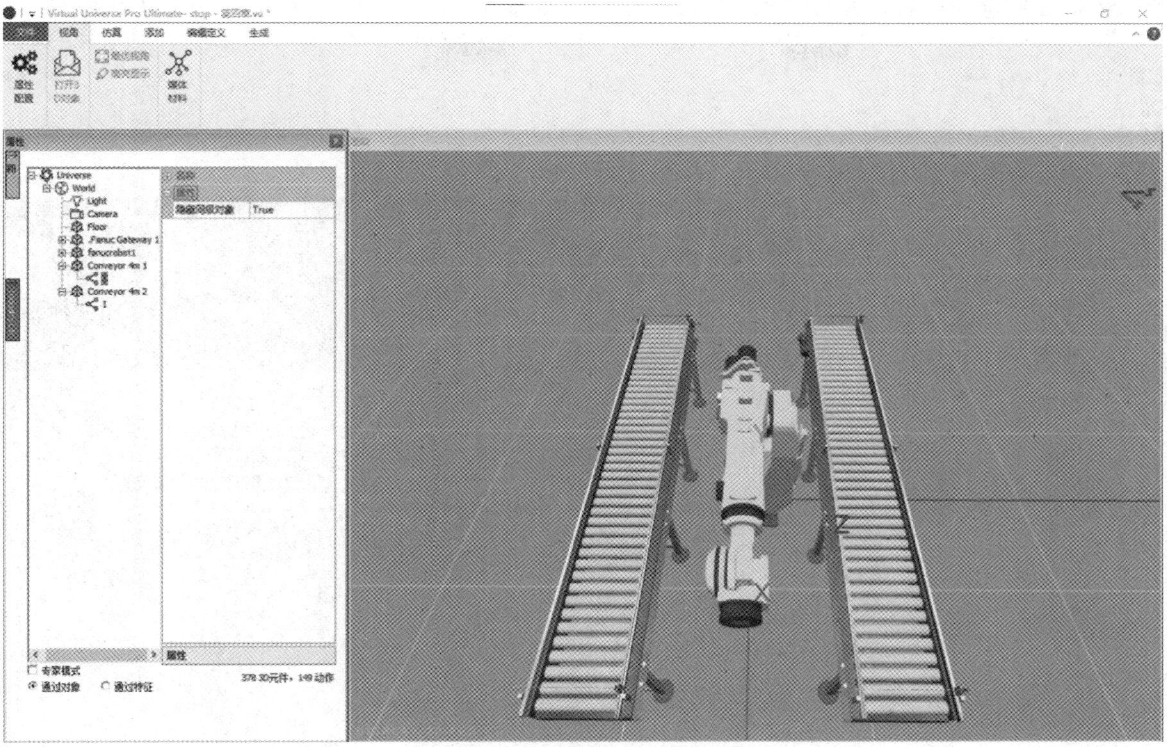

图 4－17　关闭隐藏同级对象

(6) 运行模型，观察皮带线，当鼠标移动到皮带线上时，鼠标指针变成小手，单击则会出现操纵面板，可以通过操控面板来调整滚筒的速度、正反转、启停等设置，如图 4－18 所示。

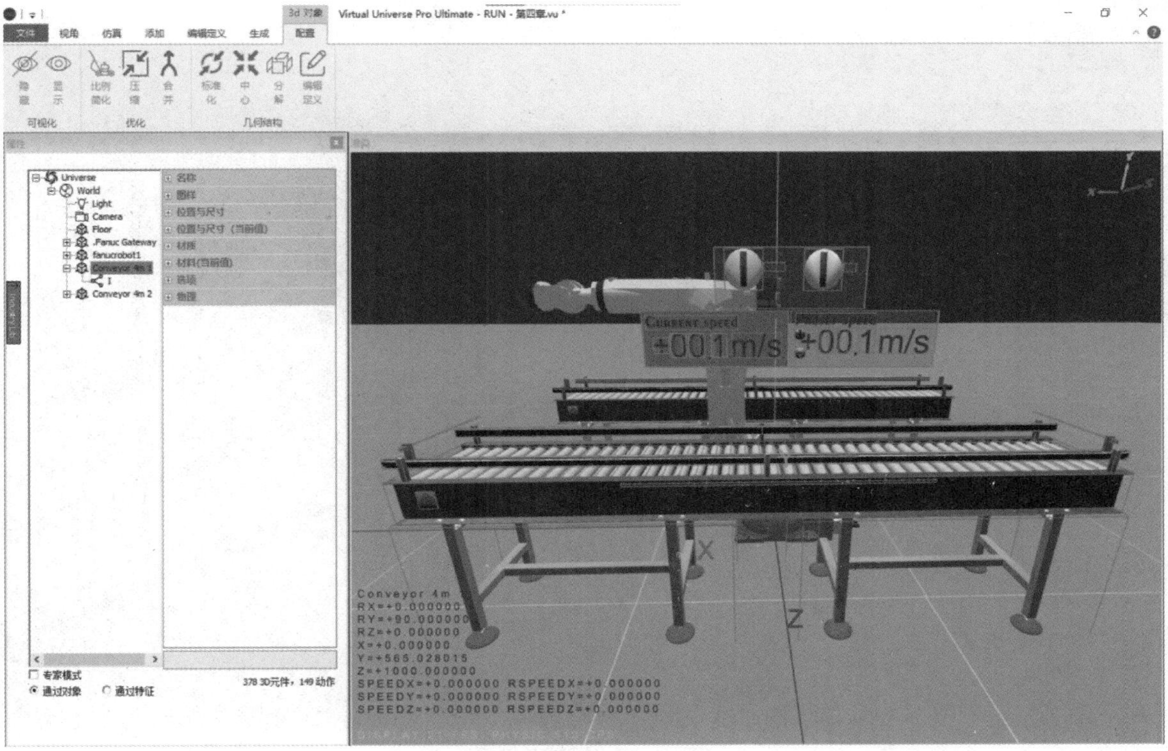

图 4－18　运行皮带线

（7）运行结束，再拖拽出一个箱子，其中Box是一个箱子，Boxes source表示每过一段时间会自动生成一个箱子，我们选择后者，并移动到皮带线上运行，如图4－19、图4－20和图4－21所示。

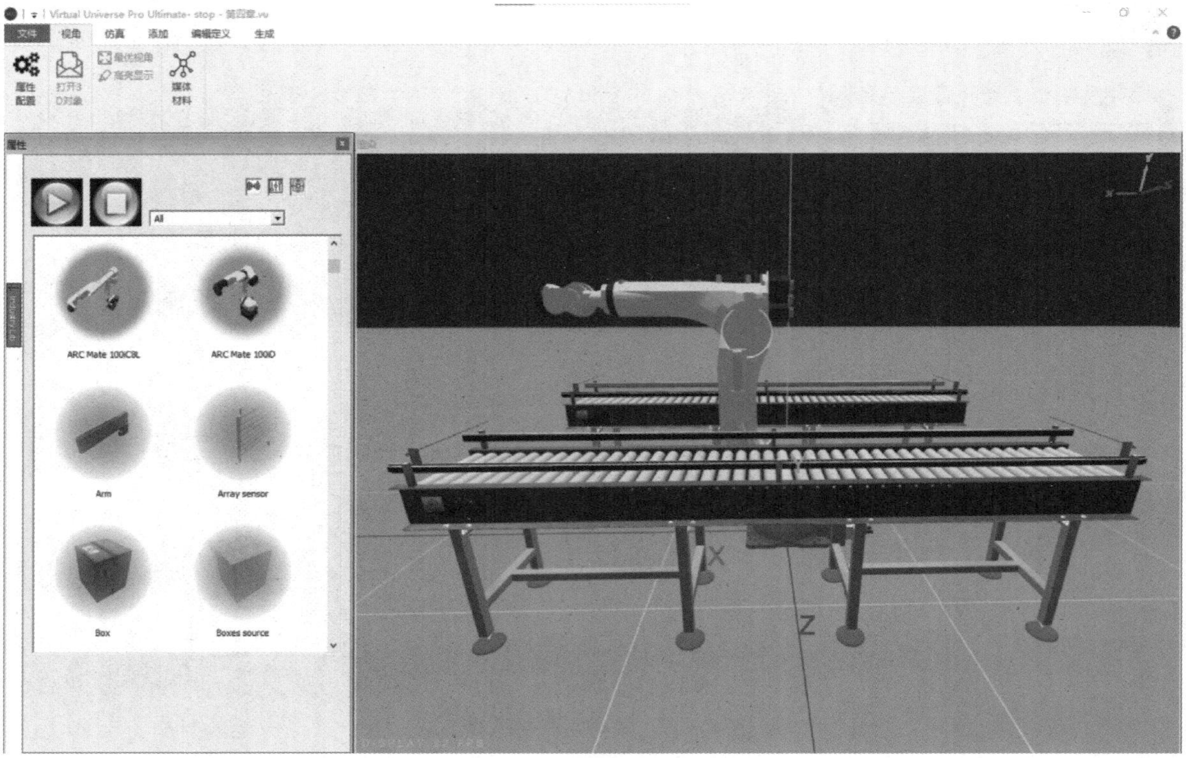

图4－19　选择箱子

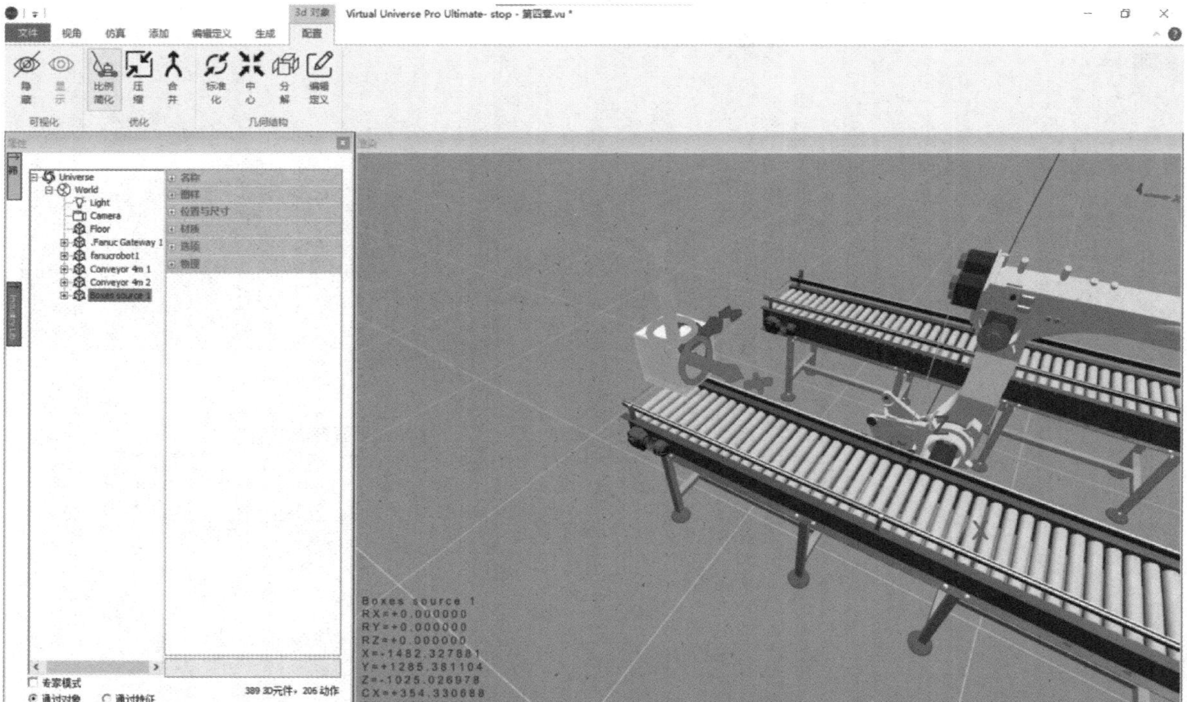

图4－20　移动箱子后

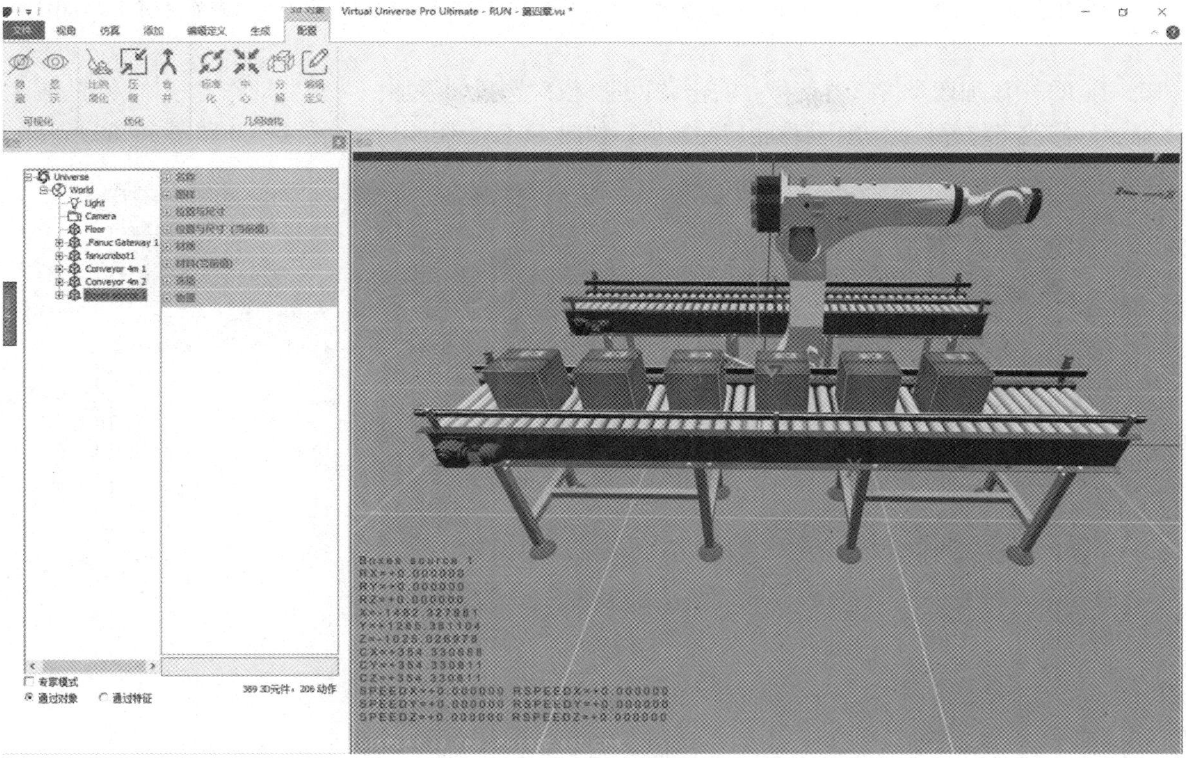

图 4－21　运行箱子

（8）简单的模型基本搭建完成，现在需要一个机器人的夹爪，这里我们使用的是吸盘。首先，将“Robot”中的 Robot 拖出，Robot 上有一个吸盘，可以直接使用。将吸盘剪切后粘贴到机器人的最后一个关节。然后，关闭“Robot”中的“隐藏同级对象”选项，选择吸盘并剪切，将其粘贴到机器人的最后一个关节，如图 4－22、图 4－23、图 4－24 所示。

（9）粘贴完成后，将吸盘移动到最后一个关节。为了美观，可以在最后一个关节与吸盘之间添加一个连接板，一般使用 cube 元件模拟连接板。选择最后一个关节，单击“库”按钮，依次选择“Primitive”→“cube. vuo”命令。调整连接板的大小并移动到合适的位置，如图 4－25 所示。如果想要修改连接板的颜色，可以修改环境色，通常将金属颜色改为白色，如图 4－26 所示。然后打开“覆写材质#1”选项，一般不建议修改此选项。

（10）吸盘吸附东西需要添加一个吸附动作，添加一个吸附动作的同时需要添加一个吸附块，将 cube 元件复制粘贴在最后一个关节，修改大小、位置和名称，为了区分前一个 cube 元件，名称改为 grip，如图 4－27 所示。

（11）添加吸附动作，右击 grip，依次选择“添加…”→“动作”→“运动与位置”→“吸附接触对象”→“确认”命令，并根据需修改“吸附模式”和“其他元件名称”，如图 4－28 所示。

（12）将吸附板 grip 设置为“不可见”。单击 grip，选择“材质”选项，将“不可见”设置为 True。

（13）运行时，理想状态是在第一个皮带线的第二个传感器检测到箱子时，皮带线停止运动。此时，我们需要给传感器添加一个信号。单击“World”选项，依次选择“添加…”→“3D 元件”，修改名称为“IO”。右击“IO”，选择“添加…”，单击“人机交互界面”。然后右击“IO”，依次选择选择“添加…”→“动作”→“I/O”→“通用写入”命令，修改名称为“启动”，如图 4－29 所示。

（14）在界面中添加“启动”按钮。双击“人机交互界面”，选择“button”控件，拖拽“button”控件到预览区。然后修改按钮的颜色为绿色，并将其连接到“启动”动作，如图 4－30 和图 4－31 所示。

（15）将两条皮带线中 run 的初始值都设为 0，这样在运行时，皮带线不会一开始就运动了，如图 4－32 所示。

（16）在 IO 中添加四个传感器信号。右击“IO”，依次选择“添加…”→“动作”→“I/O”→“通用写入”命令。修改名称并从此动作获取相应的数值，如图 4－33、图 4－34、图 4－35 和图 4－36 所示。

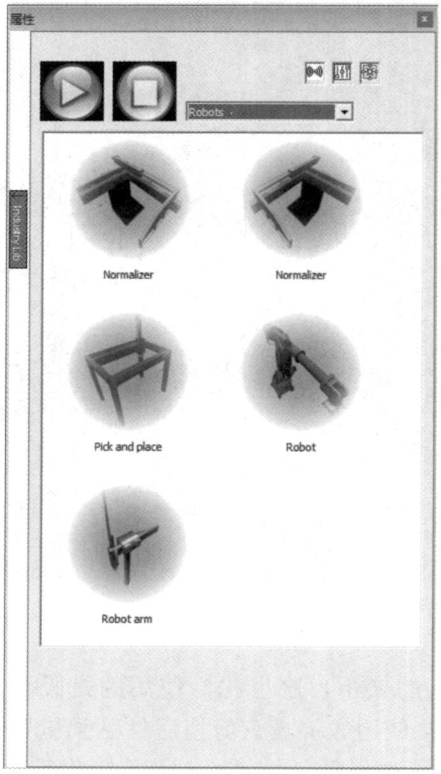

图 4－22　选择 Robot

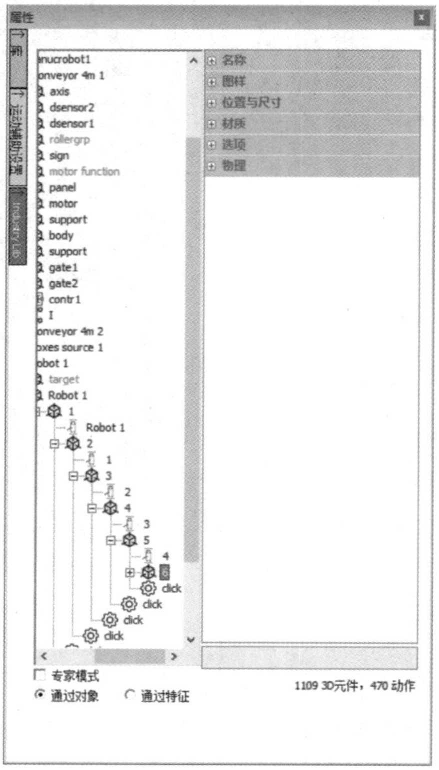

图 4－23　选择吸盘

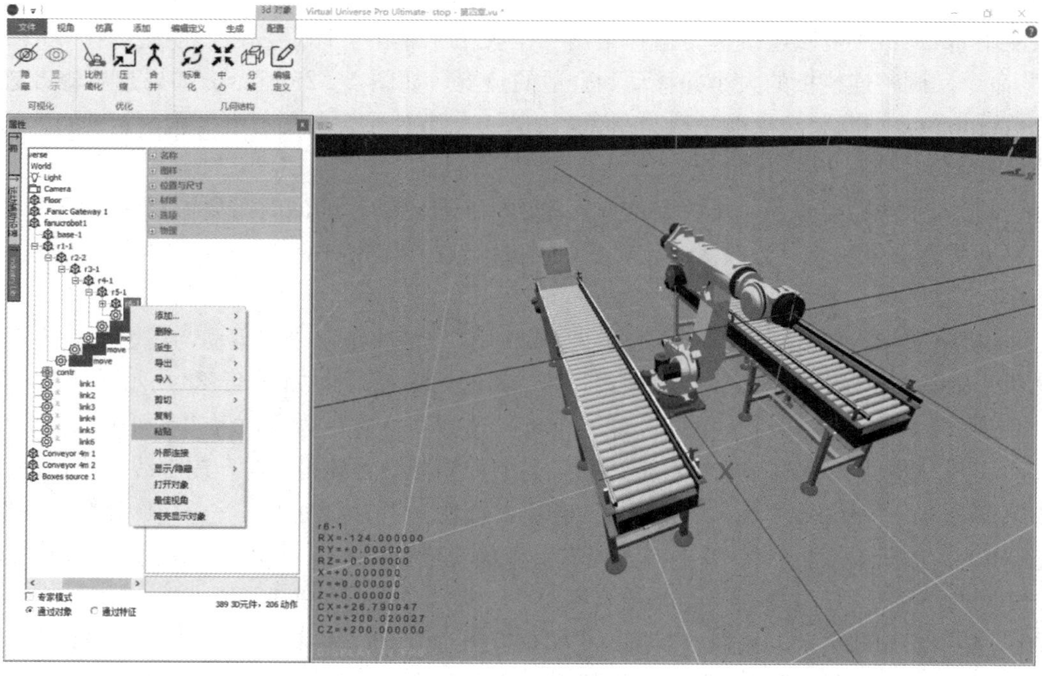

图 4－24　粘贴吸盘

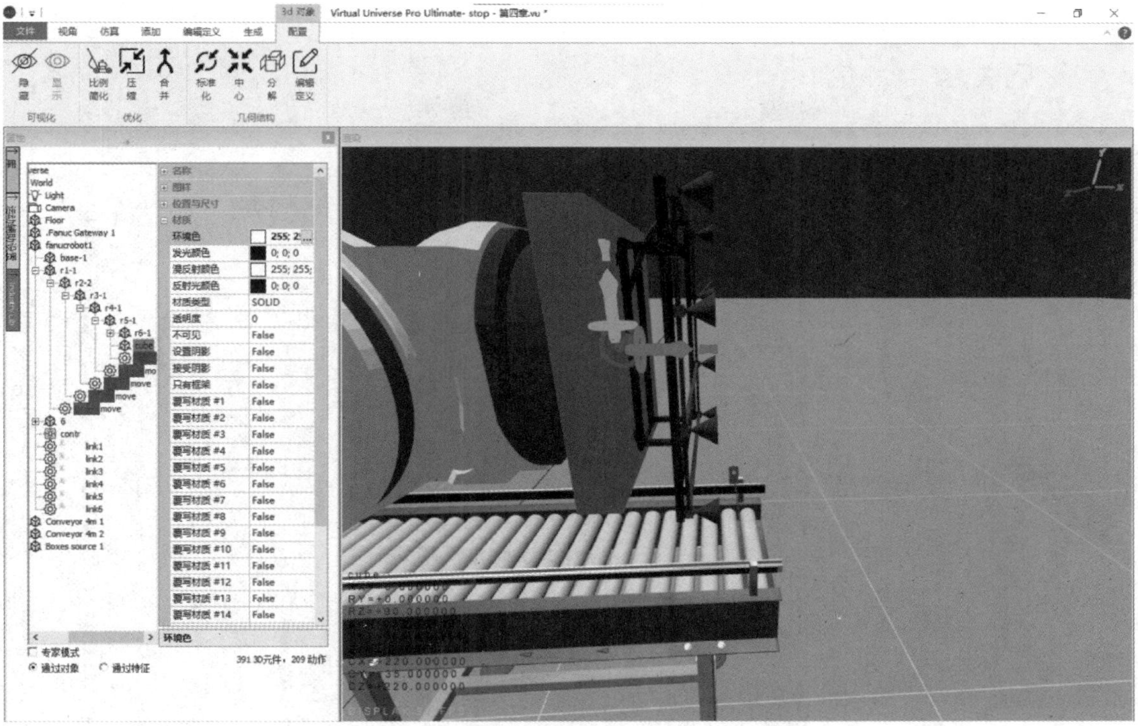
Virtual Universe Pro Ultimate- stop - 第四章.vu *
文件
视角
仿真
添加
编辑定义
生成
配置
隐藏
显示
比例简化
压缩
合并
标准化
中心
分解
编辑定义
可视化
优化
几何结构
专家模式
通过对象
通过特征
391 3D元件，209 动作

图 4 - 25　移动连接板

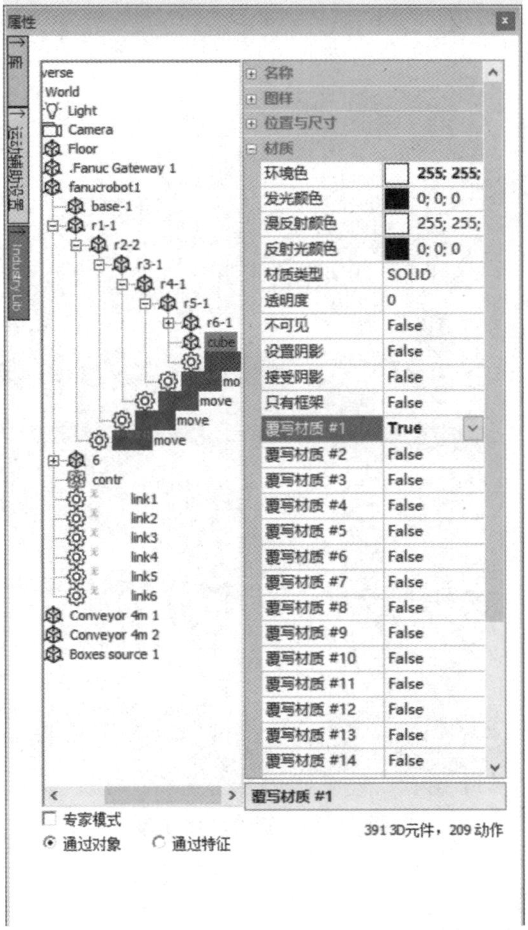
属性
verse
World
Light
Camera
Floor
.Fanuc Gateway 1
fanucrobot1
base-1
r1-1
r2-2
r3-1
r4-1
r5-1
r6-1
cube
mo
move
move
move
6
contr
link1
link2
link3
link4
link5
link6
Conveyor 4m 1
Conveyor 4m 2
Boxes source 1
名称
图样
位置与尺寸
材质
环境色 255; 255;
发光颜色 0; 0; 0
漫反射颜色 255; 255;
反射光颜色 0; 0; 0
材质类型 SOLID
透明度 0
不可见 False
设置阴影 False
接受阴影 False
只有框架 False
覆写材质 #1 True
覆写材质 #2 False
覆写材质 #3 False
覆写材质 #4 False
覆写材质 #5 False
覆写材质 #6 False
覆写材质 #7 False
覆写材质 #8 False
覆写材质 #9 False
覆写材质 #10 False
覆写材质 #11 False
覆写材质 #12 False
覆写材质 #13 False
覆写材质 #14 False
覆写材质 #1
专家模式
通过对象
通过特征
391 3D元件，209 动作

图 4 - 26　修改连接板颜色

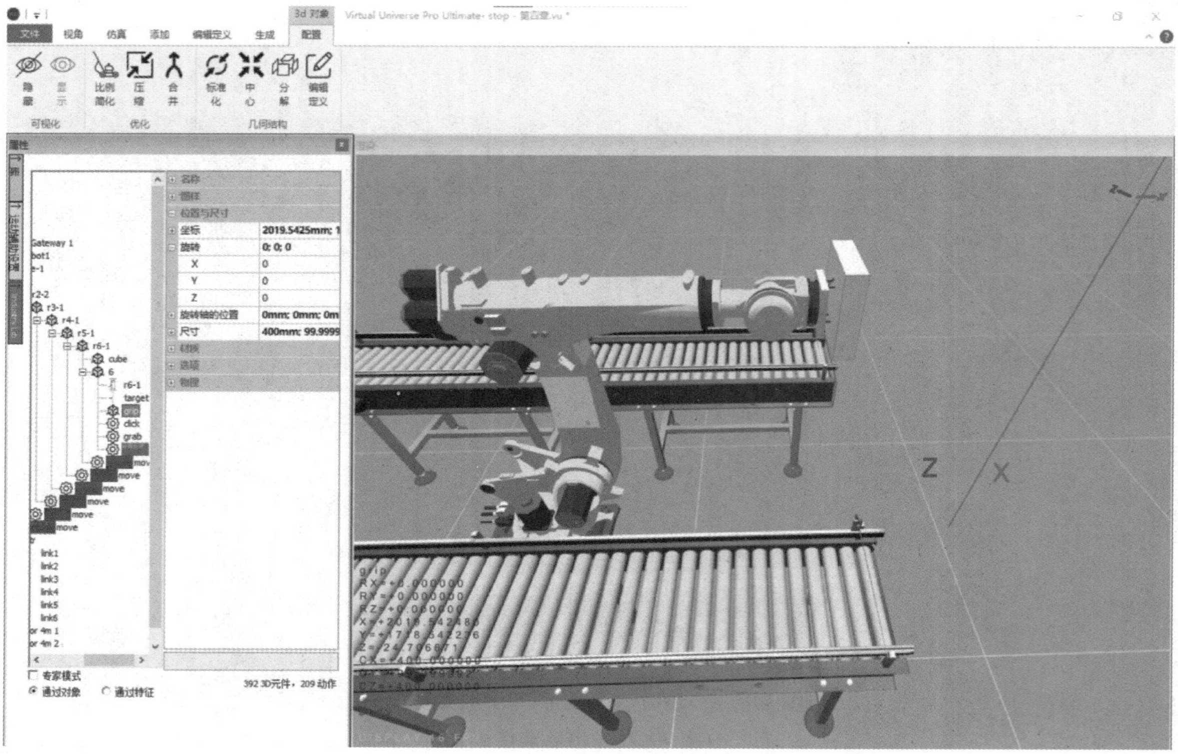

图 4－27　移动吸附块

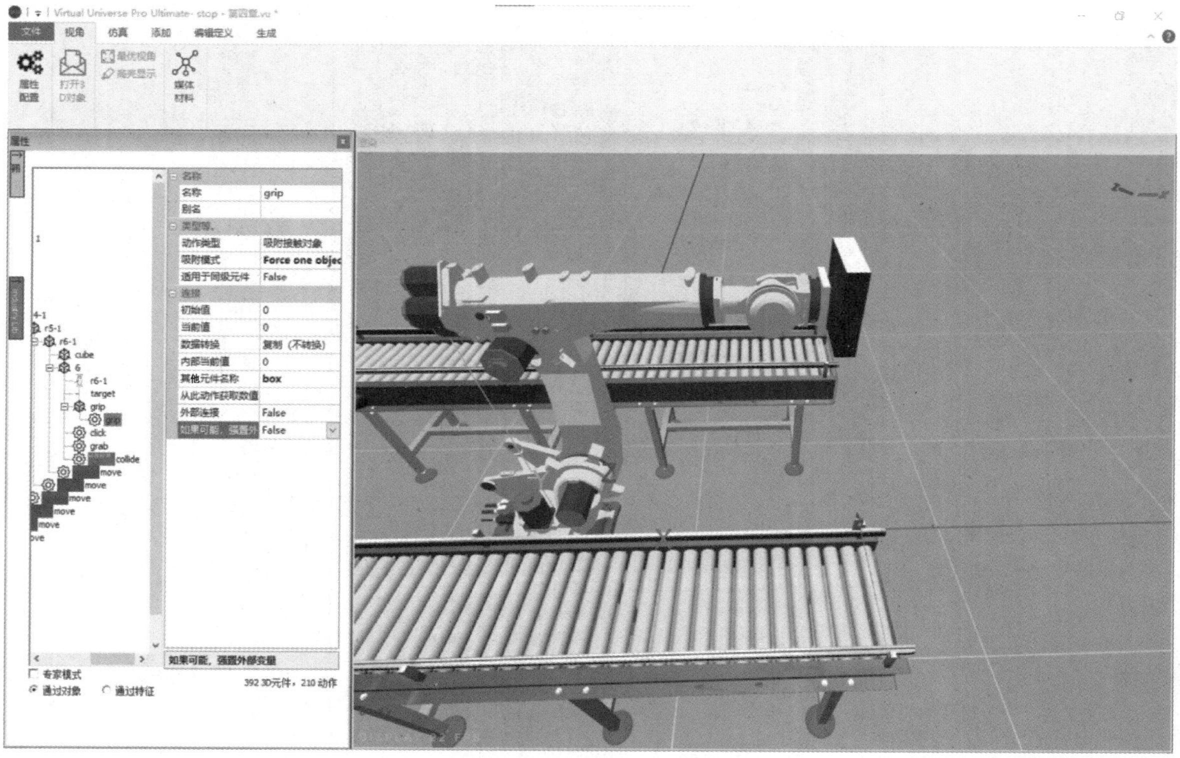

图 4－28　修改动作 grip

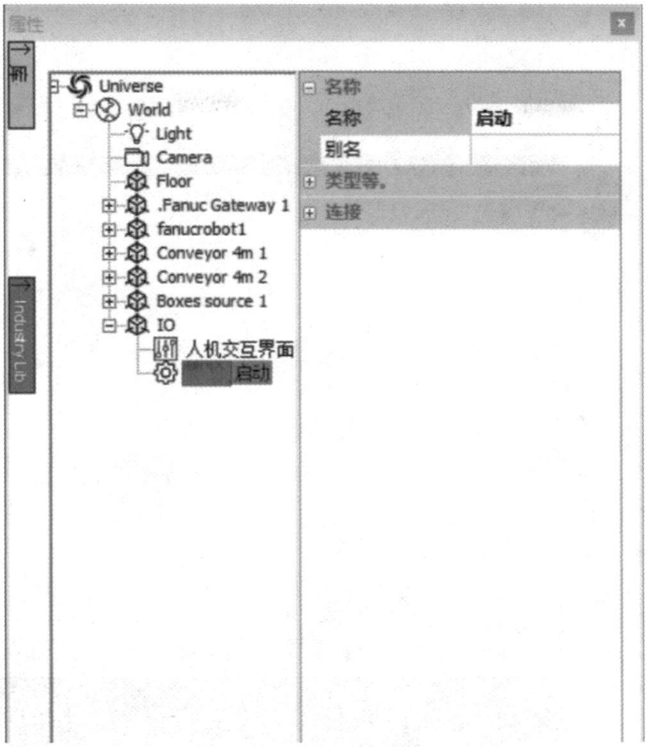
属性
Universe
World
Light
Camera
Floor
.Fanuc Gateway 1
fanucrobot1
Conveyor 4m 1
Conveyor 4m 2
Boxes source 1
IO
人机交互界面
启动
Industry Lib
名称
名称
启动
别名
类型等。
连接

图 4 - 29　添加后

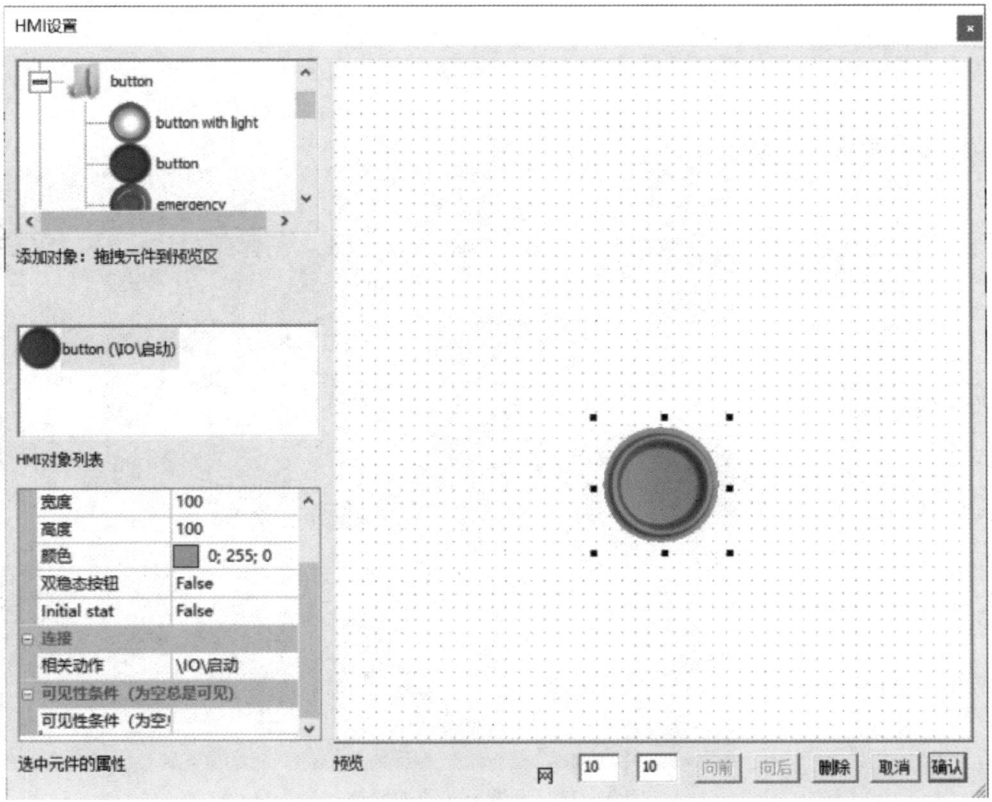
HMI设置
button
button with light
button
emergency
添加对象：拖拽元件到预览区
button (\IO\启动)
HMI对象列表
宽度
100
高度
100
颜色
0; 255; 0
双稳态按钮
False
Initial stat
False
连接
相关动作
\IO\启动
可见性条件（为空总是可见）
可见性条件（为空
选中元件的属性
预览
网
10
10
向前
向后
删除
取消
确认

图 4 - 30　选择“button”控件

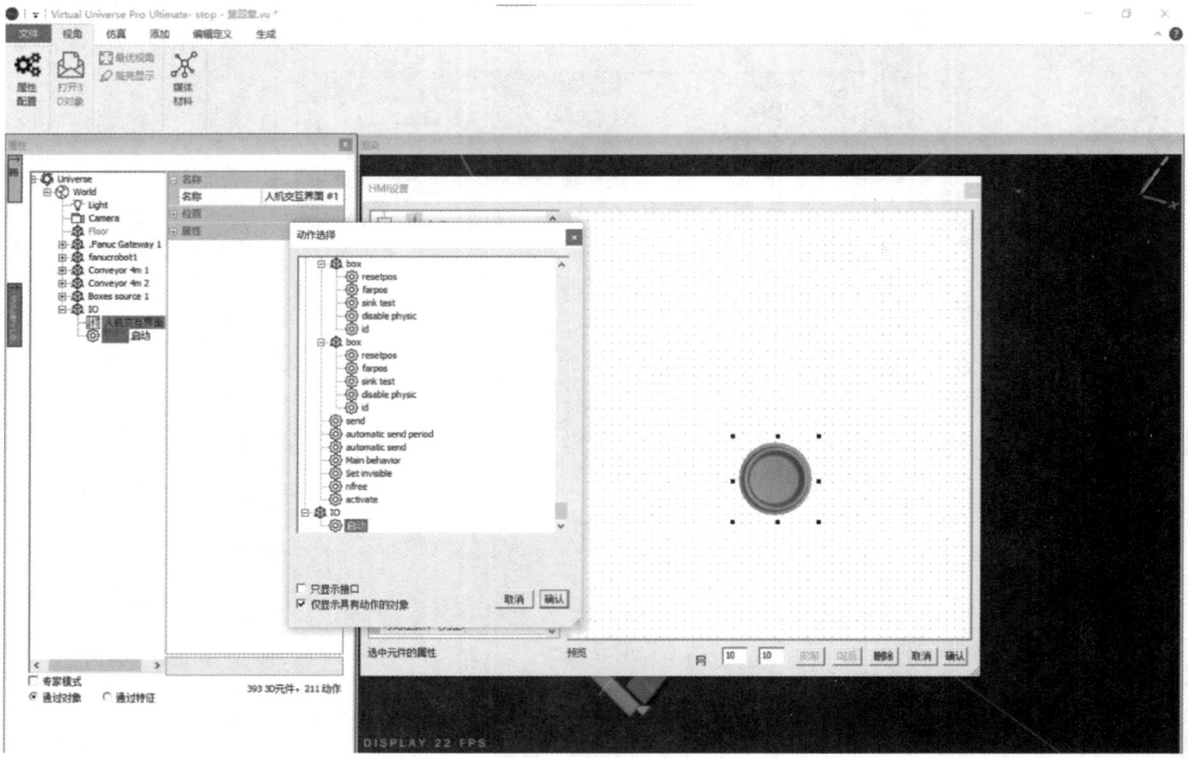

图 4－31　连接启动

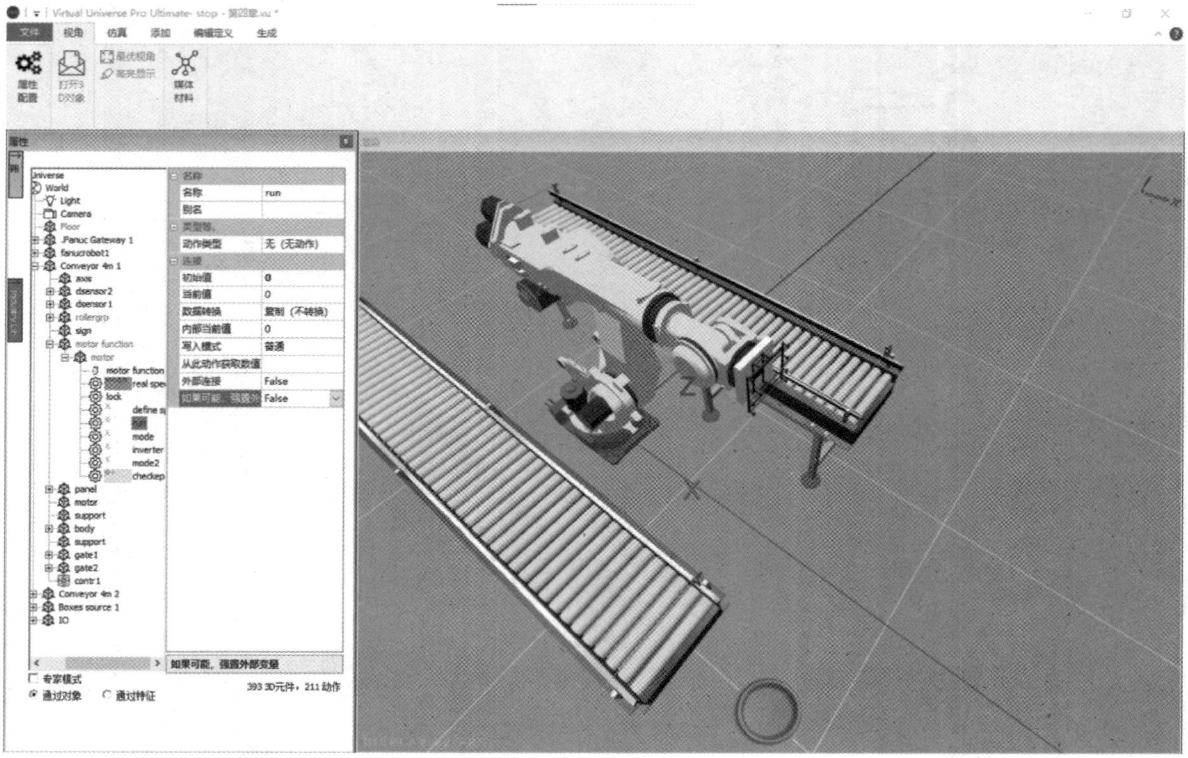

图 4－32　设置 run 的初始值

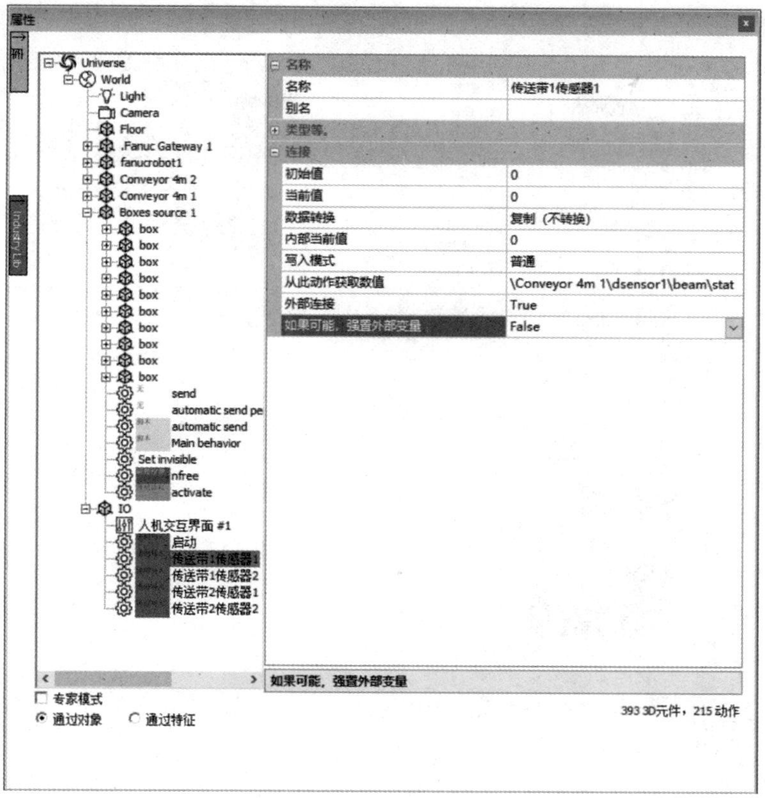

图 4－33　传感器信号 1

图 4－34　传感器信号 2

图 4-35　传感器信号 3

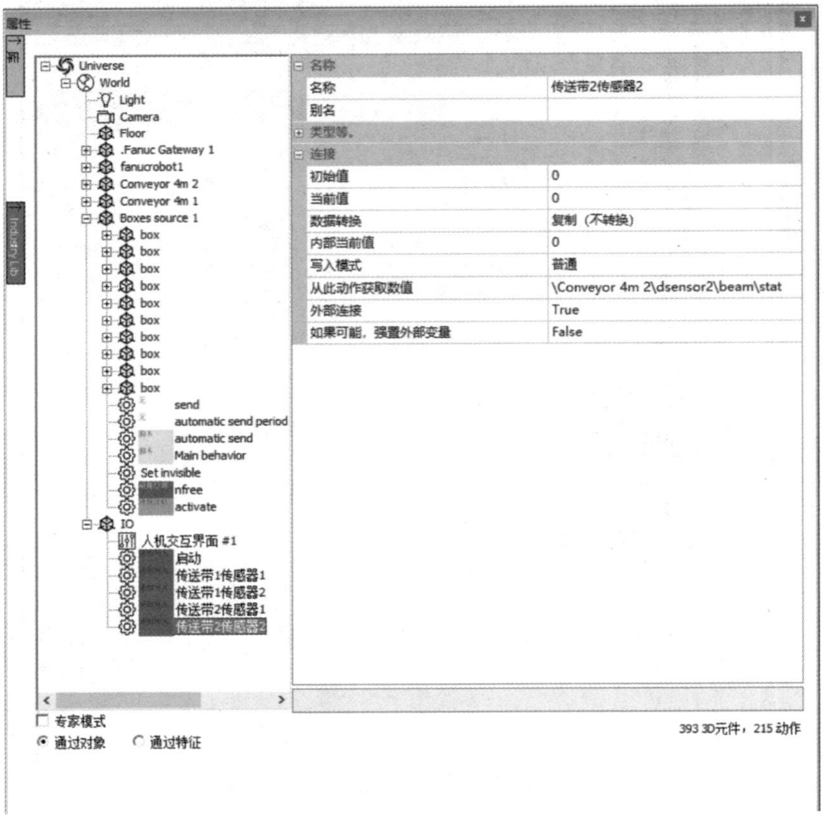

图 4-36　传感器信号 4

(17) 还需要两个皮带线的启停信号。右击“IO”，依次选择“添加…”→“动作”→“I/O”→“通用读取”命令。修改名称为“传送带1启停”和“传送带2启停”。修改两个皮带线的run变量，从此动作获得相应的数值，如图4-37和图4-38所示。

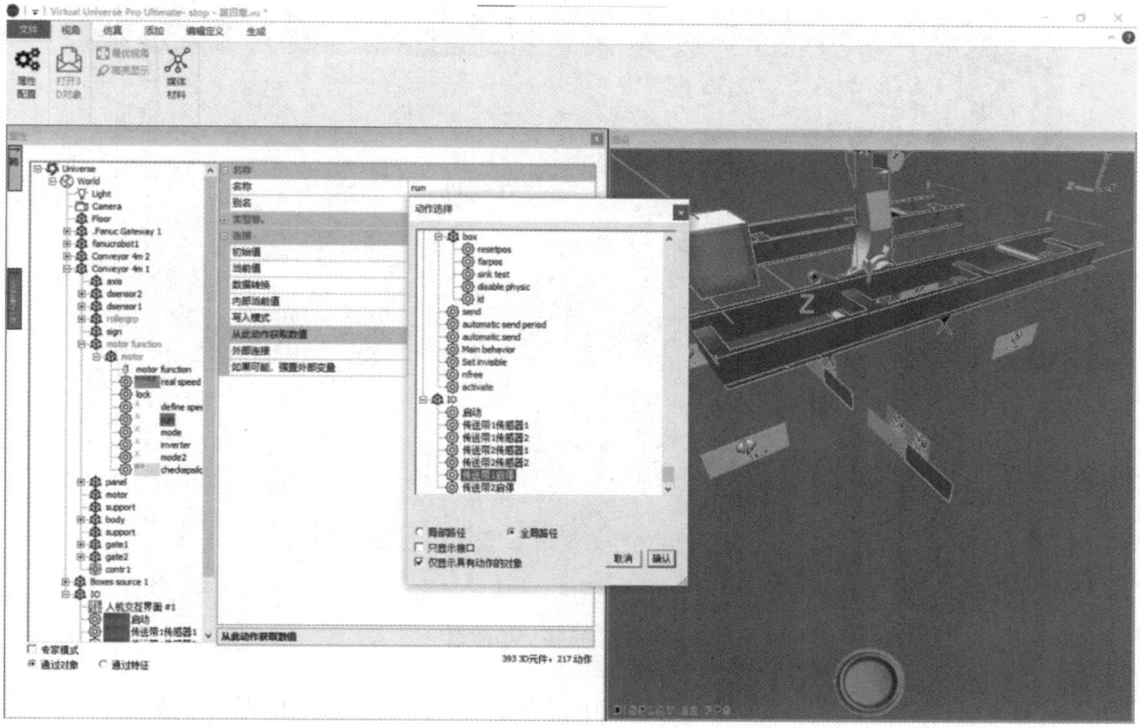

图4-37　传送带1的run

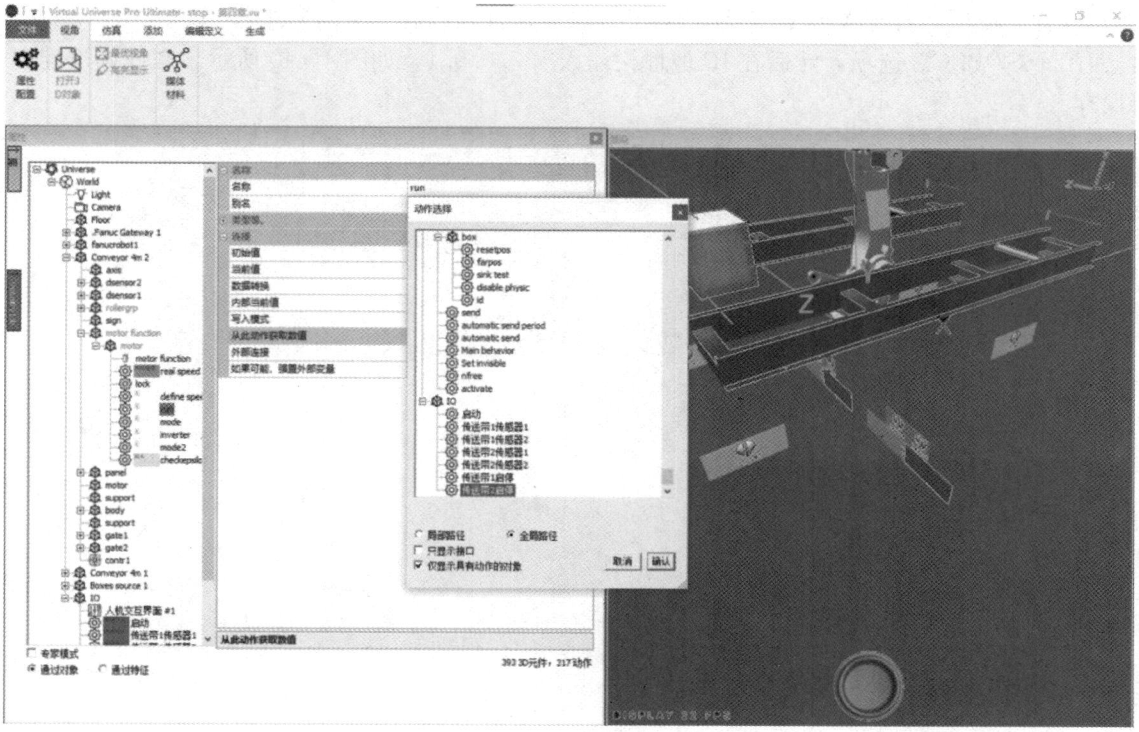

图4-38　传送带2的run

（18）保存模型并最小化，然后打开 NetToPLCsim 软件，再打开 TIA Portal V14 软件。创建一个新项目（项目名称、路径、版本都可以自行填写），然后打开项目视图。在项目视图中，单击“添加新设备”选项，选择“控制器”，如图 4－39 所示。

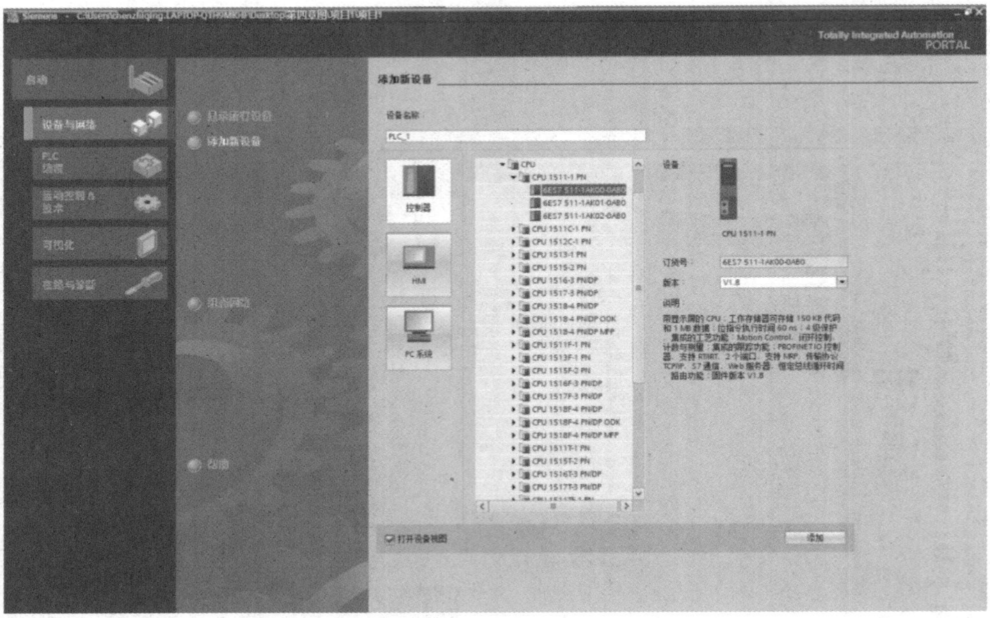

图 4－39　选择“控制器”

（19）双击“PLC”，选择“常规”选项，再进入“防护与安全”设置，单击“连接机制”选项，勾选“允许来自远程对象的 PUT/GET 通信访问”复选框。然后返回“常规”选项，选择“DI 8/DQ 6”。在“数字量输出”部分，设置 I/O 地址为“过程映像”，并选择“PIP4”。

（20）设置完成后，打开 Virtual Universe Pro 软件，首先选择“驱动模式”，单击“Universe”，选择“驱动：西门子 S7 PLC”选项，然后在 IP 地址栏输入 127.0.0.1，如图 4－40 所示。在操作过程中，请注意随时保存。

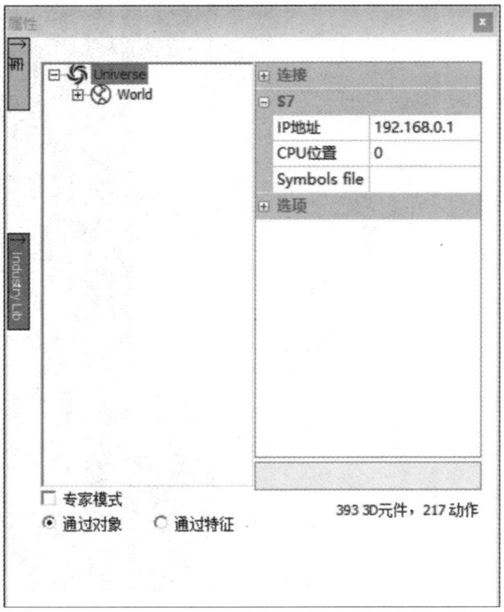

图 4－40　选择“驱动模式”

（21）编写程序前先填写变量，打开 PLC 变量中的默认变量表，添加启动变量，将 Virtual Universe Pro 软件中的 S7 变量改为%I0.0（在变量表中的地址，尽量使用英文输入法），将剩余六个变量也全部添加到变量表中，并确保 S7 变量都已全部修改，如图 4－41 和图 4－42 所示。

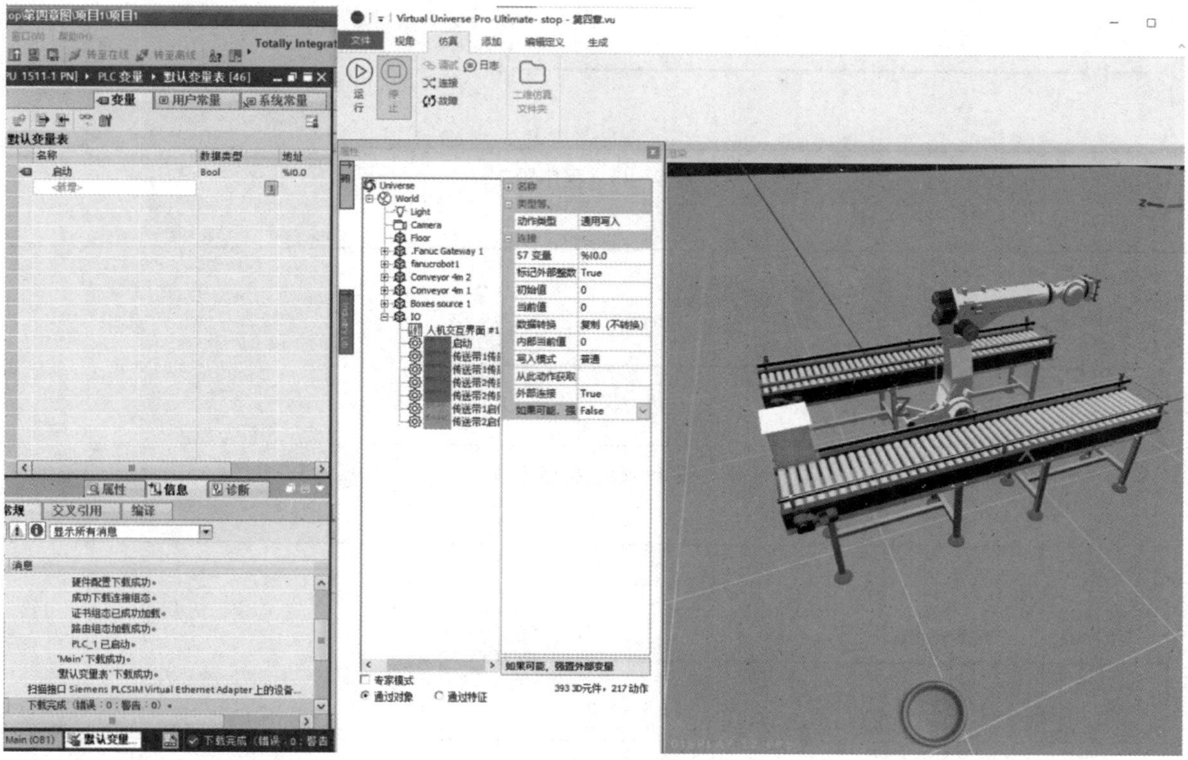

图 4－41　启动变量

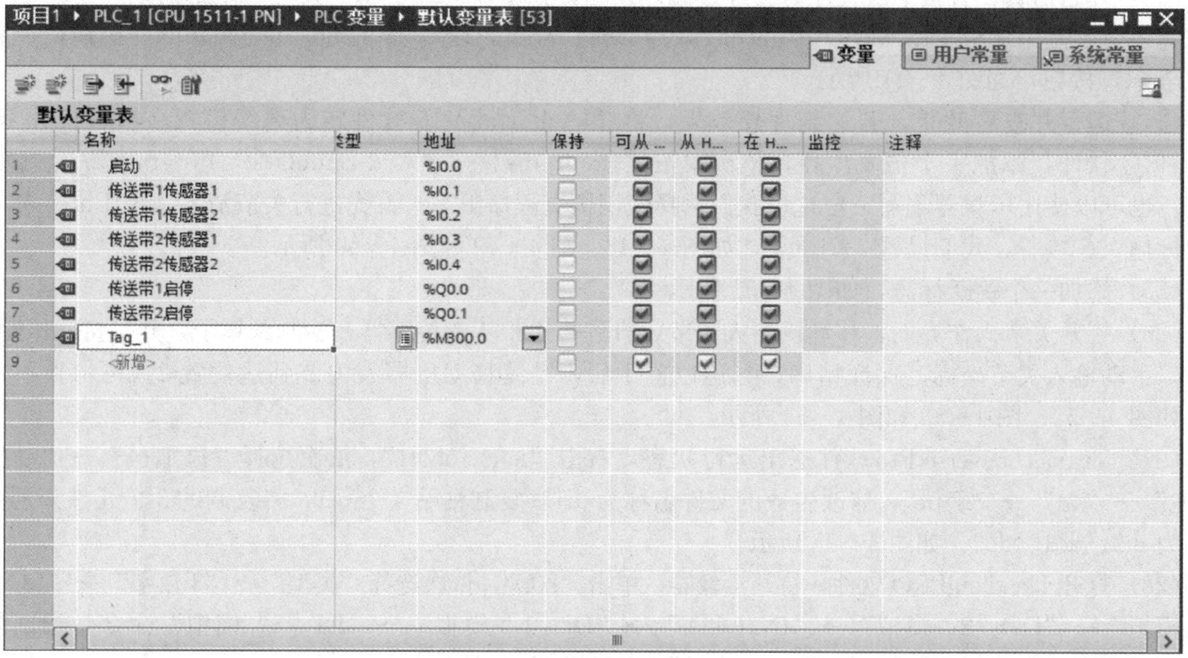
项目1 ▸ PLC_1 [CPU 1511-1 PN] ▸ PLC 变量 ▸ 默认变量表 [53]

默认变量表

	名称	型	地址	保持	可从 ...	从 H...	在 H...	监控	注释
1	启动		%I0.0		✓	✓	✓		
2	传送带1传感器1		%I0.1		✓	✓	✓		
3	传送带1传感器2		%I0.2		✓	✓	✓		
4	传送带2传感器1		%I0.3		✓	✓	✓		
5	传送带2传感器2		%I0.4		✓	✓	✓		
6	传送带1启停		%Q0.0		✓	✓	✓		
7	传送带2启停		%Q0.1		✓	✓	✓		
8	Tag_1		%M300.0		✓	✓	✓		
9	<新增>				✓	✓	✓		

图 4－42　变量表

（22）编写程序，还需要添加一个允许运行的变量，如图 4－43、图 4－44 和图 4－45 所示。

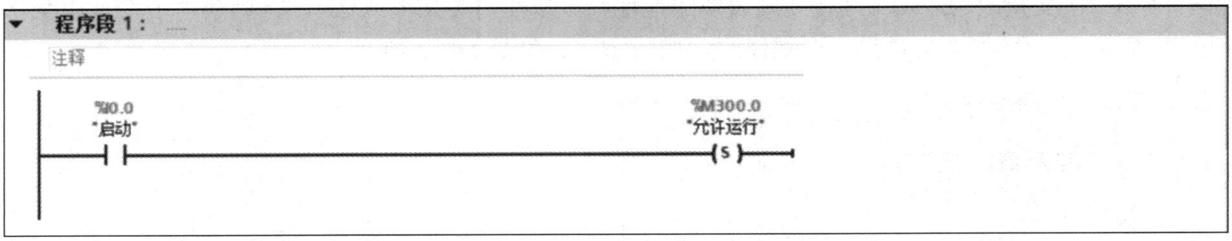

图 4－43　程序段 1

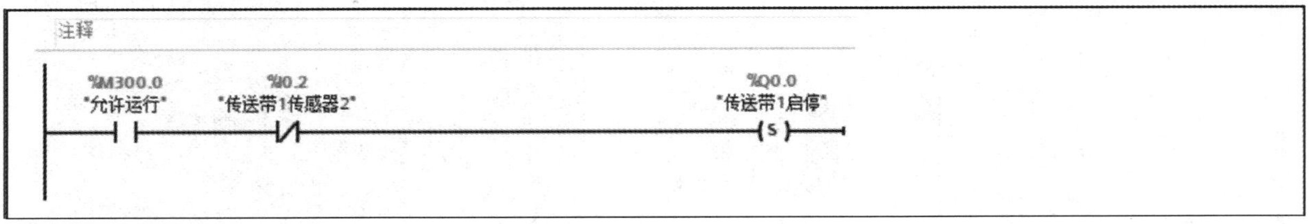

图 4－44　程序段 2

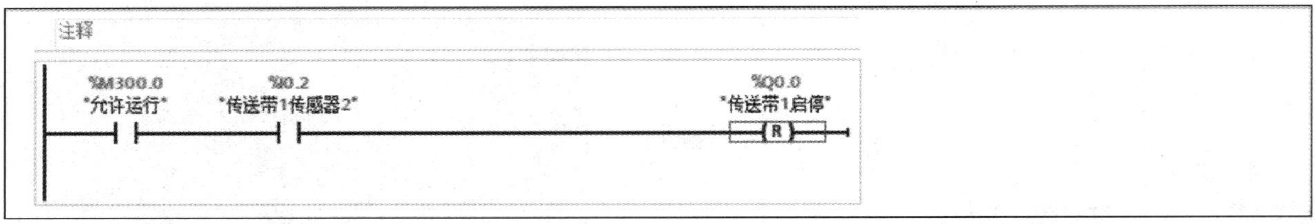

图 4－45　程序段 3

（23）开始仿真，直接下载程序时会经过编译过程，如图 4－46 所示。勾选“全部启动”复选框，虚拟仿真还需要使用“S7-PLCSIM Advanced V2.0 SP1”配置，填写 IP 地址，单击“OK”按钮，最后单击“Start”按钮，如图 4－47 所示。

（24）运行并查看效果，若达到理想效果，将 TIA Portal V15 软件转为离线模式。然后打开 HandlingPRO 软件，添加一个仿真项目，依次单击“Programs”→“Add Simulation Program”→“确定”按钮。也可以使用示教器编写，但这里我们选择使用仿真程序编写。首先进行关节清零，按 Enter 键，完成坐标输入。接着，我们设置一个原点，如图 4－48、图 4－49 和图 4－50 所示。

（25）添加一个跳跃标志，如图 4－51 所示。

（26）打开关节操作界面，移动机器人关节，直到传送带 1 的传感器 2 检测到箱子，并保持一段距离，也可以手动输入关节坐标，保证精确，到达位置 1 后，继续移动机器人关节到达位置 2，再示教下一个点，如图 4－52、图 4－53 和图 4－54 所示。

（27）Virtual Universe Pro 软件退出运行状态，右击“fanucrobot1”，依次选择“添加…”→“动作→“其他”→“无”→“确认”，修改生成的文件名称为 di1，复制粘贴 3 个 di1，将复制的 3 个元件分别修改名称为 di2、do1、do2，如图 4－55 所示。

（28）打开 HandlingPRO 软件，打开示教器，单击“I/O”，依次选择“类型”→“3 数字”→“DO［1］单机模拟”→“DO［2］模拟”→“IN/OUT”→“DI［1］模拟”→“DI［2］模拟”命令，根据需要选择相应的 DO 和 DI 的数量，如图 4－56 和图 4－57 所示。

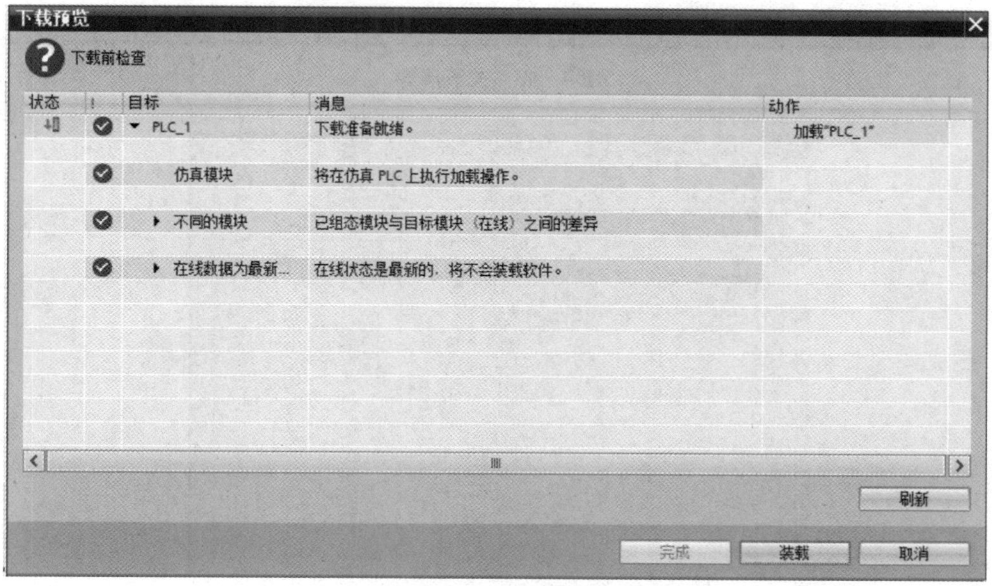
下载预览
下载前检查
状态
!
目标
消息
动作
PLC_1
下载准备就绪。
加载"PLC_1"
仿真模块
将在仿真 PLC 上执行加载操作。
不同的模块
已组态模块与目标模块（在线）之间的差异
在线数据为最新...
在线状态是最新的，将不会装载软件。
刷新
完成
装载
取消

图 4-46　下载预览

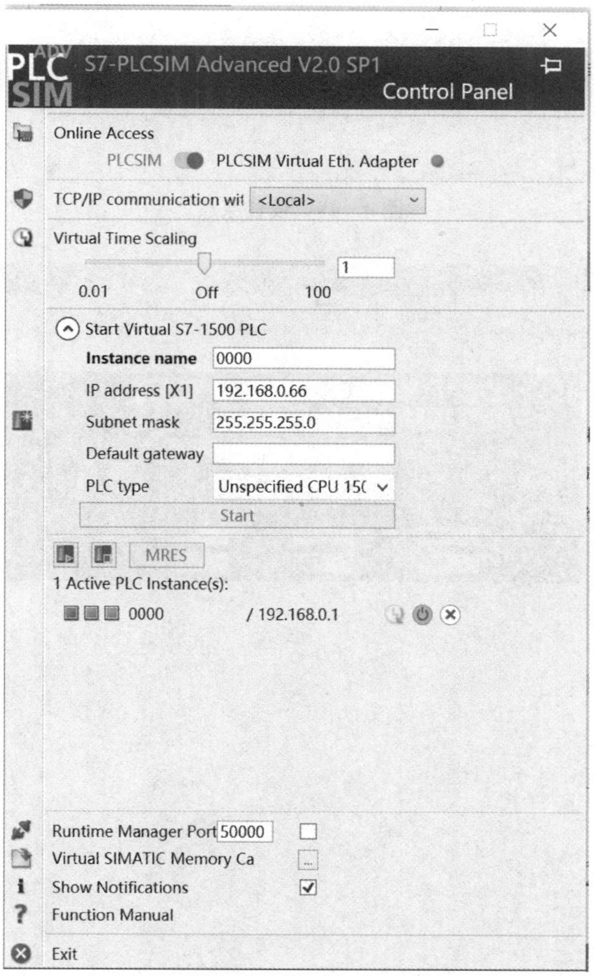
S7-PLCSIM Advanced V2.0 SP1
Control Panel
Online Access
PLCSIM
PLCSIM Virtual Eth. Adapter
TCP/IP communication wit
<Local>
Virtual Time Scaling
1
0.01
Off
100
Start Virtual S7-1500 PLC
Instance name
0000
IP address [X1]
192.168.0.66
Subnet mask
255.255.255.0
Default gateway
PLC type
Unspecified CPU 150
Start
MRES
1 Active PLC Instance(s):
0000
/ 192.168.0.1
Runtime Manager Port
50000
Virtual SIMATIC Memory Ca
Show Notifications
Function Manual
Exit

图 4-47　S7-PLCSIM Advanced V2.0 SP1 配置

JOINT
J1 0.0 J2 0.0 J3 0.0 J4 0.0 J5 0.0 J6 0.0

图 4－48　关节清零

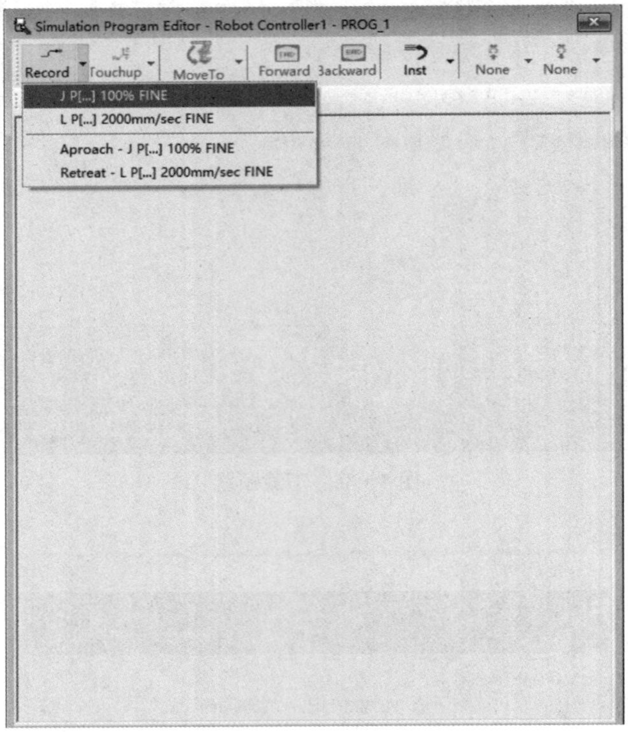
Simulation Program Editor - Robot Controller1 - PROG_1
Record
Touchup
MoveTo
Forward
Backward
Inst
None
None
J P[...] 100% FINE
L P[...] 2000mm/sec FINE
Aproach - J P[...] 100% FINE
Retreat - L P[...] 2000mm/sec FINE

图 4－49　设置原点

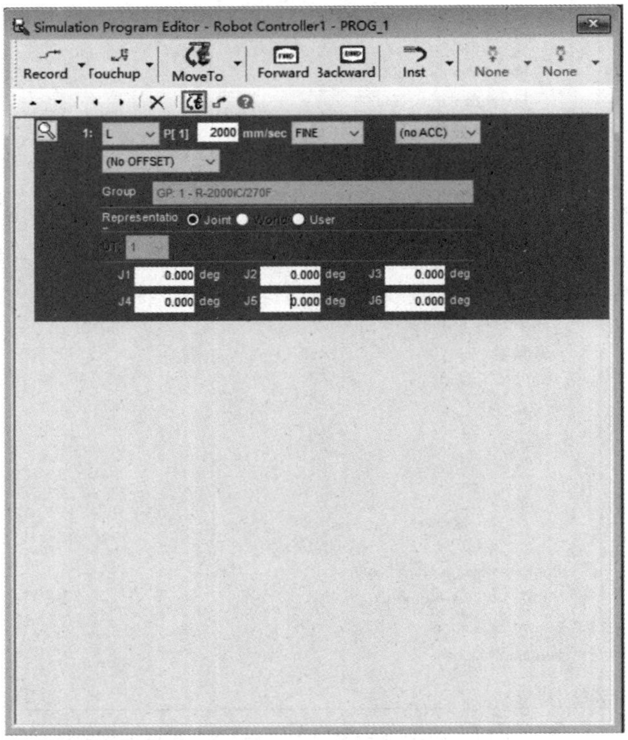
Simulation Program Editor - Robot Controller1 - PROG_1
Record
Touchup
MoveTo
Forward
Backward
Inst
None
None
1: L P[1] 2000 mm/sec FINE (no ACC)
(No OFFSET)
Group GP: 1 - R-2000iC/270F
Representatio Joint World User
J1 0.000 deg J2 0.000 deg J3 0.000 deg
J4 0.000 deg J5 0.000 deg J6 0.000 deg

图 4－50　原点设置后

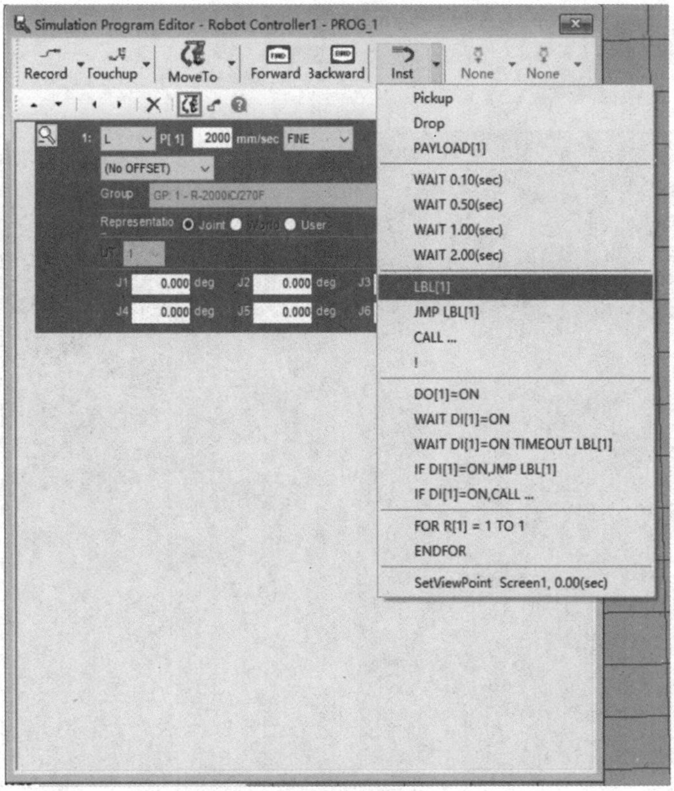
Simulation Program Editor - Robot Controller1 - PROG_1
Record
Touchup
MoveTo
Forward
Backward
Inst
None
None
1:
L
P[1]
2000
mm/sec
FINE
(No OFFSET)
Group
GP: 1 - R-2000iC/270F
Representatio
Joint
User
J1
0.000
deg
J2
0.000
deg
J3
J4
0.000
deg
J5
0.000
deg
J6
Pickup
Drop
PAYLOAD[1]
WAIT 0.10(sec)
WAIT 0.50(sec)
WAIT 1.00(sec)
WAIT 2.00(sec)
LBL[1]
JMP LBL[1]
CALL ...
!
DO[1]=ON
WAIT DI[1]=ON
WAIT DI[1]=ON TIMEOUT LBL[1]
IF DI[1]=ON,JMP LBL[1]
IF DI[1]=ON,CALL ...
FOR R[1] = 1 TO 1
ENDFOR
SetViewPoint Screen1, 0.00(sec)

图 4－51　添加跳跃标志

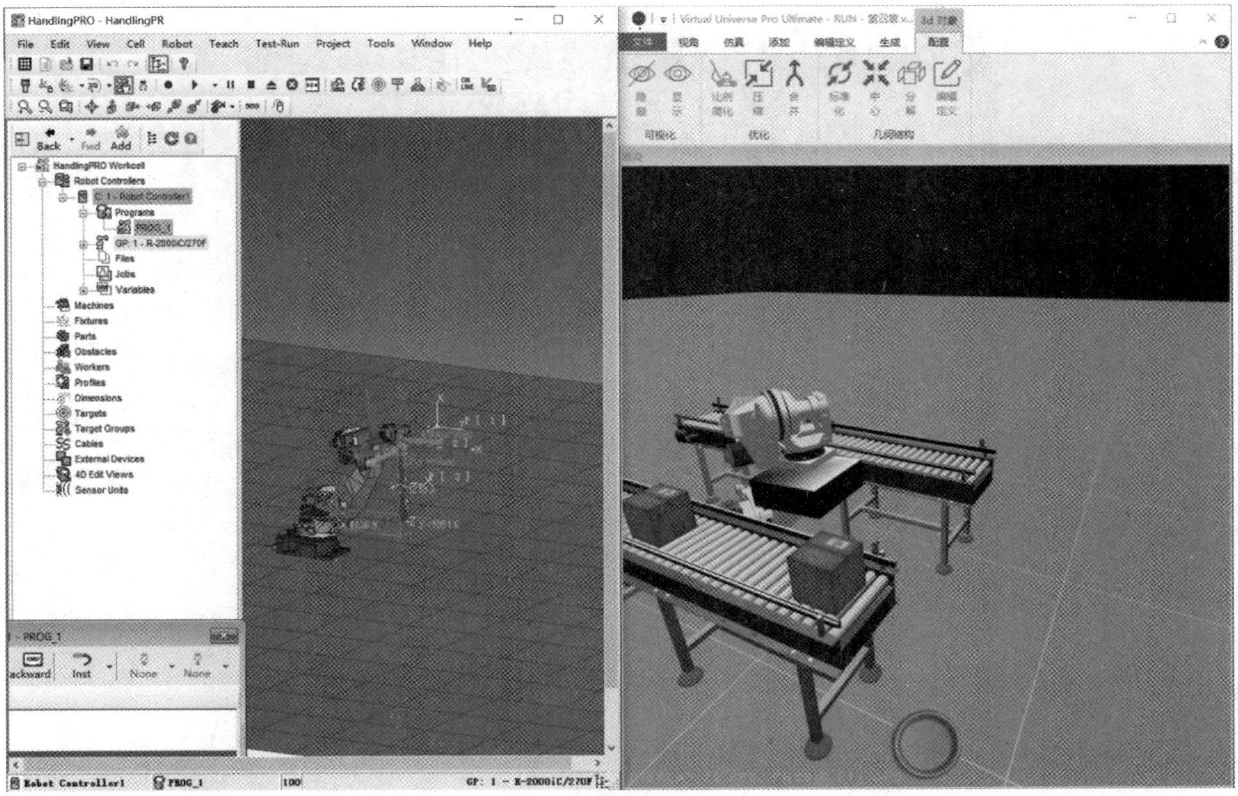
HandlingPRO - HandlingPR
File
Edit
View
Cell
Robot
Teach
Test-Run
Project
Tools
Window
Help
Back
Fwd
Add
HandlingPRO Workcell
Robot Controllers
C: 1 - Robot Controller1
Programs
PROG_1
GP: 1 - R-2000iC/270F
Files
Jobs
Variables
Machines
Fixtures
Parts
Obstacles
Workers
Profiles
Dimensions
Targets
Target Groups
Cables
External Devices
4D Edit Views
Sensor Units
PROG_1
ackward
Inst
None
None
Robot Controller1
PROG_1
100
GP: 1 - R-2000iC/270F
Virtual Universe Pro Ultimate - RUN
文件
视角
仿真
添加
编辑定义
生成
配置
隐藏
显示
比例简化
压缩
合并
标准化
中心
分解
编辑定义
可视化
优化
几何结构

图 4－52　机器人位置 1

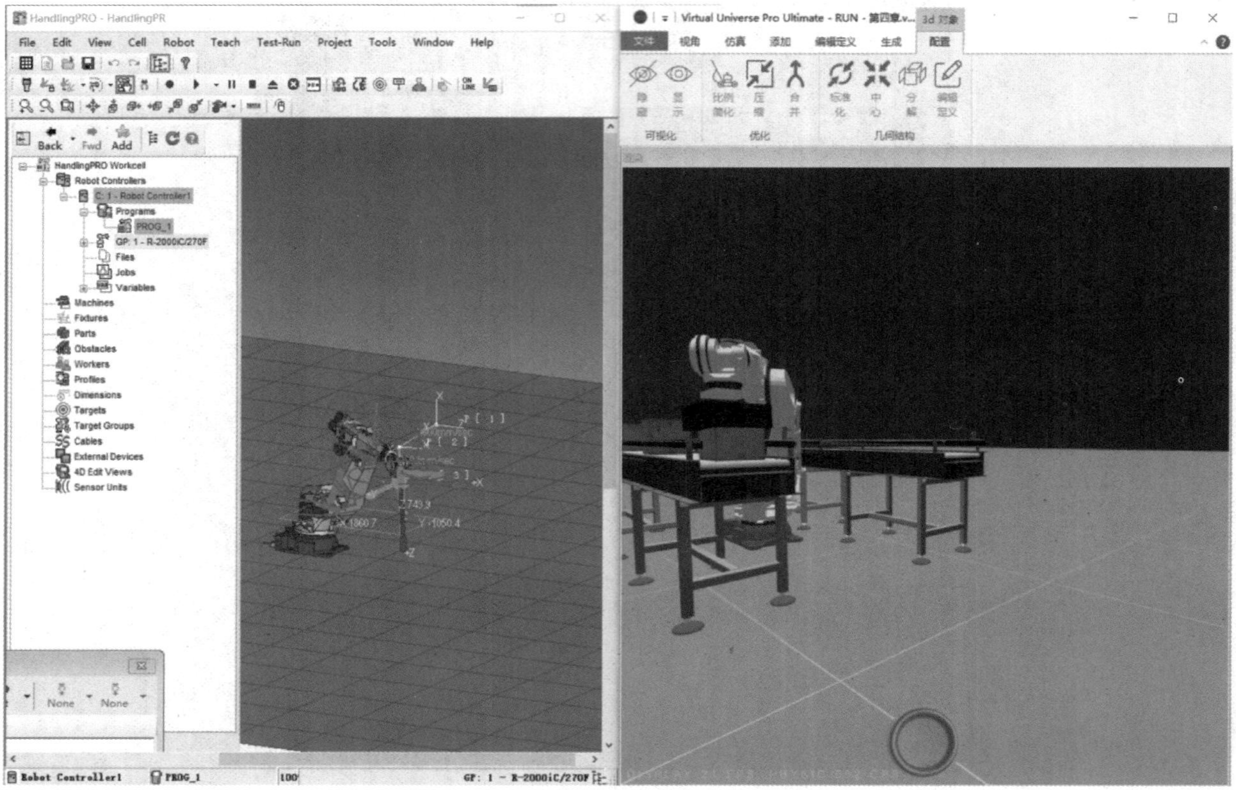

图 4－53　机器人位置 2

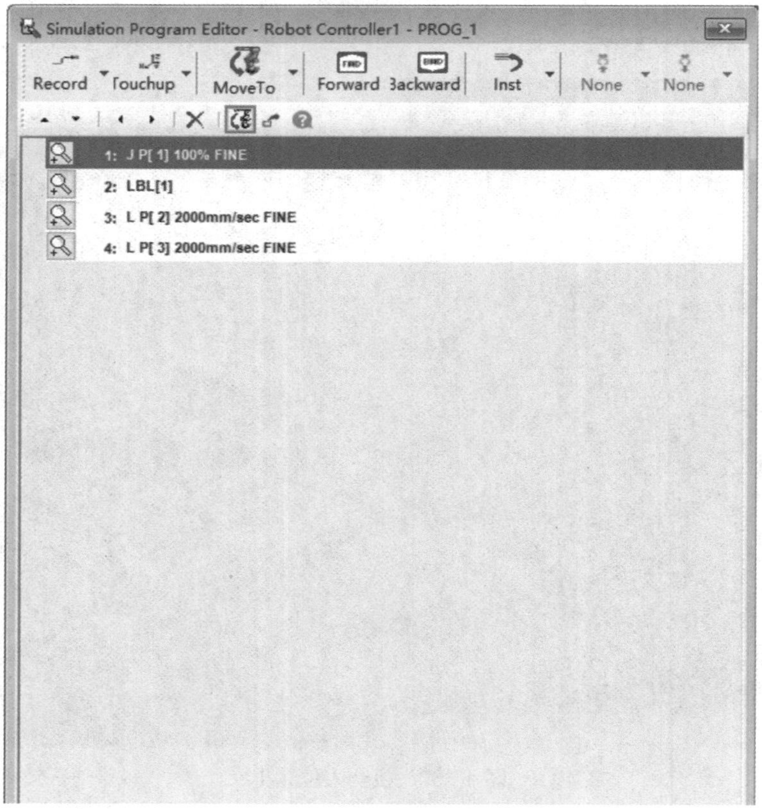

图 4－54　Simulation Program 界面

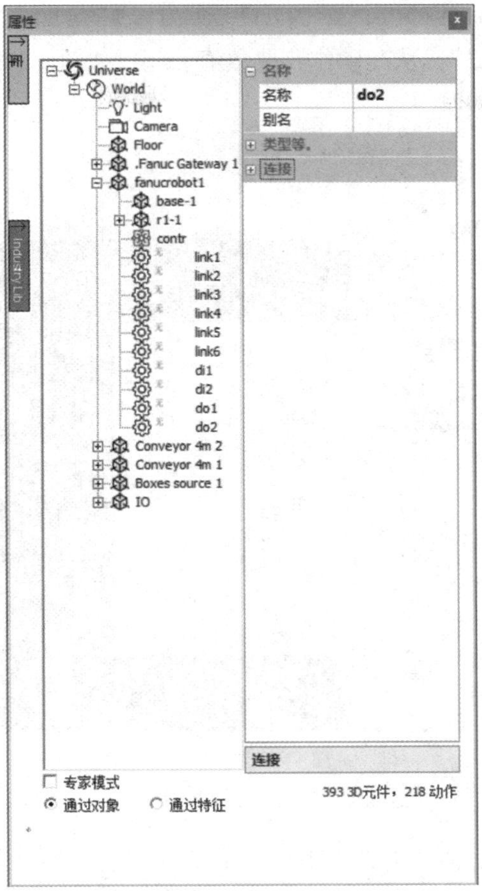
属性
Universe
World
Light
Camera
Floor
.Fanuc Gateway 1
fanucrobot1
base-1
r1-1
contr
link1
link2
link3
link4
link5
link6
di1
di2
do1
do2
Conveyor 4m 2
Conveyor 4m 1
Boxes source 1
IO
名称
名称 do2
别名
类型等
连接
连接
专家模式
通过对象
通过特征
393 3D元件，218 动作

图 4－55　动作添加后

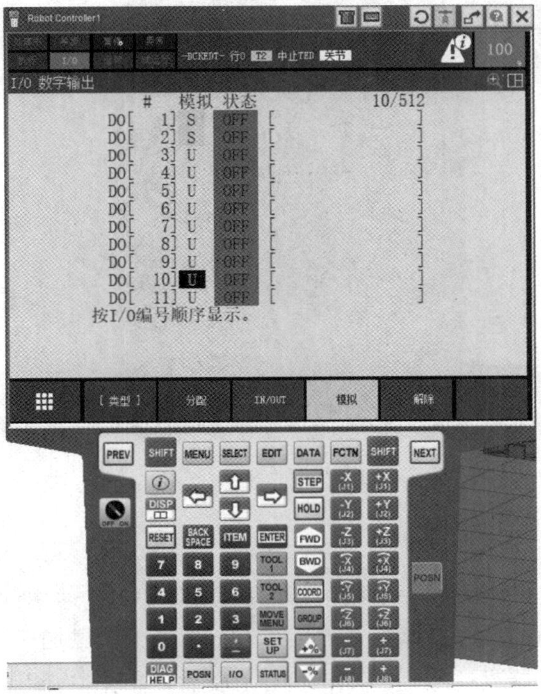
Robot Controller1
I/O 数字输出
模拟 状态 10/512
按I/O编号顺序显示。

图 4－56　输出模拟

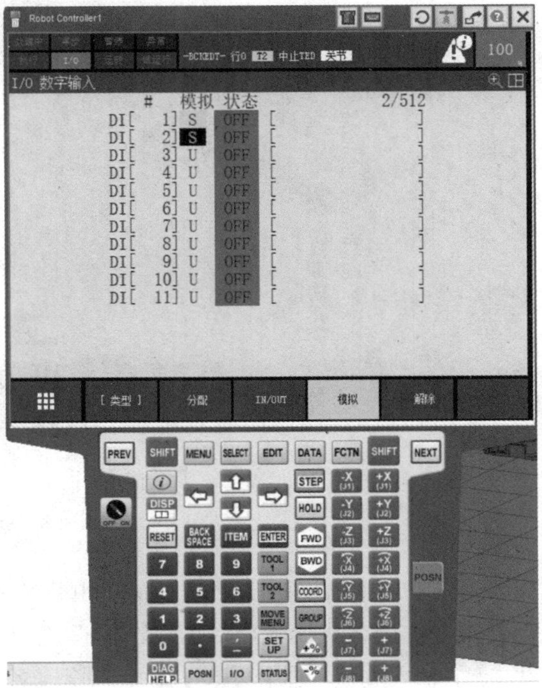
Robot Controller1
I/O 数字输入
模拟 状态 2/512

图 4－57　输入模拟

（29）在 Virtual Universe Pro 软件中，将“do1”和“吸盘”的动作绑定在一起，单击“吸盘 grip”，从此动作获取数值 do1；单击“di1”，从此动作获取数值 grip，如图 4-58 所示。

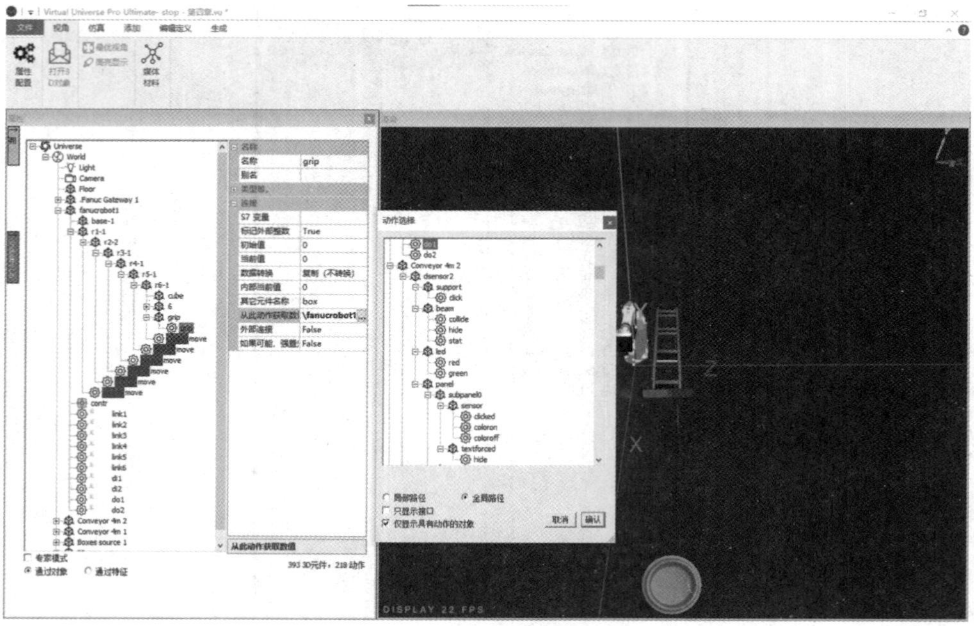

（a）

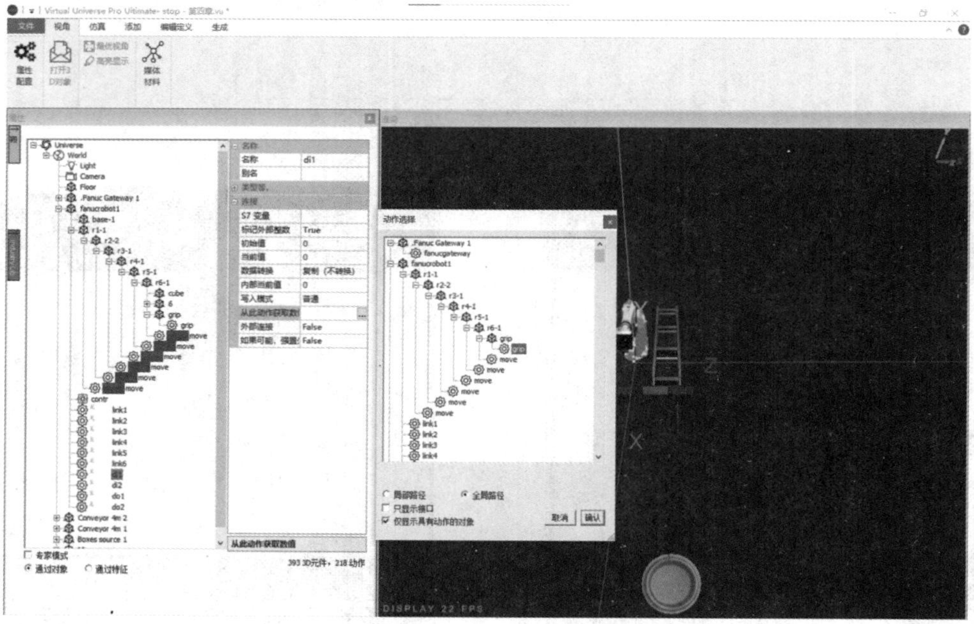

（b）

图 4-58　grip 从此动作获取数值

（30）在 IO 中添加两个动作，右击“IO”，依次选择“添加…”→“动作”→“I/O”→“通用读取”命令，修改名称为“机器人启动”，设置 S7 变量为“%Q0.2”；然后右击“IO”，依次选择“添加…”→“动作”→“I/O”→“通用写入”命令，修改名称为“机器人完成”。动作添加完成后，单击“di2”，从此动作获取数值“机器人启动”，设置 S7 变量为“%I0.5”，单击“机器人完成”，从此动作获取数值 do2，如图 4-59、图 4-60 和图 4-61 所示。

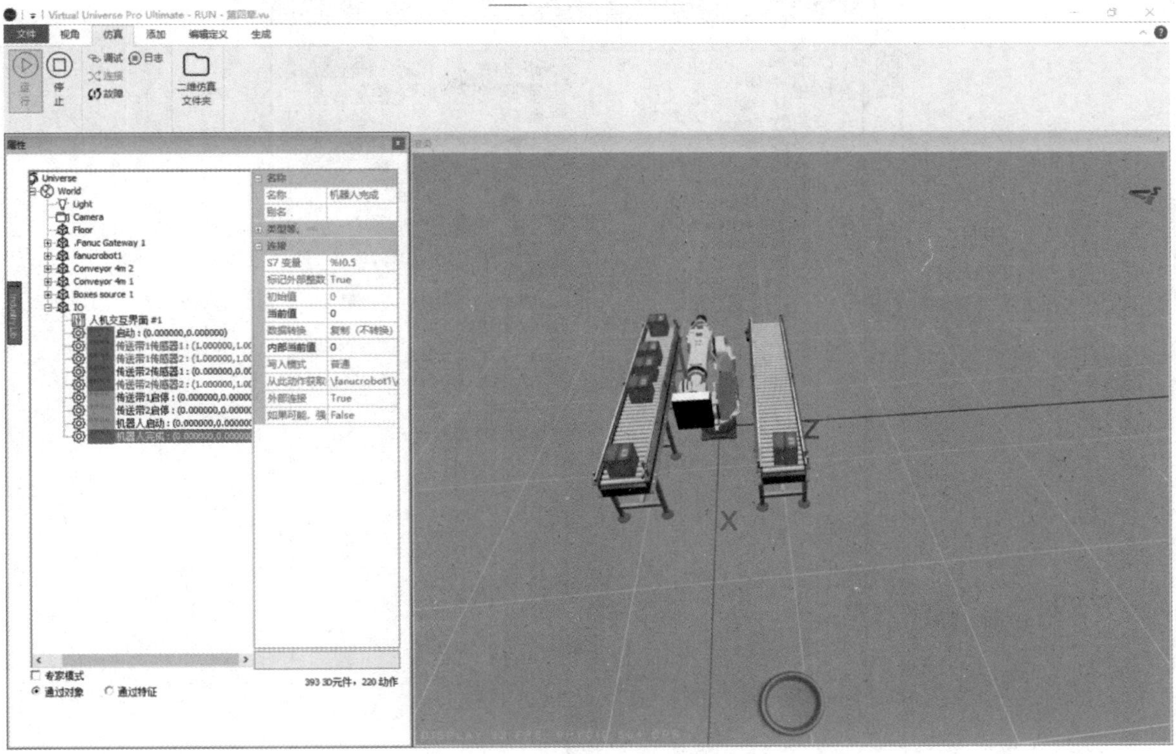

图 4-59　完成动作添加

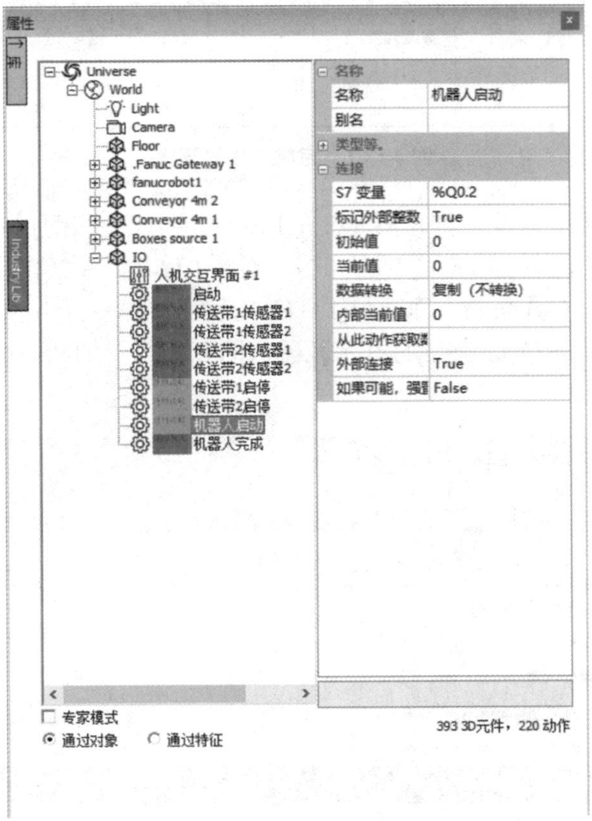

图 4-60　启动动作机器人

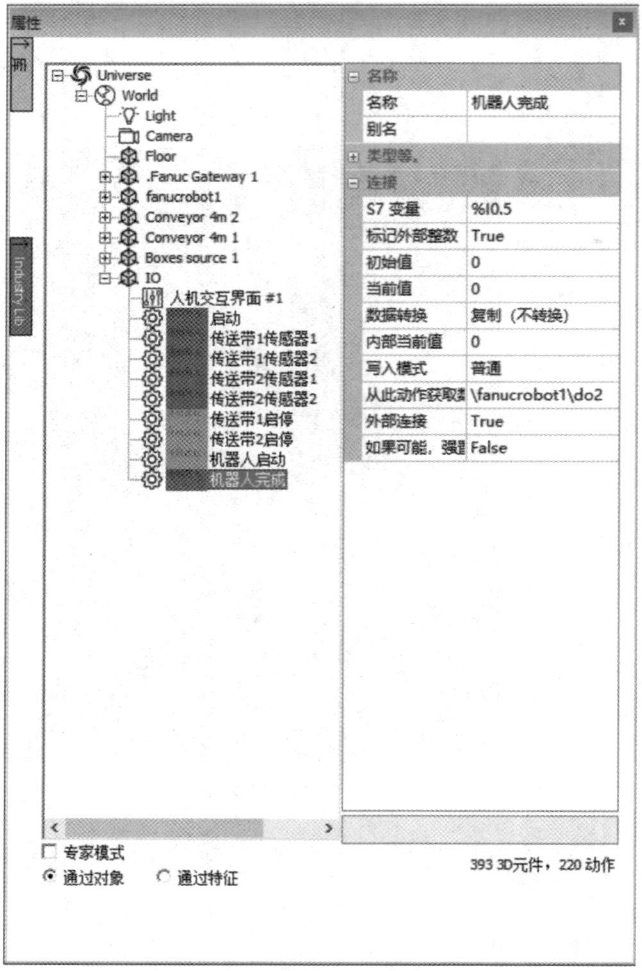

图 4-61　完成动作机器人

(31) 运行 Virtual Universe Pro 软件，打开 HandlingPRO 软件，首先添加一个吸附动作。单击“Simulation Program”，选择“Inst”，设置 DO [1]=ON；在前面添加一个等待时间，单击“Inst”，选择“WAIT”，设置时间为 0.50 (sec)；在 DO [1]=ON 后面添加一个吸附状态，单击“Inst”，选择“WAIT”，设置条件为 DI [1]=ON。然后打开示教器，把 DO [1] 的状态改为 ON，确认吸附成功，如图 4-62 和图 4-63 所示。

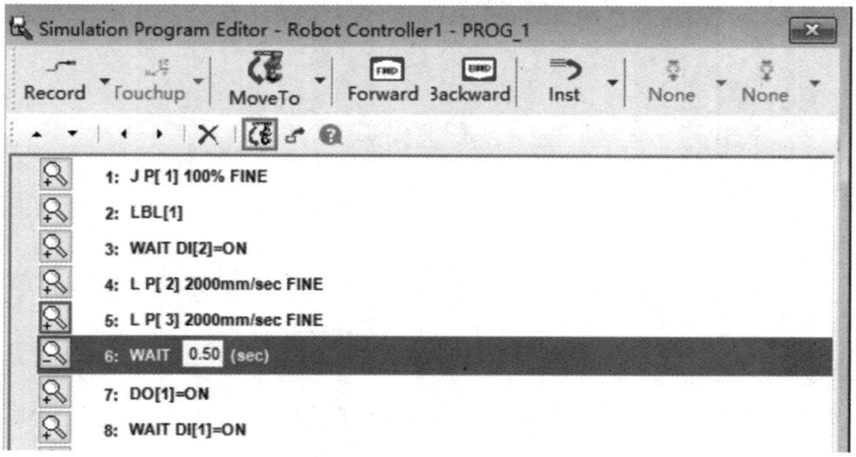

图 4-62　Simulation Program 界面

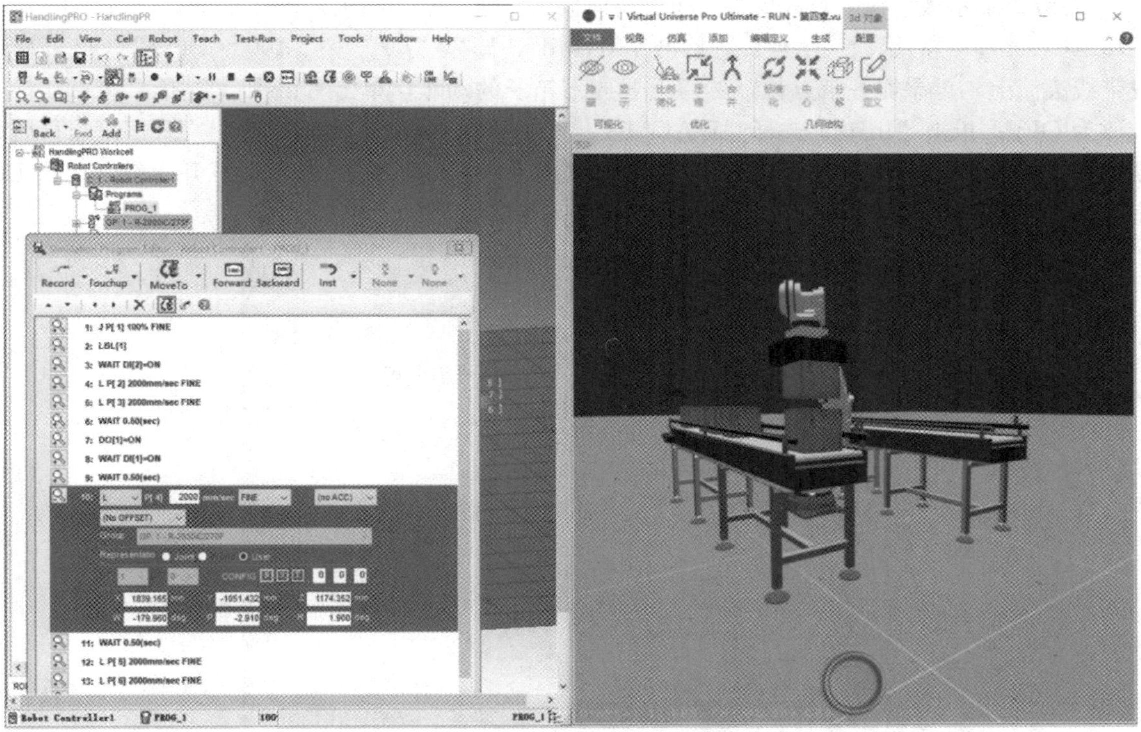

图 4－63　吸附成功

（32）继续添加示教点位，首先添加一个等待时间。单击“Simulation Program”，选择“Inst”，设置 WAIT 0.50（sec）；然后示教一个点位，单击“Record”，选择“J P［…］100% FINE”，接着移动机器人到另一个皮带线上方，如图 4－64 所示。

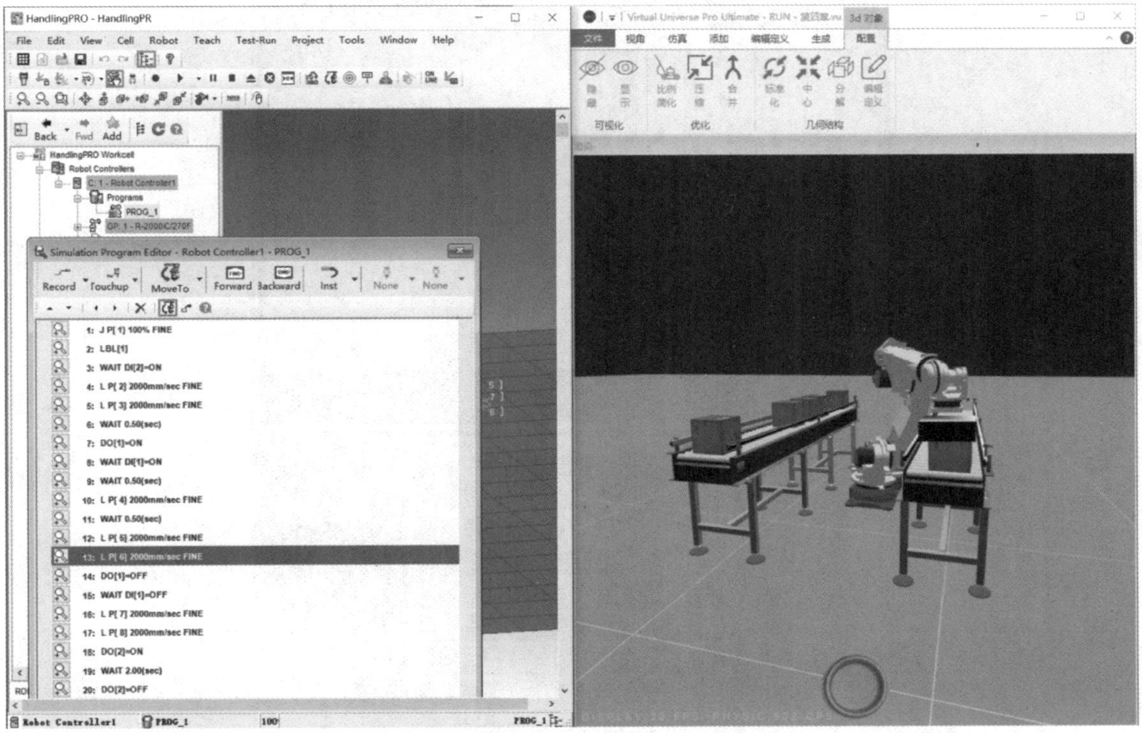

图 4－64　机器人移动位置

（33）继续添加示教点位，首先添加一个等待时间。单击“Simulation Program”，选择“Inst”，设置 WAIT 0.50（sec）；然后示教一个点位，单击“Record”，选择“J P［…］100% FINE”，接着移动机器人到皮带线滚筒上。再添加一个点位，然后设置放下箱子的动作，单击“Inst”，选择“DO［1］=ON”，将 ON 改为 OFF；单击“Inst”，选择“WAIT DI［1］=ON”，将 ON 改为 OFF。在程序第二行后添加一个启动信号，单击“Inst”，选择“WAIT DI［1］=ON”，将 1 改为 2。最后，打开示教器，把 DO［1］的状态改为 OFF，确认箱子已放下，如图 4－65 和图 4－66 所示。

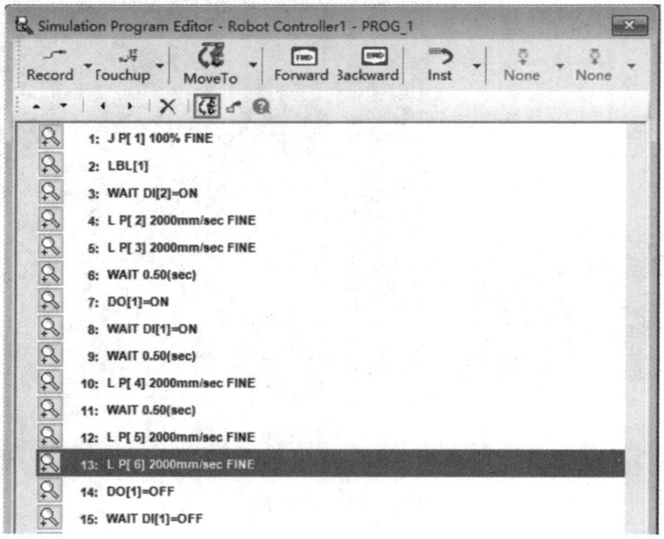

图 4－65　Simulation Program 界面

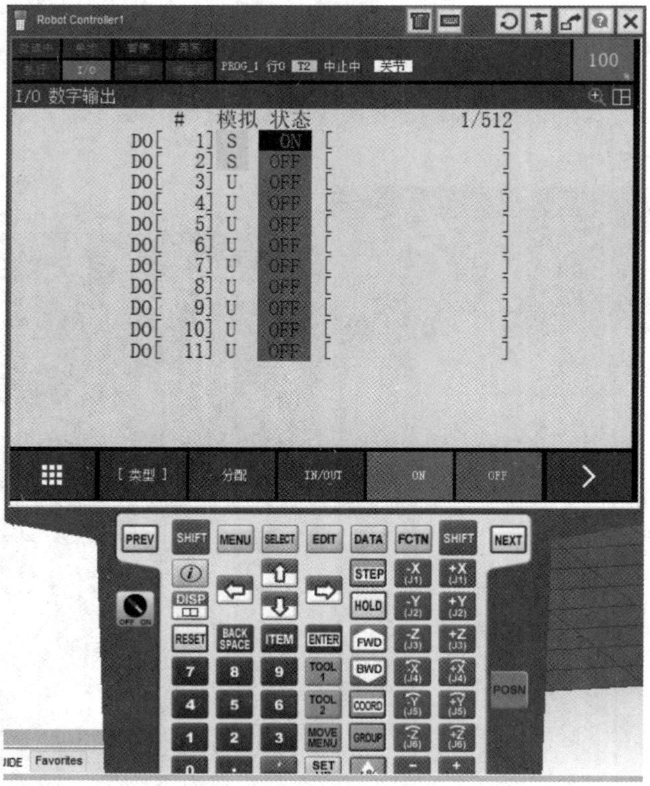

图 4－66　示教器界面

(34) 箱子放下后，把机器人最后一个关节向上移动一段距离，示教这个点位。示教完成后再示教原点，示教原点可以先选择第一个点，然后单击“MoveTo”，机器人就会自动回到原点，继续添加一个点位，如图 4-67 所示。

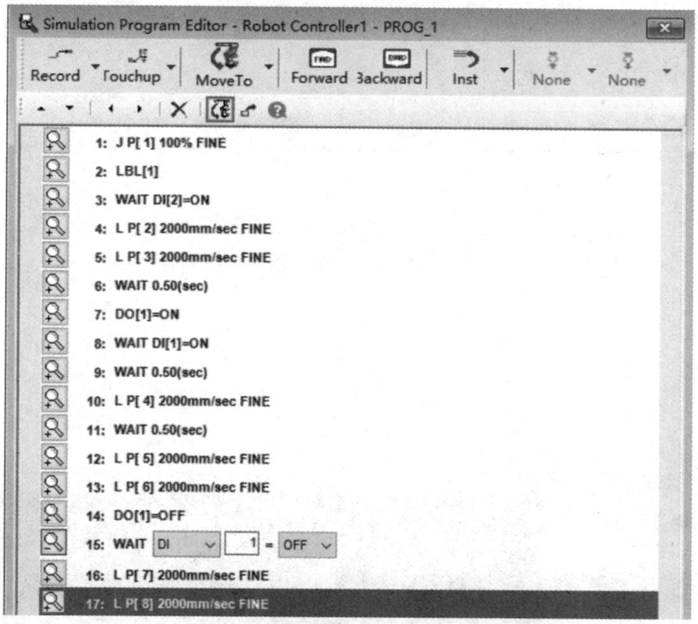

图 4-67　回到原点

(35) 继续设置 DO2，单击“Simulation Program”，选择“Inst”，设置 DO [1]=ON，将 1 改为 2；单击“Inst”，选择“WAIT 2.00 (sec)”；接着继续单击“Inst”，设置 DO [1]=ON，将 1 改为 2 并将 ON 改为 OFF，如图 4-68 所示。

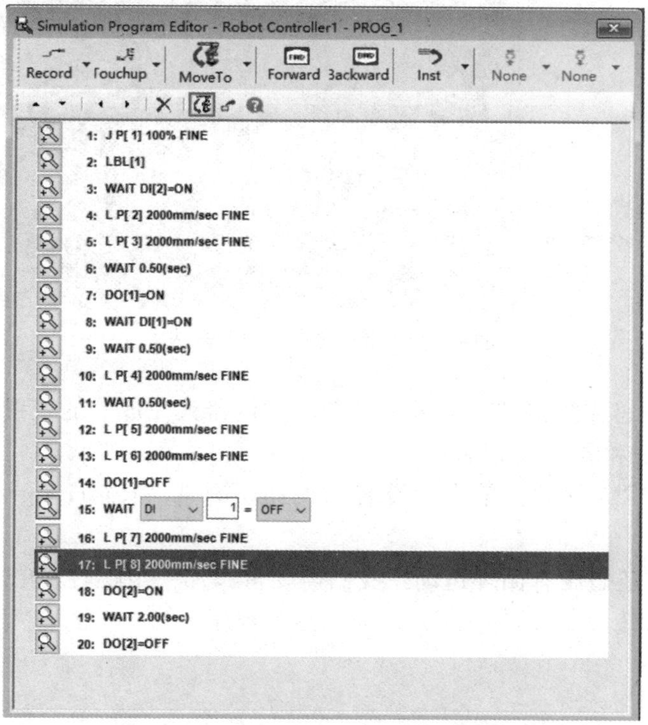

图 4-68　Simulation Program 最后的界面

（36）打开 NetToPLCsim 软件，编写程序并下载后进行仿真运行，发现皮带线 2 的滚动方向相反。打开 Virtual Universe Pro 软件，双击“inverter”，或者将 define spend 的初始值取相反值，我们选择使用后者进行修改，如图 4－69、图 4－70 和图 4－71 所示。

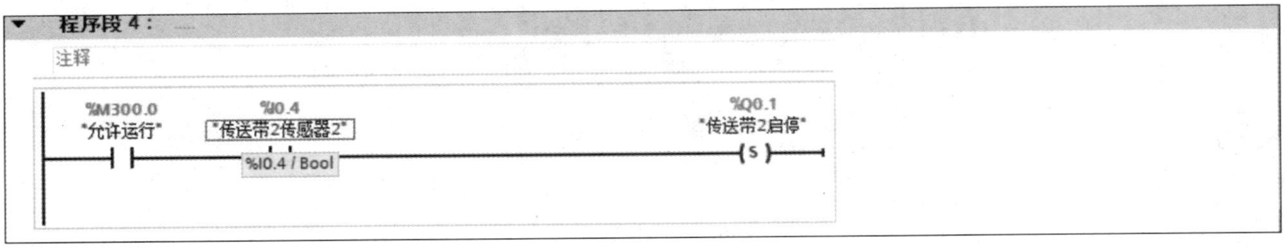

图 4－69　程序段 4

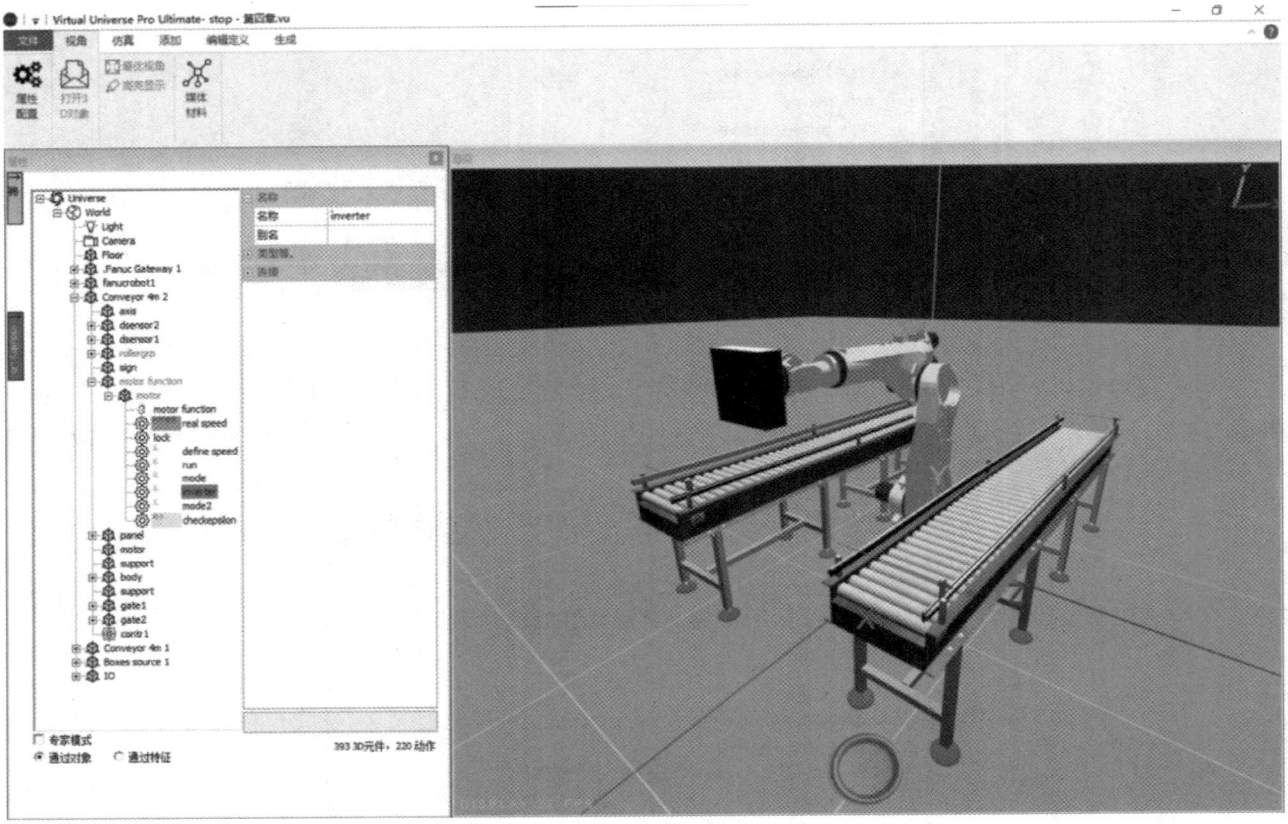

图 4－70　滚动方向的修改方法 1

（37）继续编写程序，首先添加“机器人启动”和“机器人完成”的变量，然后在程序段 4 中添加“机器人完成”，如图 4－72 和图 4－73 所示。

（38）打开 HandlingPRO 软件，单击“设置”按钮，勾选“Run Program In Loop”复选框，如图 4－74 所示。

（39）运行后，机器人还是没有循环运动，我们需要再添加一个跳转，单击“Simulation Program”，选择“Inst”，设置 JMP LBL[1]，添加完成后，重新运行程序。

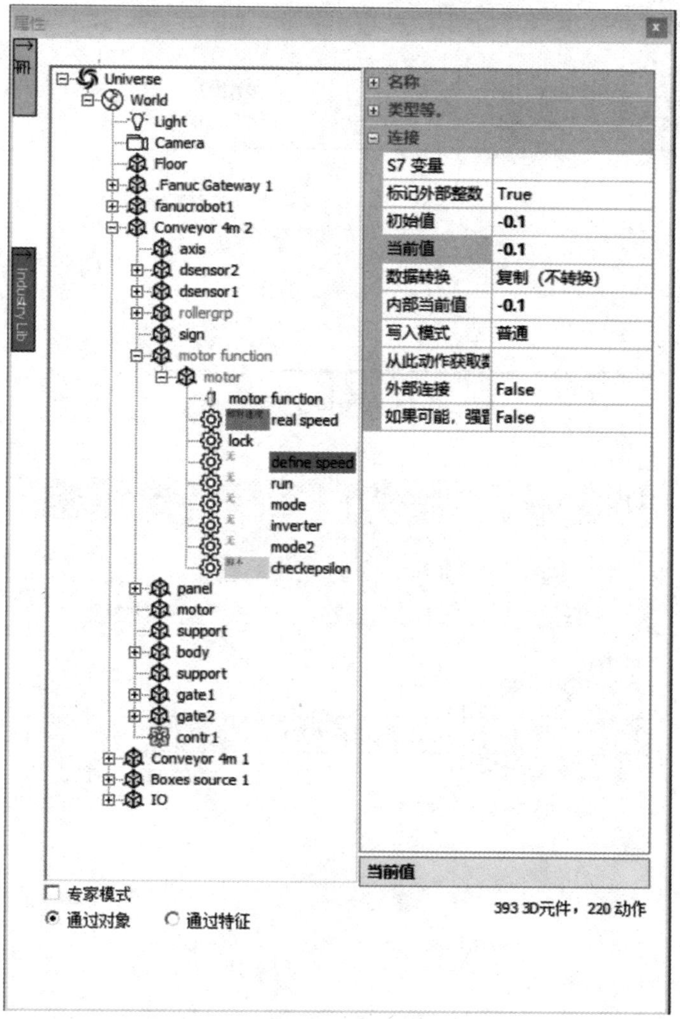

图 4-71　滚动方向的修改方法 2

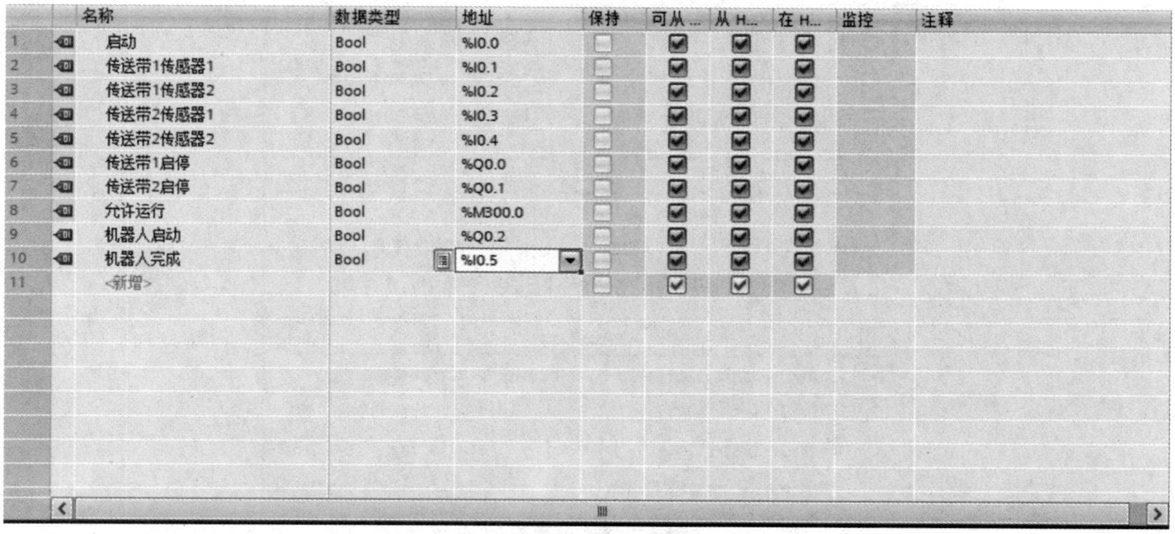

	名称	数据类型	地址	保持	可从…	从 H…	在 H…	监控	注释
1	启动	Bool	%I0.0		✓	✓	✓		
2	传送带1传感器1	Bool	%I0.1		✓	✓	✓		
3	传送带1传感器2	Bool	%I0.2		✓	✓	✓		
4	传送带2传感器1	Bool	%I0.3		✓	✓	✓		
5	传送带2传感器2	Bool	%I0.4		✓	✓	✓		
6	传送带1启停	Bool	%Q0.0		✓	✓	✓		
7	传送带2启停	Bool	%Q0.1		✓	✓	✓		
8	允许运行	Bool	%M300.0		✓	✓	✓		
9	机器人启动	Bool	%Q0.2		✓	✓	✓		
10	机器人完成	Bool	%I0.5		✓	✓	✓		
11	<新增>				✓	✓	✓		

图 4-72　添加变量

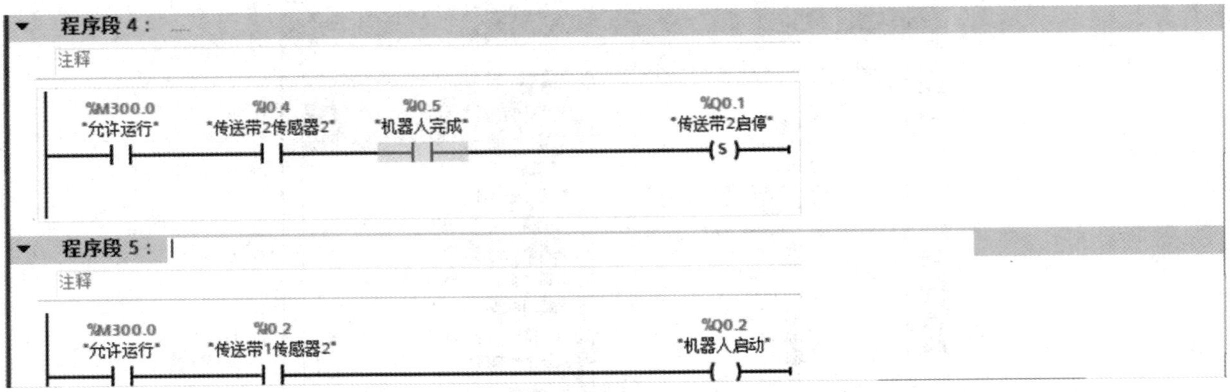
程序段 4：
注释
%M300.0
"允许运行"
%I0.4
"传送带2传感器2"
%I0.5
"机器人完成"
%Q0.1
"传送带2启停"
S
程序段 5：
注释
%M300.0
"允许运行"
%I0.2
"传送带1传感器2"
%Q0.2
"机器人启动"

图 4－73　程序段 4、程序段 5

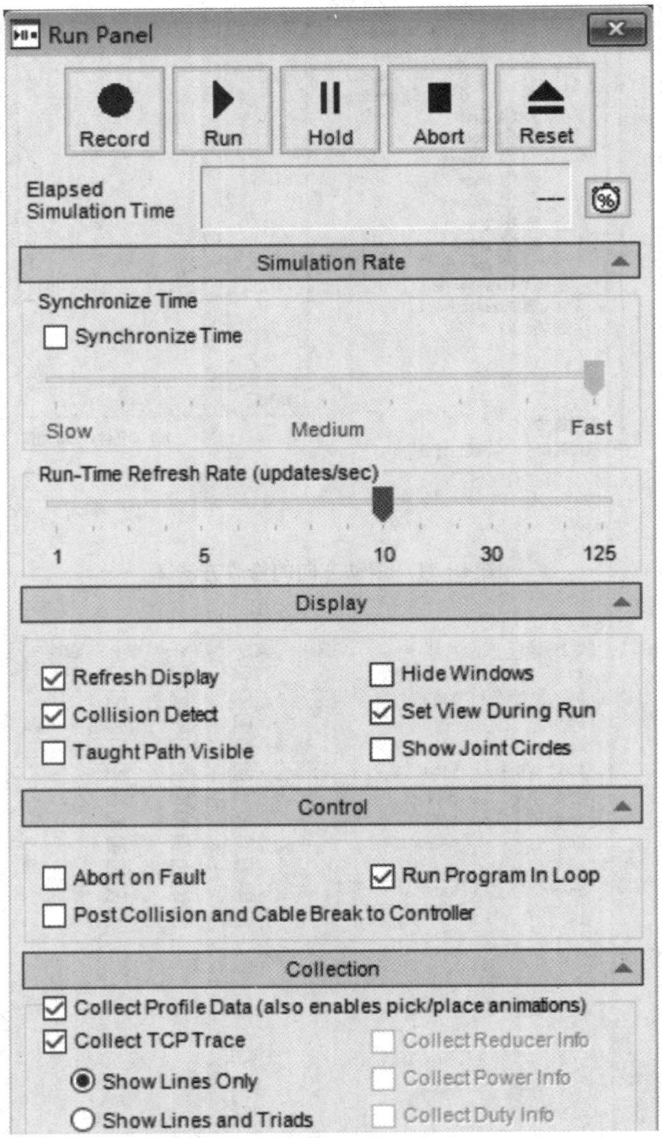
Run Panel
Record
Run
Hold
Abort
Reset
Elapsed Simulation Time

Simulation Rate
Synchronize Time
Synchronize Time
Slow
Medium
Fast
Run-Time Refresh Rate (updates/sec)
1
5
10
30
125
Display
Refresh Display
Collision Detect
Taught Path Visible
Hide Windows
Set View During Run
Show Joint Circles
Control
Abort on Fault
Run Program In Loop
Post Collision and Cable Break to Controller
Collection
Collect Profile Data (also enables pick/place animations)
Collect TCP Trace
Show Lines Only
Show Lines and Triads
Collect Reducer Info
Collect Power Info
Collect Duty Info

图 4－74　设置界面

4.4　视觉配置

4.4.1　连接视觉模块

视觉模块通过 TCP/IP 协议连接计算机，计算机通过远程桌面连接视觉模块控制器并进行编程与测试。通信的建立是对视觉模块进行编程和测试的基础，需要在 Windows 系统中进行相关配置。具体调试方法见表 4-1。

表 4-1　视觉配置的操作过程

操作步骤	操作说明	示意图
1	打开网络与共享中心。	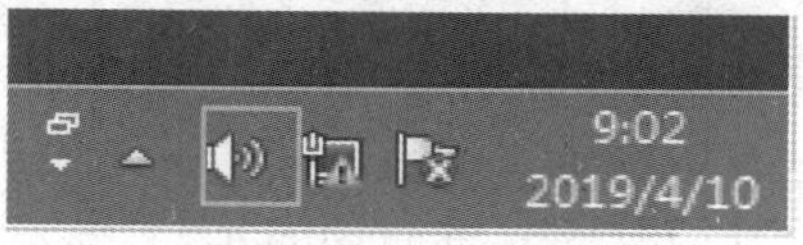
2	单击“更改适配器设置”选项。	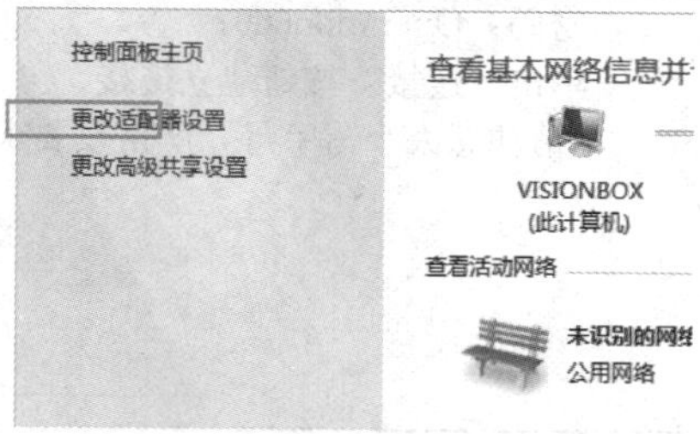
3	单击“更改本地连接的属性”，然后双击“Internet 协议版本 4（TCP/IPv4）”。	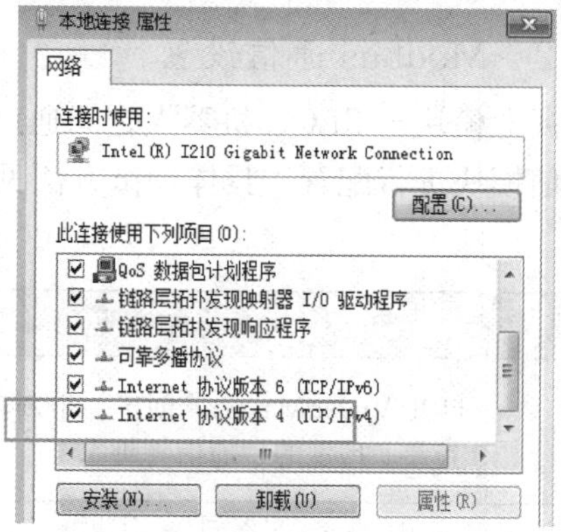
4	将 IP 地址设置为 192.168.8.8，单击子网掩码框，系统将自动产生子网掩码 255.255.255.0，单击“确定”按钮完成 IP 设置。	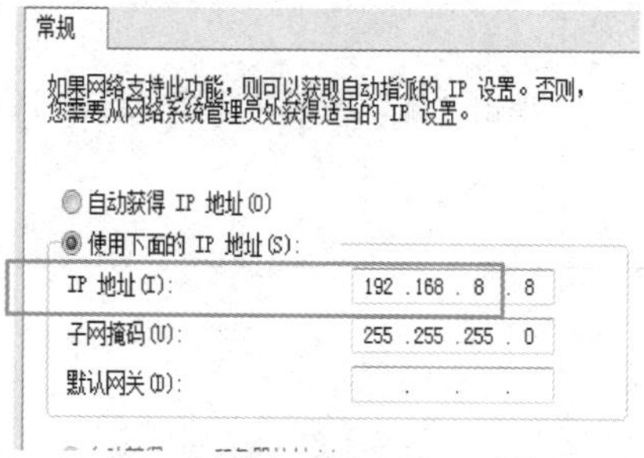
5	在 Windows 菜单中找到命令提示符，打开后输入 ping：192.168.8.8，测试是否与视觉模块已处于同一子网。若能正确收发数据包，则说明网络通信正常。	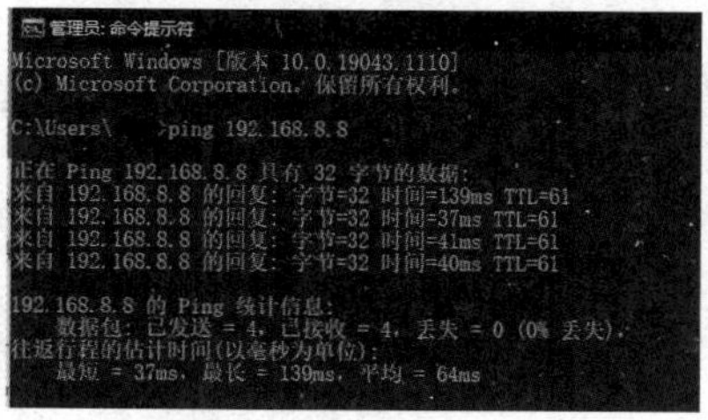

续表

操作步骤	操作说明	示意图
6	连接视觉模块： 依次单击“开始”→“Windows 附件”→“远程桌面连接”。	
7	输入以下信息： 计算机：VisionBox； 用户名：administrator； 密码：Operation666； 单击“连接”按钮建立连接。 （请注意大小写字母，严格按要求输入）	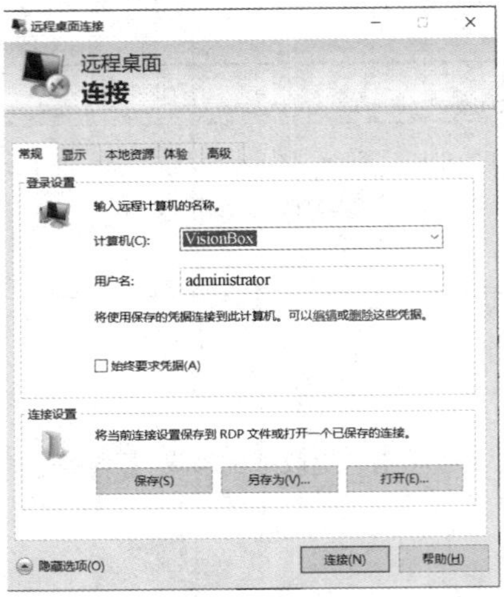

4.4.2 Modbus 通信设置

机器视觉模块与 PLC、机器人之间通过 Modbus 协议通信。为使视觉模块能够正确收发数据，我们需要对其通信模块进行配置。具体调试方法见表 4-2。

表 4-2 通信模块配置

操作步骤	操作说明	示意图
1	打开 VisionMaster，创建一个新项目，单击上方工具栏的“通信管理”。	
2	单击“+”图标，选择“新建 TCP 客户端”。	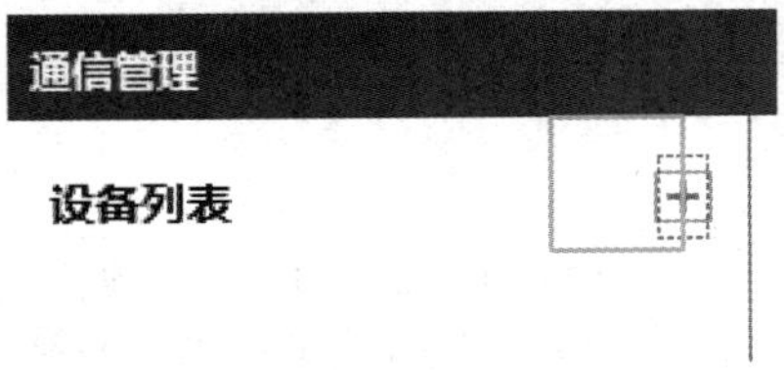
3	将目标端口设置为：502； 将目标 IP 设置为：192.168.8.1； 单击“创建”按钮。	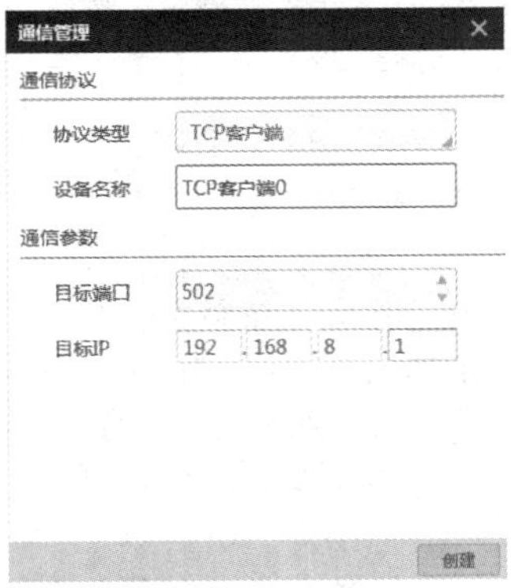

续表

<table>
<tr><th>操作步骤</th><th>操作说明</th><th>示意图</th></tr>
<tr><td>4</td><td>新建 Modbus 客户端，通信设备选择“TCP 客户端 0”，其他参数保持默认。</td><td>
</td></tr>
<tr><td>5</td><td>依次打开两个通信模块开关。如果能够正常打开，说明配置正确；如果无法打开，请检查通信地址和目标端口是否设置正确。还可以通过命令行工具测试是否能够 ping 通目标 IP 地址，以排除网络连接问题。</td><td>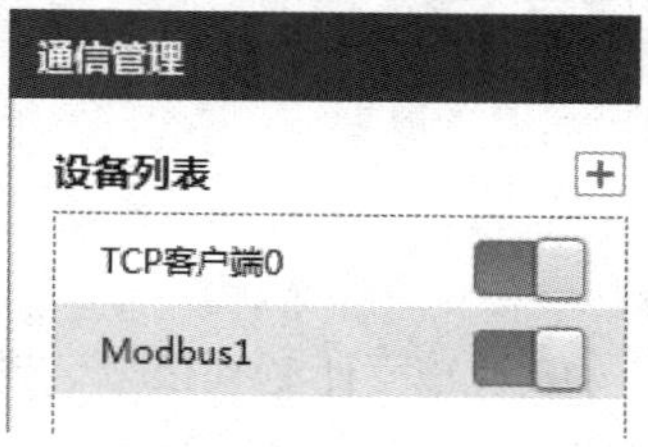
</td></tr>
<tr><td>6</td><td>右击“Modbus1”，选择“添加地址”。</td><td>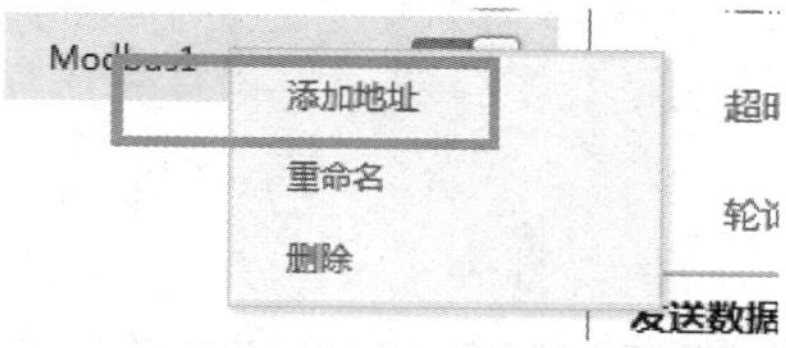
</td></tr>
<tr><td>7</td><td>设置参数。</td><td>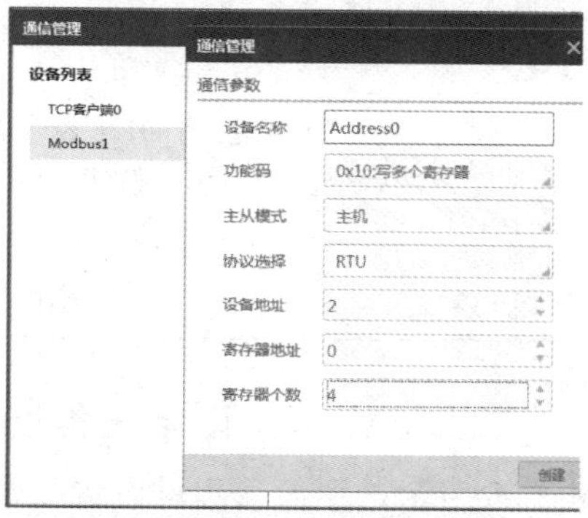
</td></tr>
<tr><td>8</td><td>在编程界面中，调用发送数据和接收数据功能，确保数据的传输和接收能够顺利进行。这通常涉及配置 Modbus 通信功能模块，通过编程实现数据的发送和接收。</td><td>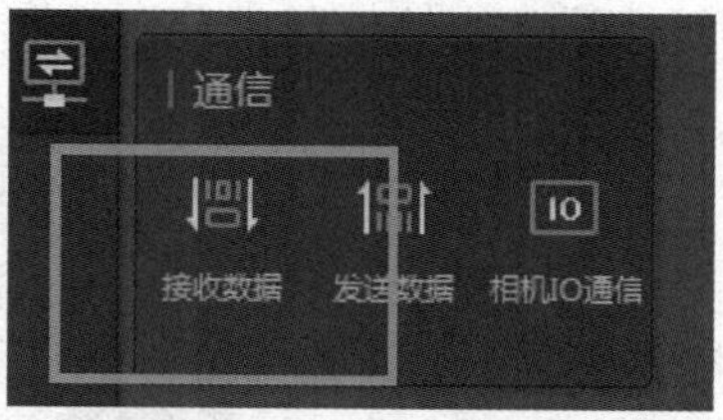
</td></tr>
<tr><td>9</td><td>在“发送数据”模块中，按照图示配置输出内容。具体配置包括数据寄存器、发送的数据类型、数据长度等，以确保数据能够正确发送到目标设备。根据系统需求，配置合适的输出内容，并确保通信参数设置与目标设备一致。</td><td>
</td></tr>
</table>

4.4.3 设置光源

光源作为辅助成像器件，对成像质量的好坏往往能起到至关重要的作用。各种形状的 LED 灯、高频荧光灯、光纤卤素灯等都可以作为光源。视觉模块上的补光灯采用 LED 光源，通过串口连接到视觉控制器上，并通过专用串口指令进行亮度等参数控制。具体调试方法见表 4-3。

表 4-3 光源调试

操作步骤	操作说明	示意图
1	打开桌面文件夹 VB22X0，然后打开 IOController。	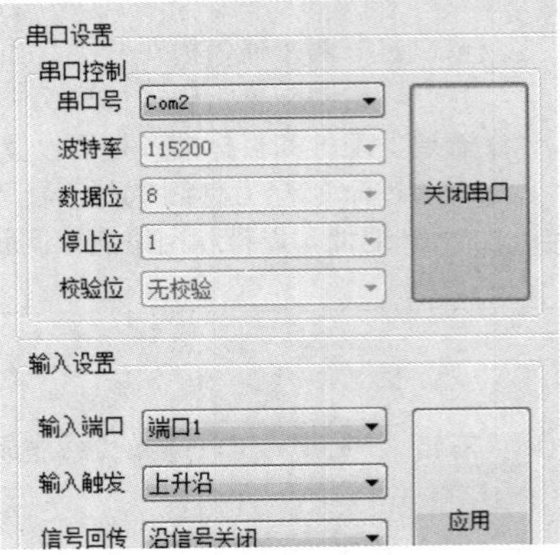
2	设置串口号 Com2，打开串口，调节光源亮度，最后单击“应用”按钮。	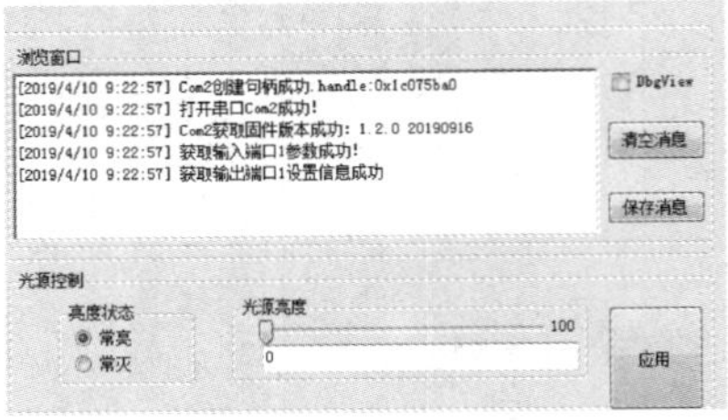

4.4.4 VisionMaster 图像采集模块

如图 4-75 所示，图像采集可设置图像的来源，有加载本地图像、连接相机取图两种方式，还可以存储图像。下面介绍常用的加载本地图像和连接相机取图。

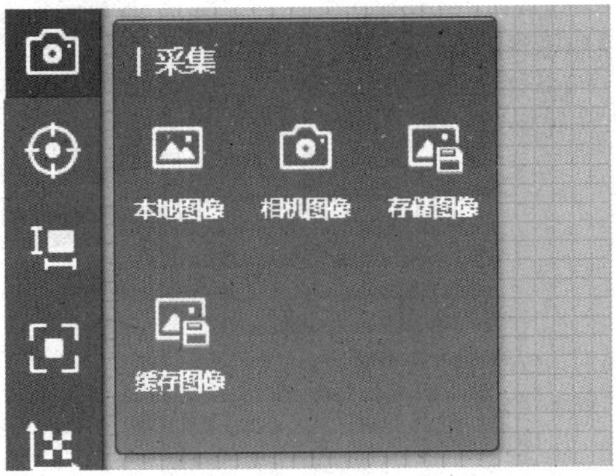

图 4-75 图像采集模块

1. 本地图像

拖动“本地图像”模块到流程编辑区，单击 图标可加载本地图片、单击 图标可加载图片文件夹、单击 图标可删除图像，如图 4-76 所示。

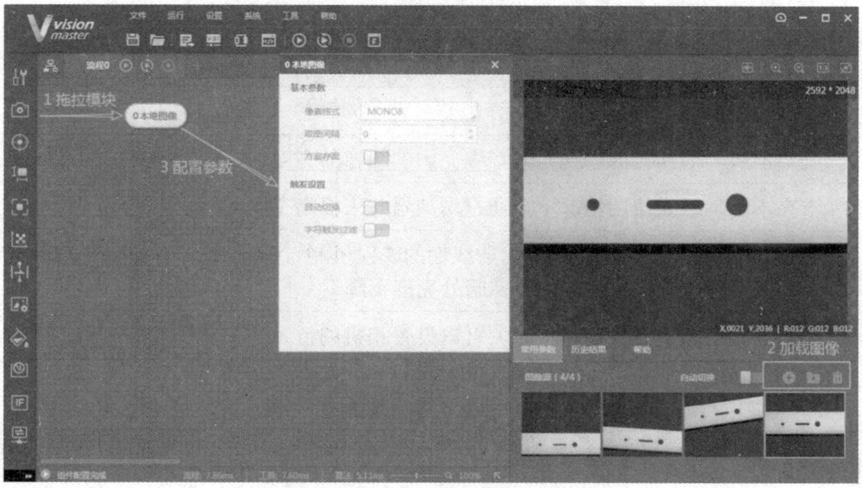

图 4－76　本地图像模块配置

双击本地图像可以进行参数设置，主要参数有像素格式、取图间隔、方案存图和触发设置。

2. 相机图像

拖动“相机图像”模块到流程编辑区，在选择相机栏下拉菜单中，可看到当前在线的所有相机，选择想要连接的相机，依据方案需求配置相应的相机参数。

在 software 模式下，单击“单次运行”可触发一次相机取图，单击“连续运行”则可连续预览图像；当相机图像结果中出现图像获取超时或者图像显示区出现画面丢失时，可以单击“实时取流”查看丢包状况。

具体的参数和设置见表 4－4、表 4－5、表 4－6。

表 4－4　本地图像模块参数 1

参数	说明
像素格式	可以设置像素格式为 MONO8 或 RGB24
取图间隔	可以设置自动切换的取图间隔时长，单位为 ms
方案存图	可以设置保存方案是否包括本地图片
自动切换	开启后每次运行会切换到下一张图像
字符触发过滤	◆ 开启后可通过外部通信控制功能模块是否运行 ◆ 输入字符：选择输入字符的来源 ◆ 触发字符：未设置字符时传输进来任意字符都可触发流程，设置字符后传输进来相应字符可触发流程，传输进来的字符与设置的字符不一致时流程不被触发

表 4－5　本地图像模块参数 2

参数	说明
选择相机	可以选择当前局域网内在线的 Gige 面阵、Gegi 线阵相机或者 U3V 相机进行连接，同时可兼容 Basler、灰点等第三方相机
断线重连时间	当相机因为网络等因素断开时，在该时间内，模块会进行重连操作
图像宽度、图像高度	可以查看并设置当前被连接相机的图像宽度和高度
像素格式	有两种，分别是 MONO8 和 RGB24
帧率	可以设置当前被连接相机的最大帧率

续表

参数	说明
实际帧率	当前相机的实时采集帧率
曝光时间	当前打开的相机的曝光时间，曝光影响图像的亮度
增益	在不增加曝光值的情况下，通过增加增益来提高亮度
Gamma	Gamma 校正提供了一种输出非线性的映射机制，Gamma 值在 0～1 之间，图像暗处亮度提升；Gamma 值在 1～4 之间，图像暗处亮度下降
行频	当连接的相机是线阵相机时，可以设置相机的行频

表 4－6　本地图像模块触发设置

<table>
<tr><th>触发设置</th><th colspan="2">说明</th></tr>
<tr><td>控制曝光</td><td colspan="2">该功能配合脚本使用时，客户可以按需实现用某种逻辑控制曝光值；除了绑定脚本输出，也可以绑定其他模块数据输出，但是要求是 float 型数据</td></tr>
<tr><td>控制增益</td><td colspan="2">参照“控制曝光”</td></tr>
<tr><td>触发源</td><td colspan="2">可以根据需要选择触发源，其中软触发为 VisionMaster 控制触发相机；也可接硬触发，需要配合外部的硬件进行触发设置</td></tr>
<tr><td>触发延迟</td><td colspan="2">接收到触发信号后，触发延迟设置的时间程序产生响应</td></tr>
<tr><td rowspan="3">字符触发过滤</td><td colspan="2">开启后可通过外部通信控制功能模块是否运行，不开启默认，则任意字符都可触发流程</td></tr>
<tr><td>输入字符</td><td>选择输入字符的来源</td></tr>
<tr><td>触发字符</td><td>在设置字符时，传输进来任意字符都可触发流程，设置字符后传输进来相应字符可触发流程，传输进来的字符与设置的字符不一致时流程不被触发</td></tr>
</table>

4.4.5　VisionMaster 定位模块

定位工具主要包含 14 种工具，如图 4－77 所示，主要功能是实现对图像中某些特征的定位或者检测。下面介绍常用的特征匹配。

特征匹配分为高精度特征匹配和快速特征匹配，此工具使用图像的边缘特征作为模板，并根据预设的参数确定搜索空间，在图像中寻找与模板相似的目标，主要用于定位、计数和目标检测等功能。双击特征匹配模块可进行参数配置，如图 4－78 所示，其中包括基本参数、特征模板、运行参数和结果显示等几个参数设置模块。

基本参数：用于设置一些基本参数，主要包括图像输入源的选择和 ROI（感兴趣区域）的设置。

● 图像输入：选择该工具处理图像的输入源，可根据需求从下拉栏中进行选择。

● ROI 区域：ROI 区域有绘制和继承两种创建方式。设置完成后，工具仅对 ROI 区域内的图像进行处理。

● 绘制：用户可根据需求绘制感兴趣区域，提供三种形状选项：全选、框选圆形区域、框选矩形区域。某些模块中还支持自定义最多 32 个顶点的多边形感兴趣区域。

● 圆形感兴趣区域：选择圆形区域后，可以在参数中查看或设置区域的圆心坐标、外径大小、内径大小、起始角度（初始半径与 X 轴正半轴的夹角）以及角度范围，如图 4－79 所示。

● 继承即继承前面模块的某个特征区域，可根据需要进行定位模块匹配框继承或定位点继承。

特征匹配需要建立特征模板，模块运行即在一幅图中寻找相应特征。简而言之，模板就是一幅已知的小图像，模板匹配就是在一幅大图像中搜寻目标。特征模板可以对图像特征进行提取，初次使用时需要编辑模板。选中需要编辑的模板区域，配置好参数后训练模型即可，如图 4－80 所示。

定位
高精度特征匹配
快速特征匹配
灰度模型匹配
圆查找
直线查找
BLOB分析
卡尺工具
边缘查找
间距检测
位置修正
矩形检测
顶点检测
边缘交点
平行线查找

图 4 - 77　定位模块

0 快速特征匹配
基本参数
特征模板
运行参数
结果显示
图像输入
输入源
ROI区域
ROI创建
绘制
继承
形状
屏蔽区
位置修正
执行
确定

图 4 - 78　快速特征匹配

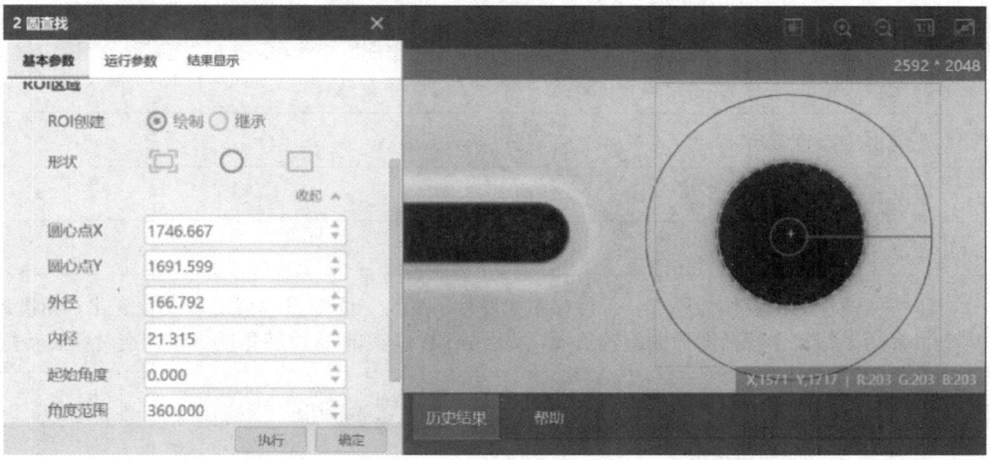
2 圆查找
基本参数
运行参数
结果显示
ROI创建
绘制
继承
形状
收起
圆心点X
1746.667
圆心点Y
1691.599
外径
166.792
内径
21.315
起始角度
0.000
角度范围
360.000
执行
确定
2592 * 2048
历史结果
帮助

图 4 - 79　设置圆形 ROI

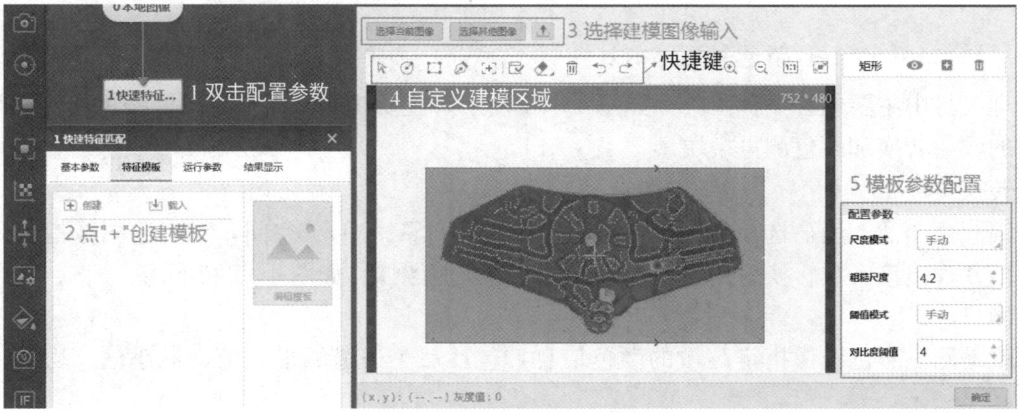
1 双击配置参数
3 选择建模图像输入
快捷键
4 自定义建模区域
752 * 480
1 快速特征匹配
基本参数
特征模板
运行参数
结果显示
2 点"+"创建模板
5 模板参数配置
矩形
配置参数
尺度模式
手动
粗糙尺度
4.2
阈值模式
手动
对比度阈值
4
确定

图 4 - 80　建立特征模板

在特征模板配置里，框选的区域 4 中的快捷键从左到右依次表示移动图像、框选圆形建模区域、框选矩形建模区域、自定义最多 32 个顶点的多边形建模区域、选择模型匹配中心、生成模型、擦除轮廓点、清空所有建模区域、撤销、返回。特征模板部分参数见表 4－7。

表 4－7　特征模板部分参数

参数	说明
匹配点	用于创建位置基准，可以先单击“选择模型匹配中心”，再在图中自选匹配中心点，自行设定
尺度模式	原则是自动模式能满足需求则不进行调节，自动模式不能满足要求再切换至手动模式
粗糙尺度	粗糙特征尺度参数，该值越大表示特征尺度越大，相应的抽取边缘点就越稀疏，但会加快特征匹配速度，默认范围是 1～20 当取值为 1 时，最精细，一般调节后会使轮廓点数量发生比较大变化
阈值模式	原则是自动模式能满足需求则不进行调节，自动模式不能满足要求再切换至手动模式
对比度阈值	该值表示的是对比度的大小，主要与特征点和周围背景的灰度值差有关，该值越大，被淘汰的特征点就越多，默认范围是 1～255

特征匹配可以包含匹配分数在内的多种结果。具体可见表 4－8。

表 4－8　特征匹配输出结果

匹配	输出结果
匹配框中心 X	匹配框中心点 X 坐标
匹配框中心 Y	匹配框中心点 Y 坐标
匹配点 X	匹配点 X 坐标
匹配点 Y	匹配点 Y 坐标
角度	以特征模板匹配点作为原点，若目标图像发生了变换，匹配点也会跟着发生变化，角度就是匹配到的目标图像相较于特征图像的旋转角度，需要强调的是顺时针旋转角度为正、逆时针旋转角度为负。
尺度	匹配目标相对于已创建模板的一致性尺度变化的倍数
尺度 X/Y	沿着 X/Y 方向缩放倍数
分数	匹配得分

4.4.6　VisionMaster 颜色处理

颜色处理工具中主要包含 4 种工具，如图 4－81 所示，主要功能是实现对图像颜色的转换与测量。下面介绍常用的颜色转换和颜色测量模块。

1. 颜色转换

输入一幅彩色图像，用户选择可选择转灰度、HSV、HSI、YUV 空间，对彩色图像指定区域进行颜色空间转换，并输出该区域转换后图像的指定颜色通道灰度图像，如图 4－82 所示。

2. 颜色测量

颜色测量是测量彩色图像指定区域的颜色信息，包括每个通道的最大值、最小值、均值、标准差和直方图信息。

图 4-81　颜色处理模块

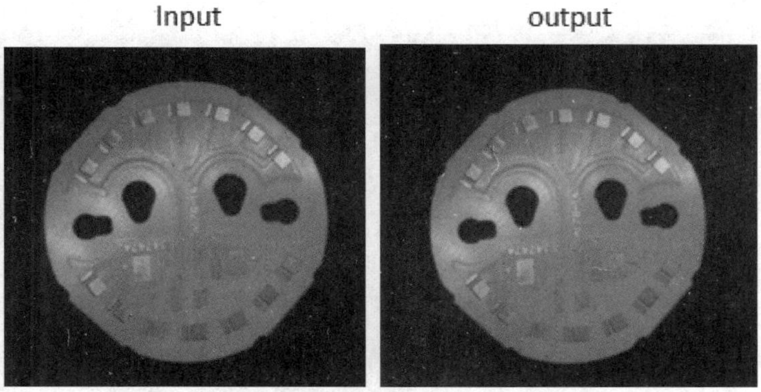

图 4-82　颜色转换

任务引导

任务 4.1　搭建工业机器人应用实训平台

任务介绍

本任务主要学习利用 VUP 软件搭建工业机器人应用实训平台。

相关知识

知识点 4.1、知识点 4.3

任务实施

（1）将机器人工具桌导入 VUP 软件并放置在合适位置，位置参数如图 4-83 所示。然后将旋转供料模块导入并调整至合适位置，位置参数如图 4-84 所示。接着，将机器人搬运模块导入并调整至合适位置，位置参数如图 4-85 所示。随后，将仓库模块导入并调整至合适位置，位置参数如图 4-86 所示。再导入换刀模块并调整至合适位置，位置参数如图 4-87 所示。最后，把视觉模块导入并调整至合适位置，位置参数如图 4-88 所示。

（2）从 FANUC 机器人库将 FANUC 网关和发那科机器人拖入数字孪生平台，如图 4-89 所示。

（3）将机器人调整至合适位置，如图 4-90 所示。

（4）将夹具导入并调整至合适位置，位置参数如图 4-91 所示。

（5）设置夹具的动作和变量。首先，要对左、右气爪进行父子级设置，如图 4-92 所示，然后添加动作“jiajinzuo”和动作“jiajinyou”，用于控制夹具左、右移动，两者的动作性质均设置为“沿 X 轴移动”。接着，添加动作“夹紧”，设置变量性质为“无”，用于控制“jiajinzuo”和“jiajinyou”的同步动作；最后，添加动作“夹紧到位”，设置性质为“检测位置”，用于检测夹具是否到位，如图 4-93 所示。

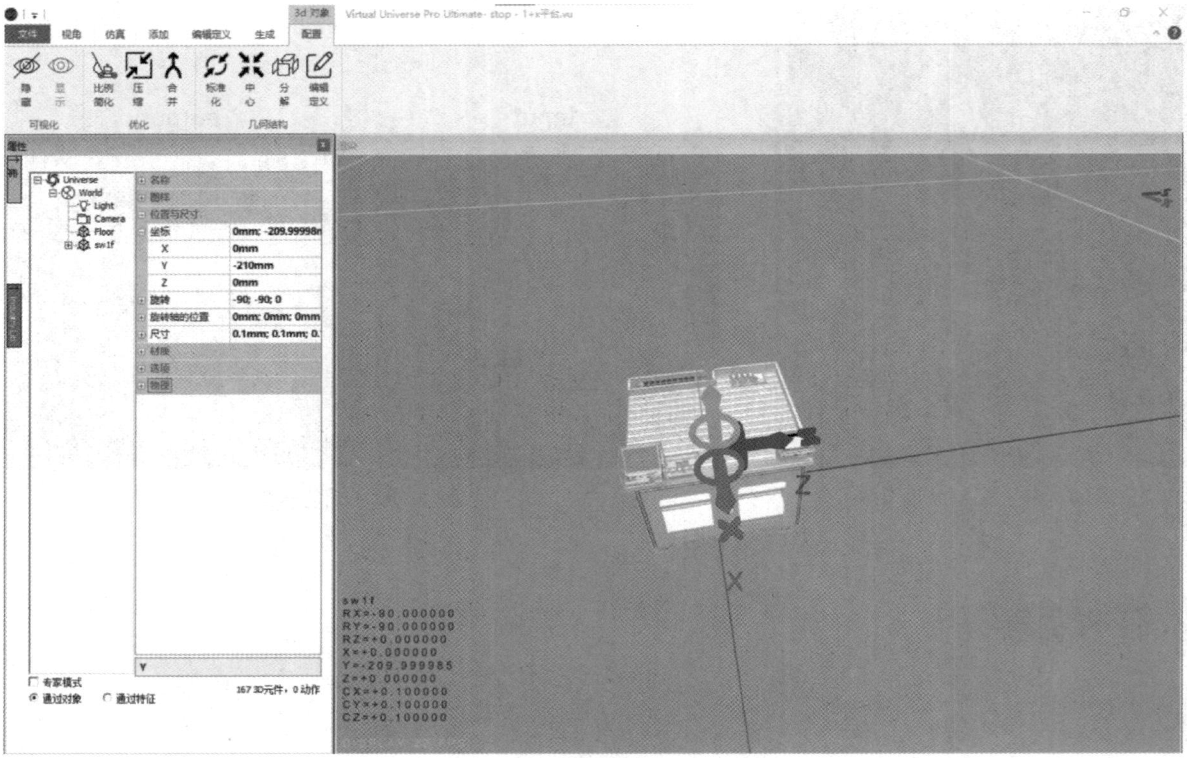

图 4-83　机器人工作桌的位置参数

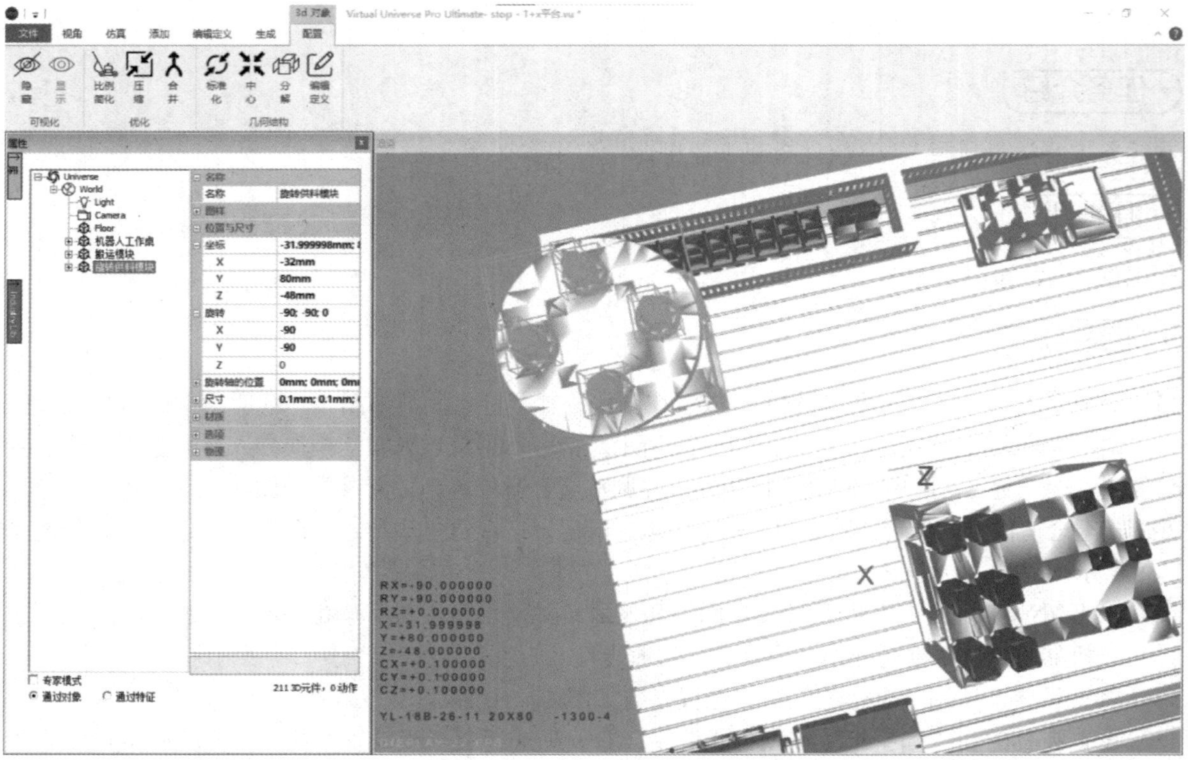

图 4-84　旋转供料模块的位置参数

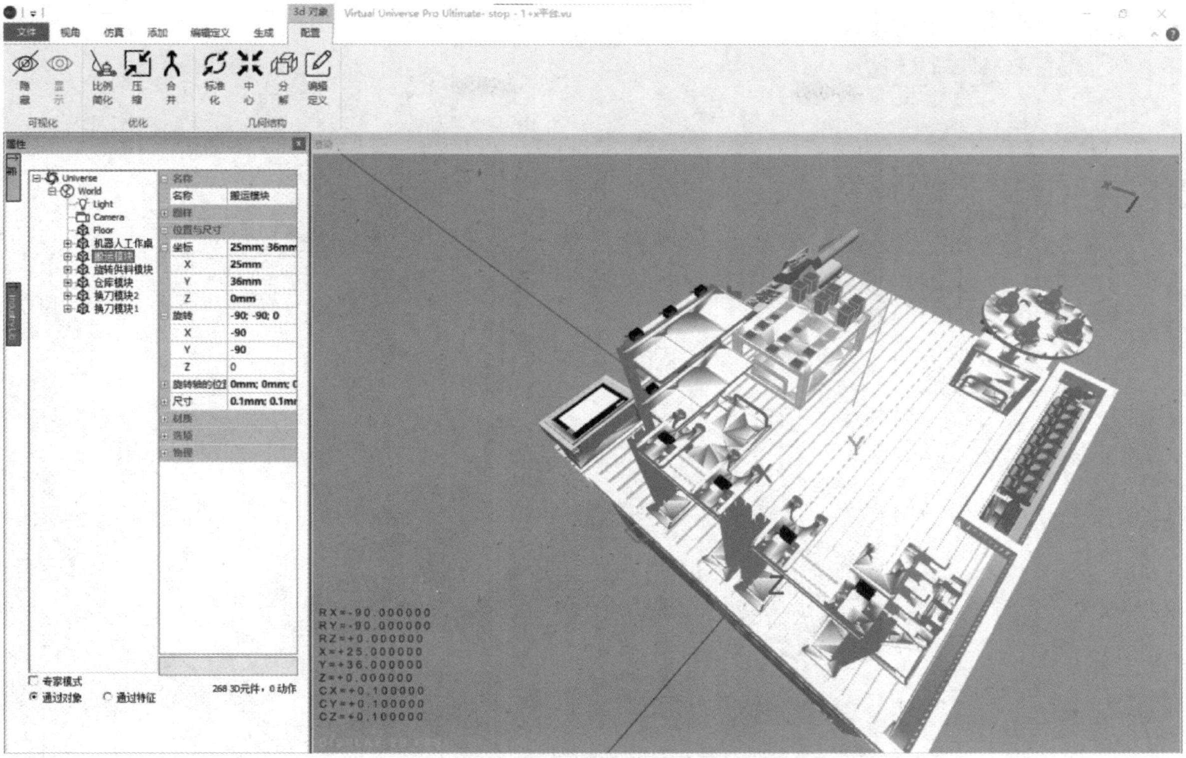

3d 对象
Virtual Universe Pro Ultimate- stop - 1+x平台.vu
文件
视角
仿真
添加
编辑定义
生成
配置
隐藏
显示
比例简化
压缩
合并
标准化
中心
分解
编辑定义
可视化
优化
几何结构
属性
Universe
World
Light
Camera
Floor
机器人工作auto
搬运模块
旋转供料模块
仓库模块
换刀模块2
换刀模块1
名称
名称
搬运模块
图样
位置与尺寸
坐标
25mm; 36mm
X
25mm
Y
36mm
Z
0mm
旋转
-90; -90; 0
X
-90
Y
-90
Z
0
旋转轴的位置
0mm; 0mm;
尺寸
0.1mm; 0.1mm
材质
选项
物理
专家模式
通过对象
通过特征
268 3D元件，0 动作
RX=-90.000000
RY=-90.000000
RZ=+0.000000
X=+25.000000
Y=+36.000000
Z=+0.000000
CX=+0.100000
CY=+0.100000
CZ=+0.100000

图 4-85　机器人搬运模块的位置参数

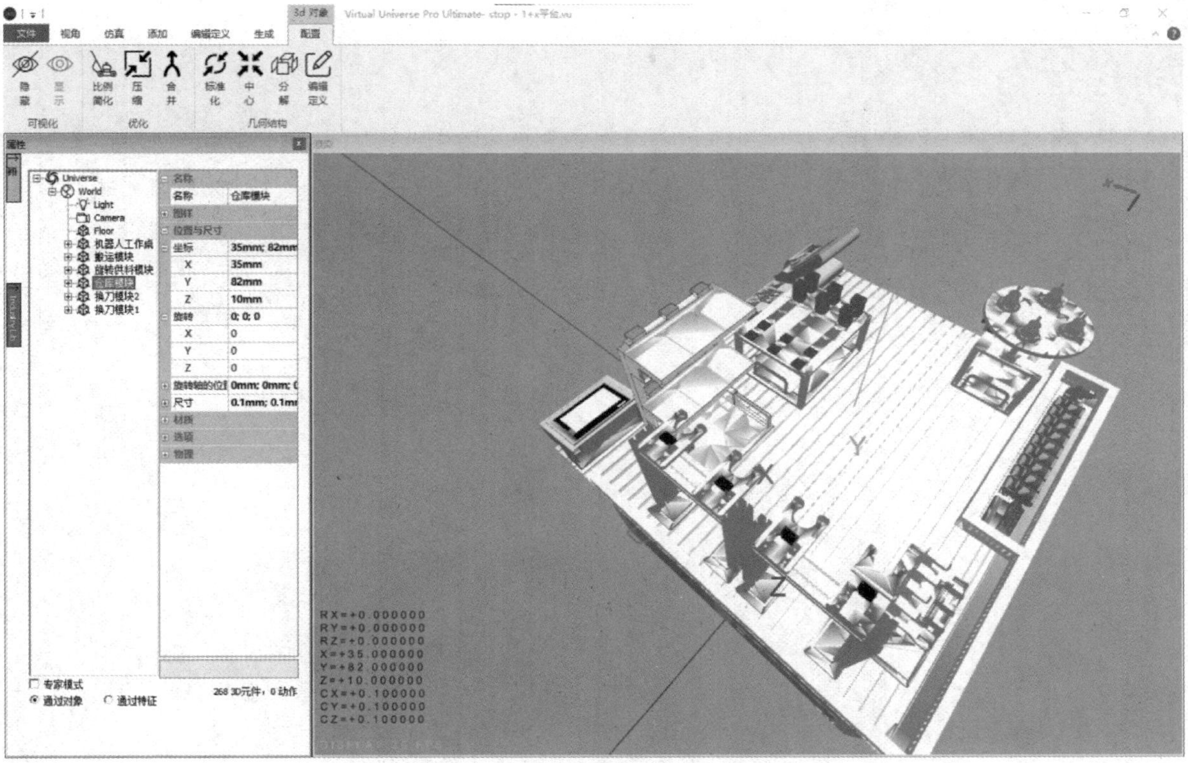

3d 对象
Virtual Universe Pro Ultimate- stop - 1+x平台.vu
文件
视角
仿真
添加
编辑定义
生成
配置
隐藏
显示
比例简化
压缩
合并
标准化
中心
分解
编辑定义
可视化
优化
几何结构
属性
Universe
World
Light
Camera
Floor
搬运模块
旋转供料模块
仓库模块
换刀模块2
换刀模块1
名称
名称
仓库模块
图样
位置与尺寸
坐标
35mm; 82mm
X
35mm
Y
82mm
Z
10mm
旋转
0; 0; 0
X
0
Y
0
Z
0
旋转轴的位置
0mm; 0mm;
尺寸
0.1mm; 0.1mm
材质
选项
物理
专家模式
通过对象
通过特征
268 3D元件，0 动作
RX=+0.000000
RY=+0.000000
RZ=+0.000000
X=+35.000000
Y=+82.000000
Z=+10.000000
CX=+0.100000
CY=+0.100000
CZ=+0.100000

图 4-86　仓库模块的位置参数

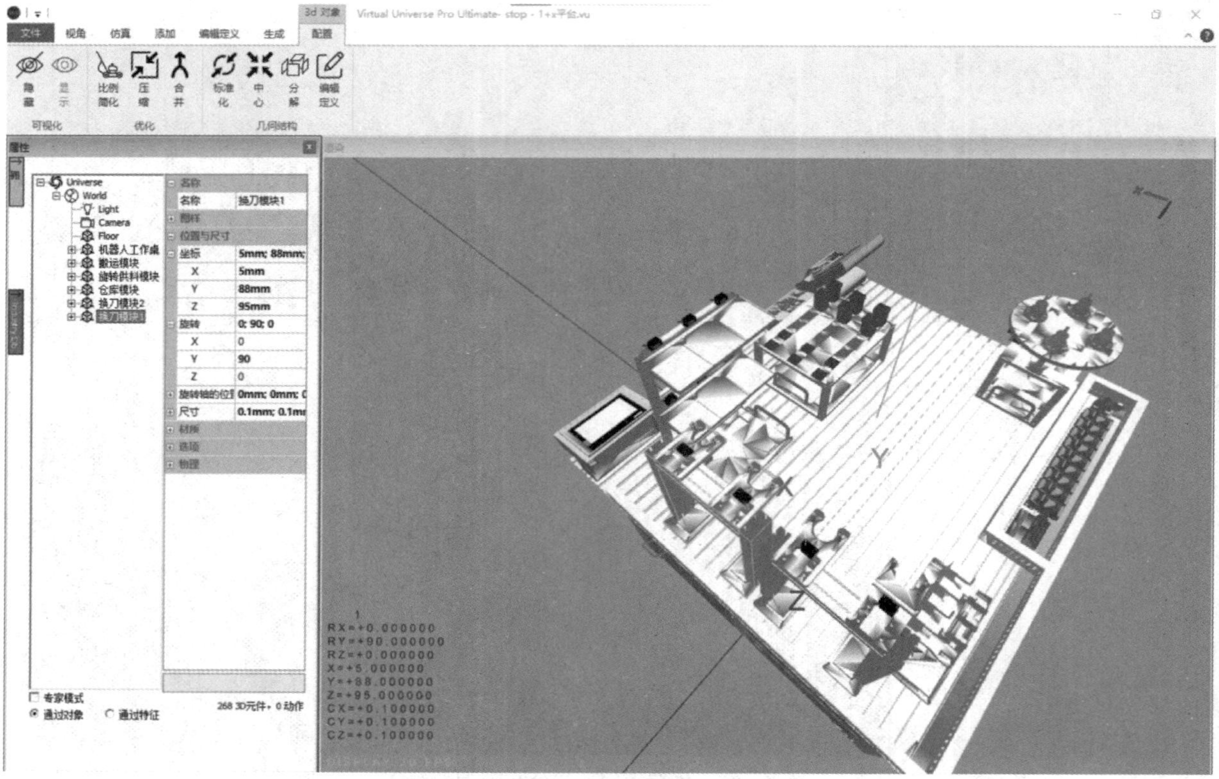
Virtual Universe Pro Ultimate- stop - 1+x平台.vu
文件
视角
仿真
添加
编辑定义
生成
配置
隐藏
显示
比例简化
压缩
合并
标准化
中心
分解
编辑定义
可视化
优化
几何结构
属性
Universe
World
Light
Camera
Floor
机器人工作桌
搬运模块
旋转供料模块
仓库模块
换刀模块2
换刀模块1
名称
名称 换刀模块1
图样
位置与尺寸
坐标 5mm; 88mm;
X 5mm
Y 88mm
Z 95mm
旋转 0; 90; 0
X 0
Y 90
Z 0
旋转轴的位置 0mm; 0mm;
尺寸 0.1mm; 0.1mm
材质
选项
物理
专家模式
通过对象
通过特征
268 3D元件，0 动作
1
RX=+0.000000
RY=+90.000000
RZ=+0.000000
X=+5.000000
Y=+88.000000
Z=+95.000000
CX=+0.100000
CY=+0.100000
CZ=+0.100000

（a）

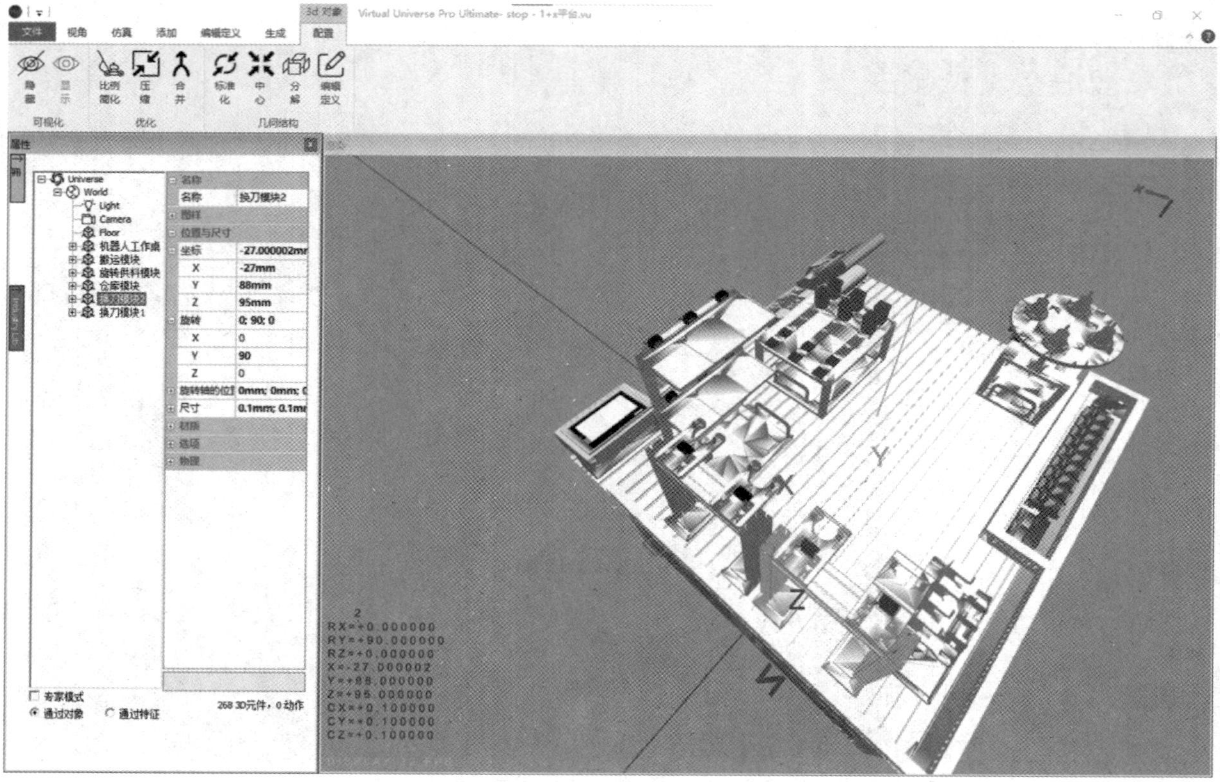
Virtual Universe Pro Ultimate- stop - 1+x平台.vu
文件
视角
仿真
添加
编辑定义
生成
配置
隐藏
显示
比例简化
压缩
合并
标准化
中心
分解
编辑定义
可视化
优化
几何结构
属性
Universe
World
Light
Camera
Floor
机器人工作桌
搬运模块
旋转供料模块
仓库模块
换刀模块2
换刀模块1
名称
名称 换刀模块2
图样
位置与尺寸
坐标 -27.000002mm
X -27mm
Y 88mm
Z 95mm
旋转 0; 90; 0
X 0
Y 90
Z 0
旋转轴的位置 0mm; 0mm;
尺寸 0.1mm; 0.1mm
材质
选项
物理
专家模式
通过对象
通过特征
268 3D元件，0 动作
2
RX=+0.000000
RY=+90.000000
RZ=+0.000000
X=-27.000002
Y=+88.000000
Z=+95.000000
CX=+0.100000
CY=+0.100000
CZ=+0.100000

（b）

图 4-87　换刀模块的位置参数

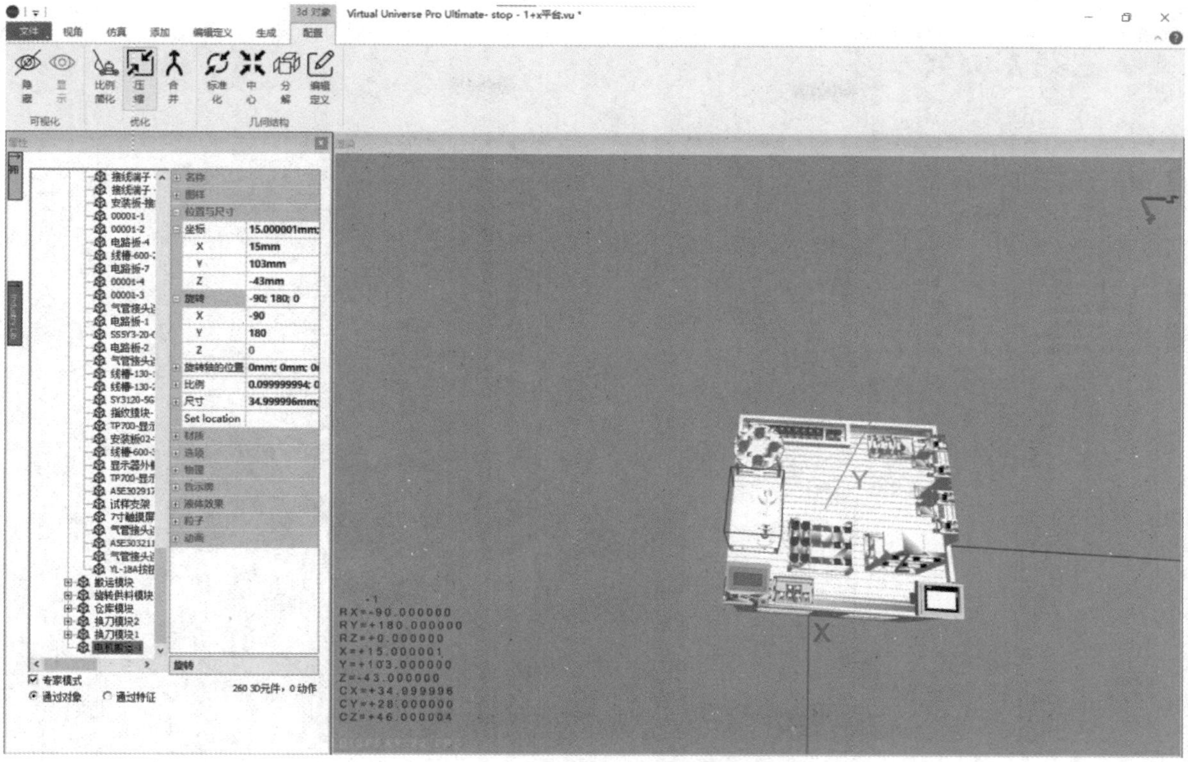

图4-88　视觉模块的位置参数

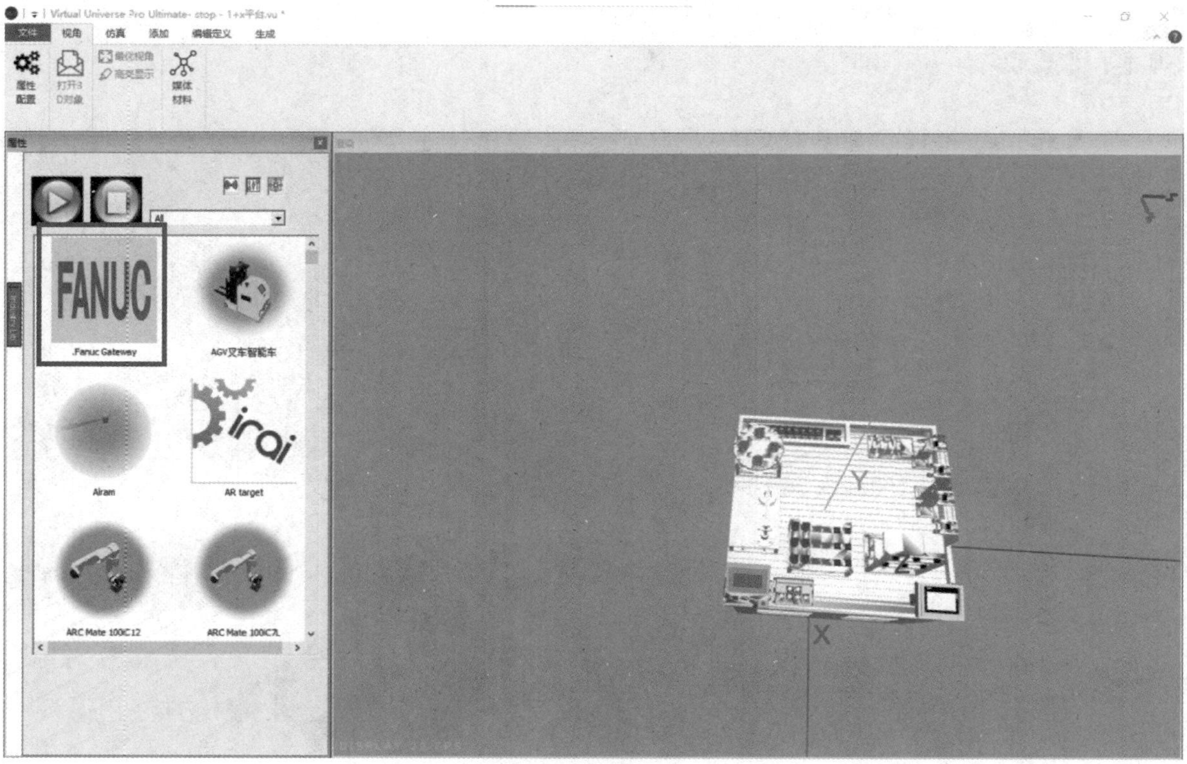

图4-89　搭建工业机器人网关

图 4 - 90　搭建机器人

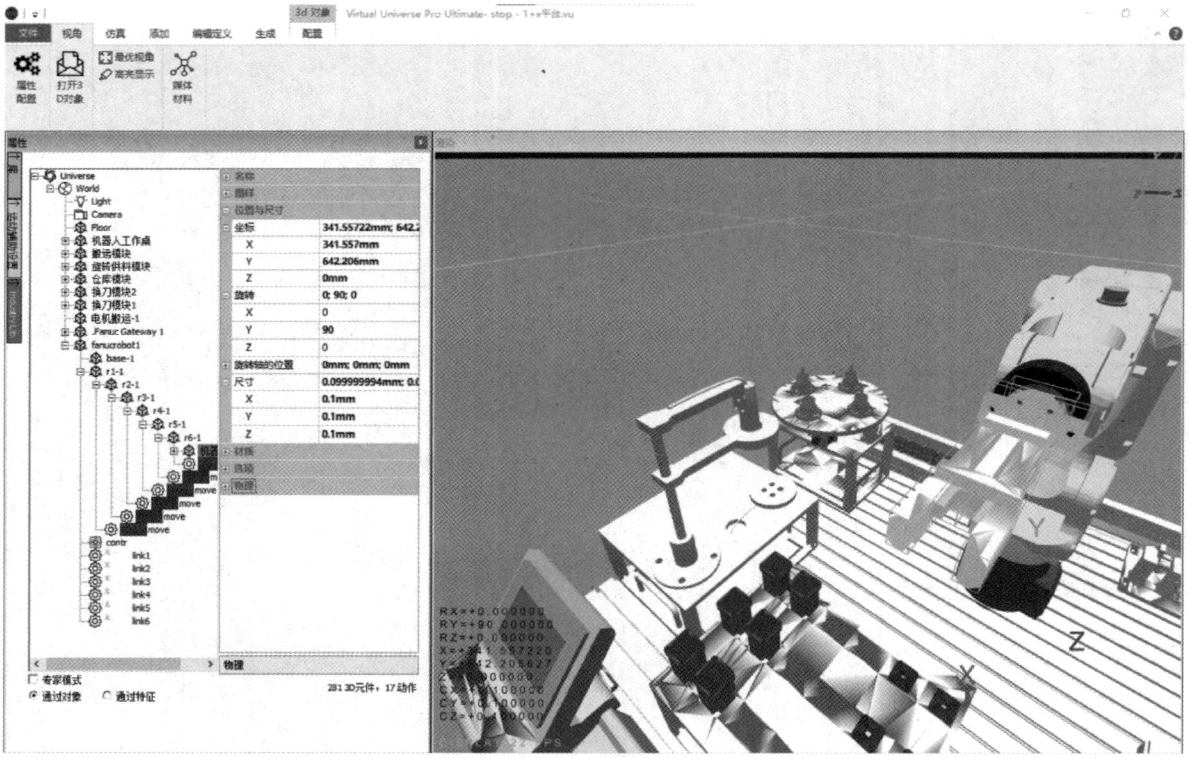

图 4 - 91　夹具的位置参数

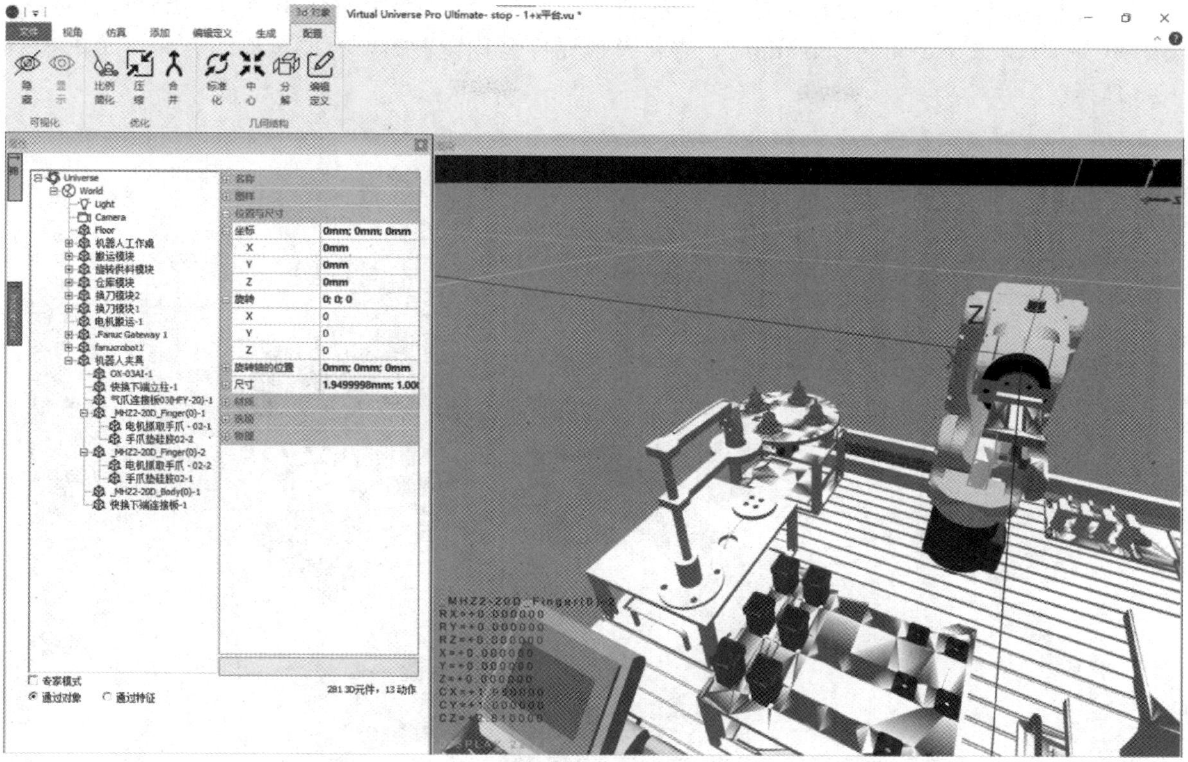
Virtual Universe Pro Ultimate- stop - 1+x平台.vu *
文件
视角
仿真
添加
编辑定义
生成
配置
3d 对象
隐藏
显示
比例简化
压缩
合并
标准化
中心
分解
编辑定义
可视化
优化
几何结构
Universe
World
Light
Camera
Floor
机器人工作桌
搬运模块
旋转供料模块
仓库模块
换刀模块2
换刀模块1
电机搬运-1
.Fanuc Gateway 1
fanucrobot1
机器人夹具
OX-03AI-1
快换下端立柱-1
_MHZ2-20D_Finger(0)-1
电机抓取手爪 - 02-1
手爪垫硅胶02-2
_MHZ2-20D_Finger(0)-2
电机抓取手爪 - 02-2
手爪垫硅胶02-1
_MHZ2-20D_Body(0)-1
快换下端连接板-1
名称
图样
位置与尺寸
坐标
0mm; 0mm; 0mm
X
Y
Z
0mm
旋转
0; 0; 0
旋转轴的位置
尺寸
1.9499998mm; 1.000
材质
选项
物理
专家模式
通过对象
通过特征
281 3D元件，13 动作
_MHZ2-20D_Finger(0)-2
RX=+0.000000
RY=+0.000000
RZ=+0.000000
X=+0.000000
Y=+0.000000
Z=+0.000000
CX=+1.950000
CY=+1.000000
CZ=+2.810000

图 4－92　设置左、右气爪的父子级

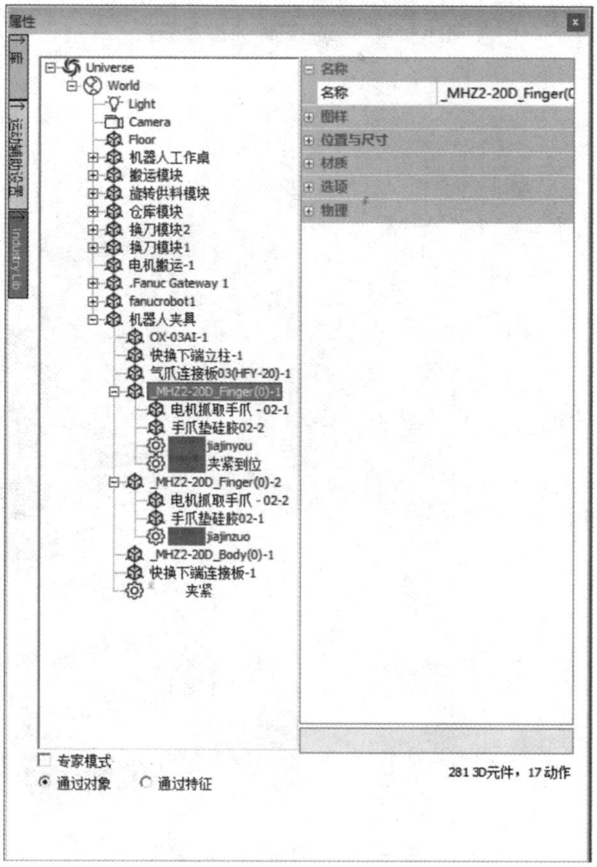
属性
Industry Lib
运动辅助设置
Universe
World
Light
Camera
Floor
机器人工作桌
搬运模块
旋转供料模块
仓库模块
换刀模块2
换刀模块1
电机搬运-1
.Fanuc Gateway 1
fanucrobot1
机器人夹具
OX-03AI-1
快换下端立柱-1
气爪连接板03(HFY-20)-1
_MHZ2-20D_Finger(0)-1
电机抓取手爪 - 02-1
手爪垫硅胶02-2
jiajinyou
夹紧到位
_MHZ2-20D_Finger(0)-2
电机抓取手爪 - 02-2
手爪垫硅胶02-1
jiajinzuo
_MHZ2-20D_Body(0)-1
快换下端连接板-1
夹紧
名称
名称
_MHZ2-20D_Finger(0
图样
位置与尺寸
材质
选项
物理
专家模式
通过对象
通过特征
281 3D元件，17 动作

图 4－93　设置夹具动作和变量

从基础库里拖出一个 cube 元件，将其移动到夹爪中间位置，设置其动作类型为“吸附接触对象”，选择吸附模式为“Force one object position”，并将其他元件名称设置为要抓取对象的名称，如图 4－94 和图 4－95 所示。

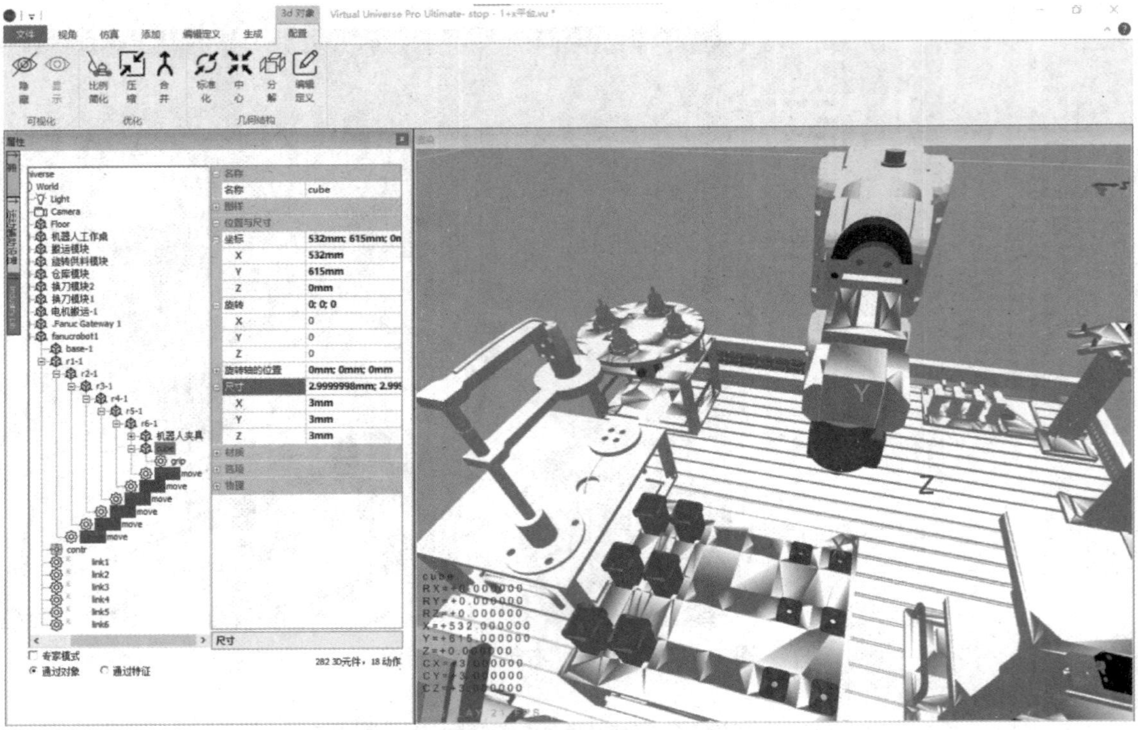

图 4－94　cube 元件的位置参数

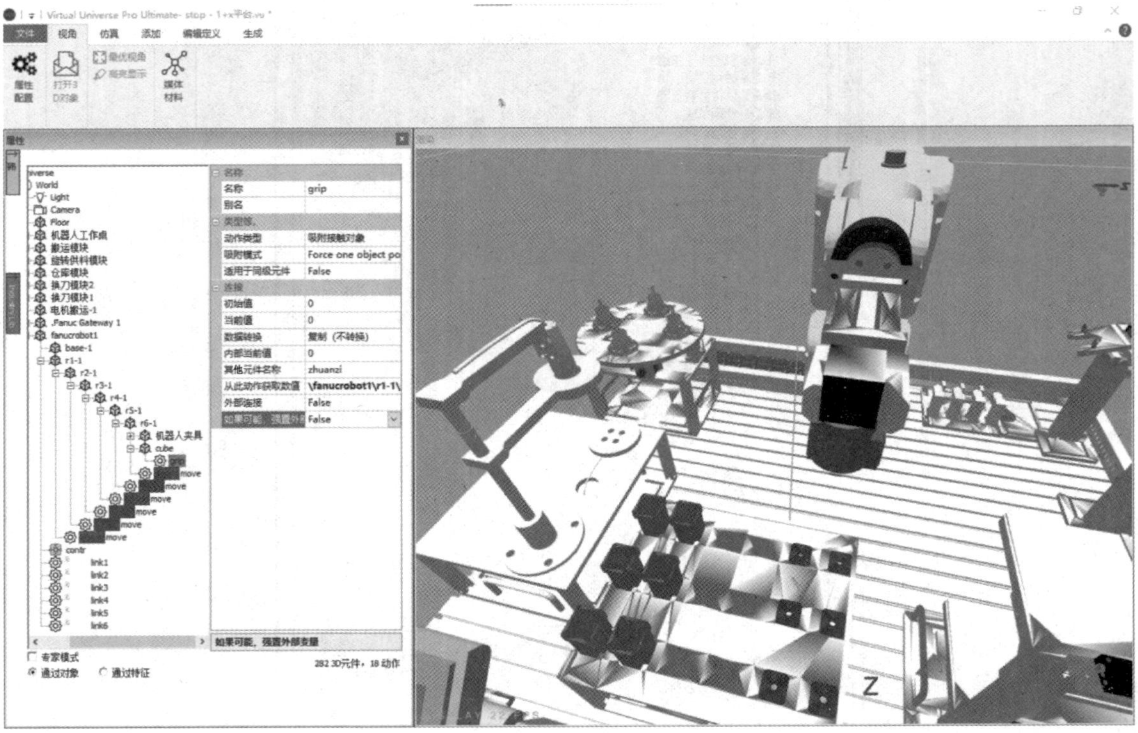

图 4－95　设置吸附对象

（6）设置旋转供料模块，由于装盘上放置转子的 4 个位置是凹面，本软件不能识别，因此必须做特殊处理，如图 4－96 所示。

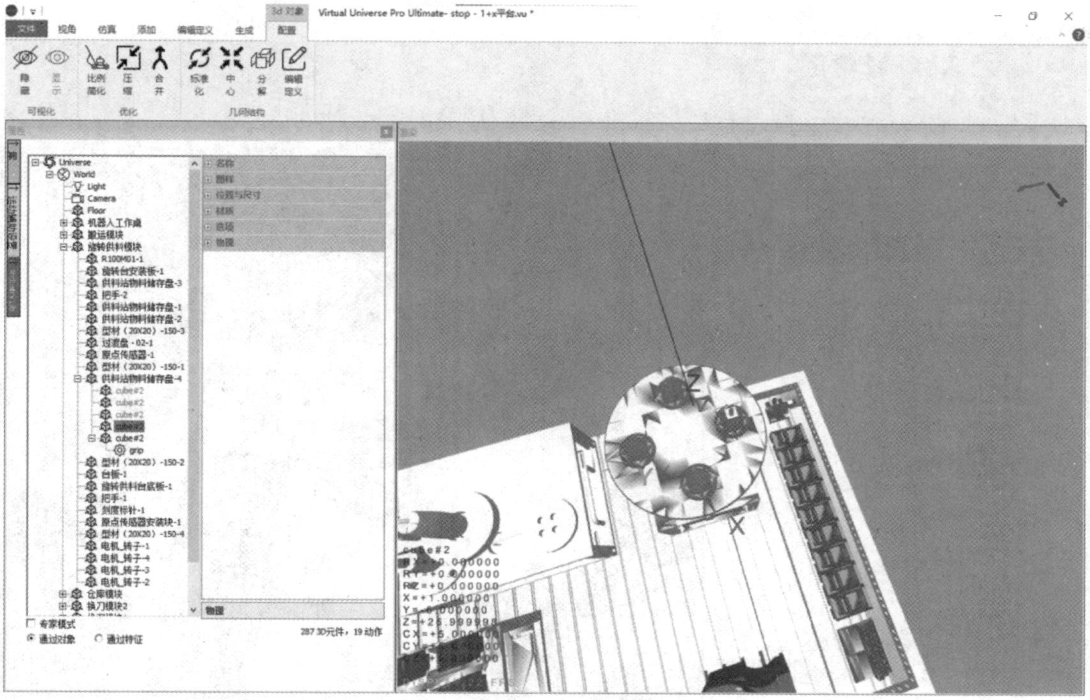

图 4－96　转子的放置

将凹实体等效为 4 个 cube 元件，设置 cube 元件的物理属性但不启用重力，这样可以保证转子能够被正确放置在由 4 个 cube 元件围成的区域内。设置完成后，可以将这 4 个 cube 元件隐藏（通过将材质的“不可见”属性设置为 True），如图 4－97 所示。

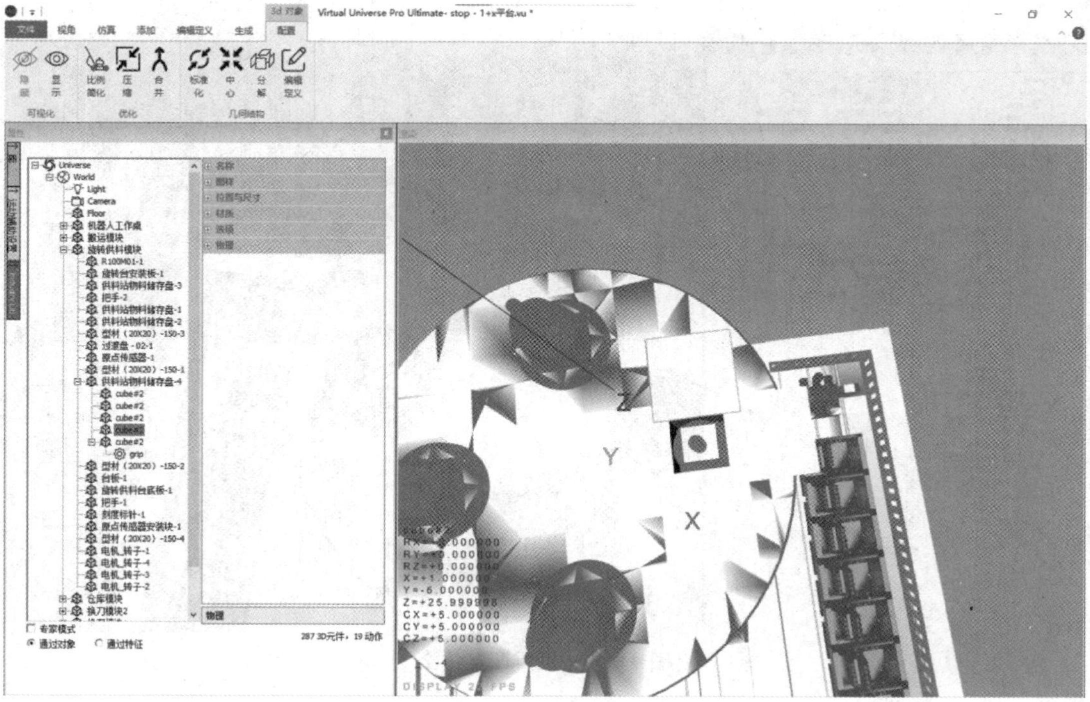

图 4－97　搭建凹实体

在凹实体中间放置一个 cube 元件，无须设置物理属性，为此 cube 元件设置“吸附接触对象”物理属性，并在“其他元件名称”中设置吸附的对象，如图 4－98 和图 4－99 所示。

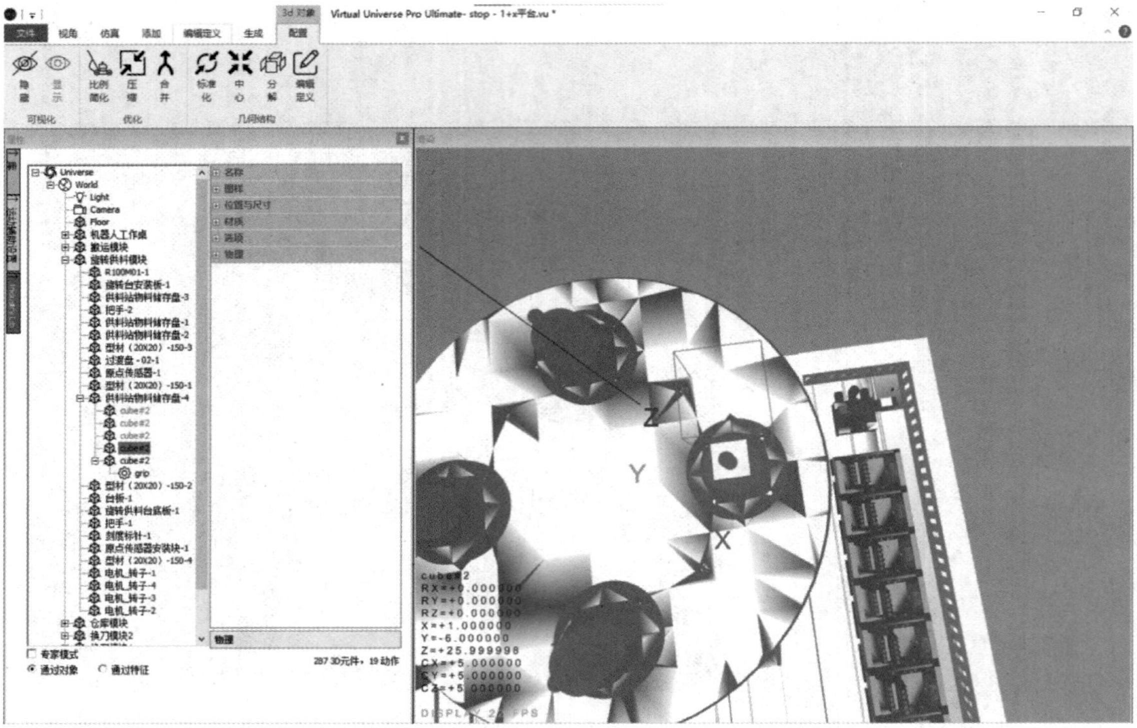

图 4－98　设置凹实体 1

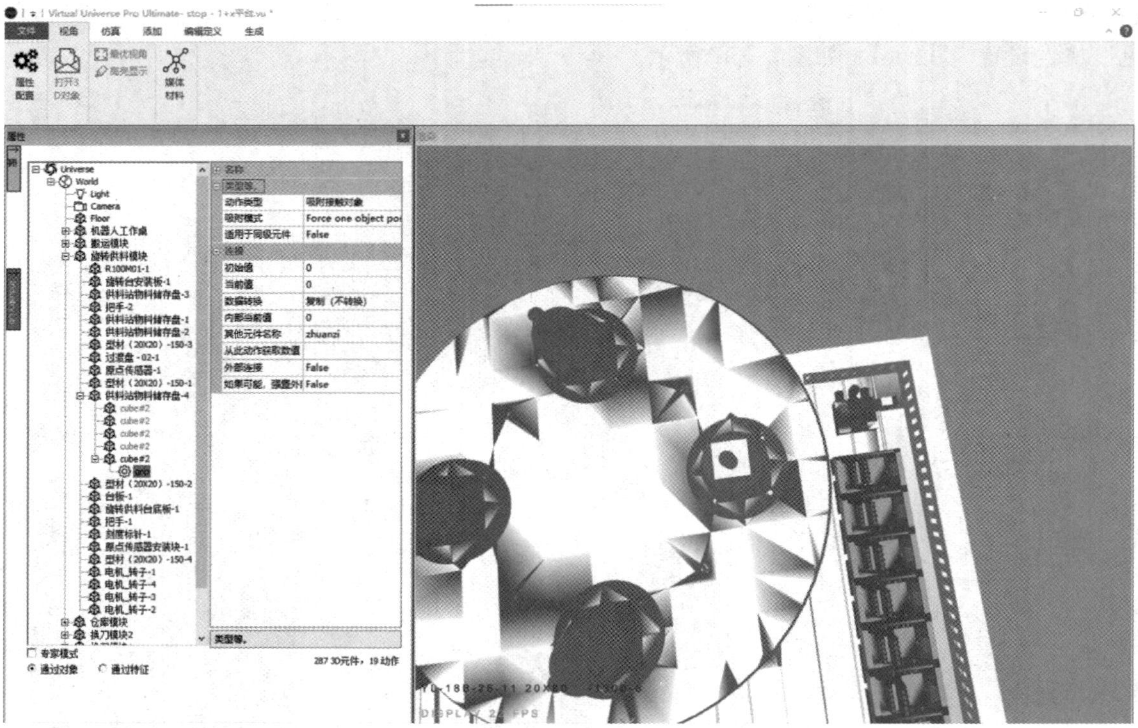

图 4－99　设置凹实体 2

（7）与 PLC 进行通信设置。可以新建一个 3D 元件，在 3D 元件中定义与各类 PLC 通信的变量名，如图 4－100 所示。

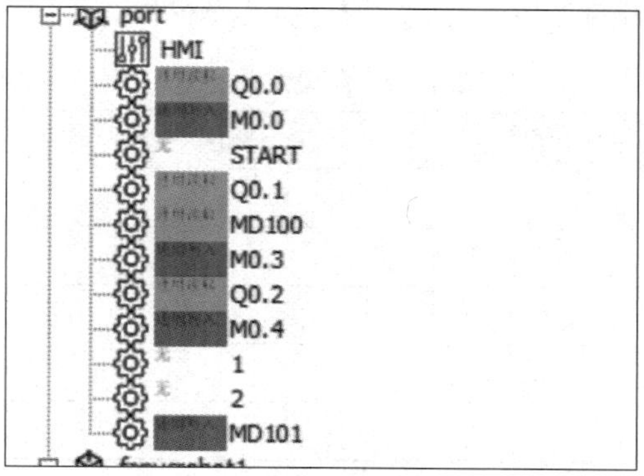

图 4－100　设置 PLC 通信

（8）与机器人的变量通信。实现 VUP 与机器人数字量输出（DO）、数字量输入（DI）、模拟量输出（AO）、模拟量输入（AI）采用的方式是：采用动作类型为“无”的变量，变量名称与 ROBOGUIDE 中的机器人数字量输出（DO）、数字量输入（DI）、模拟量输出（AO）、模拟量输入（AI）编号相对应即可，如图 4－101 所示。

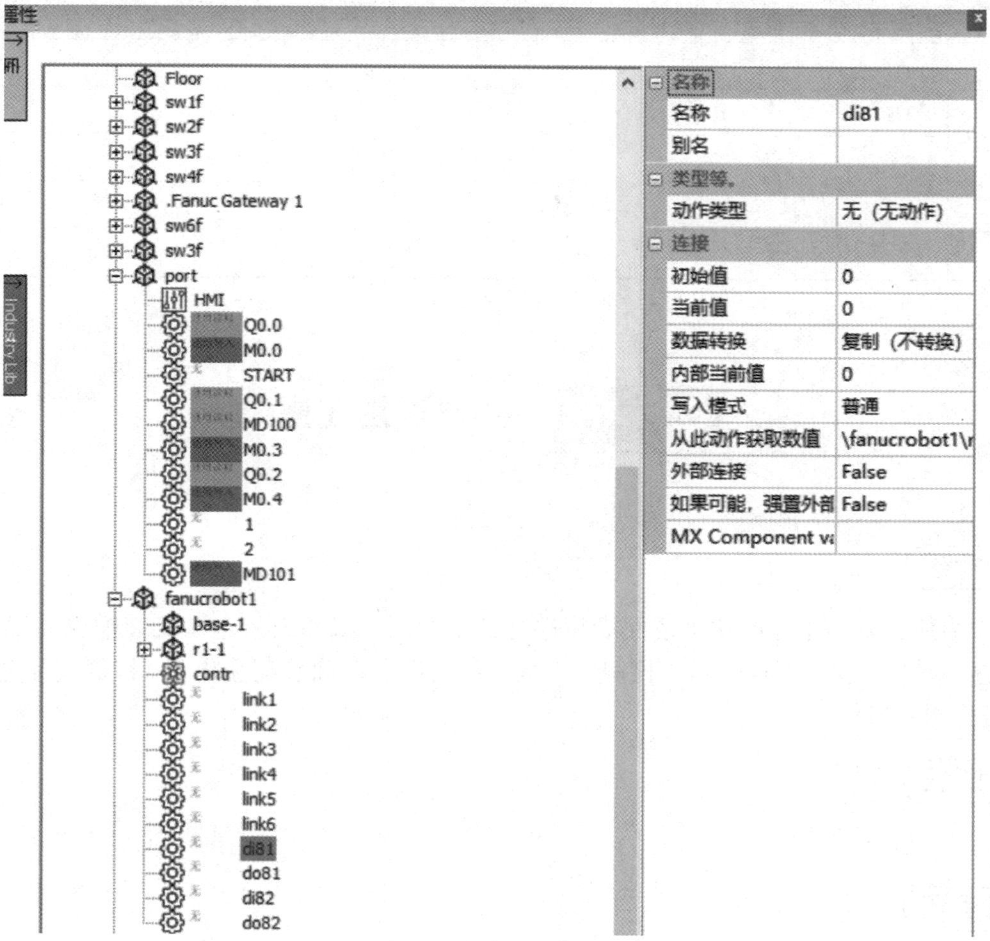

图 4－101　设置与机器人的变量通信

• 任务评价

验证工作计划及执行结果，分析原因并记录于表 4－9。

表 4－9 阶段工作记录

序号	问题现象描述	原因分析	处理方法
1			
2			
3			
4			
5			

• 素养之窗

根据本任务的特点，主动挖掘出与团队协作、诚信友善、创新创效、规范务实、精益专注、爱岗爱国六大职业素养要素相关的案例并填入表 4－10 中。

表 4－10 素养融入

序号	知识点	素养要素切入点
1		
2		
3		
4		
5		

任务 4.2 视觉识别配置

• 任务介绍

应用视觉模块主要用于对电动机装配成品进行品质检测。机器人将电动机装配成品置于检测台范围内，并通过 Modbus 发送到位信号。检测电动机装配情况，正确装配输出 1，错误装配输出 0，通过 Modbus 发送检测结果信号。

• 相关知识

知识点 4.2、知识点 4.4

• 任务实施

（1）visionmaster 视觉编程。

编程完整流程如图 4－102 所示：

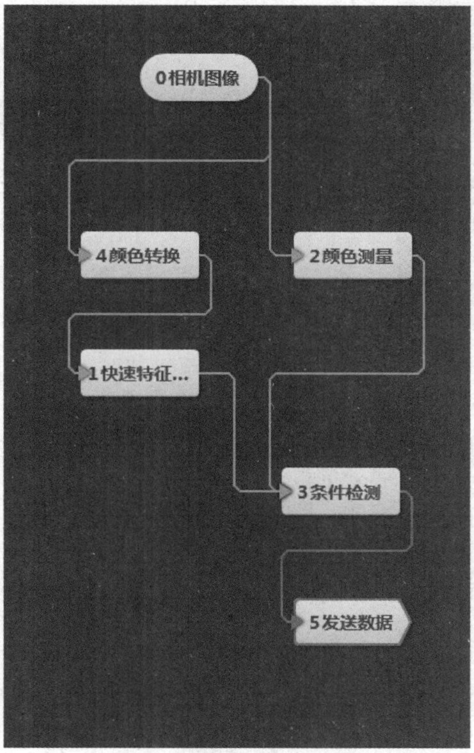

图 4-102　编程完整流程

通过将相机图像拖入主界面（如图 4-103（a）所示）、连接相机（如图 4-103（b）所示）、设置触发方式为软件触发（如图 4-103（c）所示），根据需求使用相机上的粗细旋钮调整焦距，然后打开“开始”菜单并选择“设置”，在“设置”窗口中选择“个性化”选项，展开“背景”下拉菜单并选择“图片”选项，即可完成所有设置。

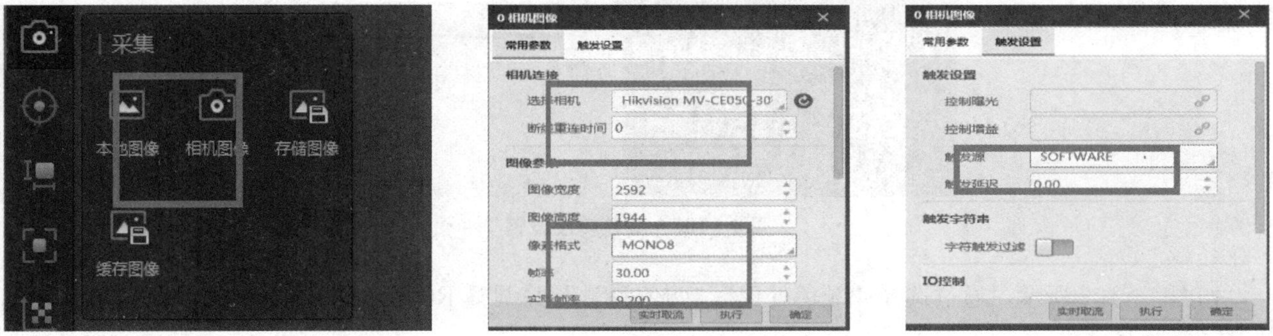

（a）　　　　（b）　　　　（c）

图 4-103　颜色转换（与相机图像连接）

通过依次选择“定位”→“快速匹配特征”（如图 4-104（a）所示），与“颜色转换”连接，配置如图 4-105 所示，单击“创建”（如图 4-104（b）所示），使用方形选框框选电动机并生成模板，修正线条（确保线条连续，两个方框一个圆，将“粗糙尺度模式”和“阈值模式”调整为手动，降低粗糙尺度/阈值后重新生成，线条较为接近时使用橡皮工具进行细微调节），如图 4-104（c）所示，设置完成后将相机图像中的像素格式设置为 RGB24，即可完成所有设置。

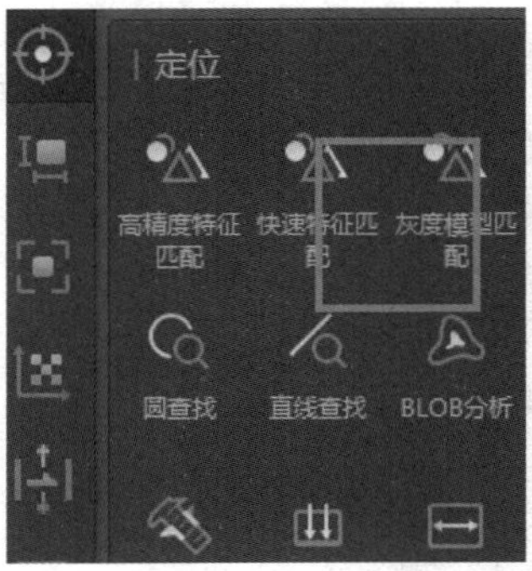

(a)

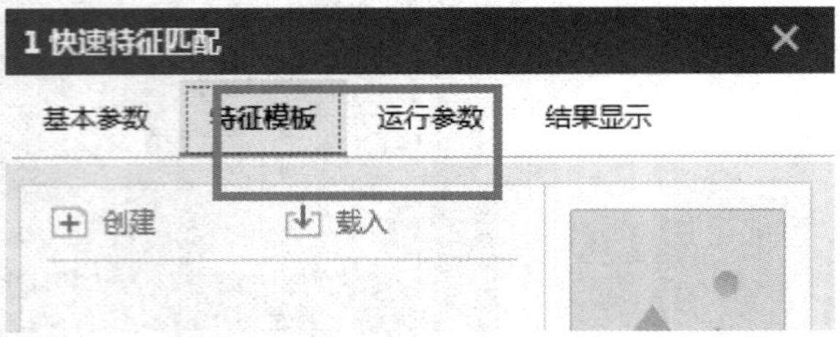

(b)

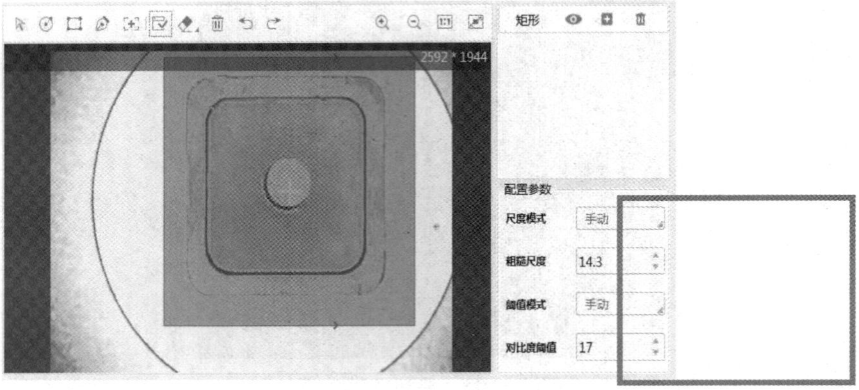

(c)

图 4－104　颜色测量（与相机图像连接）

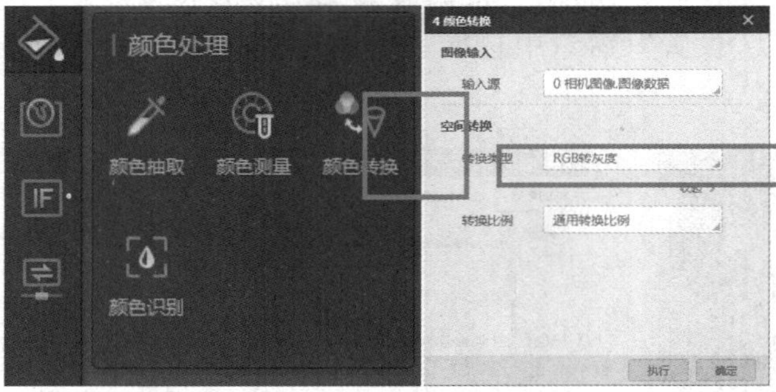

图 4－105　颜色转换设置

如图 4－106 所示，通过选择“颜色处理”“颜色测量”并调整 ROI 区域（框选住工件的蓝白区域），即可完成所有设置。

（2）条件检测（与颜色测量和快速特征匹配连接）。

如图 4－107 所示，通过选择“条件检测”，创建两个 float 条件，设置条件和有效值范围（包括分数和通道 3 的标准差，数值根据情况进行调整），即可完成所有设置。

（3）发送数据。

如图 4－108 所示，通过选择“发送数据”进入“通信管理”，并新建“TCP 客户端”。设置“目标端口”为 502，“目标 IP”为 192.168.8.1，单击“创建”按钮，如图 4－109 所示。然后新建“Modbus 客户端”并在“通信管理”中将其设置为 ON，如图 4－110 所示。右击“Modbus1”并增加地址，如图 4－111 所示。设置相关参数，如图 4－112 所示。最后在发送数据模块中进行输出配置，如图 4－113 所示，即可完成所有设置。

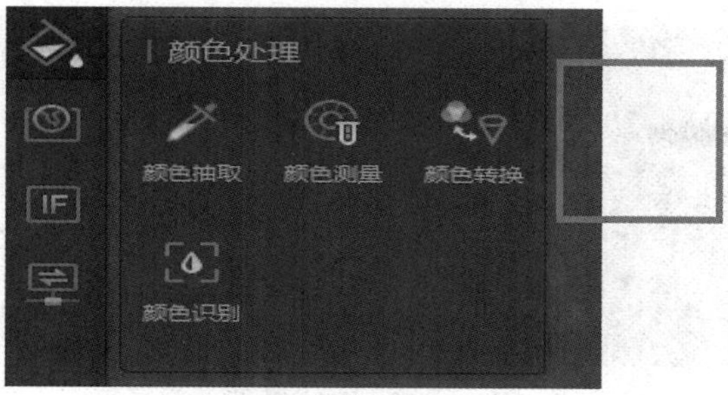
颜色处理
颜色抽取
颜色测量
颜色转换
颜色识别

（a）

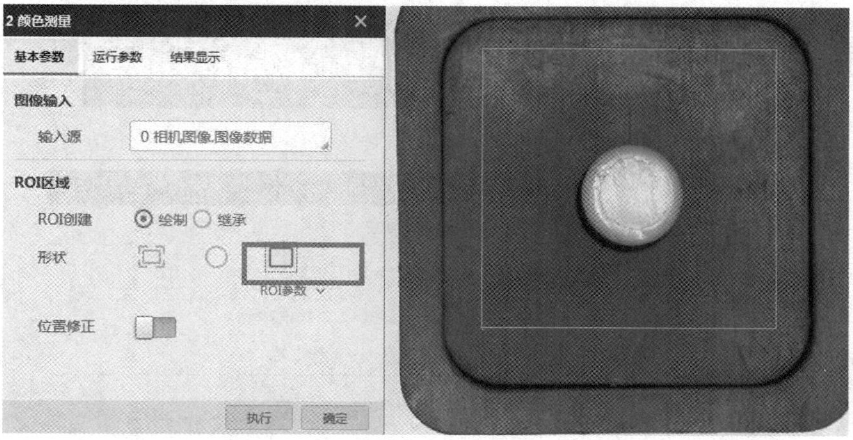
2 颜色测量
基本参数
运行参数
结果显示
图像输入
输入源
0 相机图像.图像数据
ROI区域
ROI创建
绘制
继承
形状
ROI参数
位置修正
执行
确定

（b）

图 4－106　颜色处理

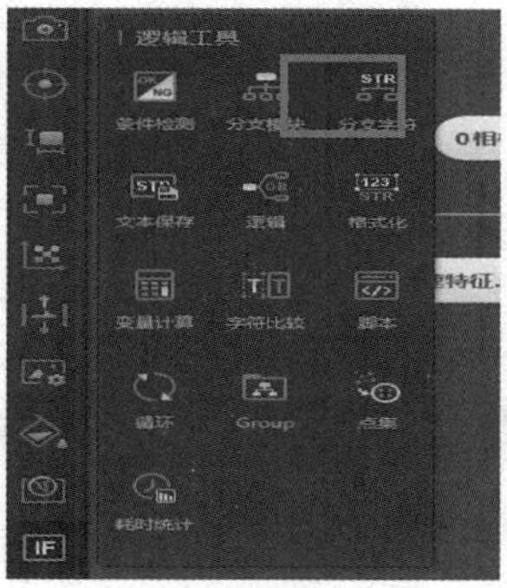
逻辑工具
条件检测
文本保存
格式化
变量计算
字符比较
脚本
循环
Group
耗时统计

（a）

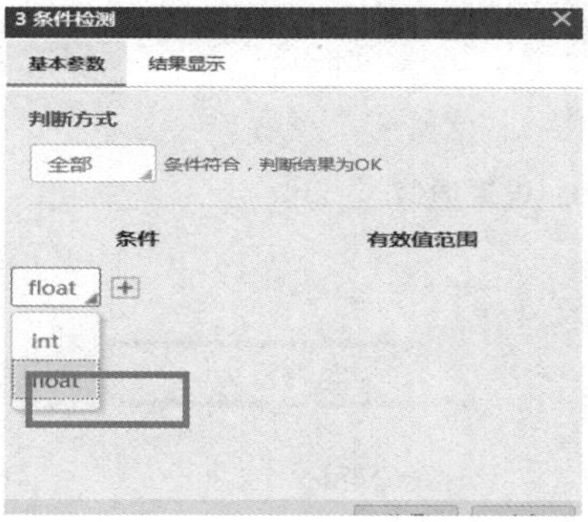
3 条件检测
基本参数
结果显示
判断方式
全部
条件符合，判断结果为OK
条件
有效值范围
float
int

（b）

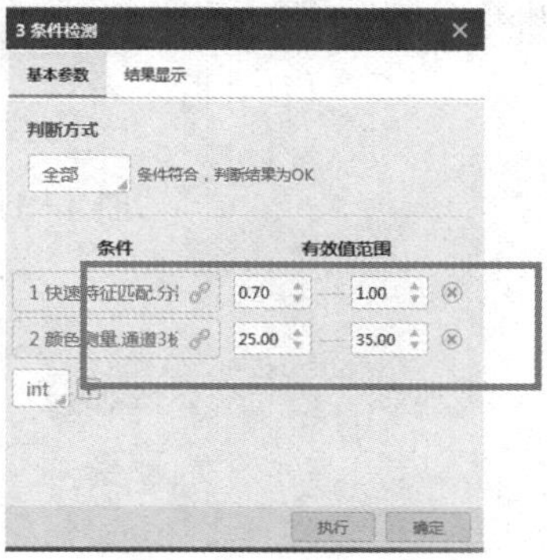
3 条件检测
基本参数
结果显示
判断方式
全部
条件符合，判断结果为OK
条件
有效值范围
0.70
1.00
25.00
35.00
int
执行
确定

（c）

图 4－107　条件检测与连接

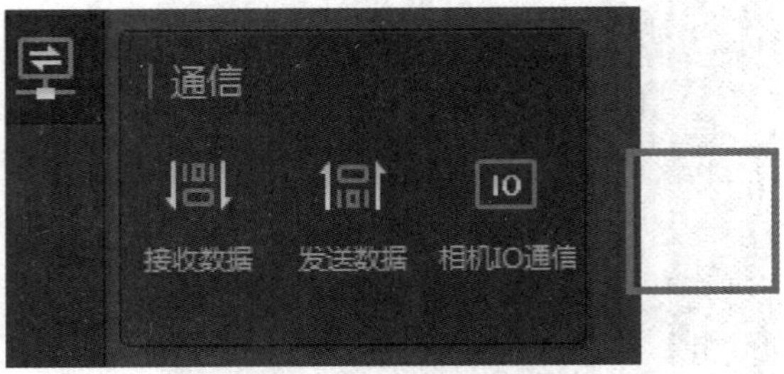
通信
接收数据
发送数据
相机IO通信

图 4－108　发送数据

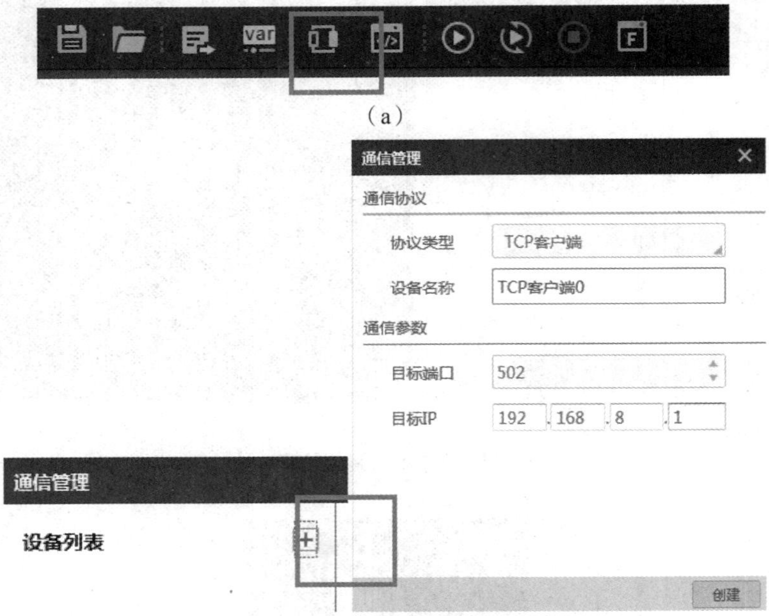
var
通信管理
通信协议
协议类型
TCP客户端
设备名称
TCP客户端0
通信参数
目标端口
502
目标IP
192
168
8
1
通信管理
设备列表
创建

（a）

（b）

图 4－109　创建通信

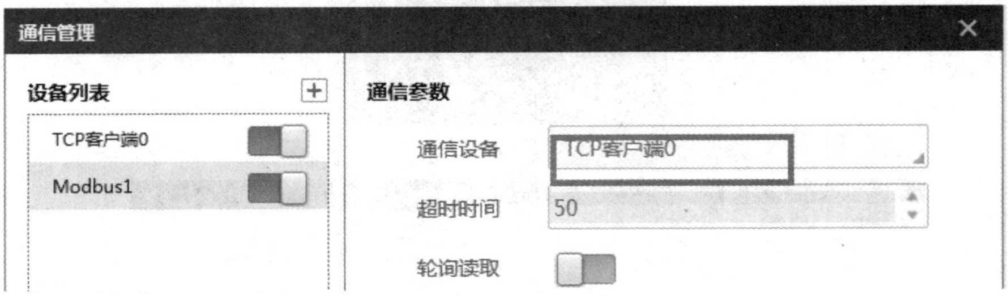
通信管理
设备列表
TCP客户端0
Modbus1
通信参数
通信设备
TCP客户端0
超时时间
50
轮询读取

图 4－110　设置通信

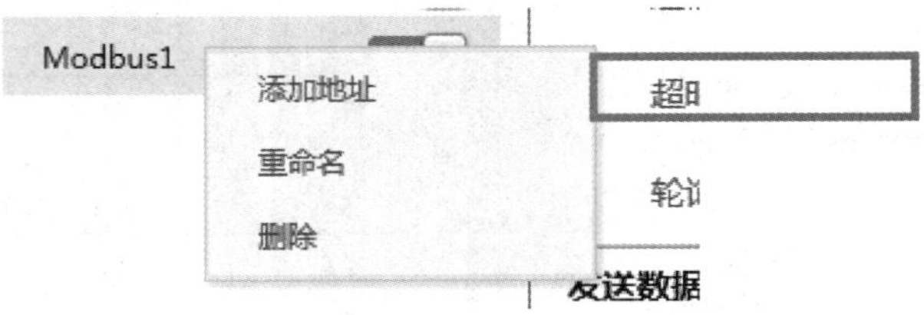
Modbus1
添加地址
重命名
删除

图 4－111　添加地址

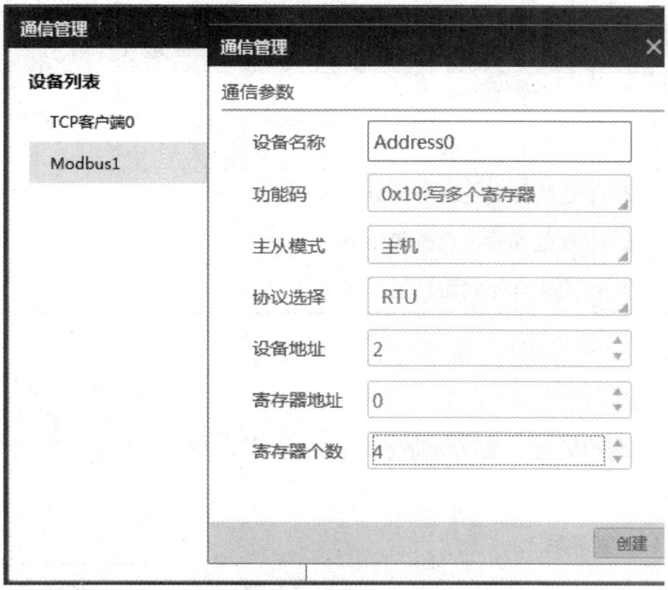

图 4-112　设置参数

图 4-113　输出配置

工艺要求如图 4-114 所示。

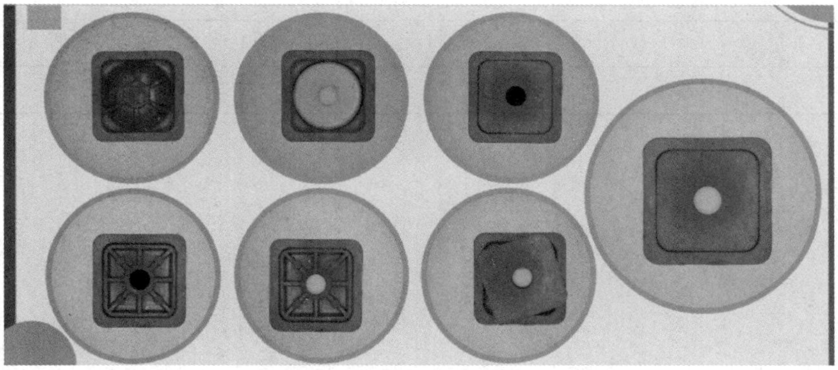

图 4-114　电动机装配成品样例

• 任务评价

本任务的评分表主要包括两个部分，分别为视觉识别和职业素养。完成评价，并记录于表 4-11。

表 4-11　评分表

序号	考核要点	考核要求	配分	预期成果	得分	得分小计
1	视觉识别	从电动机搬运模块抓取电动机模型	1	成功抓取电动机模型		
		机器人触发相机拍照	1	机器人触发相机拍照		
		物料合格信息显示在 HMI	3	物料合格信息正确显示		
		机器人获取识别完成信号	1	信号正确放置		
		HMI 上正确显示物料重量数据	3	正确显示重量数据		
		物料正确识别	1	物料识别正确		

续表

序号	考核要点	考核要求	配分	预期成果	得分	得分小计
2	职业素养	遵守纪律，无安全事故	2	纪律和安全各 1 分		
		工位保持清洁，物品整齐	2	工位和物品各 1 分		
		着装规范整洁，佩戴安全帽	2	着装和安全帽各 1 分		
		操作规范，爱护设备	2	规范和爱护设备各 1 分		
		团队合作，服从安排	2	团队合作和服从安排各 1 分		

• 素养之窗

根据本任务的特点，主动挖掘出与团队协作、诚信友善、创新创效、规范务实、精益专注、爱岗爱国六大职业素养要素相关的案例并填入表 4－12 中。

表 4－12　素养融入

序号	知识点	素养要素切入点
1		
2		
3		
4		
5		

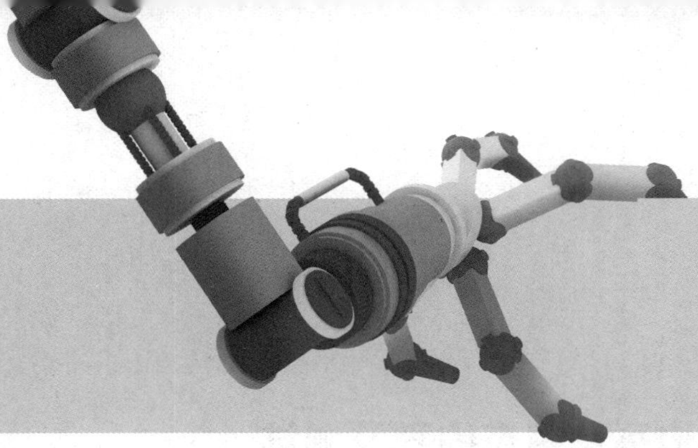

项目 5

综合实训

项目概述

本项目利用数字化技术构建平台，完成机器人、视觉、PLC 的综合实训。

学习目标

● 知识目标：

（1）掌握 ROBOGUIDE 软件的功能与作用

（2）掌握离线编程与仿真功能的运用方法

● 能力目标：

（1）掌握工业机器人工作站仿真环境搭建的基本步骤

（2）掌握模型参数的设置方法

● 素质目标：

（1）养成良好的职业道德和团队精神

（2）养成创新创效、规范务实的职业精神

（3）养成精益专注、爱岗爱国的工匠精神

知识准备

运用前面项目中学习的知识，包括：知识点 1.1、知识点 1.2、知识点 2.1、知识点 2.2、知识点 2.3、知识点 2.4、知识点 3.1、知识点 3.2、知识点 3.3、知识点 3.4、知识点 3.5、知识点 3.6、知识点 3.7、知识点 3.8、知识点 4.1、知识点 4.2、知识点 4.2、知识点 4.3、知识点 4.4。

任务引导

任务 5.1 机器人周边系统组态编程及测试

任务介绍

本任务主要学习利用西门子博途（TIA Portal）完成工业机器人应用实训平台的人机交互界面设计和PLC 编程。

相关知识

知识点 1.1、知识点 1.2、知识点 4.1、知识点 4.2、知识点 4.3、知识点 4.4

任务实施

（1）双击打开主程序。

（2）单击“项目视图”按钮，如图 5－1 所示。

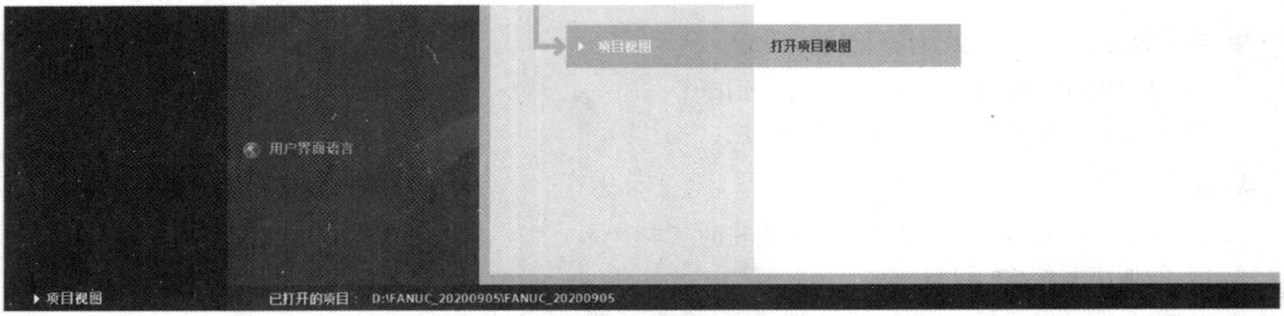

图 5－1　单击“项目视图”

（3）打开 PLC 编程界面的 Main[OBI]，如图 5－2 所示。

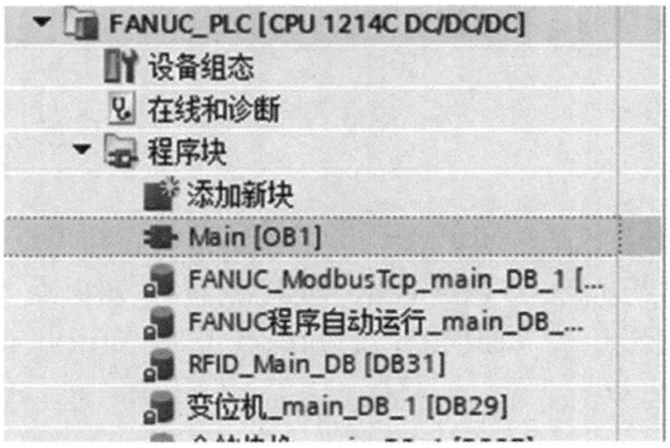

图 5－2　主程序

（4）拖入程序块到程序段（11 个 main 后缀程序），可以有多个程序段，但每个程序段内只能有一行程序，不可以出现多行的情况，如图 5－3 所示。

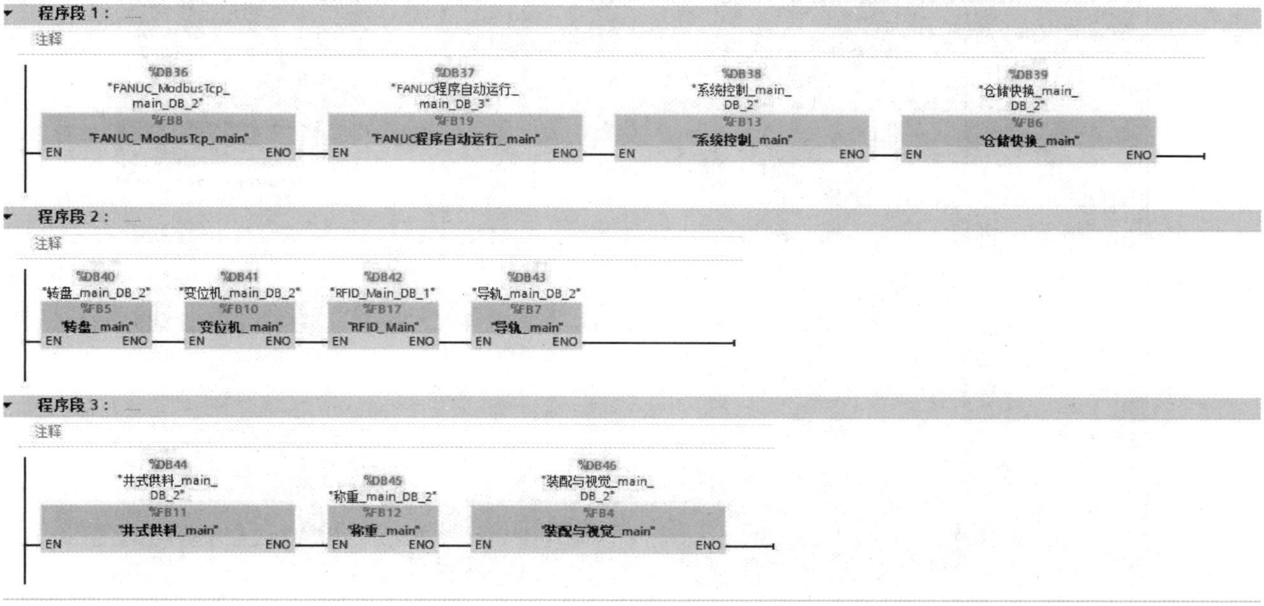

图 5－3　程序界面

（5）如图 5－4 所示，通过选择“程序下载”在不同的情况下继续操作，依次选择“停止模块”→“全部停止”，单击“下载”按钮，下载完成后选择“启动模块”以完成操作。最后检查 PLC 是否全部显示绿灯，如果不是，则单击 PLC 启动按钮，如图 5－5 所示。

图 5－4　下载按钮

(a)

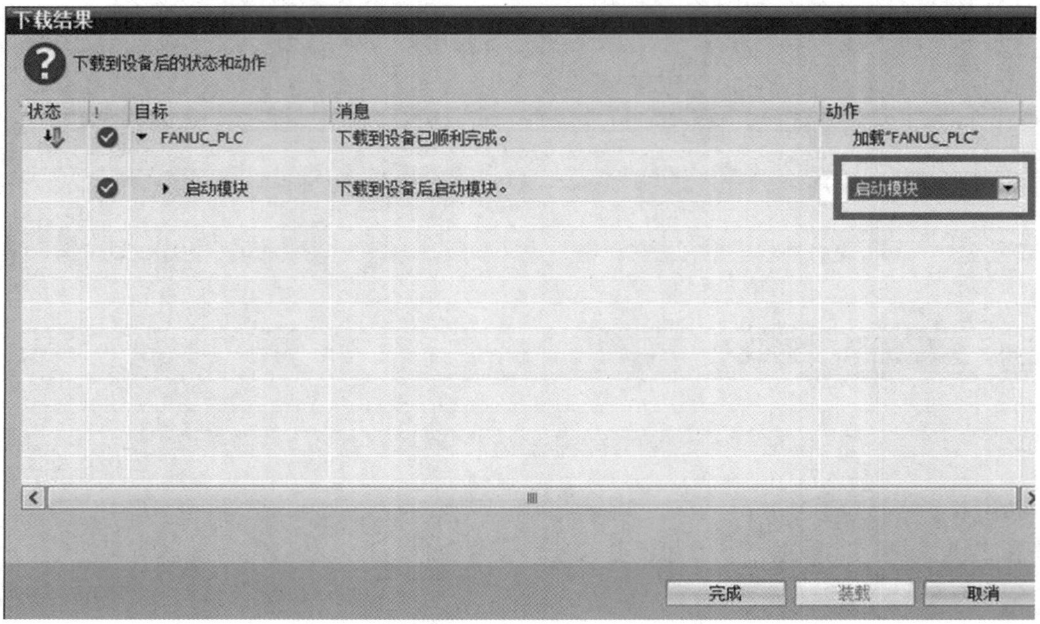

(b)

图 5－5　模块启动

（6）依次选择“FANUC_HMI ［TP700 Comfort］”→“画面” →“添加新画面”，如图 5－6 所示，然后选择“新页面”以创建新的画面。

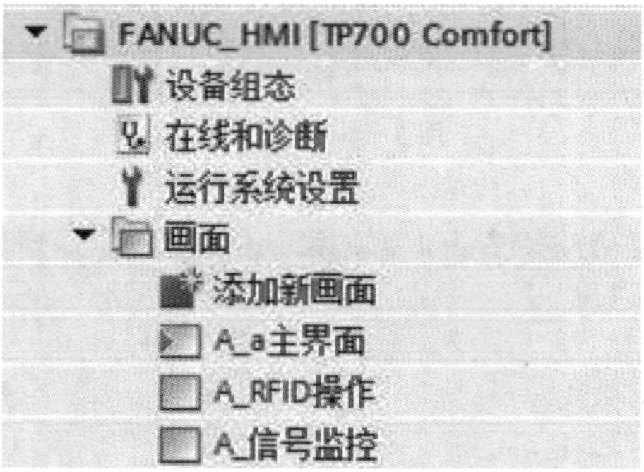

图 5－6　创建新画面

（7）建立两个文本框，依次选择“动画” →“可见性”，并进行变量连接，选择“单个位”作为控制条件，设置为“可见/不可见”，如图 5－7 所示。

（8）选择椭圆，如图 5－8 所示，再依次选择“动画” →“外观型”，然后单击“添加变量”，选择“HMI 变量默认变量表”，找到以 HMI 开头的对应变量，添加变色条件，设置范围为 0 时为白色，1 时为绿色，如图 5－9 所示。

（9）选择“按钮”并进入“事件”设置，选择“按下/释放”事件，单击“添加函数”并编辑“置位位”和“复位位”，如图 5－10 所示，然后关联变量，将具有急停功能的变量设置为“HMI_急停”，如图 5－11 所示。

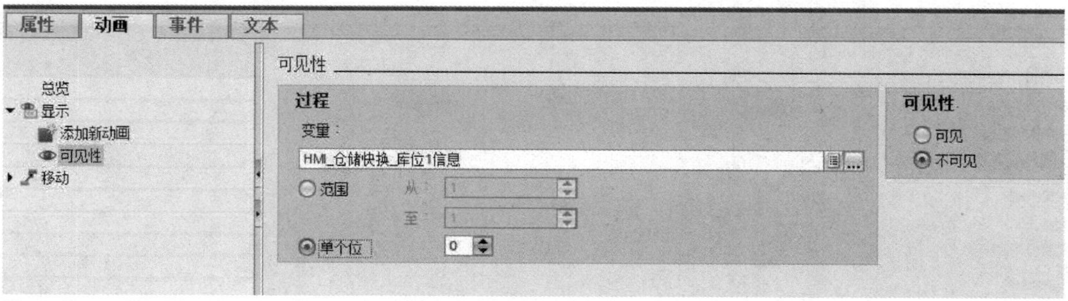

图 5-7　设置变量

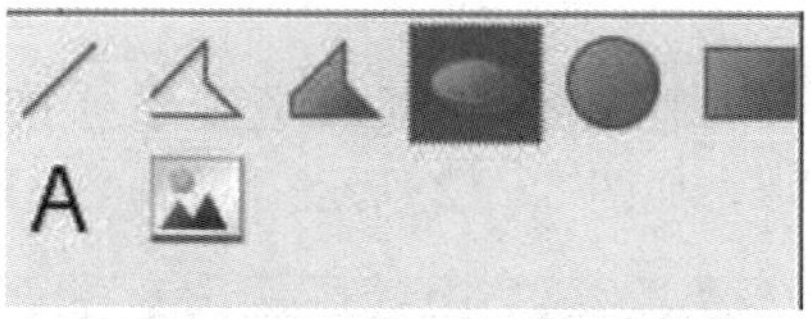

图 5-8　椭圆形指示灯

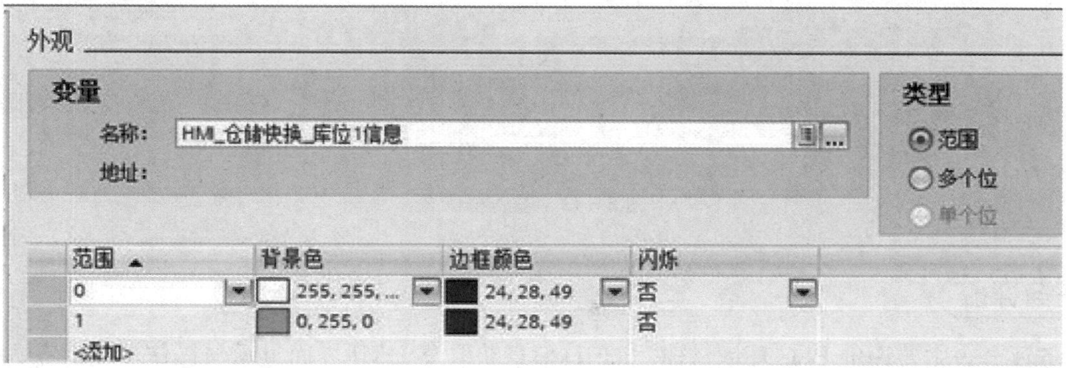

（a）

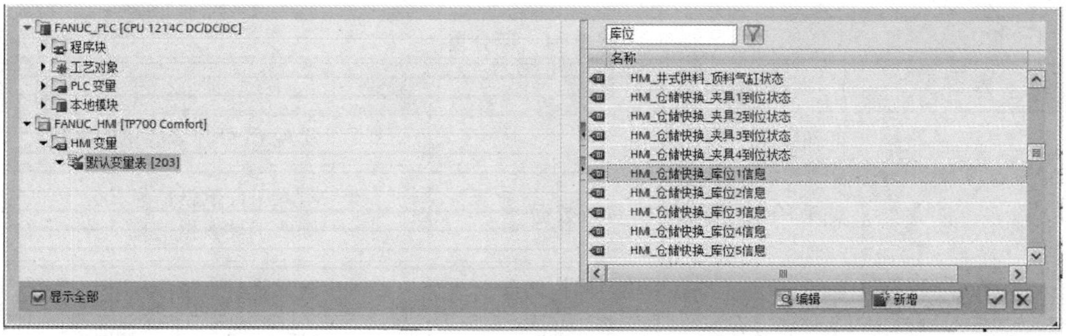

（b）

图 5-9　关联变量 1

图 5-10　关联变量 2

图 5－11　设置按钮

绘制输入框，在“属性”中的“常规”选项卡下配置变量连接，设置“类型”为“输入”或“输出”，并设置“格式样式”为“1 位数”，如图 5－12 所示。

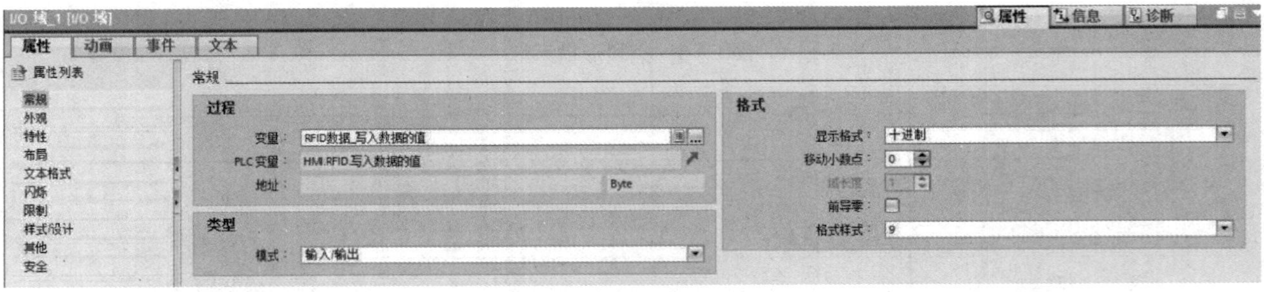

图 5－12　输入框配置

任务评价

本任务评分表主要评价 PLC 环境搭建、RFID 信息获取及 HMI 界面显示与操作功能的完成度。完成评价，并记录于表 5－1。

表 5－1　评分表

考核要点	考核要求	配分	评分标准	得分
PLC 及 RFID 编程	正确搭建 PLC 环境	3	实现 PLC 环境的正确搭建	
	实现 RFID 手动写入/读取数据	4	写入工件数据信息 2 分	
			读取工件数据信息 2 分	
	RFID 单元正确获取物料库位信息	2	获取物料库位信息	
	HMI 画面布局齐全且正确下载	6	HMI 画面 4 分，下载 2 分	
	HMI 立体库仓位正确显示	3	每个仓位显示 0.5 分	
	HMI 上急停按钮有效	2	HMI 上急停按钮有效	

素养之窗

根据本任务的特点，主动挖掘出与团队协作、诚信友善、创新创效、规范务实、精益专注、爱岗爱国六大职业素养要素相关的案例并填入表 5－2 中。

表 5-2 素养融入

序号	知识点	素养要素切入点
1		
2		
3		
4		
5		

任务 5.2 机器人智能检测入库应用编程

• 任务介绍

利用 VUP 软件完成工业机器人应用实训平台的机器人编程。

• 相关知识

知识点 2.1、知识点 2.2、知识点 2.3、知识点 2.4

• 任务实施

主程序：设置程序名称为 RSR0001，如图 5-13 所示。

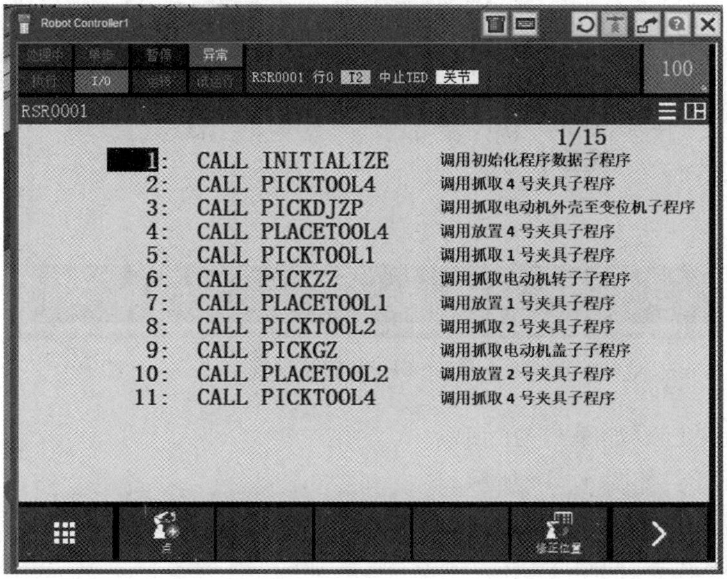

(a)

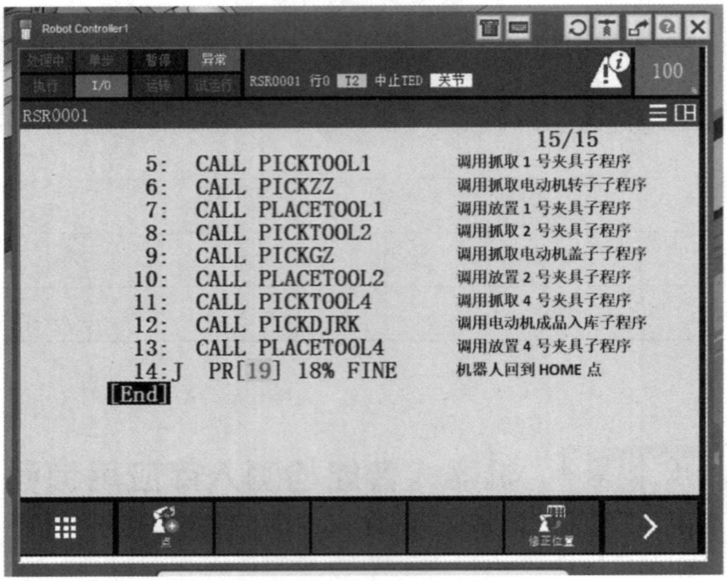

(b)

图 5－13 主程序名称

子程序 1：INITIALIZE，如图 5－14 所示。

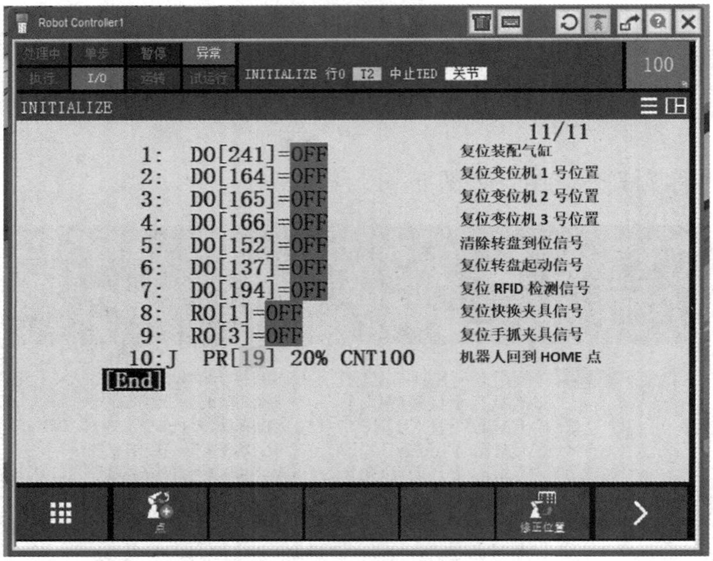

图 5－14 初始化设置

子程序 2：PICKTOOL4，如图 5－15 所示。

子程序 3：PICKDJZP，如图 5－16 所示。

子程序 4：PLACETOOL4，如图 5－17 所示。

子程序 5：PICKTOOL1，如图 5－18 所示。

子程序 6：PICKZZ，如图 5－19 所示。

子程序 7：PLACETOOL1，如图 5－20 所示。

子程序 8：PICKTOOL2，如图 5－21 所示。

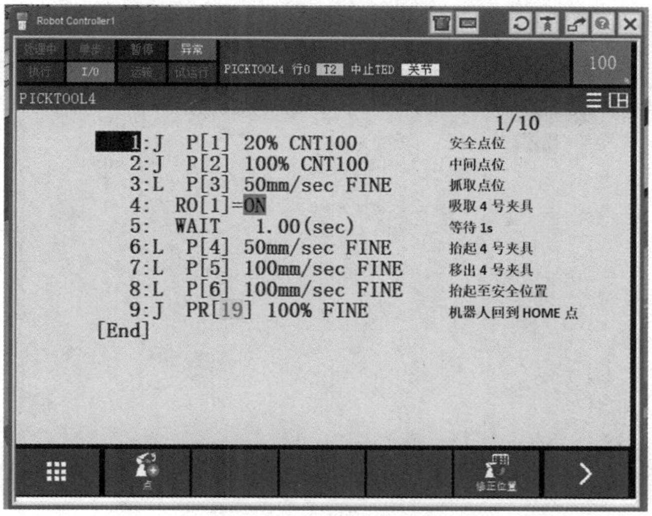
Robot Controller1
处理中 单步 暂停 异常
执行 I/O 运转 试运行
PICKTOOL4 行0 T2 中止TED 关节
100
PICKTOOL4
1/10
1:J P[1] 20% CNT100 安全点位
2:J P[2] 100% CNT100 中间点位
3:L P[3] 50mm/sec FINE 抓取点位
4: RO[1]=ON 吸取 4 号夹具
5: WAIT 1.00(sec) 等待 1s
6:L P[4] 50mm/sec FINE 抬起 4 号夹具
7:L P[5] 100mm/sec FINE 移出 4 号夹具
8:L P[6] 100mm/sec FINE 抬起至安全位置
9:J PR[19] 100% FINE 机器人回到 HOME 点
[End]
点
修正位置

图 5－15　抓取程序

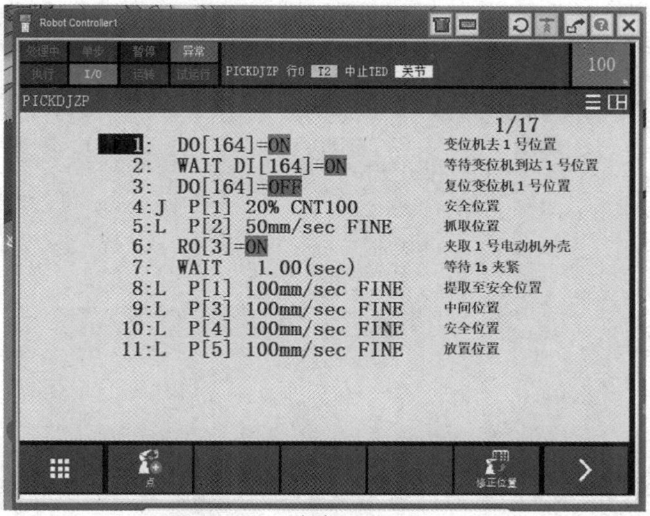
Robot Controller1
处理中 单步 暂停 异常
执行 I/O 运转 试运行
PICKDJZP 行0 T2 中止TED 关节
100
PICKDJZP
1/17
1: DO[164]=ON 变位机去 1 号位置
2: WAIT DI[164]=ON 等待变位机到达 1 号位置
3: DO[164]=OFF 复位变位机 1 号位置
4:J P[1] 20% CNT100 安全位置
5:L P[2] 50mm/sec FINE 抓取位置
6: RO[3]=ON 夹取 1 号电动机外壳
7: WAIT 1.00(sec) 等待 1s 夹紧
8:L P[1] 100mm/sec FINE 提取至安全位置
9:L P[3] 100mm/sec FINE 中间位置
10:L P[4] 100mm/sec FINE 安全位置
11:L P[5] 100mm/sec FINE 放置位置
点
修正位置

（a）

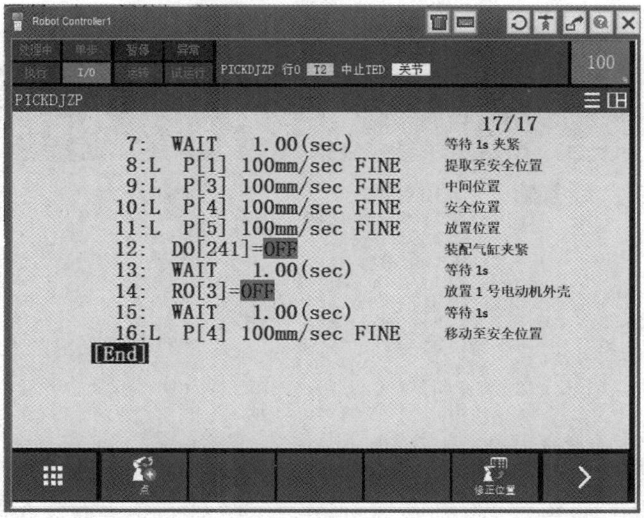
Robot Controller1
处理中 单步 暂停 异常
执行 I/O 运转 试运行
PICKDJZP 行0 T2 中止TED 关节
100
PICKDJZP
17/17
7: WAIT 1.00(sec) 等待 1s 夹紧
8:L P[1] 100mm/sec FINE 提取至安全位置
9:L P[3] 100mm/sec FINE 中间位置
10:L P[4] 100mm/sec FINE 安全位置
11:L P[5] 100mm/sec FINE 放置位置
12: DO[241]=OFF 装配气缸夹紧
13: WAIT 1.00(sec) 等待 1s
14: RO[3]=OFF 放置 1 号电动机外壳
15: WAIT 1.00(sec) 等待 1s
16:L P[4] 100mm/sec FINE 移动至安全位置
[End]
点
修正位置

（b）

图 5－16　抓取电动机外壳至变位机

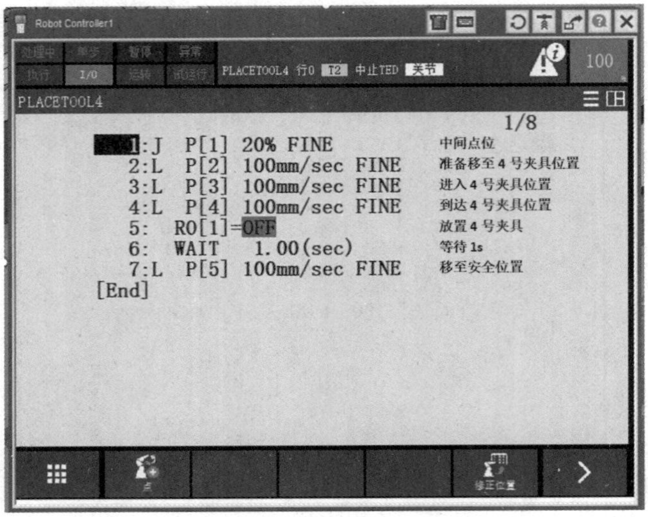
Robot Controller1
PLACETOOL4 行0 T2 中止TED 关节
100
PLACETOOL4
1/8
1:J P[1] 20% FINE 中间点位
2:L P[2] 100mm/sec FINE 准备移至4号夹具位置
3:L P[3] 100mm/sec FINE 进入4号夹具位置
4:L P[4] 100mm/sec FINE 到达4号夹具位置
5: RO[1]=OFF 放置4号夹具
6: WAIT 1.00(sec) 等待1s
7:L P[5] 100mm/sec FINE 移至安全位置
[End]
修正位置

图 5-17　放置 4 号夹具

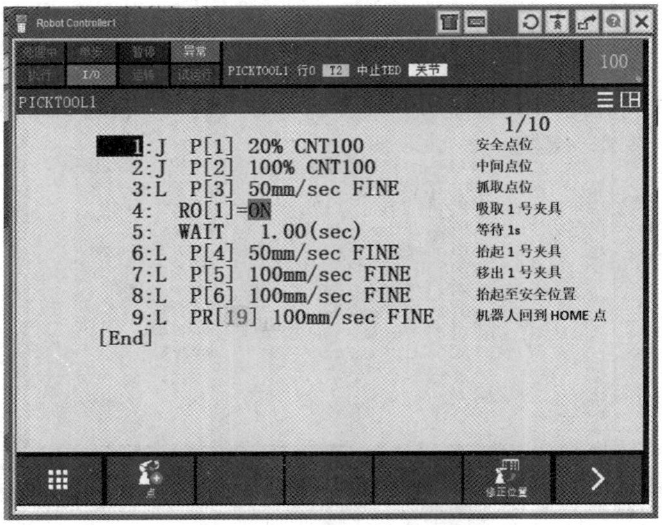
Robot Controller1
PICKTOOL1 行0 T2 中止TED 关节
100
PICKTOOL1
1/10
1:J P[1] 20% CNT100 安全点位
2:J P[2] 100% CNT100 中间点位
3:L P[3] 50mm/sec FINE 抓取点位
4: RO[1]=ON 吸取1号夹具
5: WAIT 1.00(sec) 等待1s
6:L P[4] 50mm/sec FINE 抬起1号夹具
7:L P[5] 100mm/sec FINE 移出1号夹具
8:L P[6] 100mm/sec FINE 抬起至安全位置
9:L PR[19] 100mm/sec FINE 机器人回到HOME点
[End]
修正位置

图 5-18　换取 1 号夹具

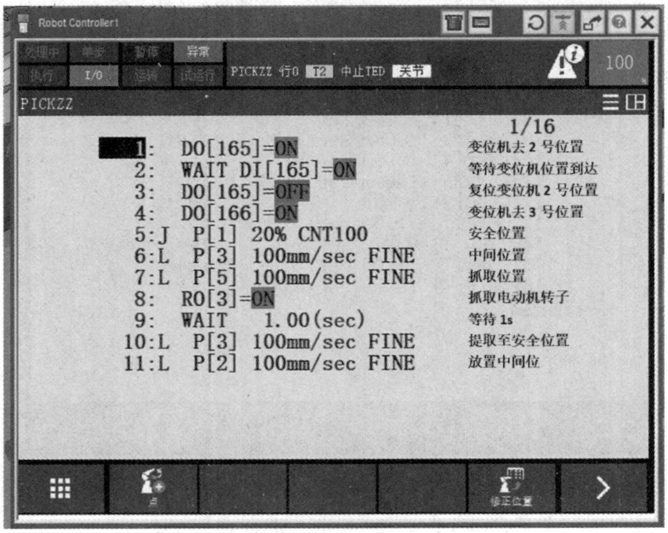
Robot Controller1
PICKZZ 行0 T2 中止TED 关节
100
PICKZZ
1/16
1: DO[165]=ON 变位机去2号位置
2: WAIT DI[165]=ON 等待变位机位置到达
3: DO[165]=OFF 复位变位机2号位置
4: DO[166]=ON 变位机去3号位置
5:J P[1] 20% CNT100 安全位置
6:L P[3] 100mm/sec FINE 中间位置
7:L P[5] 100mm/sec FINE 抓取位置
8: RO[3]=ON 抓取电动机转子
9: WAIT 1.00(sec) 等待1s
10:L P[3] 100mm/sec FINE 提取至安全位置
11:L P[2] 100mm/sec FINE 放置中间位
修正位置

(a)

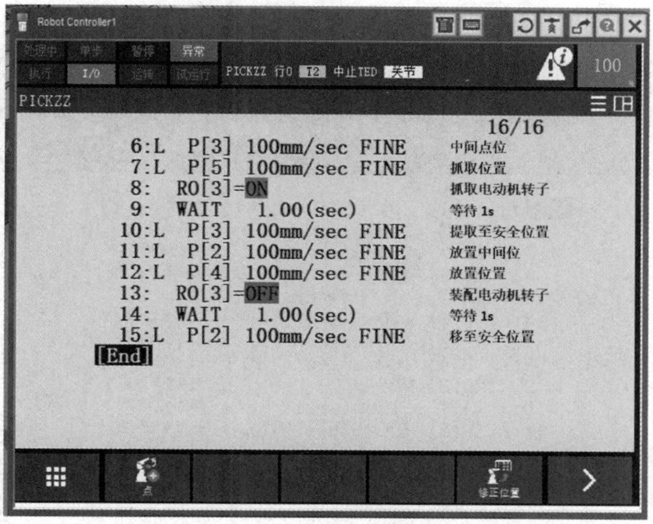
Robot Controller1
处理中 单步 暂停 异常
执行 I/O 运转 试运行
PICKZZ 行0 T2 中止TED 关节
100
PICKZZ
16/16
6:L P[3] 100mm/sec FINE 中间点位
7:L P[5] 100mm/sec FINE 抓取位置
8: RO[3]=ON 抓取电动机转子
9: WAIT 1.00(sec) 等待1s
10:L P[3] 100mm/sec FINE 提取至安全位置
11:L P[2] 100mm/sec FINE 放置中间位
12:L P[4] 100mm/sec FINE 放置位置
13: RO[3]=OFF 装配电动机转子
14: WAIT 1.00(sec) 等待1s
15:L P[2] 100mm/sec FINE 移至安全位置
[End]
点
修正位置

(b)

图5-19 抓取电动机转子

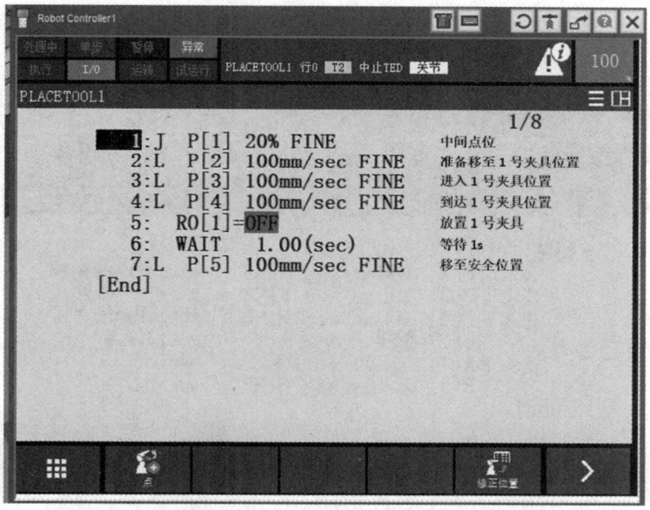
Robot Controller1
处理中 单步 暂停 异常
执行 I/O 运转 试运行
PLACETOOL1 行0 T2 中止TED 关节
100
PLACETOOL1
1/8
1:J P[1] 20% FINE 中间点位
2:L P[2] 100mm/sec FINE 准备移至1号夹具位置
3:L P[3] 100mm/sec FINE 进入1号夹具位置
4:L P[4] 100mm/sec FINE 到达1号夹具位置
5: RO[1]=OFF 放置1号夹具
6: WAIT 1.00(sec) 等待1s
7:L P[5] 100mm/sec FINE 移至安全位置
[End]
点
修正位置

图5-20 放置1号夹具

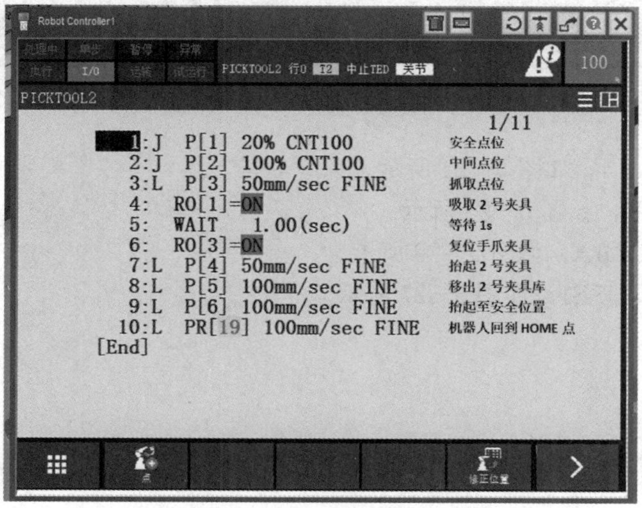
Robot Controller1
处理中 单步 暂停 异常
执行 I/O 运转 试运行
PICKTOOL2 行0 T2 中止TED 关节
100
PICKTOOL2
1/11
1:J P[1] 20% CNT100 安全点位
2:J P[2] 100% CNT100 中间点位
3:L P[3] 50mm/sec FINE 抓取点位
4: RO[1]=ON 吸取2号夹具
5: WAIT 1.00(sec) 等待1s
6: RO[3]=ON 复位手爪夹具
7:L P[4] 50mm/sec FINE 抬起2号夹具
8:L P[5] 100mm/sec FINE 移出2号夹具库
9:L P[6] 100mm/sec FINE 抬起至安全位置
10:L PR[19] 100mm/sec FINE 机器人回到HOME点
[End]
点
修正位置

图5-21 抓取2号夹具

子程序 9：PICKGZ，如图 5－22 所示。

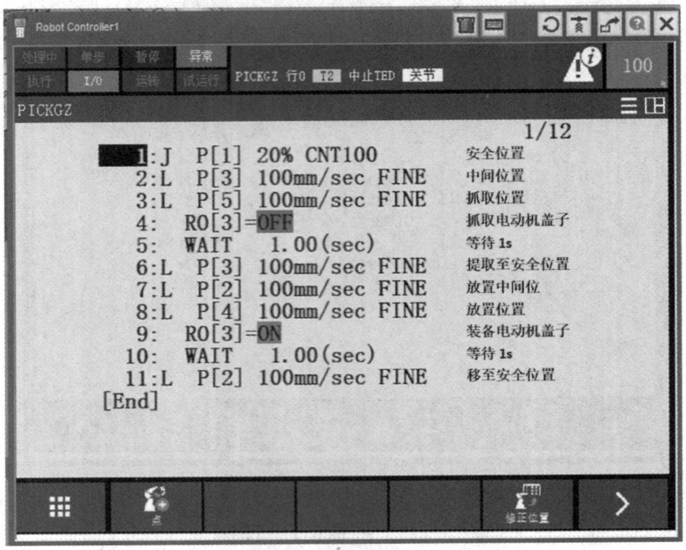

图 5－22 抓取电动机盖子

子程序 10：PLACETOOL2，如图 5－23 所示。

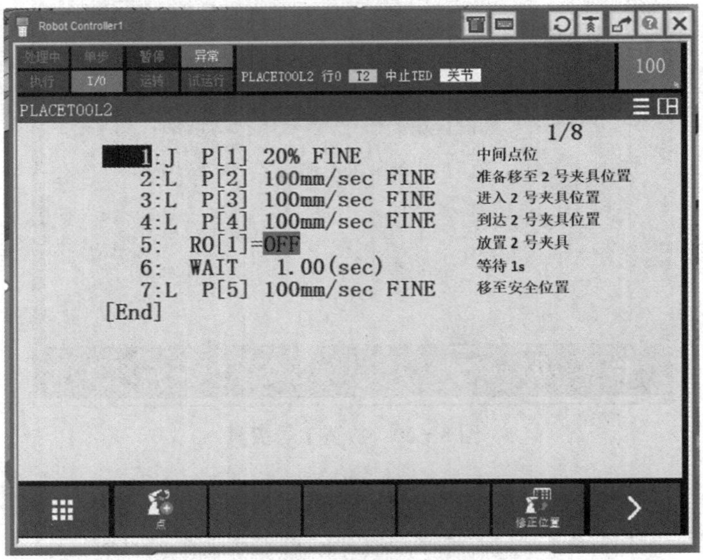

图 5－23 放置 2 号夹具

子程序 11：PICKTOOL4，如图 5－24 所示。

子程序 12：PICKDJRK，如图 5－25 所示。

子程序 13：PLACETOOL4，如图 5－26 所示。

子程序 14：WAREHOUSE1，如图 5－27 所示。

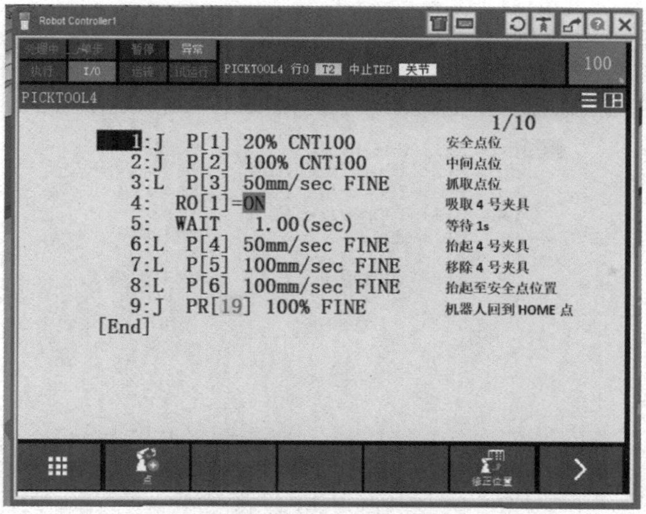
Robot Controller1
PICKTOOL4 行0 T2 中止TED 关节
100
PICKTOOL4
1/10
1:J P[1] 20% CNT100 安全点位
2:J P[2] 100% CNT100 中间点位
3:L P[3] 50mm/sec FINE 抓取点位
4: RO[1]=ON 吸取4号夹具
5: WAIT 1.00(sec) 等待1s
6:L P[4] 50mm/sec FINE 抬起4号夹具
7:L P[5] 100mm/sec FINE 移除4号夹具
8:L P[6] 100mm/sec FINE 抬起至安全点位置
9:J PR[19] 100% FINE 机器人回到HOME点
[End]
点
修正位置

图5-24　抓取4号夹具

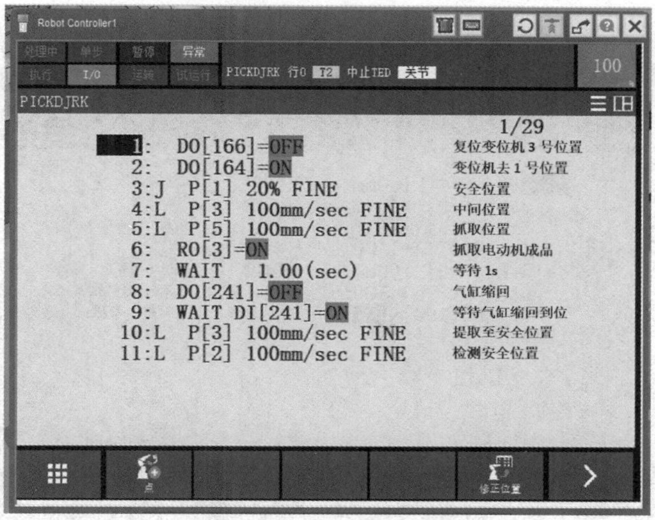
Robot Controller1
PICKDJRK 行0 T2 中止TED 关节
100
PICKDJRK
1/29
1: DO[166]=OFF 复位变位机3号位置
2: DO[164]=ON 变位机去1号位置
3:J P[1] 20% FINE 安全位置
4:L P[3] 100mm/sec FINE 中间位置
5:L P[5] 100mm/sec FINE 抓取位置
6: RO[3]=ON 抓取电动机成品
7: WAIT 1.00(sec) 等待1s
8: DO[241]=OFF 气缸缩回
9: WAIT DI[241]=ON 等待气缸缩回到位
10:L P[3] 100mm/sec FINE 提取至安全位置
11:L P[2] 100mm/sec FINE 检测安全位置
点
修正位置

(a)

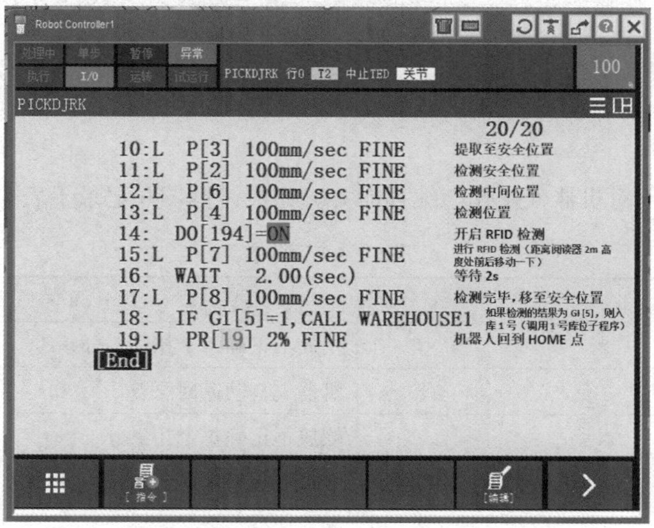
Robot Controller1
PICKDJRK 行0 T2 中止TED 关节
100
PICKDJRK
20/20
10:L P[3] 100mm/sec FINE 提取至安全位置
11:L P[2] 100mm/sec FINE 检测安全位置
12:L P[6] 100mm/sec FINE 检测中间位置
13:L P[4] 100mm/sec FINE 检测位置
14: DO[194]=ON 开启RFID检测
15:L P[7] 100mm/sec FINE 进行RFID检测（距离阅读器2m高度处前后移动一下）
16: WAIT 2.00(sec) 等待2s
17:L P[8] 100mm/sec FINE 检测完毕，移至安全位置
18: IF GI[5]=1,CALL WAREHOUSE1 如果检测的结果为GI[5]，则入库1号（调用1号库位子程序）
19:J PR[19] 2% FINE 机器人回到HOME点
[End]
[指令]
[编辑]

(b)

图5-25　电动机成品入库

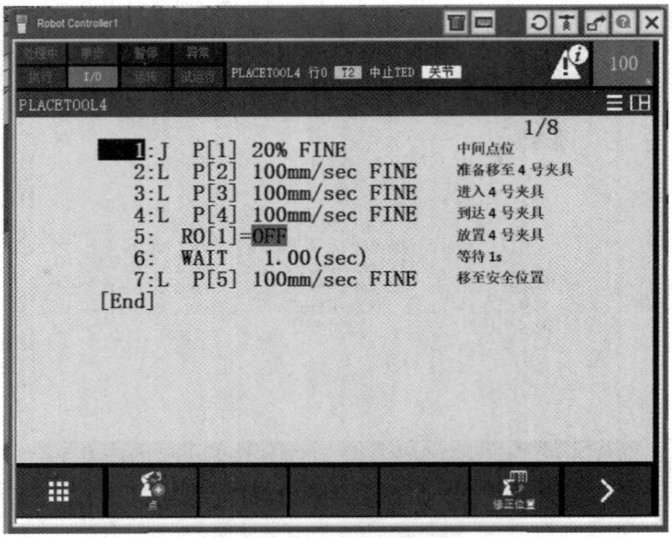

图 5-26　放置 4 号夹具

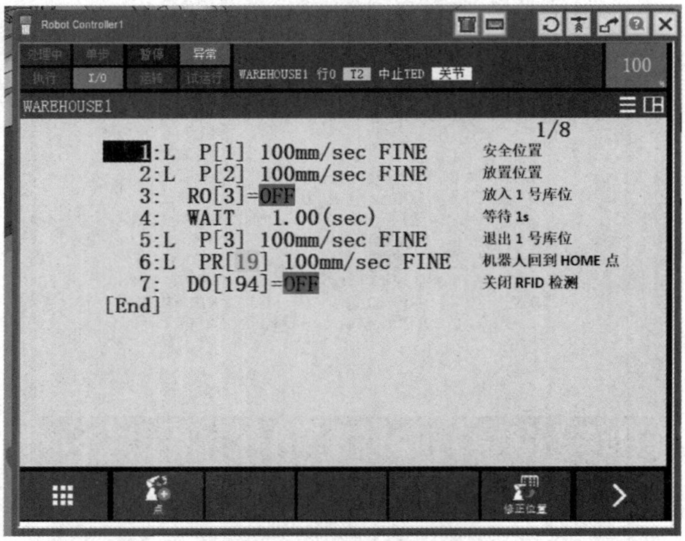

图 5-27　1 号库子程序

• 任务评价

本任务评分表主要评价对机器人操作与编程能力。完成评价，并记录于表 5-3。

表 5-3　评分表

考核要求	配分	评分标准	得分
工件正确摆放	3	摆放不正确每个扣 0.5 分	
机器人自动回原点	2	机器人自动返回原点	
工具正确摆放	3	摆放不正确每个扣 1 分	
变位机处于水平状态	2	变位机处于水平状态	
正确创建并命名例行程序	3	创建 2 分，命名 1 分	
将机器人切换到自动模式	3	正确切换到自动模式	

续表

考核要求	配分	评分标准	得分
机器人以自动模式运行	3	机器人以自动模式正确运行完所有流程	
自动选取/放置所需夹爪工具	6	每种手爪抓取、放置各 1 分	
变位机模块转动	3	变位机模块转动到位	
抓取电动机定子至变位机	4	成功抓取并放置电动机定子	
从电动机搬运模块抓取转子	4	成功抓取转子	
放置转子于定子中	4	成功放置转子	
从电动机搬运模块抓取端盖	4	成功抓取端盖	
放置端盖于转子上	4	成功放置端盖	
从变位机模块抓取电动机模型	3	成功抓取电动机模型	
HMI 显示 RFID 状态	3	正确显示 RFID 状态	
触发 RFID 检测信号	3	机器人触发 RFID 检测信号	
物料库位信息显示在 HMI	3	物料库位信息正确显示	
物料正确放置指定库位	3	入库 2 分，位置正确 1 分	
HMI 上正确显示物料库位数据	3	正确显示库位数据	
机器人返回至工作原点	2	机器人返回至工作原点	
将末端工具放回快换装置	2	工具放回快换装置	

• 素养之窗

根据本任务的特点，主动挖掘出与团队协作、诚信友善、创新创效、规范务实、精益专注、爱岗爱国六大思政要素相关的案例并填入表 5-4 中。

表 5-4　素养融入

序号	知识点	素养要素切入点
1		
2		
3		
4		
5		

任务 5.3　工业机器人离线编程

微课视频

离线编程

• 任务介绍

利用 ROBOGUIDE 完成离线程序编程。

相关知识

知识点3.1、知识点3.2、知识点3.3、知识点3.4、知识点3.5、知识点3.6、知识点3.7、知识点3.8

任务实施

（1）双击运行ROBOGUIDE软件，单击“新建工作单元”按钮，如图5-28所示。

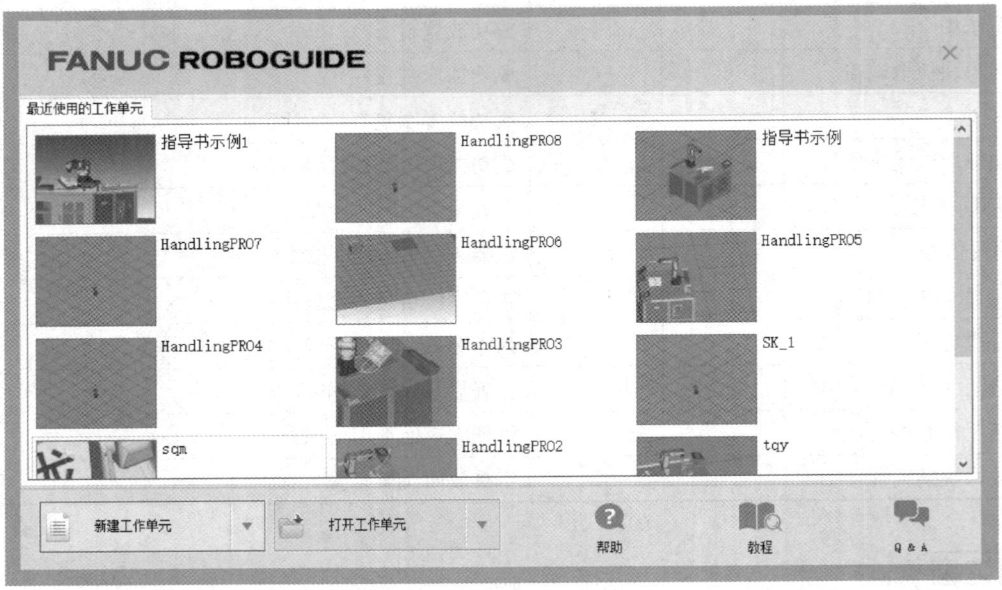

图5-28 新建工作单元

（2）在“工作单元创建向导”界面的“步骤1-进程选择”选区中，单击“HandlingPRO”，接着单击“下一步”按钮，如图5-29所示。

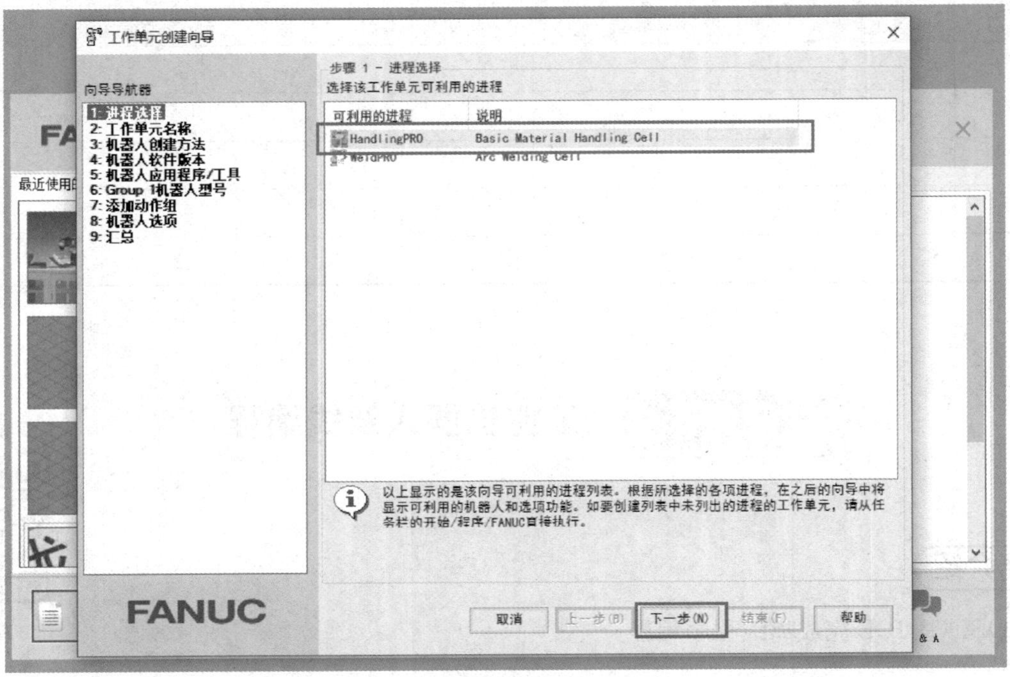

图5-29 选择“HandlingPRO”

(3) 在“步骤 2 - 工作单元名称”选区中，在“名称”文本框中输入仿真的名字（中英文均可），也可以用默认的命名，接着单击“下一步”按钮，如图 5 - 30 所示。

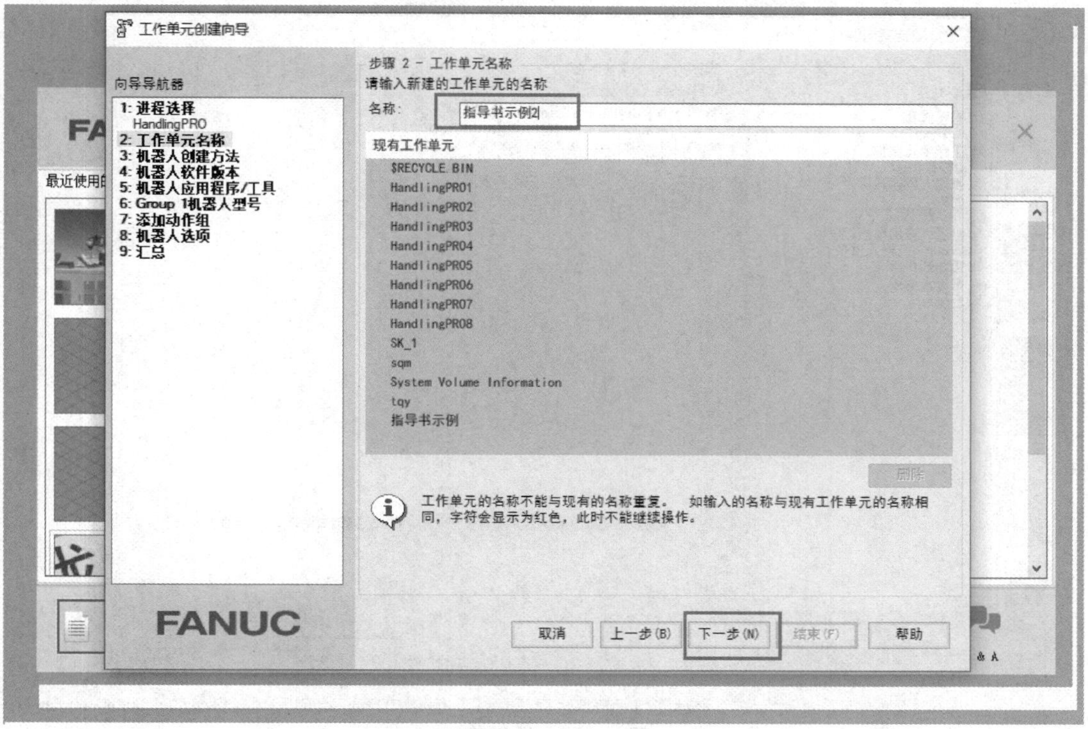

图 5 - 30　输入名字

(4) 在“步骤 3 - 机器人创建方法”选区中选择建立机器人的方式，一般我们选择新建一个新的机器人，然后单击“下一步”按钮，如图 5 - 31 所示。

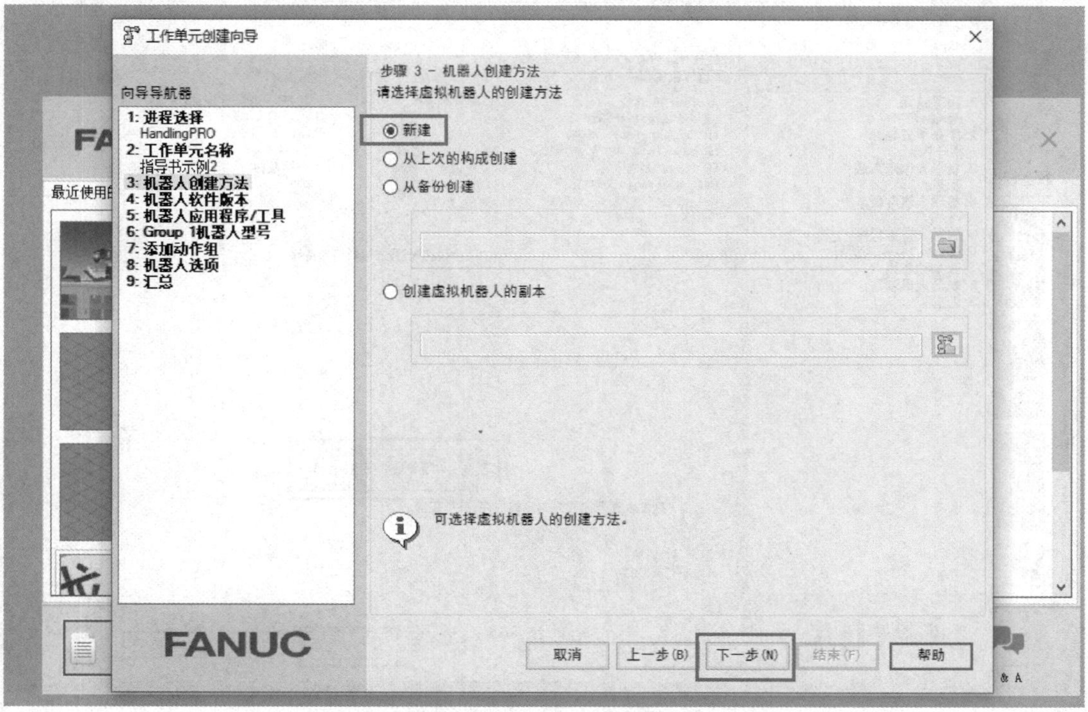

图 5 - 31　选择“新建”按钮

（5）在“步骤 4 - 机器人软件版本”选区中选择一个安装在机器人上的软件版本（版本越高，功能越多），接着单击“下一步”按钮进入下一个选择界面，如图 5 - 32 所示。

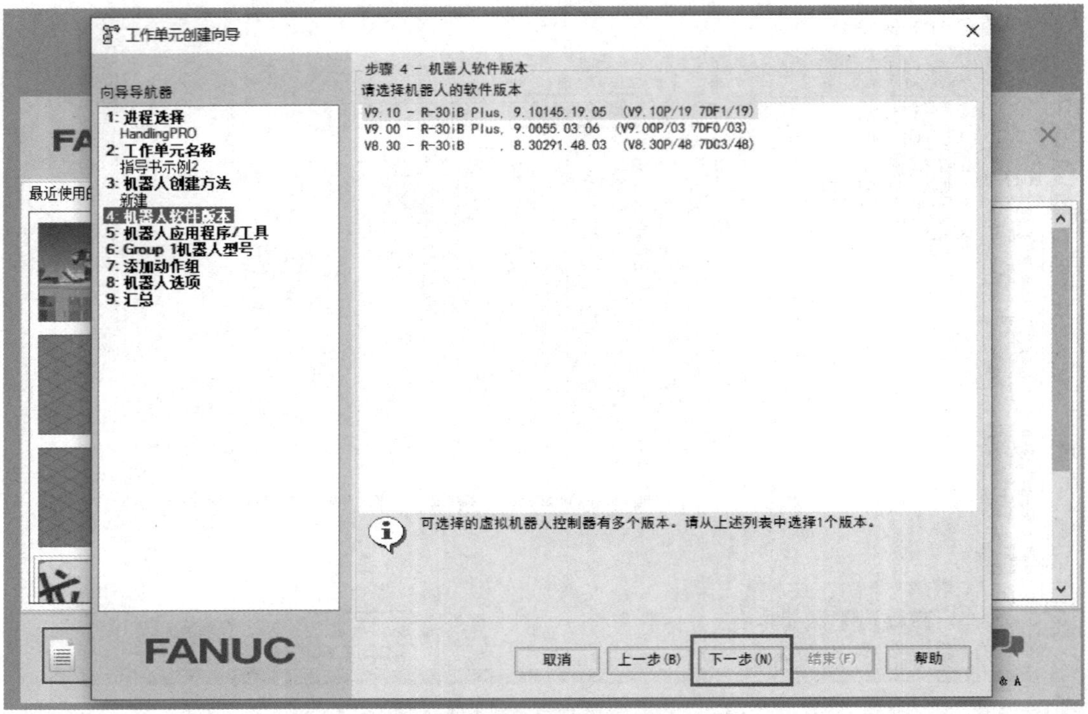

图 5 - 32　选择版本

（6）在“步骤 5 - 机器人应用程序/工具”选区中选择仿真所需要的工具，单击“稍后进行手爪的设置”按钮，然后单击“下一步”按钮进入下一个选择界面，如图 5 - 33 所示。

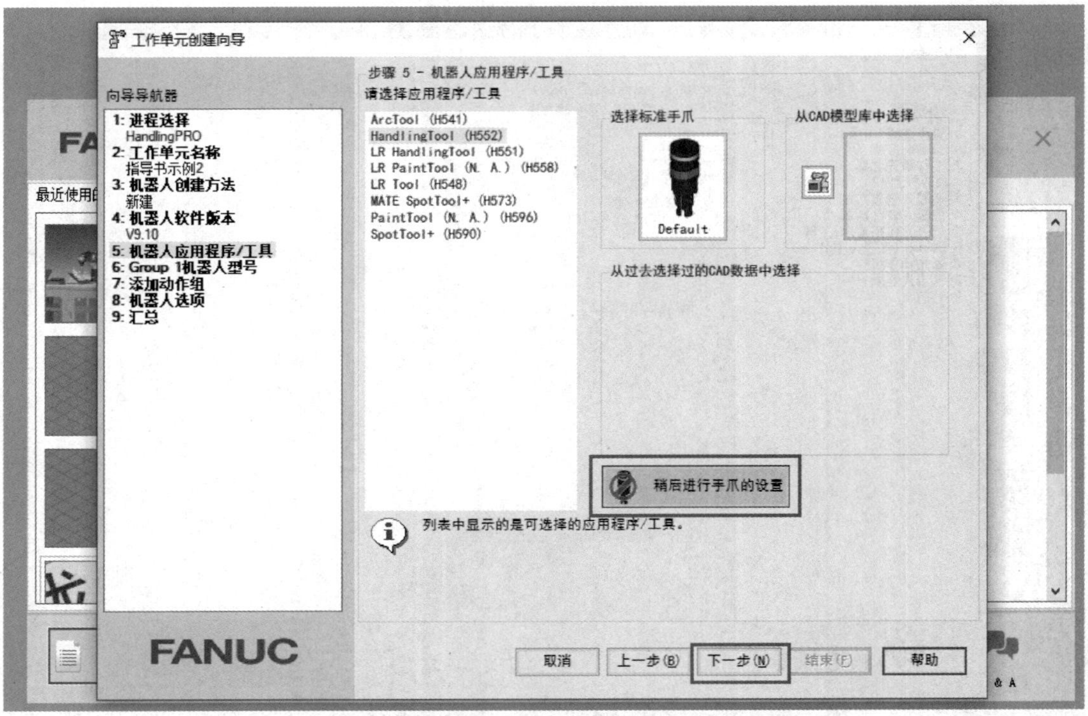

图 5 - 33　单击“稍后进行手爪的设置”按钮

（7）在“步骤 6 - Group 1 机器人型号”选区中选择仿真所用的机器人，先单击“定单编号”，再选择“机器人 H754”，然后单击“下一步”按钮进入下一个选择界面，如图 5 - 34 所示。

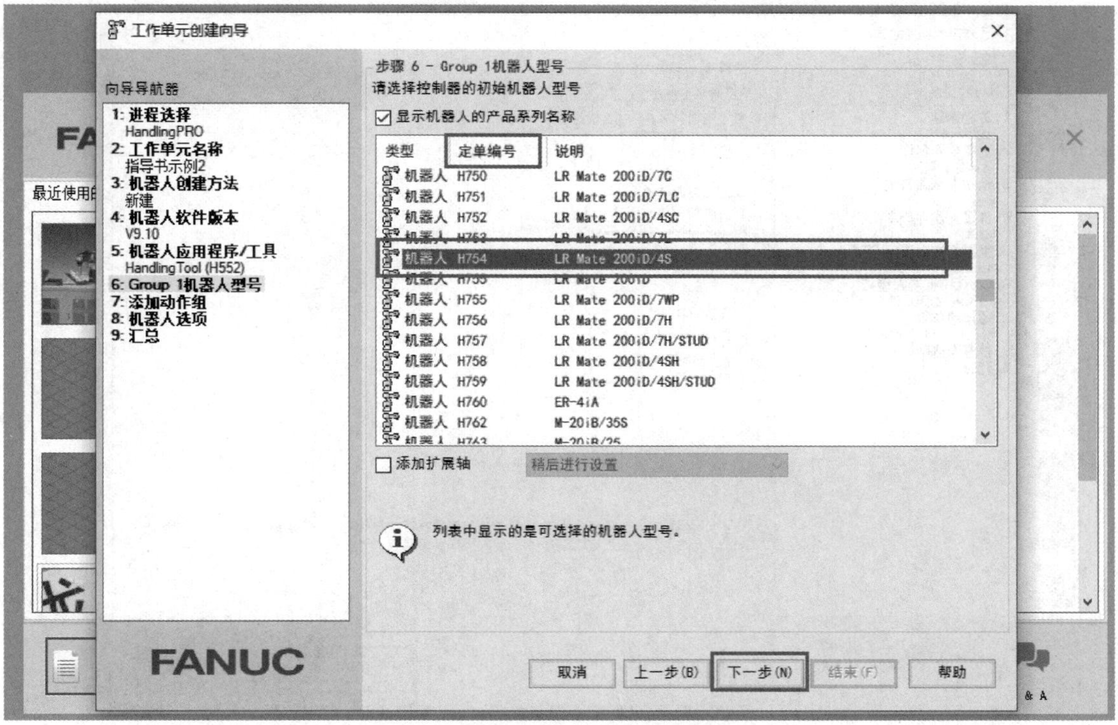

图 5 - 34　选择仿真所用的机器人

（8）在“步骤 7 - 添加动作组”选区中，我们不做选择，直接单击“下一步”按钮进入下一个选择界面，如图 5 - 35 所示。

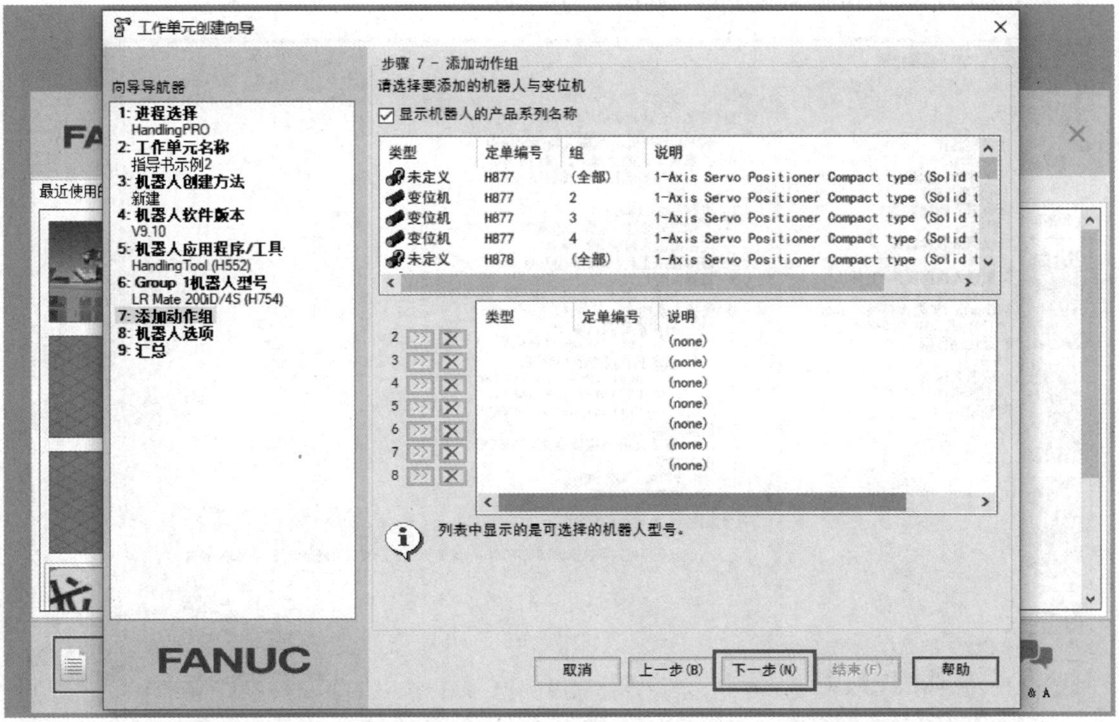

图 5 - 35　直接单击“下一步”

（9）在“步骤 8－机器人选项”选区中设置语言环境，默认是“英语词典”，这里改为“简体中文词典”，然后单击“下一步”按钮进入下一个选择界面，如图 5－36 所示。

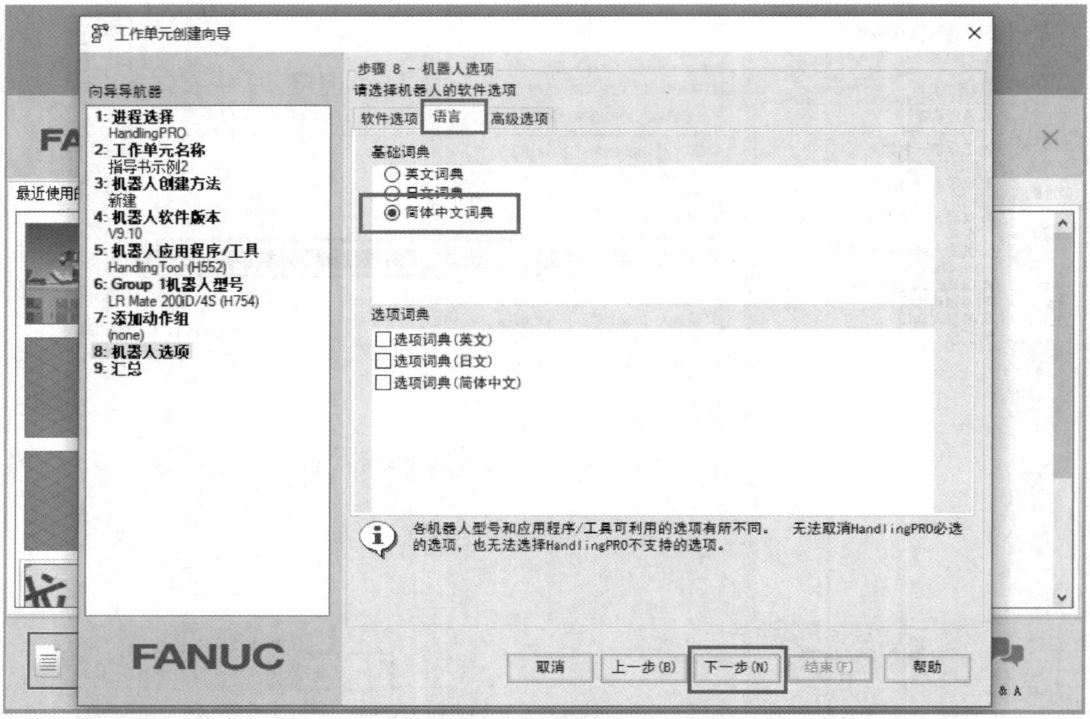

图 5－36　选择语言

（10）“步骤 9－汇总”界面中列出了之前所有选择的内容，是一个总的目录。如果确定之前没有错误，就单击“结束”按钮；如果需要修改，可以单击“上一步”按钮退回之前的步骤进行修改。这里单击“结束”按钮即可完成工作环境的建立，如图 5－37 所示。

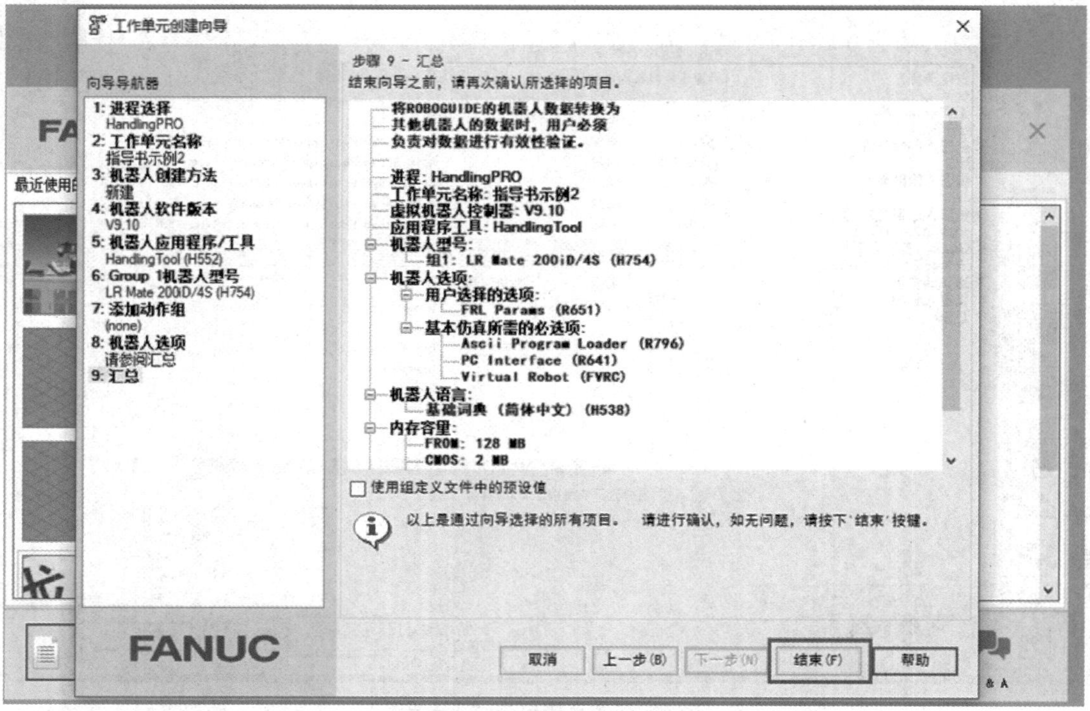

图 5－37　单击“结束”按钮

（11）等待一段时间后，Workcell 建立完成，如图 5－38 所示。

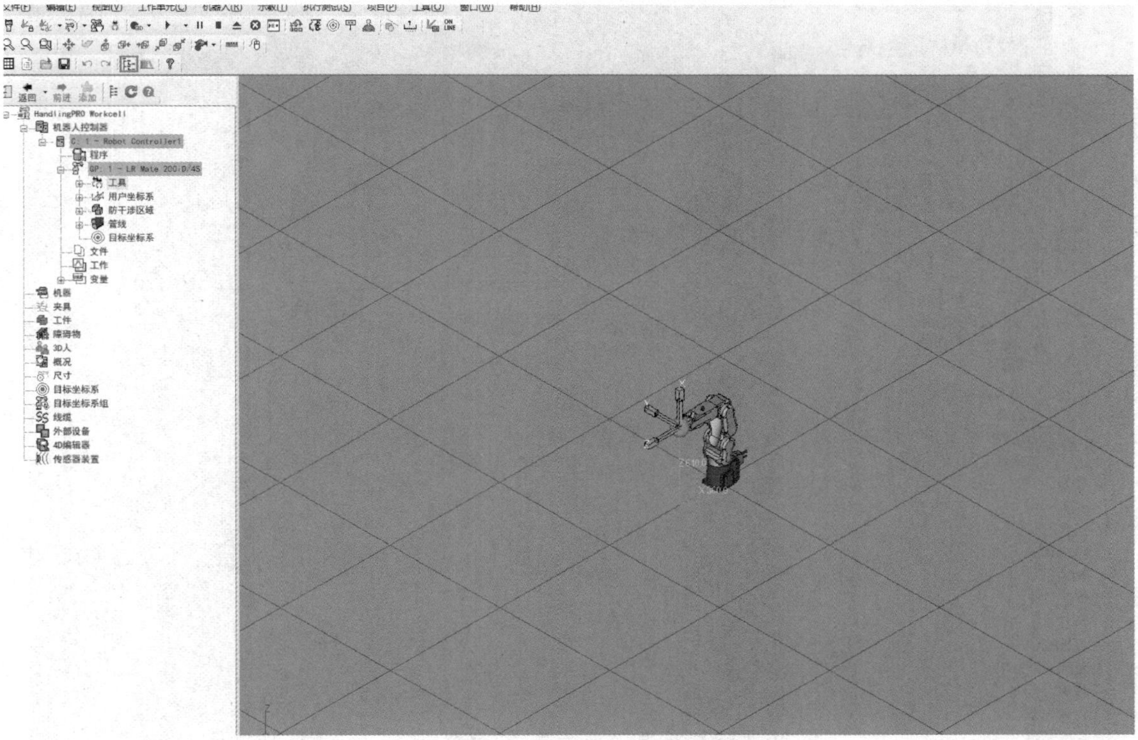

图 5－38　Workcell 建立完成

（12）在“工具”选项下面添加夹具，如图 5－39 所示。

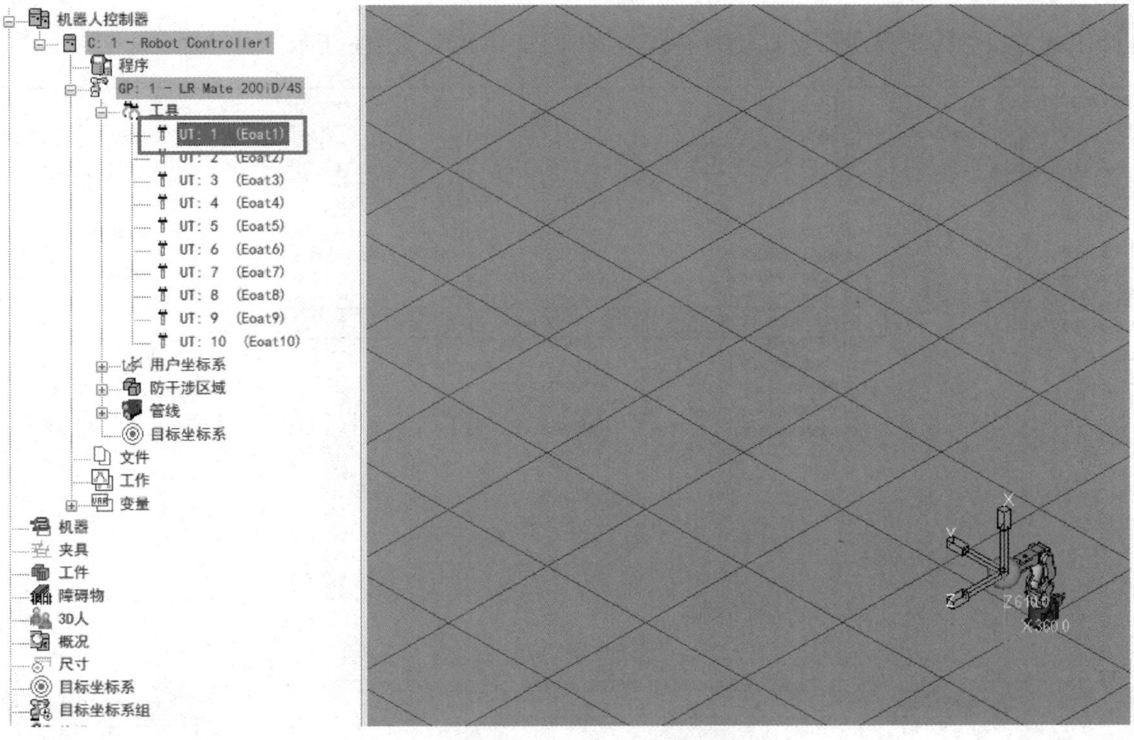

图 5－39　在“工具”选项下面添加夹具

单击“文件”选项，如图 5－40 所示。

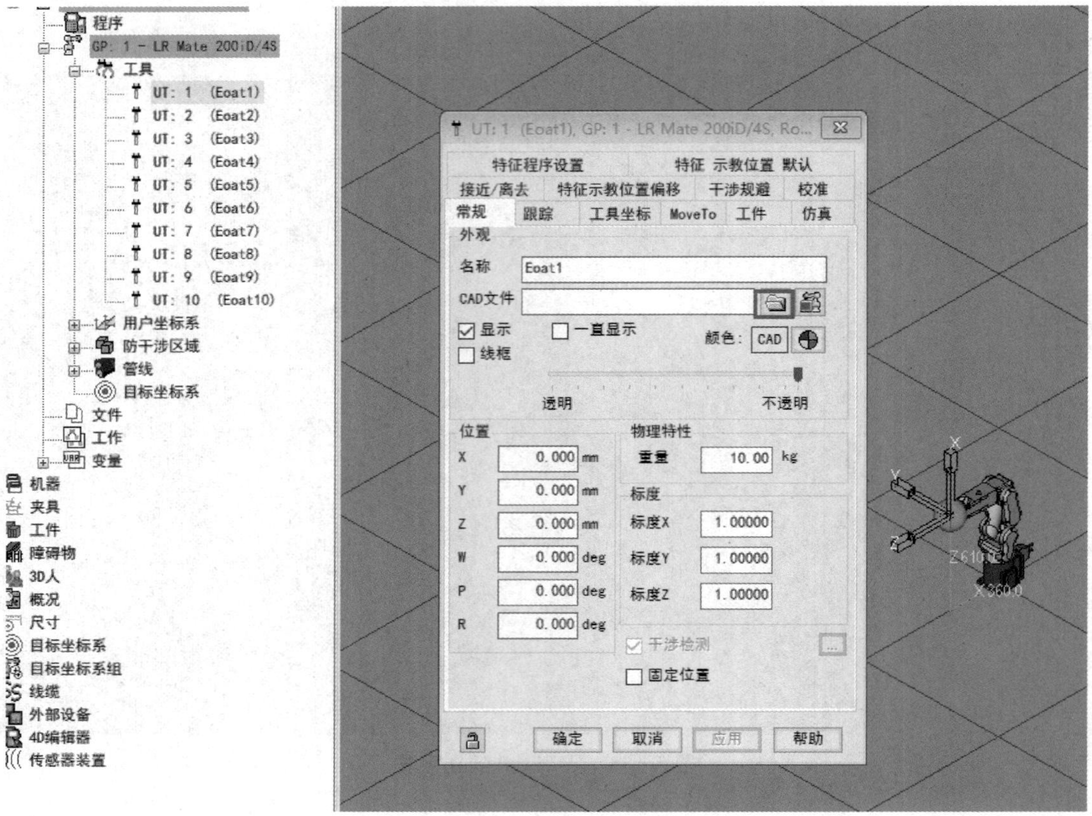

图 5－40　单击“文件”选项

在弹出的窗口中，选择所需夹具“04 焊接工具. IGS”，如图 5－41 所示。

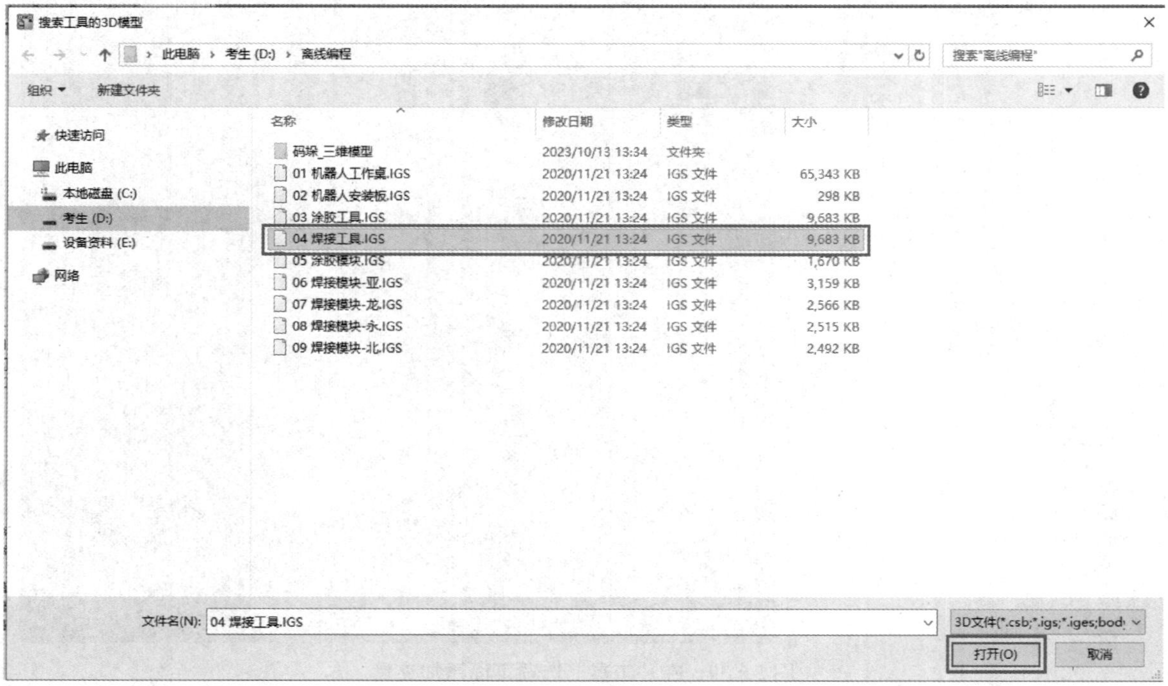

图 5－41　选择所需夹具

在弹出的界面中输入“位置”相对应的数值，然后单击“应用”按钮，如图 5-42 所示。

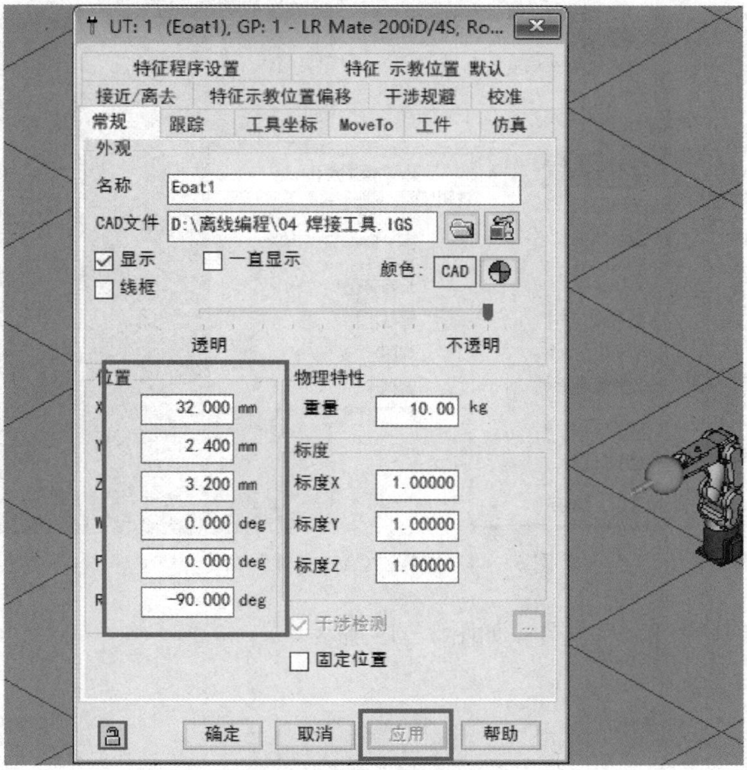

图 5-42　输入数值

选择“工具坐标”选区，勾选“编辑工具坐标系”复选框，并输入“工具坐标”相应数值，然后单击“应用”按钮，如图 5-43 所示。

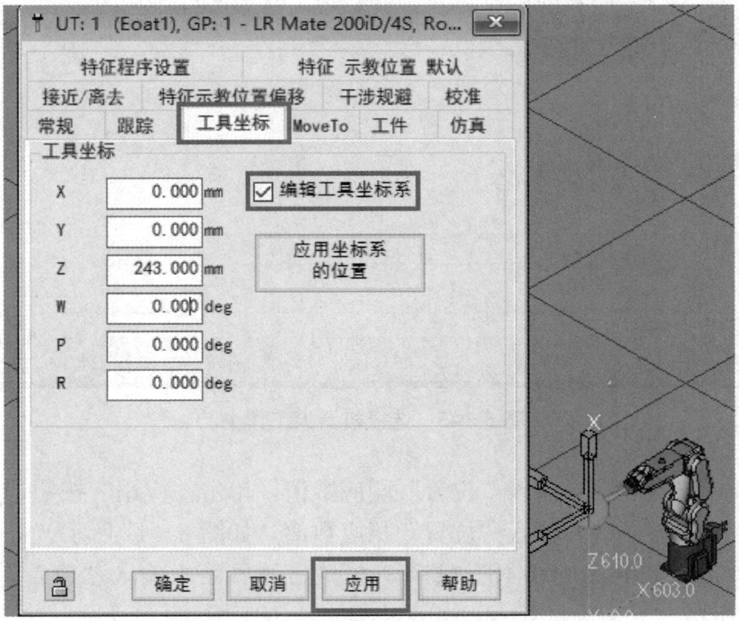

图 5-43　编辑工具坐标系

(13) 右击“夹具”选项，依次选择“添加夹具”→“CAD 文件”命令，如图 5-44 所示。

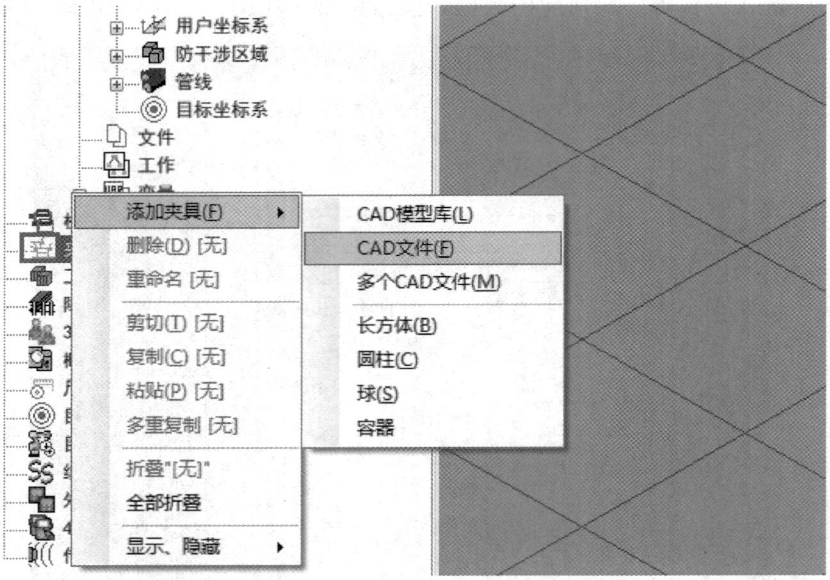

图 5－44　选择“CAD 文件”命令

选择“01 机器人工作桌. IGS”文件，如图 5－45 所示。

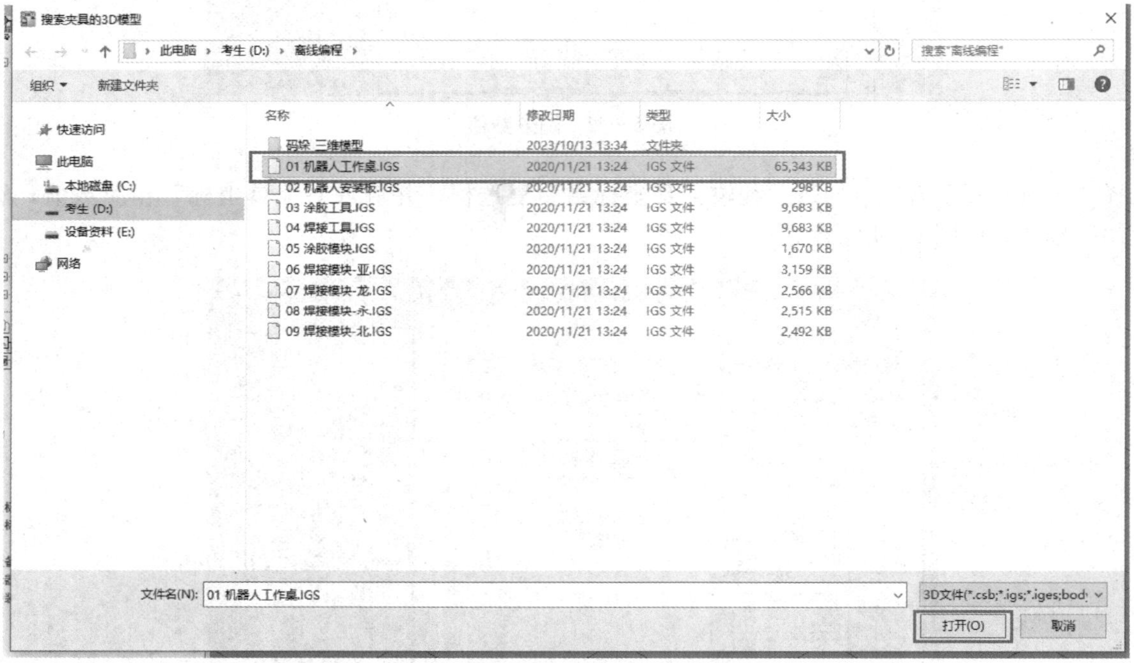

图 5－45　选择机器人工作桌

在“01 机器人工作桌”界面中，输入“位置”相应数值，单击“应用”按钮，如图 5－46 所示。

在“02 机器人安装板”界面中，输入“位置”相应数值，如图 5－47 所示。

（14）双击“GP：1-LR Mate 200iD/4S”选项，在弹出的界面中输入“位置”相应数值，单击“应用”按钮，如图 5－48 所示。

（15）右击“工件”选项，依次选择“添加工件”→“CAD 文件”命令，如图 5－49 所示。在“搜索工件的 3D 模型”界面中选择所需要的模块“08 焊接模块-永. IGS”，如图 5－50 所示。在“最优化选择”对话框中选择“高质量读入”，最后单击“确定”按钮，如图 5－51 所示。

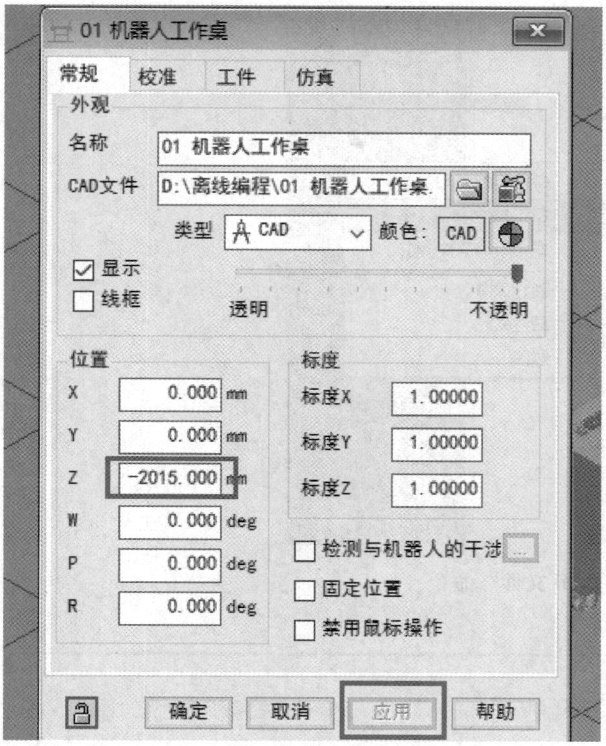

图 5-46　机器人工作桌数值

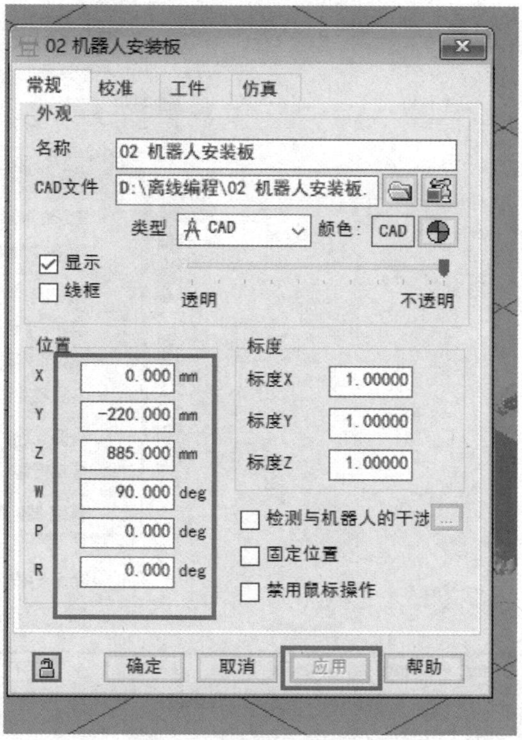

图 5-47　机器人安装板数值

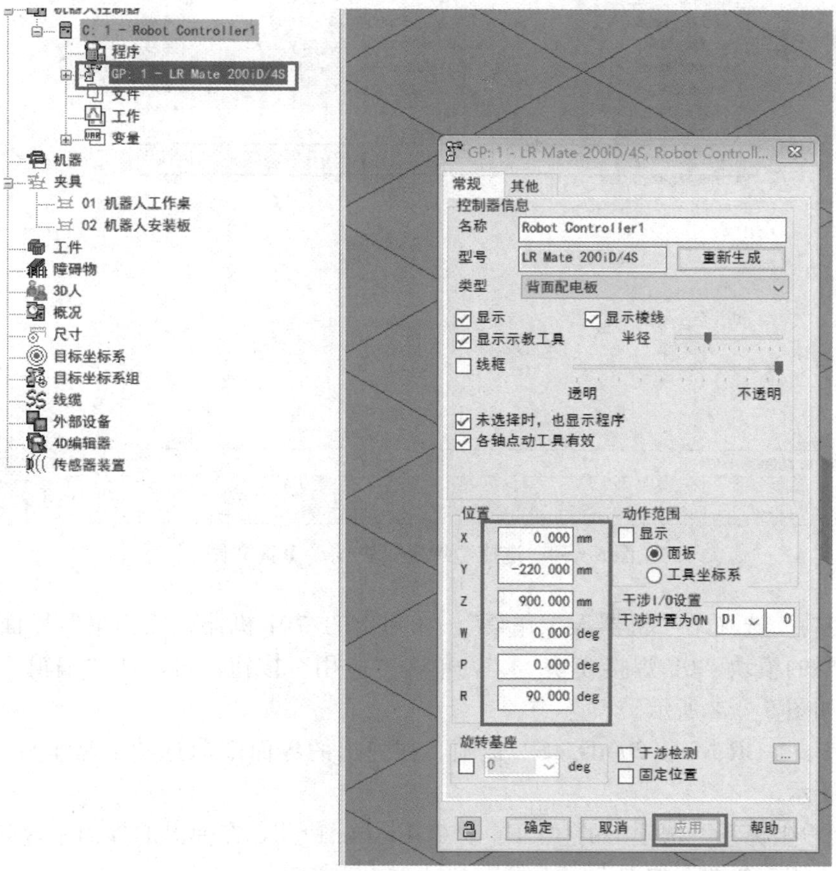

图 5-48　背面配电板数值

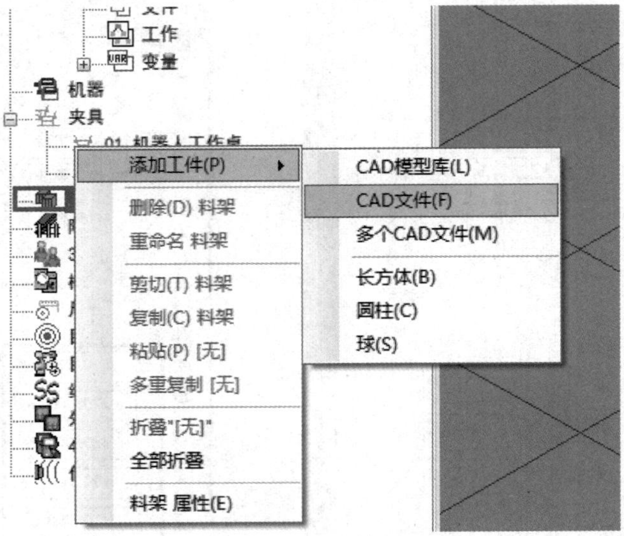

图 5-49　选择“CAD 文件”命令

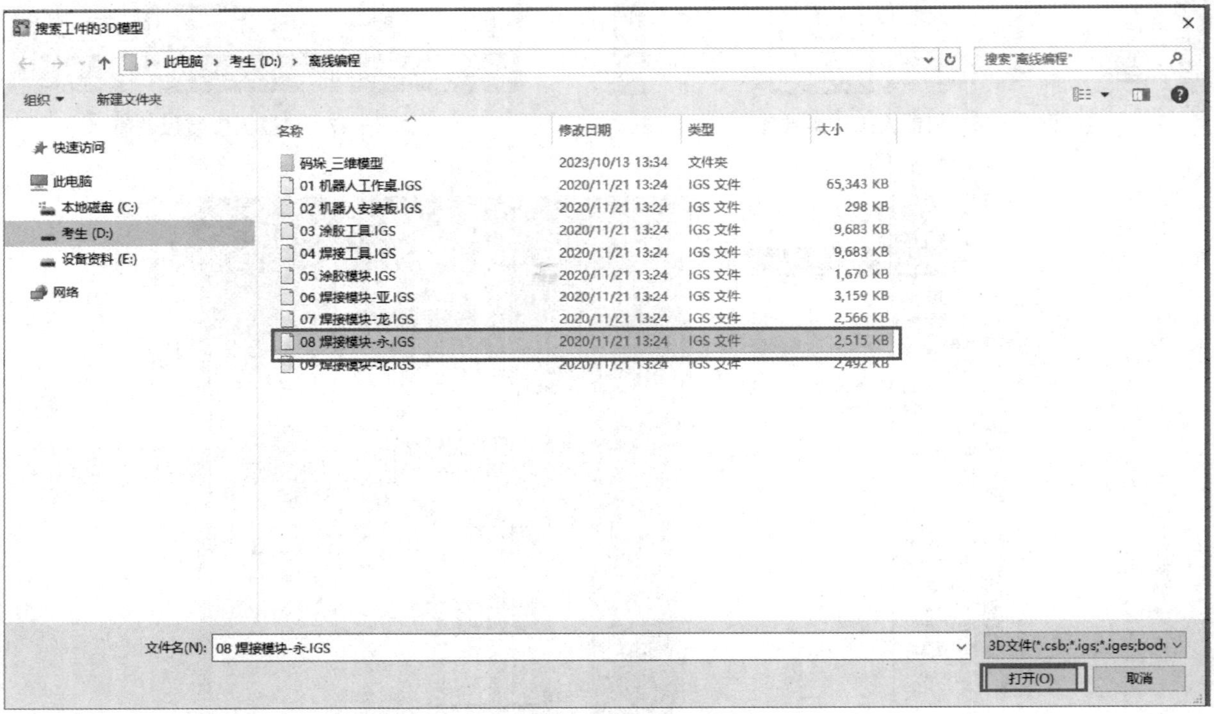

图 5-50　选择“焊接模块-永”IGS 文件

（16）双击“夹具”选项下“机器人工作桌”，在弹出的“01 机器人工作桌”界面中，单击“工件”选项卡，勾选所需要的模块“08 焊接模块-永”，单击“应用”按钮，再勾选“编辑工件偏移”复选框，并输入相应参数，如图 5-52 所示。

（17）双击“GP：1-LR Mate 200iD/4S”选项，在弹出的界面中勾选“工具坐标系”，单击“应用”按钮，如图 5-53 所示。

（18）双击“用户坐标系”选项下的“UF：1（UFrame 1）”，在弹出的界面中勾选“用户坐标系 编辑”复选框，并输入相应参数，如图 5-54 所示。

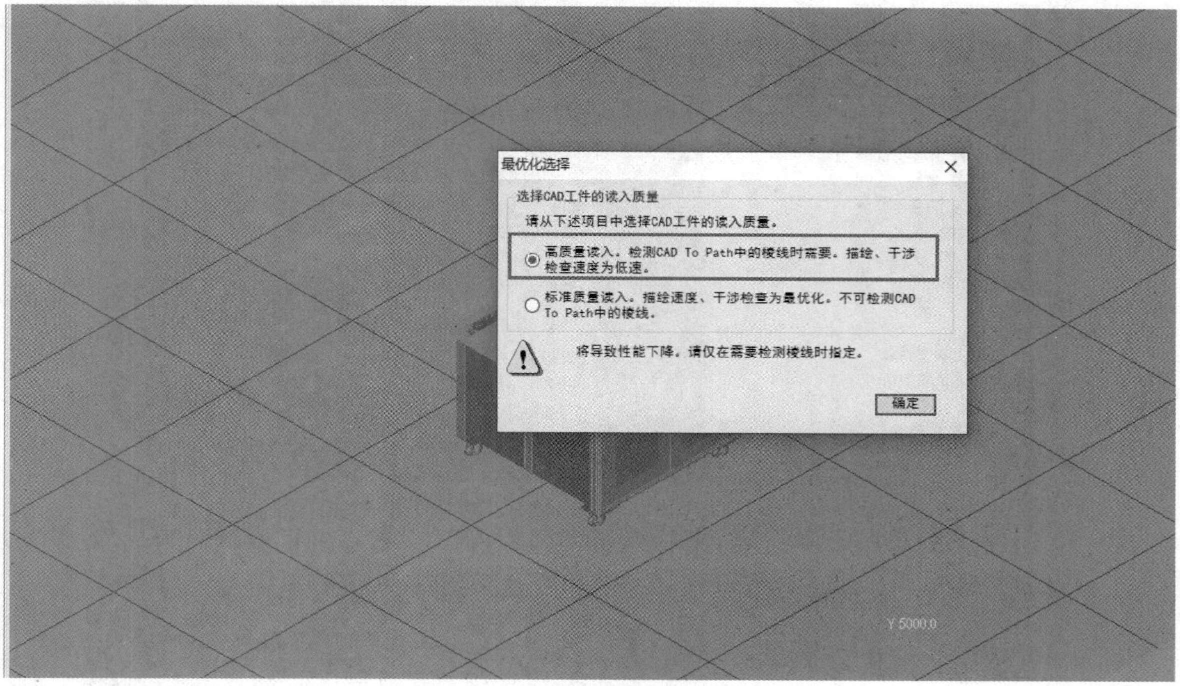
最优化选择
选择CAD工件的读入质量
请从下述项目中选择CAD工件的读入质量。
高质量读入。检测CAD To Path中的棱线时需要。描绘、干涉检查速度为低速。
标准质量读入。描绘速度、干涉检查为最优化。不可检测CAD To Path中的棱线。
将导致性能下降。请仅在需要检测棱线时指定。
确定
Y 5000.0

图 5－51　选择“高质量读入”

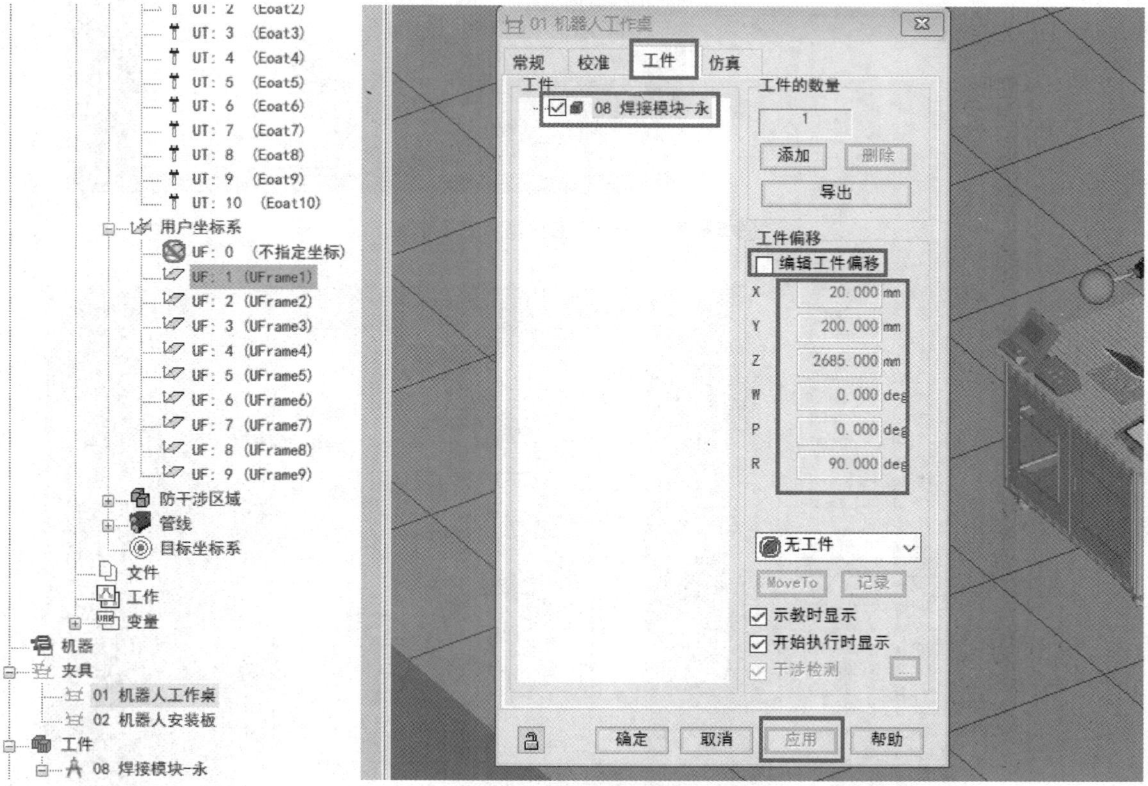
UT: 3 (Eoat3)
UT: 4 (Eoat4)
UT: 5 (Eoat5)
UT: 6 (Eoat6)
UT: 7 (Eoat7)
UT: 8 (Eoat8)
UT: 9 (Eoat9)
UT: 10 (Eoat10)
用户坐标系
UF: 0 (不指定坐标)
UF: 1 (UFrame1)
UF: 2 (UFrame2)
UF: 3 (UFrame3)
UF: 4 (UFrame4)
UF: 5 (UFrame5)
UF: 6 (UFrame6)
UF: 7 (UFrame7)
UF: 8 (UFrame8)
UF: 9 (UFrame9)
防干涉区域
管线
目标坐标系
文件
工作
变量
机器
夹具
01 机器人工作桌
02 机器人安装板
工件
08 焊接模块-永
01 机器人工作桌
常规
校准
工件
仿真
工件
08 焊接模块-永
工件的数量
1
添加
删除
导出
工件偏移
编辑工件偏移
X 20.000 mm
Y 200.000 mm
Z 2685.000 mm
W 0.000 deg
P 0.000 deg
R 90.000 deg
无工件
MoveTo
记录
示教时显示
开始执行时显示
干涉检测
确定
取消
应用
帮助

图 5－52　编辑相应模块

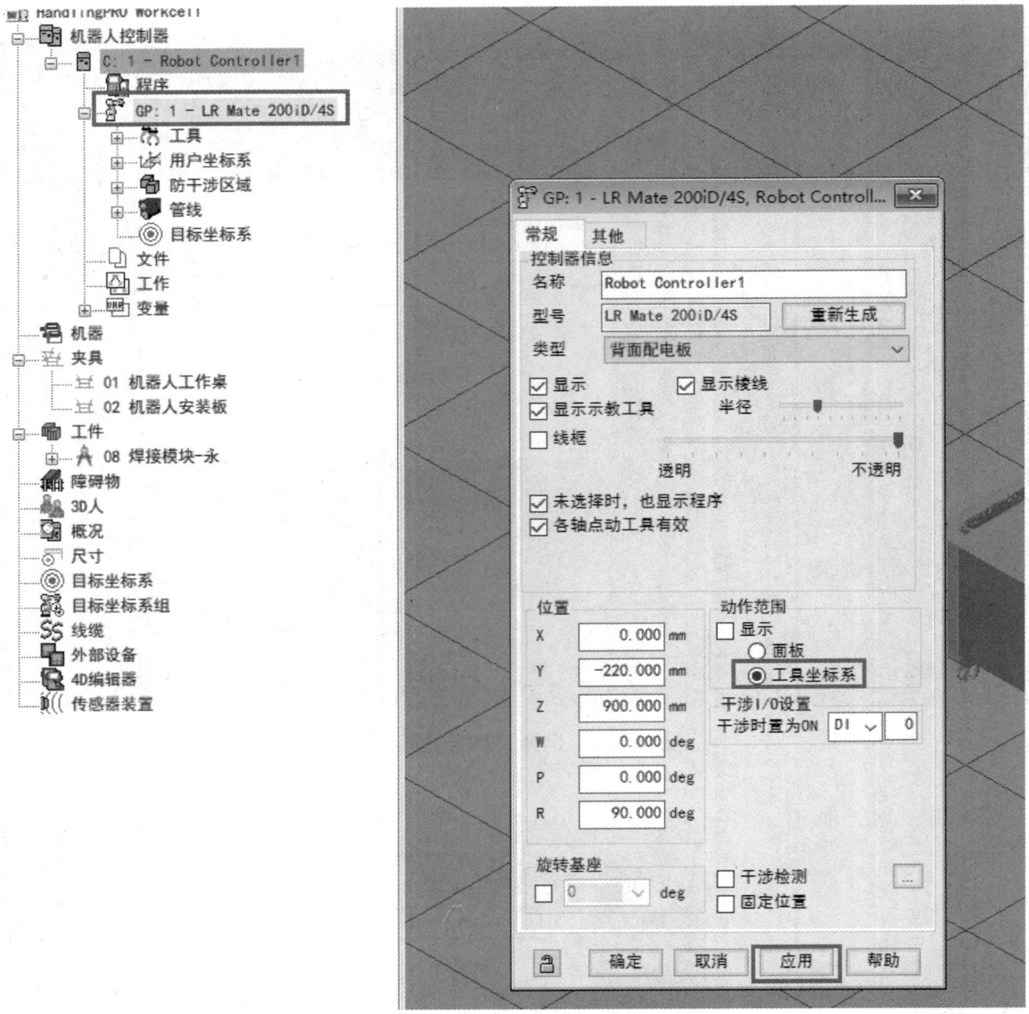
HandlingPRO Workcell
机器人控制器
C: 1 - Robot Controller1
程序
GP: 1 - LR Mate 200iD/4S
工具
用户坐标系
防干涉区域
管线
目标坐标系
文件
工作
变量
机器
夹具
01 机器人工作桌
02 机器人安装板
工件
08 焊接模块-永
障碍物
3D人
概况
尺寸
目标坐标系
目标坐标系组
线缆
外部设备
4D编辑器
传感器装置
GP: 1 - LR Mate 200iD/4S, Robot Controll...
常规
其他
控制器信息
名称
Robot Controller1
型号
LR Mate 200iD/4S
重新生成
类型
背面配电板
显示
显示棱线
显示示教工具
半径
线框
透明
不透明
未选择时，也显示程序
各轴点动工具有效
位置
X 0.000 mm
Y -220.000 mm
Z 900.000 mm
W 0.000 deg
P 0.000 deg
R 90.000 deg
动作范围
显示
面板
工具坐标系
干涉I/O设置
干涉时置为ON
DI 0
旋转基座
0 deg
干涉检测
固定位置
确定
取消
应用
帮助

图 5－53　勾选“工具坐标系”按钮

工具
UT: 1 (Eoat1)
UT: 2 (Eoat2)
UT: 3 (Eoat3)
UT: 4 (Eoat4)
UT: 5 (Eoat5)
UT: 6 (Eoat6)
UT: 7 (Eoat7)
UT: 8 (Eoat8)
UT: 9 (Eoat9)
UT: 10 (Eoat10)
用户坐标系
UF: 0 (不指定坐标)
UF: 1 (UFrame1)
UF: 2 (UFrame2)
UF: 3 (UFrame3)
UF: 4 (UFrame4)
UF: 5 (UFrame5)
UF: 6 (UFrame6)
UF: 7 (UFrame7)
UF: 8 (UFrame8)
UF: 9 (UFrame9)
防干涉区域
管线
目标坐标系
文件
工作
变量
UF: 1 (UFrame1), GP: 1 - LR Mate 200iD/...
常规
外观
名称
UFrame1
分配
GP: 1 - LR Mate 200iD/4S
颜色:
用户坐标系数据
X 481.822
Y -135.046
Z -179.960
W 180.000
P 35.450
R 180.000
参考显示
以机器人为基准
[无] 基准
用户坐标系 编辑
Z轴旋转:
使用当前的TCP位置
确定
取消
应用
帮助

图 5－54　勾选“用户坐标系 编辑”复选框

（19）右击“工件”选项下的模块，选择“程序自动生成”选项，如图 5-55 所示。

在弹出的“程序自动生成”界面中，将“环选择模式”设为“仅内部环”，“最小环长度”设为 30，取消勾选“生成工作 TP 程序”，单击“确定”按钮，如图 5-56 所示。

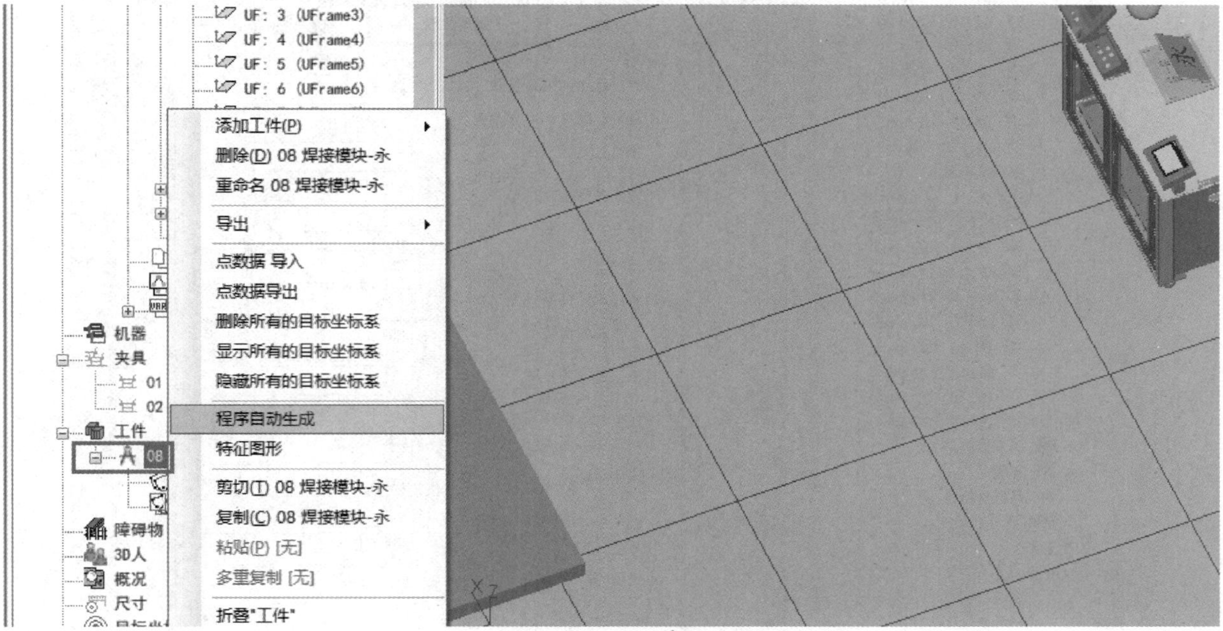

图 5-55　选择“程序自动生成”选项

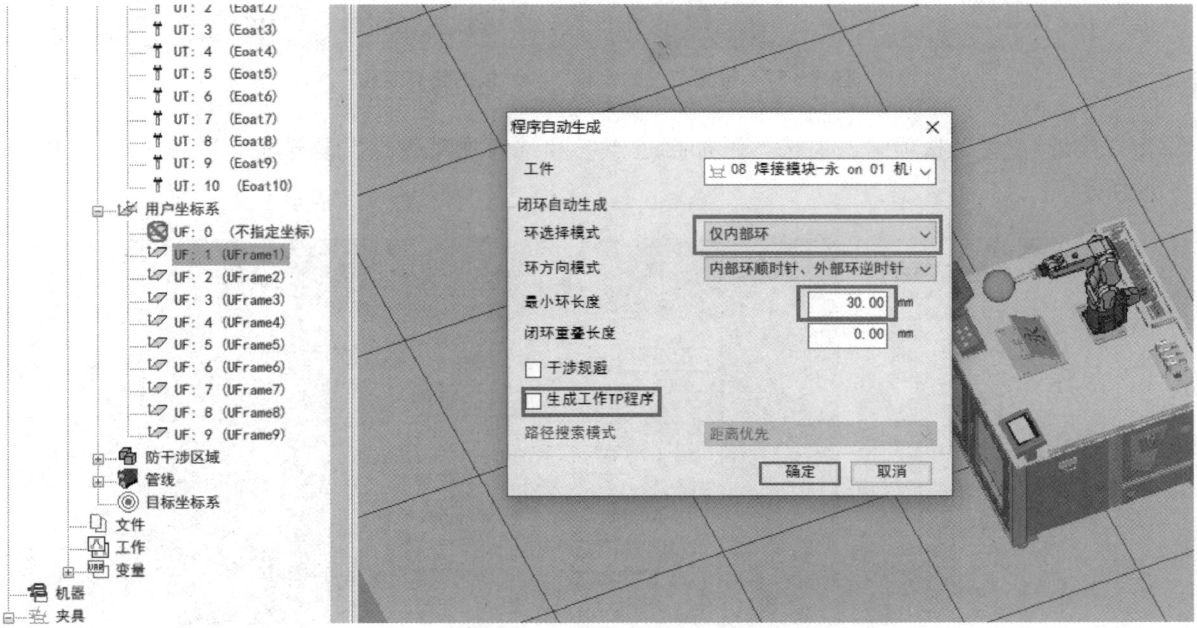

图 5-56　选择“仅内部环”

单击“程序设置”选项卡，“段的定位”和“段的终点定位”都更改为 CNT 0，单击“应用”按钮，如图 5-57 所示。

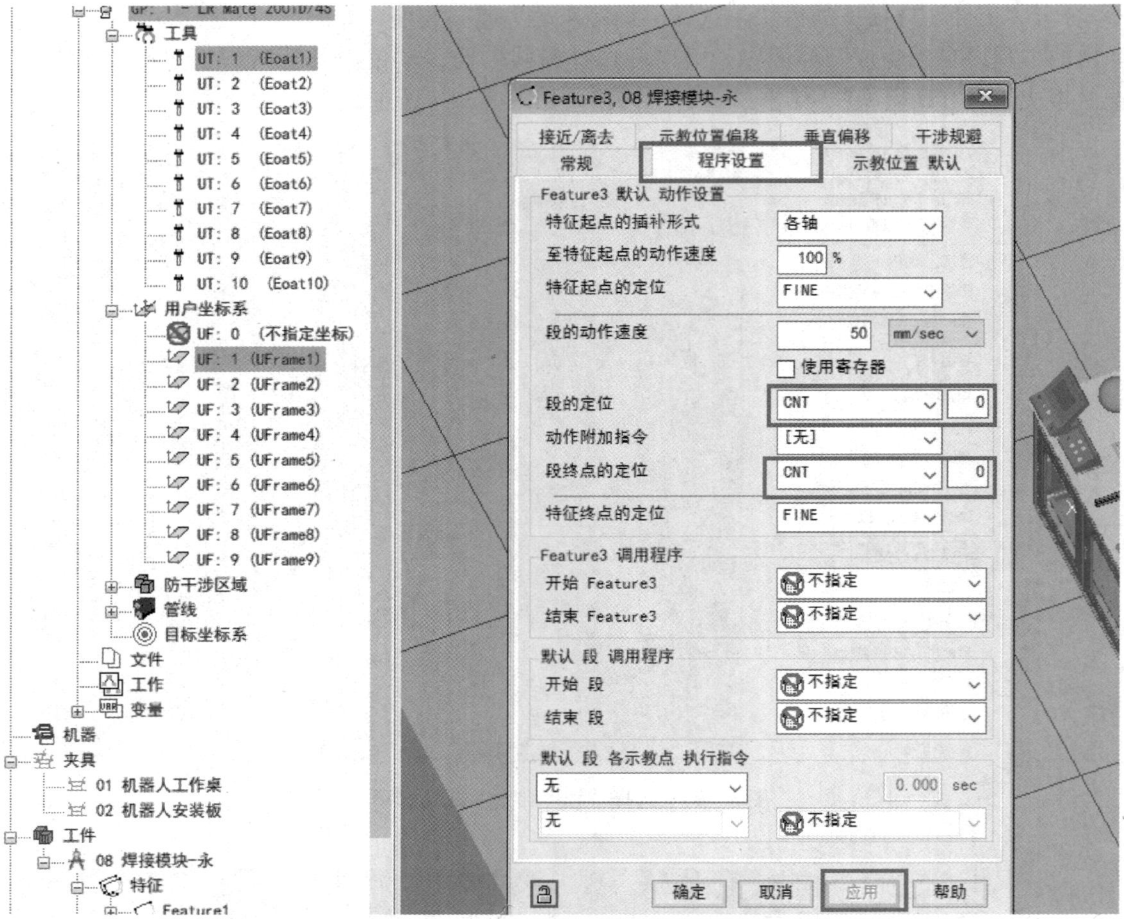

图 5－57　设置“段的定位”和“段的终点定位”

单击“接近/离去”选项卡，勾选“添加接近点”和“添加离去点”复选框，并输入相应参数，如图 5－58 所示。

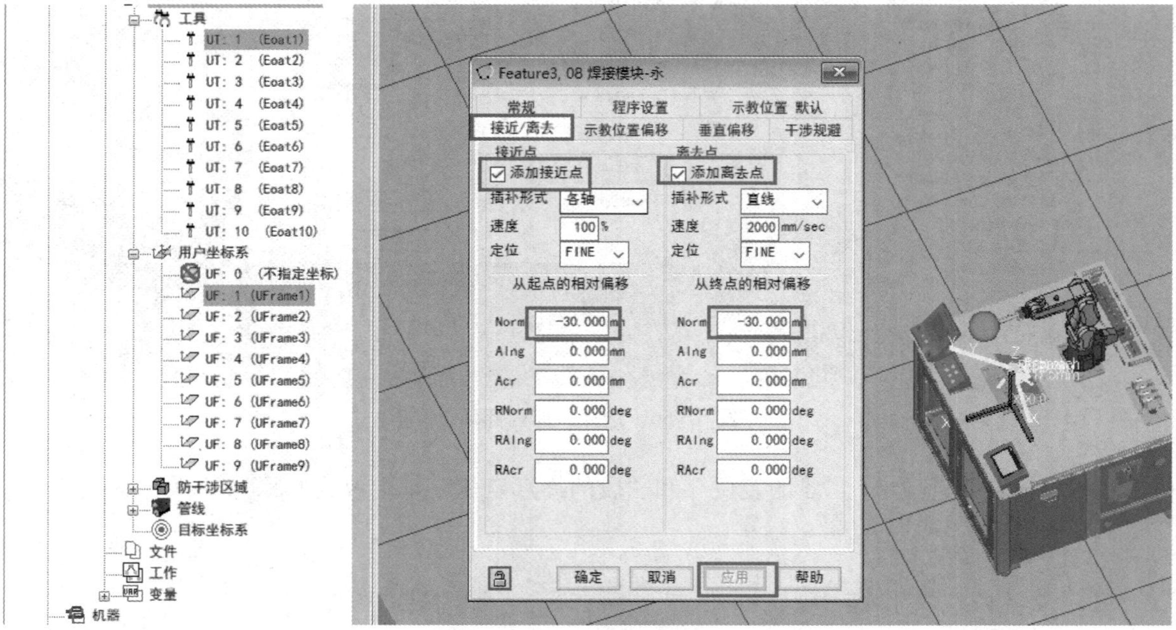

图 5－58　设置“接近/离去”选项卡下的参数

单击“示教位置偏移”选项卡，更改“旋转：沿着段的轴（RX）”的数值为 30，单击“应用”按钮，如图 5－59 所示。

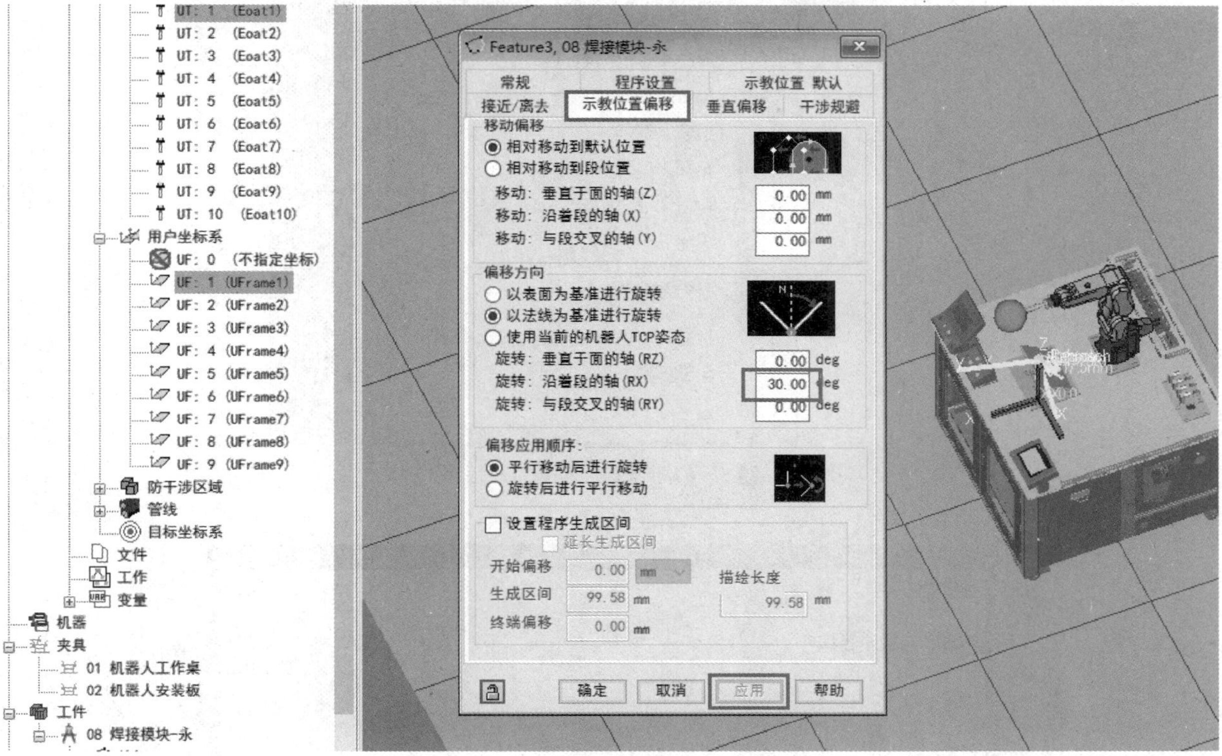

图 5－59　设置“示教位置偏移”

如上述操作一样，对“特征”下的轨迹进行操作，如图 5－60 所示。

（20）右击“特征”选项下面的轨迹，选择“生成 TP 程序”，如图 5－61 所示。

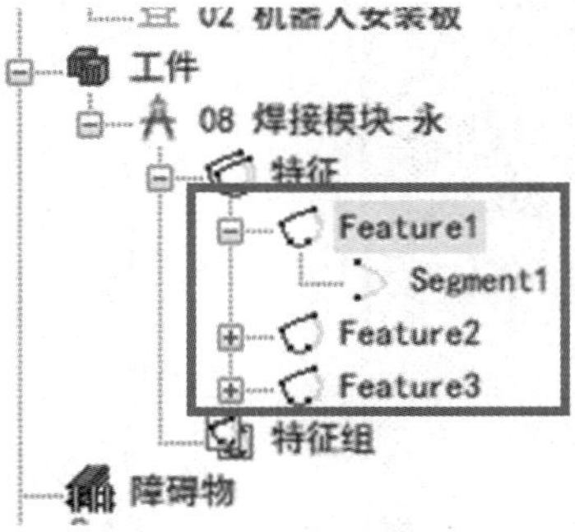

图 5－60　特征选择

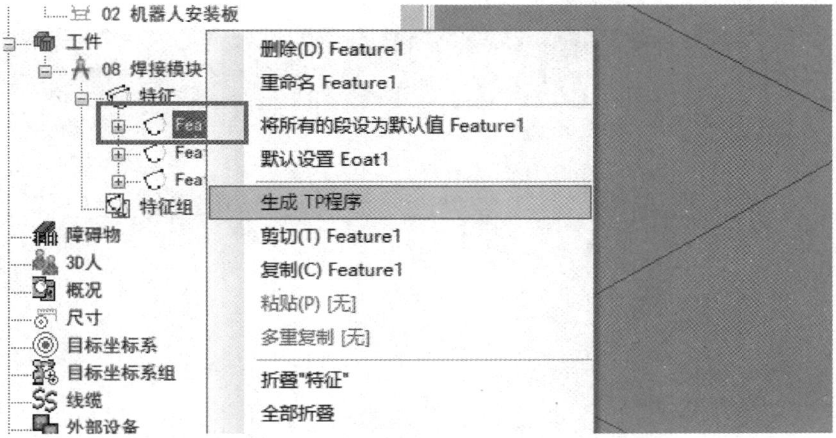

图 5－61　选择“生成 TP 程序”

如上述步骤所示，将“特征”下的轨迹都完成设置。

（21）右击“程序”，选择“创建 TP 程序”命令，如图 5－62 所示。

在弹出的“创建程序”对话框中，修改程序名，单击“确定”按钮，如图 5－63 所示。

（22）在等待示教器的页面，创建一个点，如图 5－64 所示。

机器人控制器
创建仿真程序(A)
创建TP程序(D)
读入TP程序(L)
保存所有的TP程序(S)
Remove All TP Programs
搜索、替换
粘贴(P) [无]
导入
导出
TP程序模板
折叠"C: 1 - Robot Controller1"
全部折叠
显示

图 5-62　选择“创建 TP 程序”

创建程序
请输入程序名称。
确定
取消
PROG_1

图 5-63　修改程序名

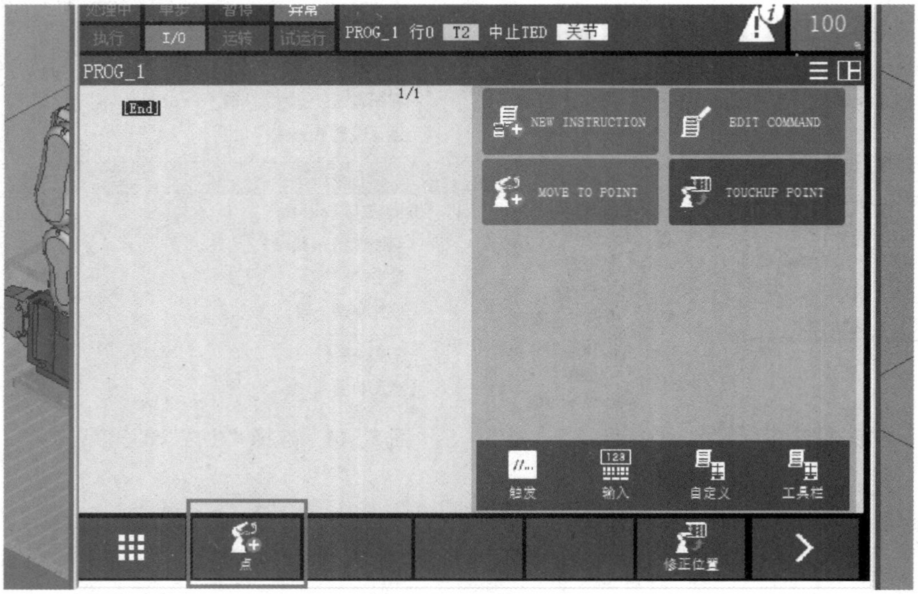
执行
I/O
运转
试运行
PROG_1 行0 T2 中止TED 关节
100
PROG_1
[End]
1/1
NEW INSTRUCTION
EDIT COMMAND
MOVE TO POINT
TOUCHUP POINT
输入
自定义
工具栏
点
修正位置

图 5-64　创建一个点

如图 5-65 所示，选择“J P [] 100% FINE”。

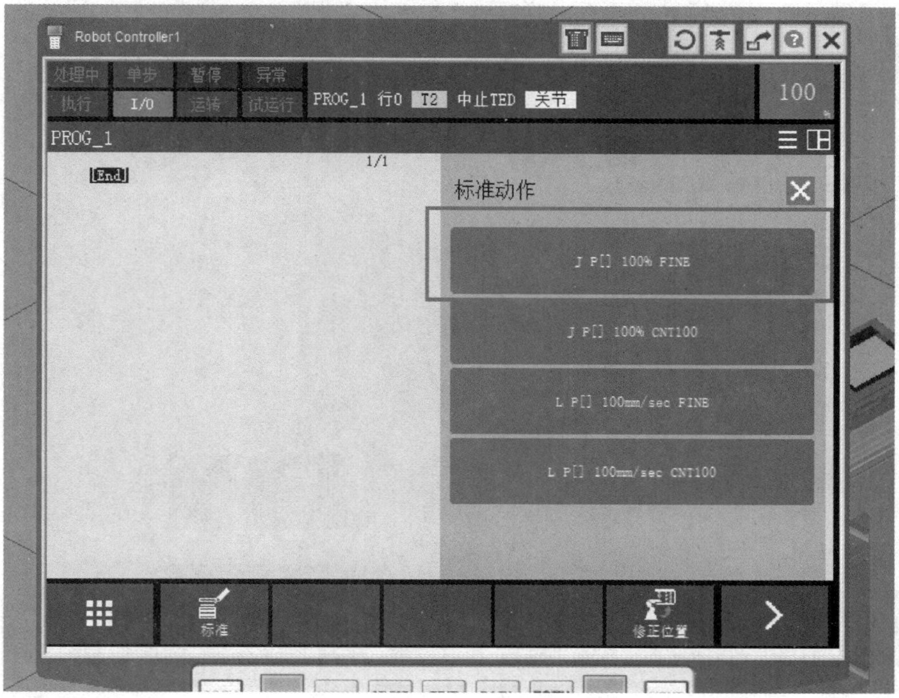

图 5-65　记录一个点

将鼠标移动到 [1]，然后单击“位置位”按钮，如图 5-66 所示。

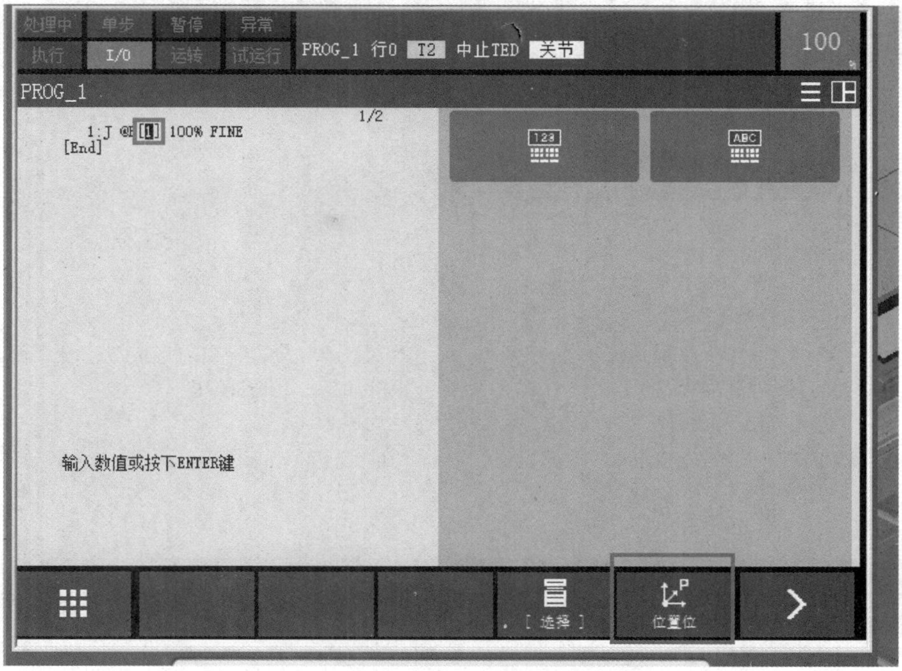

图 5-66　单击“位置位”按钮

依次单击“形式”→“2 关节”选项，如图 5-67 所示。

输入相应数值，单击“完成”按钮，如图 5-68 所示。

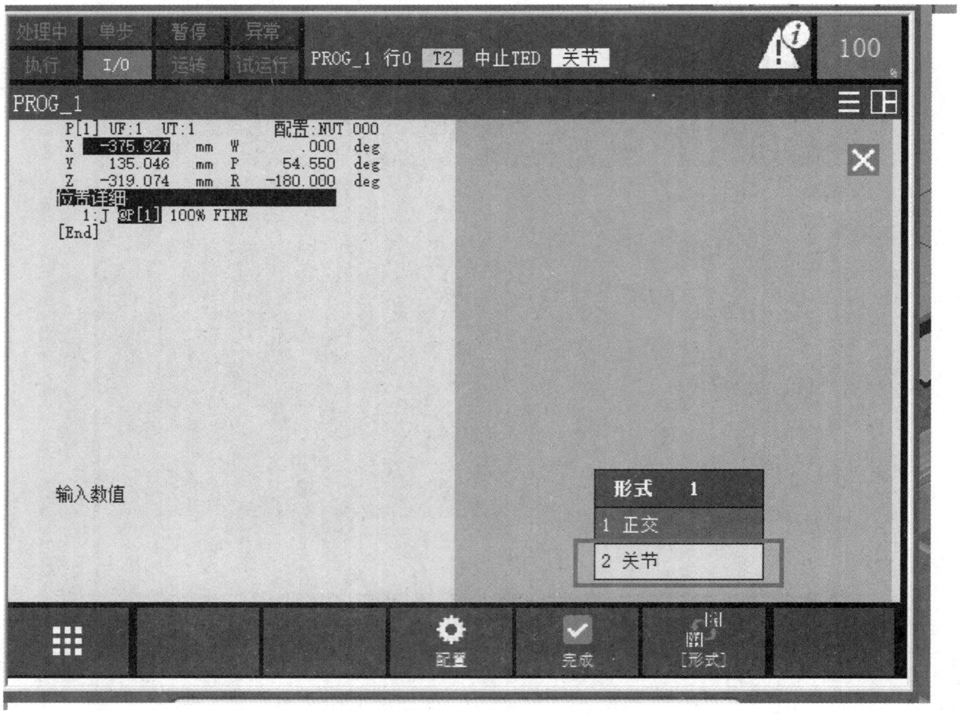

图 5-67　选择“2 关节”

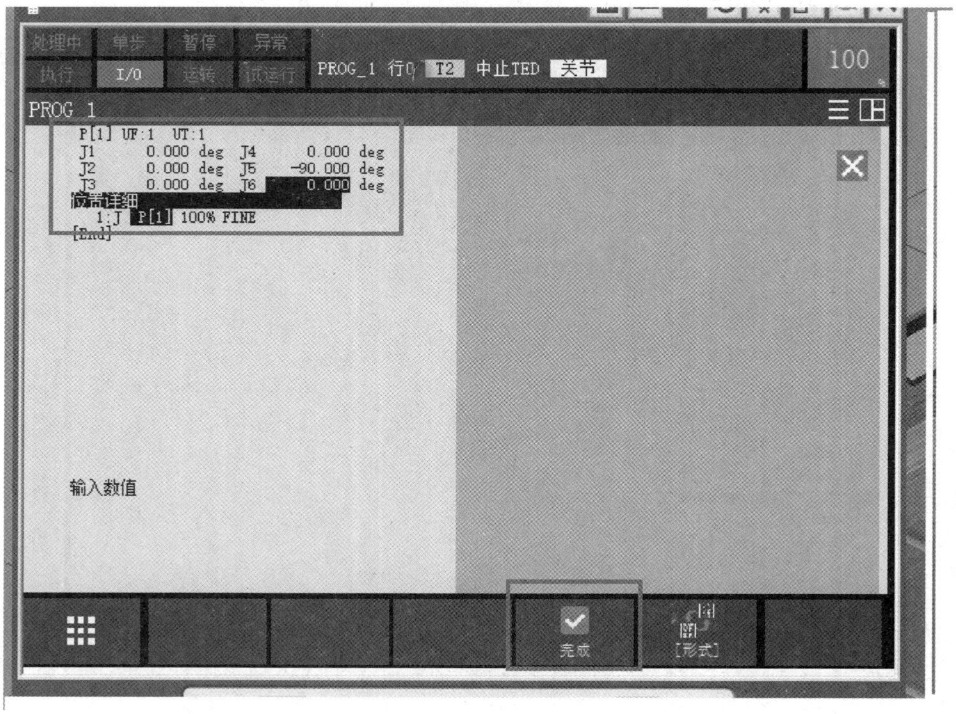

图 5-68　输入数值

（23）将鼠标移动到［End］，添加指令，如图 5-69 所示。单击“调用”按钮，如图 5-70 所示。

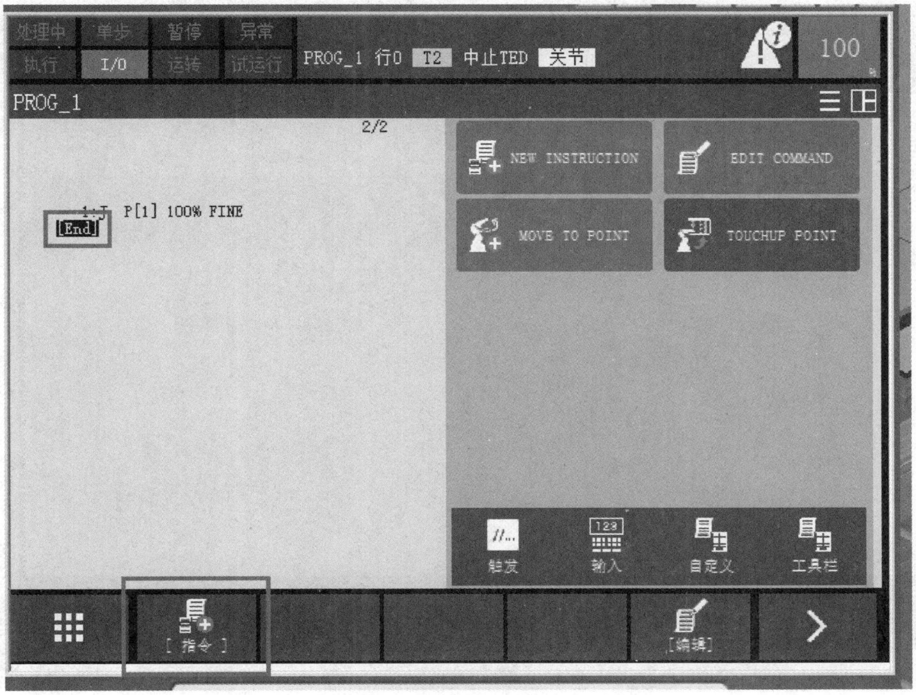

图 5-69 添加指令

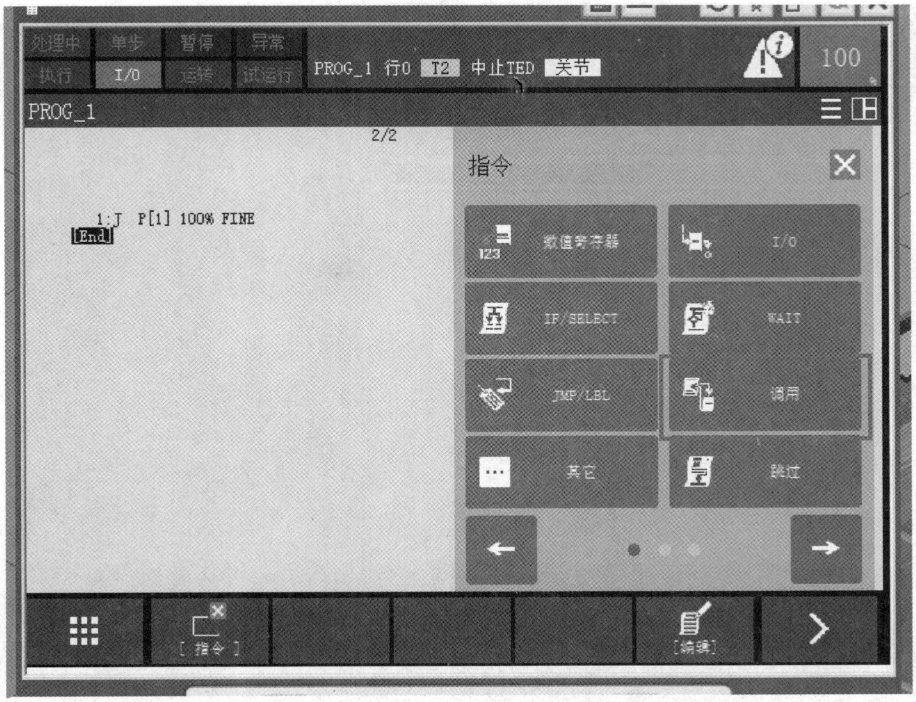

图 5-70 单击"调用"按钮

单击"调用程序"按钮，如图 5-71 所示。

选择"FPRG1"，如图 5-72 所示。

图 5－71　单击“调用程序”按钮

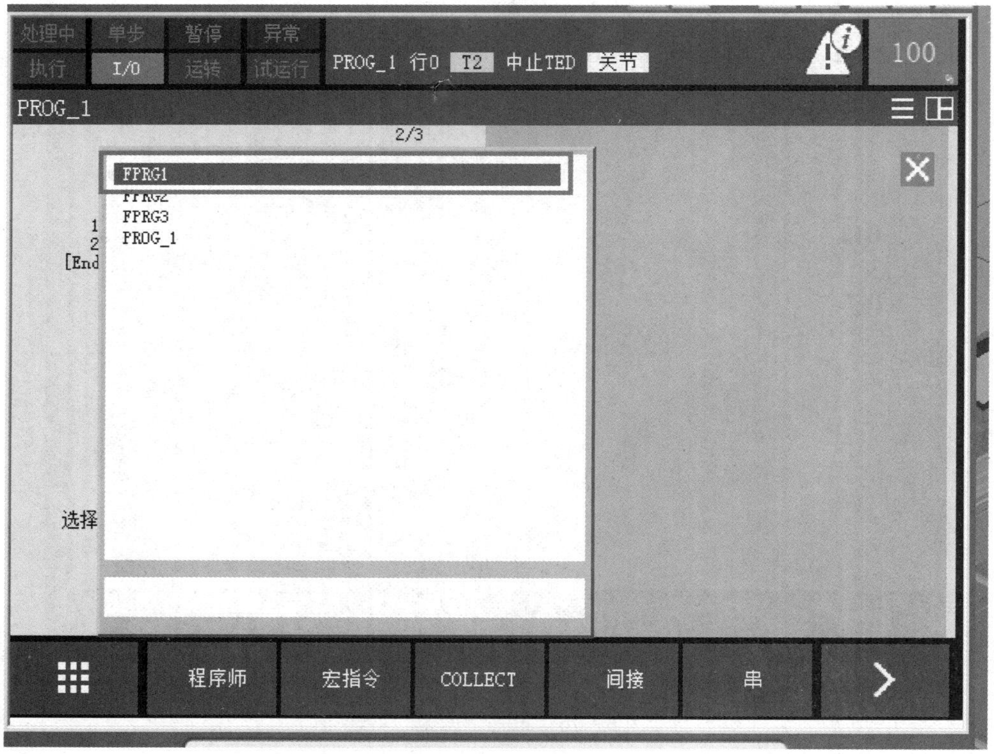

图 5－72　选择“FPRG1”

剩下的程序调用如上文。调用完成后，回归原点，最终如图 5－73 所示。

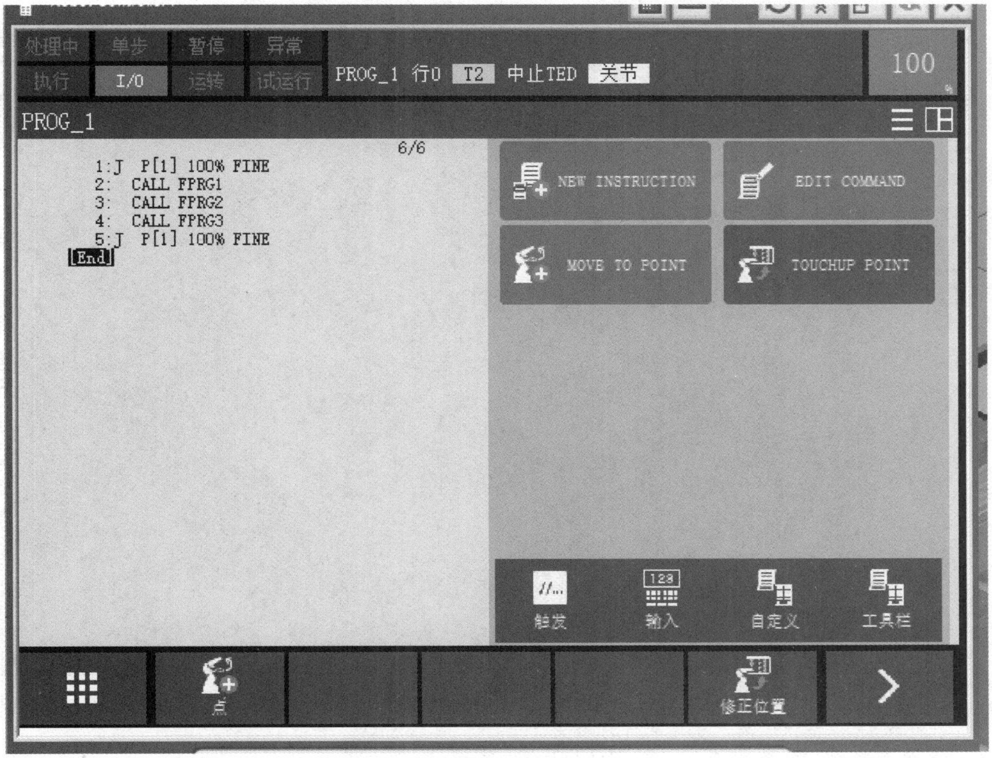

图 5 - 73　完成后的界面状态

(24) 选择刚刚创建的程序，然后单击“仿真”图标运行程序，如图 5 - 74 所示。

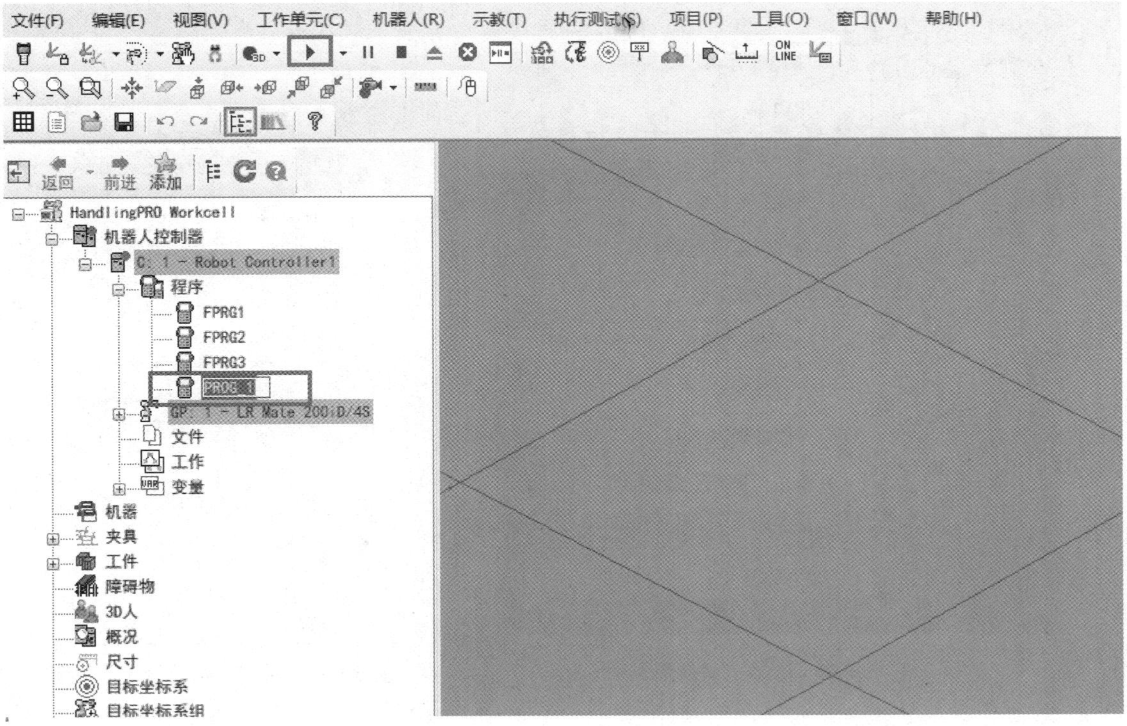

图 5 - 74　运行程序

仿真结果如图 5 - 75 所示，操作结束后开始传输程序。

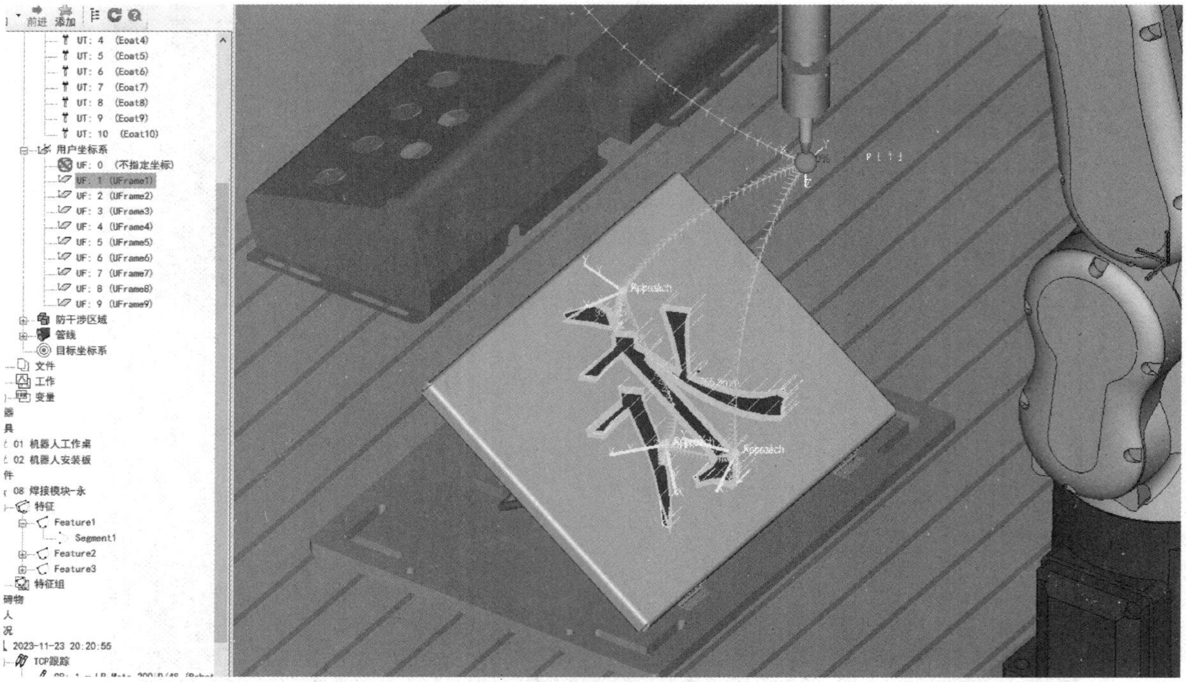

图 5－75　仿真结果

传输 TP 程序过程：

①在“工具”里面选择“仿真器”，如图 5－76 所示。

②单击“网络定义”按钮，如图 5－77 所示。

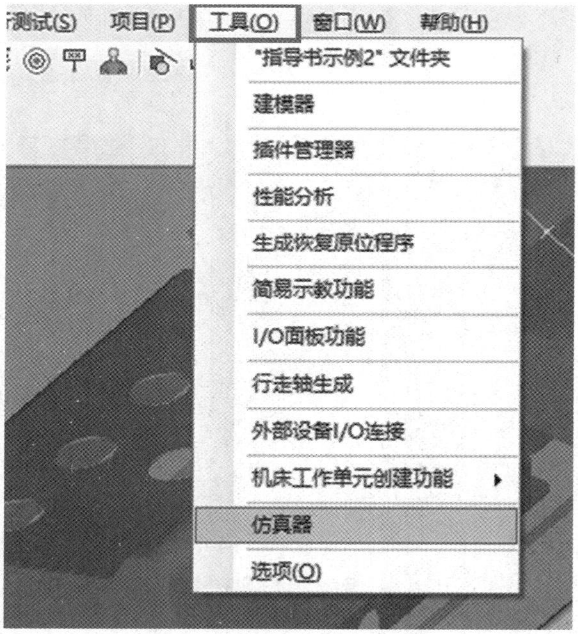

图 5－76　选择“仿真器”

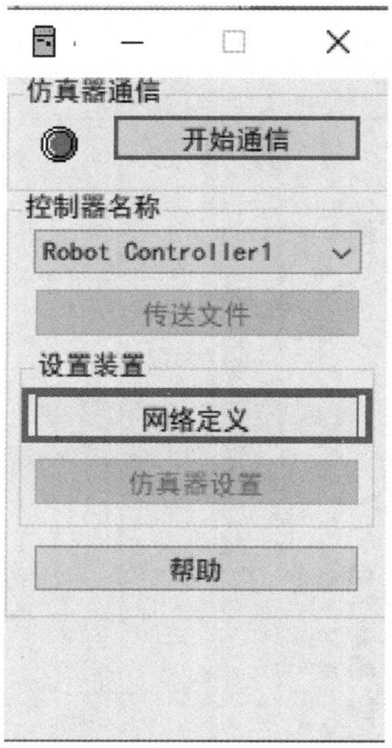

图 5－77　单击“网络定义”按钮

③单击“设置”按钮，如图 5－78 所示。

选择“连接类型”为“机器人”，并在下方输入机器人的 IP 地址，单击“OK”按钮，如图 5－79 所示。

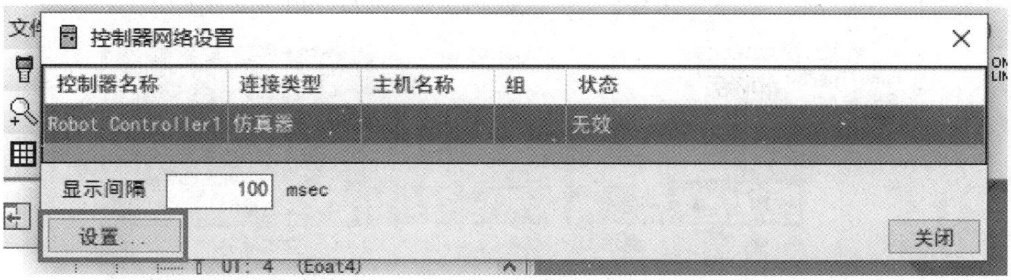

图 5-78　单击“设置”按钮

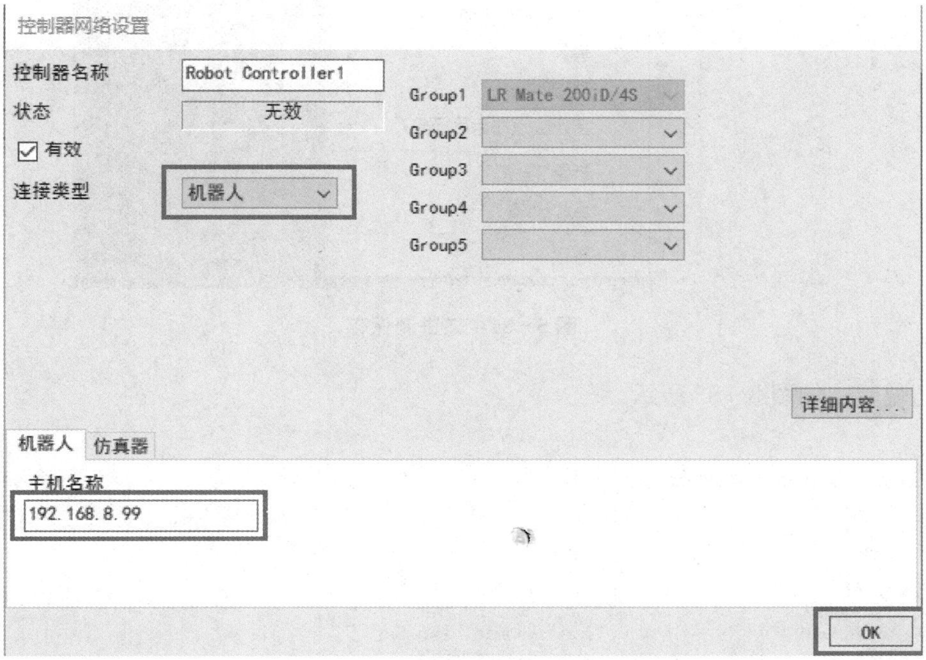

图 5-79　输入 IP 地址

④单击“开始通信”按钮（变成绿色表示通信成功，显示“正在通信”），如图 5-80 所示。

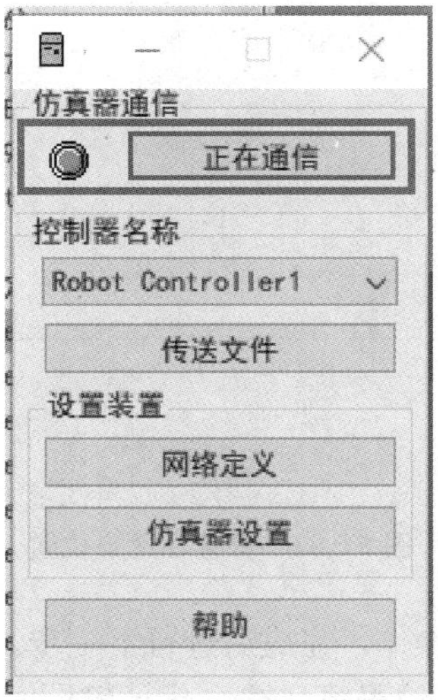

图 5-80　单击“开始通信”按钮

⑤右击要保存的程序，依次选择“保存”→“二进制”（.TP），如图 5－81 所示。

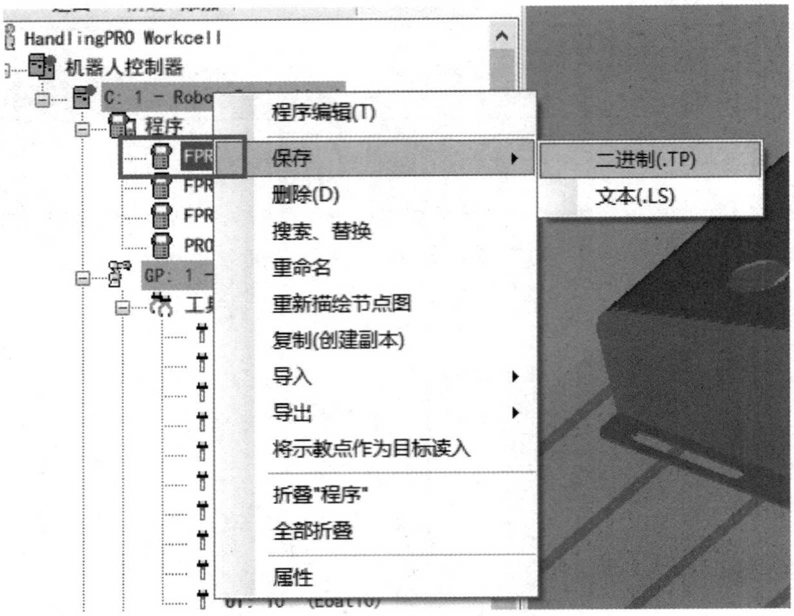

图 5－81　二进制保存

保存在适当位置，如图 5－82 所示。

图 5－82　保存在适当位置

剩下的程序依次按照上述步骤进行操作，完成后进行下一步。

⑥单击“传送文件”，选择刚刚保存的程序（按住 Ctrl 键同时选中），传送到机器人中，单击“传送”图标，然后寻找传送的程序，如图 5－83 和图 5－84 所示。

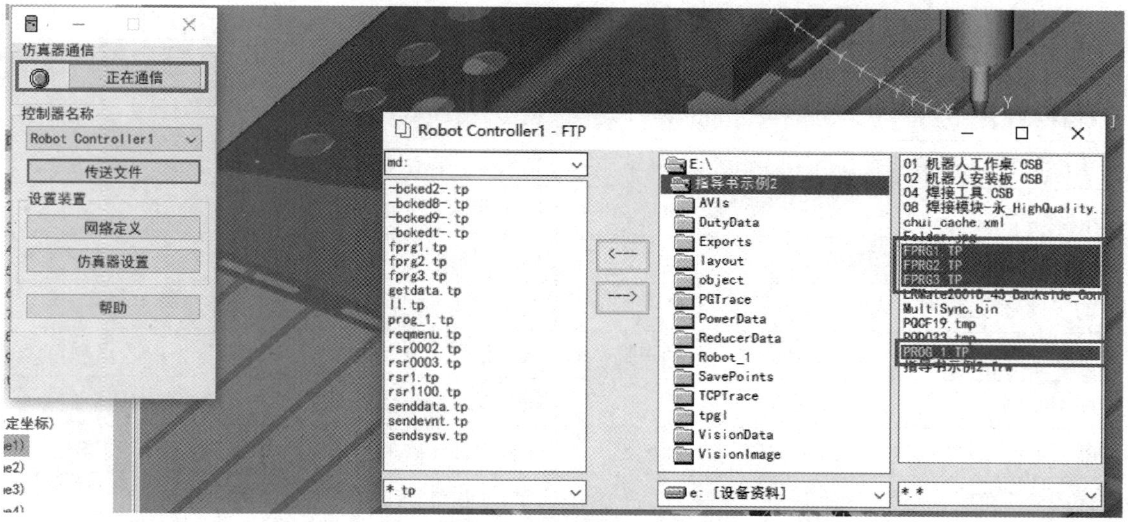

图 5 - 83　正在通信

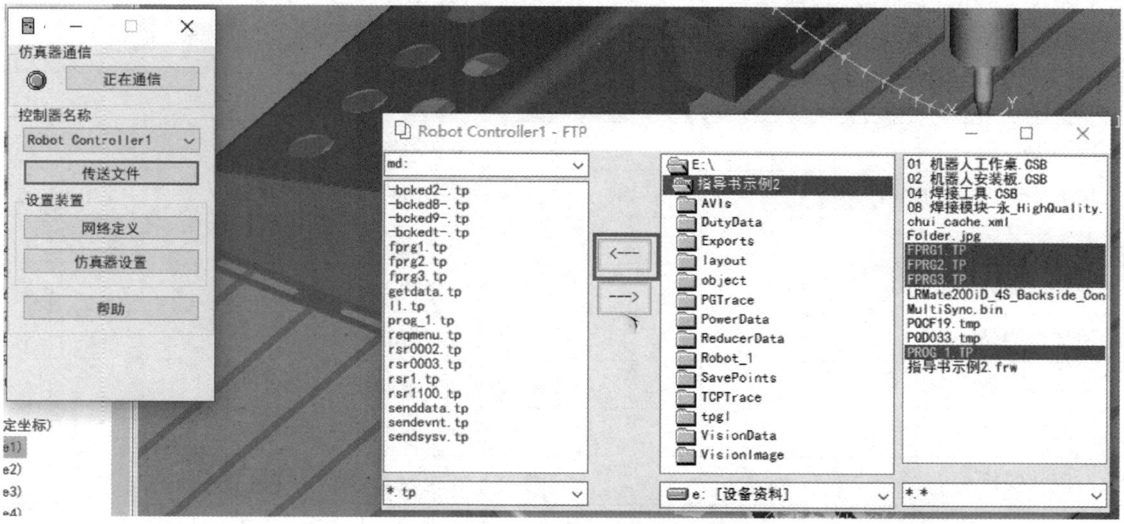

图 5 - 84　传送文件

确认完之后，即可进行实操，分别在示教器里创建工具坐标和用户坐标（和仿真中的设置相同，例如仿真是 UF：1，机器人也是如此），创建完成后进行示教，具体问题根据实际情况进行处理。

• 任务评价

本任务评分表分为两个部分，分别是导入任务和创建任务的评价，主要考核学生在工业机器人应用技术方面的能力。完成评价，并记录于表 5 - 5 中。

表 5 - 5　评分表

考核要求	配分	评分标准	得分
导入并布局机器人平台	2	模型导入 1 分，布局 1 分	
导入并布局工业机器人	2	模型导入 1 分，布局 1 分	
导入并布局焊接工具	2	模型导入 1 分，布局 1 分	
导入并布局焊接模块	2	模型导入 1 分，布局 1 分	

续表

考核要求	配分	评分标准	得分
创建工业机器人控制系统	5	创建工业机器人控制系统	
创建并标定仿真工件坐标系	5	创建2分，标定3分	
创建生产焊接程序	12	程序名称2分，程序10分	
调用创建的工具坐标系	3	调用创建的工具坐标系	
调用创建的工件坐标系	3	调用创建的工件坐标系	
机器人从工作原点开始焊接	2	从工作原点开始焊接	
正确进行图案绘制	10	按照要求绘出仿真图案	
完成后机器人返回工作原点	2	正确返回工作原点	
正确设定焊接模块角度	1	25°＜间隙角度＜45°	
手动安装焊接工具	2	缝隙小于1mm	
创建并标定焊接工具坐标系	5	创建2分，标定3分	
创建并标定斜面工件坐标系	5	创建2分，标定3分	
导入离线程序	5	离线程序正确导入示教盒	
修改程序中的坐标系	6	工具和工件坐标系各3分	
在焊接模块上验证焊接程序	12	按照要求绘出真实图案	
完成后机器人返回工作原点	2	正确返回工作原点	
遵守考场纪律，无安全事故	2	纪律和安全各1分	
工位保持清洁，物品整齐	2	工位清洁和物品整齐各1分	
着装规范整洁，佩戴安全帽	2	着装规范和佩戴安全帽各1分	
操作规范，爱护设备	2	操作规范和爱护设备各1分	
尊重考官，服从安排	2	尊重考官和服从安排各1分	

• 素养之窗

根据本任务的特点，主动挖掘出与团队协作、诚信友善、创新创效、规范务实、精益专注、爱岗爱国六大职业素养要素相关的案例并填入表5-6中。

表5-6　素养融入

序号	知识点	素养要素切入点
1		
2		
3		
4		
5		

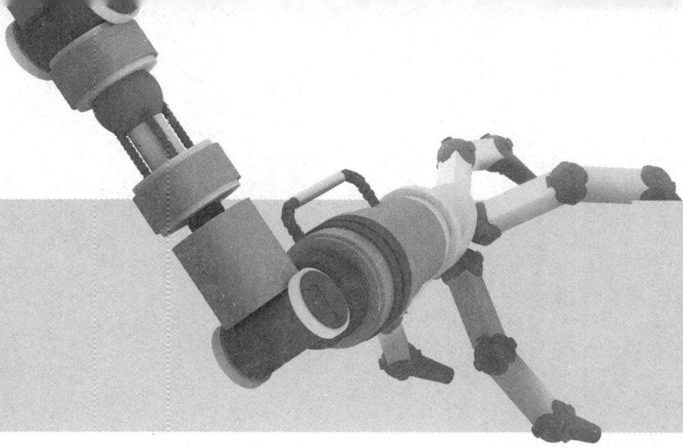

参考文献

[1] 王志强，禹鑫燚，蒋庆斌. 工业机器人应用编程（FANUC）初级［M］. 北京：高等教育出版社，2020.

[2] 黄维，余攀峰. FANUC 工业机器人离线编程与应用［M］. 北京：机械工业出版社，2020.

[3] 陈晓明，朱强，李玉爽. 工业机器人应用编程（FANUC）中级［M］. 北京：机械工业出版社，2022.

[4] 王哲禄，何红军. 工业机器人应用编程与集成技术［M］. 北京：机械工业出版社，2022.

[5] 黄金梭，沈正华. 工业机器人应用技术［M］. 北京：机械工业出版社，2019.

[6] 许文稼，蒋庆斌. 工业机器人技术基础［M］. 2 版. 北京：高等教育出版社，2023.

[7] 邓三鹏，许怡赦，吕世霞. 工业机器人技术应用［M］. 北京：机械工业出版社，2020.

[8] 荆学东. 工业机器人技术及应用［M］. 上海：上海科学技术出版社，2022.

[9] 罗怡沁，杨爱喜. 工业机器人技术与应用［M］. 北京：化学工业出版社，2024.

[10] 张明文. 工业机器人离线编程与仿真（FANUC 机器人）［M］. 北京：人民邮电出版社，2020.

图书在版编目（CIP）数据

数字孪生下工业机器人应用技术：VUP 版/陈志青，周庆慧，张天成主编. -- 北京：中国人民大学出版社，2025. 1. --（新编 21 世纪高等职业教育精品教材）.
ISBN 978-7-300-33456-1

Ⅰ. TP242. 2
中国国家版本馆 CIP 数据核字第 2024V81U67 号

浙江省高职院校“十四五”重点立项建设教材
新编 21 世纪高等职业教育精品教材 · 装备制造类
数字孪生下工业机器人应用技术（VUP 版）
主　编　陈志青　周庆慧　张天成
副主编　黄金梭　刘路明　孙　涛
Shuzi Luanshengxia Gongye Jiqiren Yingyong Jishu（VUP ban）

出版发行	中国人民大学出版社		
社　　址	北京中关村大街 31 号	**邮政编码**	100080
电　　话	010－62511242（总编室）		010－62511770（质管部）
	010－82501766（邮购部）		010－62514148（门市部）
	010－62515195（发行公司）		010－62515275（盗版举报）
网　　址	http://www.crup.com.cn		
经　　销	新华书店		
印　　刷	中煤（北京）印务有限公司		
开　　本	889 mm×1194 mm　1/16	**版　　次**	2025 年 1 月第 1 版
印　　张	14.25	**印　　次**	2025 年 1 月第 1 次印刷
字　　数	400 000	**定　　价**	43.00 元